U0220807

康复机器人

——设计、建模、控制与实验

侯增广　王卫群　彭　亮　著

科学出版社

北　京

内 容 简 介

本书首先综述了近年来国内外康复机器人领域的应用及研究进展，在此基础上结合作者课题组近年来在康复机器人领域的研究成果，对康复机器人的基础理论与关键技术进行梳理。全书主要内容包括：康复机器人研究的神经科学和康复医学的基础知识，康复机器人的国内外研究现状，上肢和下肢康复机器人的设计、建模和辨识技术，基于生物电信号的人体运动意图识别技术，人机交互控制与康复训练方法，以及康复机器人的临床试验与康复评定技术等。

本书可供机械、控制、信息等相关专业的研究生阅读，也可作为康复医学、机器人及自动化等相关方向的科研人员与工程技术人员的参考书。

图书在版编目(CIP)数据

康复机器人：设计、建模、控制与实验/侯增广，王卫群，彭亮著. —北京：科学出版社，2022.8

ISBN 978-7-03-048833-6

Ⅰ. ①康… Ⅱ. ①侯… ②王… ③彭… Ⅲ. ①康复训练-专用机器人-研究 Ⅳ. ①TP242.3

中国版本图书馆 CIP 数据核字（2016）第 134166 号

责任编辑：姚庆爽／责任校对：崔向琳
责任印制：吴兆东 ／封面设计：蓝正设计

科学出版社 出版
北京东黄城根北街 16 号
邮政编码：100717
http://www.sciencep.com
北京中石油彩色印刷有限责任公司 印刷
科学出版社发行 各地新华书店经销
*
2022 年 8 月第 一 版 开本：720 × 1000 1/16
2024 年 2 月第三次印刷 印张：19 1/2 插页：8
字数：390 000

定价：188.00 元

(如有印装质量问题，我社负责调换)

前　言

近年来，人口老龄化趋势加剧，由疾病和事故造成的中枢神经损伤，进而导致的运动、认知、言语等功能障碍的人群数量在快速增长，造成个人家庭和社会的沉重负担。临床研究证明，通过重复性的康复训练可以帮助功能障碍患者恢复其功能。然而，传统的人工康复训练方法需要消耗治疗师大量的体力，并且过多依赖于治疗师的主观判断和技术水平，在康复的科学性、客观性、效率和成本等方面存在不足，另外还存在治疗师短缺的问题，因此，人工康复训练方法难以满足当前日益增长的康复临床需求。康复机器人技术有望有效解决人工康复方法的不足，为肢体瘫痪患者提供更多的康复机会，改善患者及其家庭的生活质量，促进社会和谐。因此，康复机器人技术近年来受到医生、学者、工程技术人员以及患者群体的广泛关注。

本书结合课题组近年来在康复机器人领域的研究成果，试图对康复机器人关键技术进行较为完整的梳理，以期给相关技术人员提供较为系统的参考。希望本书的出版能够抛砖引玉，促进康复机器人研究进一步深入发展，若能给领域内同行提供些许启发，则幸甚至哉。

全书共分为 10 章，第 1 章为绪论，介绍了康复机器人研究的神经科学和康复医学的基础知识；第 2 章对目前康复机器人的国内外研究现状进行综述；第 3、4 章分别以课题组研发的康复机器人为例，对上肢和下肢康复机器人的设计进行详细阐述；第 5、6 章结合自主研制的上肢和下肢康复机器人，对康复机器人的建模和辨识技术进行详细分析，并基于机器人实验对相关方法进行验证；第 7 章介绍了基于生物电信号的人体运动意图识别技术，包括基于 sEMG 的动作模式分类、关节角度/扭矩估计以及基于 EEG 的意图识别等；第 8 章紧密结合临床应用探讨了人机交互控制与训练策略问题，对被动训练模式的主动柔顺控制、主动训练模式的阻抗控制、FES 助力训练模式下的模糊迭代学习控制等进行具体阐述；第 9 章基于课题组研制的上肢康复机器人开展临床患者试验，利用患者训练过程中采集的运动学、动力学信息和表面肌电信号对患者的肢体运动功能进行了初步评价；第 10 章对本书内容进行总结，并对未来技术发展进行展望。

全书内容结合课题组老师和研究生的相关研究成果，展现了过去几年课题组在康复机器人相关技术研究方面取得的初步进展。其中，第 1、2、4、6、10 章由王卫群完成，第 3、5 章由彭亮完成，第 7、8 章由张峰、陈翼雄、胡进、彭龙完成，第 9 章由彭龙完成。全书由侯增广、王卫群、彭亮、刘圣达负责整理，由侯增广负责统一审核。同时，课题组的谭民、程龙、边桂彬、谢晓亮、奉振球、周小虎、刘市祺等老师，李庆玲、佟丽娜、张东旭、孙太任、吴培良等博士后，李鹏峰、崔承坤、梁旭、罗林聪、任士鑫、王佳星、王晨、石伟国等以康复机器人作为研究方向的研究生同学在实验室工作和学习过程中也做出了贡献或提出建议，本书相关的临床试验得到了中国康复研究中心、国家康复辅具研究中心等单位的大力支持和帮助，本书的相关研究获得国家科学技术部、国家自然科学基金委员会、北京市科学技术委员会、北京市自然科学基金委员会、中国科学院等多个科技计划项目的资助，在此一并表示感谢！

利用科学技术让功能障碍人群早日康复、回归正常生活，是科研人员的责任。康复机器人研究是一个多学科交叉的研究领域，在康复机器人的系统设计、意图识别、控制策略、量化评价等多个方面仍然处在技术发展和理论突破阶段，本书很难涵盖康复机器人研究的所有方面。同时，受作者水平及编写时间所限，本书难免有不足之处，请读者不吝批评指正。

联系邮箱：

zengguang.hou@ia.ac.cn

weiqun.wang@ia.ac.cn

liang.peng@ia.ac.cn

目　　录

第 1 章　绪　　论

1.1　神经损伤与神经康复

1.1.1　中枢神经损伤

人体中枢神经系统包括脑和脊髓，掌管着人体与外界信息的传递、交互及处理，是各种心理活动的生物学基础，并支配人体各器官活动，包括肢体运动。人体中枢神经受到损伤往往会造成肢体功能障碍，形成偏瘫、截瘫，甚至四肢瘫。中枢神经损伤的主要来源包括脑卒中 (stroke)、脊髓损伤 (spinal cord injury，SCI)、外伤性脑损伤 (traumatic brain injuries，TBI) 等。

中风也叫脑卒中，亦称脑血管意外 (cerebrovascular accident，CVA)，是指突然发生的、由脑血管病变引起的局限性或全脑性功能障碍，持续时间超过 24 小时或引起死亡的临床症候群 [1]。它包括缺血性脑血栓、脑栓塞、脑出血和蛛网膜下腔出血，其中最为常见的两种类型如图 1.1 所示 [2]，具有发病率高、死亡率高、致残率高、复发率高，以及并发症多的特点。

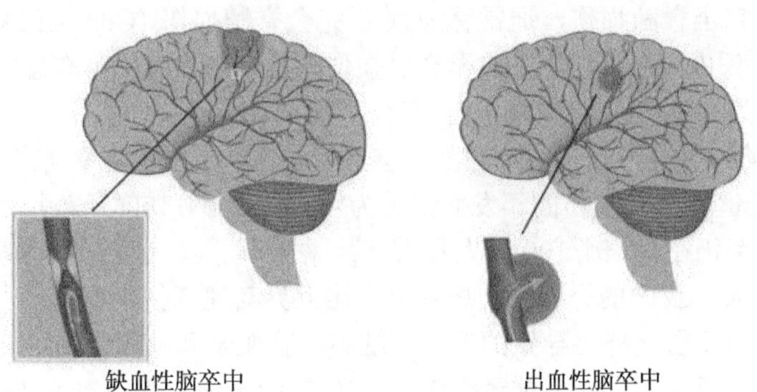

图 1.1　脑卒中的两种基本类型 [2]

近年来，随着生活水平的提高、饮食结构的变化和人口的老龄化，脑卒中患者数量显著增加。据统计，过去 40 年里发展中国家的脑卒中患病率每年增长超过 100%[3]；我国目前脑卒中的年患病率大约为 115.61～ 219 例/10 万人，即每年新增患者约为 150 万 ～200 万人 [4]。脑卒中已经成为致死和致残的首要疾病之一 [5,6]。

脊髓损伤是指由各种原因引起的脊髓结构、功能的损害，造成损伤水平面以下运动、感觉、自主神经功能障碍 [1]。根据损伤水平面所处脊椎位置的不同，脊髓损伤可引起不同程度的截瘫或者四肢瘫。根据美国脊髓损伤协会 (American Spinal Injury Association, ASIA) 发布的脊髓损伤神经学分类方法，脊髓损伤可以根据损伤程度分成 5 级 [7]。

A 级，完全脊髓损伤，最低的骶段 (S4 ~ S5) 没有任何感觉或运动功能。

B 级，不完全脊髓损伤，包括最低位骶段 (S4~S5) 在内的神经损伤平面以下有感觉功能，但没有运动功能；且身体任何一侧神经损伤平面以下无三个节段以上的运动功能保留。

C 级，不完全脊髓损伤，损伤平面以下运动功能保留，且单个损伤平面以下半数以上关键肌的肌力小于 3 级，表明患者可以克服重力进行主动运动。

D 级，不完全脊髓损伤，损伤平面以下运动功能保留，且半数以上关键肌的肌力大于或等于 3 级。

E 级，正常，所有节段的运动和感觉功能均正常，且既往有 SCI。无 SCI 者，不分级。

脊髓损伤根据损伤的位置，可以分为颈椎脊髓损伤、胸椎脊髓损伤和腰骶脊髓损伤。人体脊椎的结构 [8] 如图 1.2 所示, 从上往下依次为颈椎 (C1~C6)、胸椎 (T1~T12)、腰椎 (L1~L5)、骶骨 (S1~S5) 和尾骨。在临床上，医生通常直接根据患者脊髓损伤的位置和程度对患者进行损伤级别评定。例如，患者的颈椎第 6 块椎骨发生完全脊髓损伤，通常称为颈 6 完全脊髓损伤 (C6，AISA=A)，同样，患者的胸椎第 3 块椎骨发生不完全脊髓损伤，且损伤平面以下有感觉功能无运动功能，则称为胸 3 不完全脊髓损伤 (T3，AISA=B)。

最近几年，由于交通事故、自然灾害频发，脊髓损伤发生率居高不下。1996~2006 年，全世界脊髓损伤的年发病率约为 10.4~83 例/100 万人 [9]。目前，脊髓损伤的患病率仍在 35 例/100 万人左右 [10]。据测算，我国每年新增的脊髓损伤患者达 60000 人；我国的脊髓损伤患者总数比世界其他任何国家都多 [11]。

外伤性脑损伤是外力导致的颅骨、脑膜、脑血管和脑组织的形变所引起的神经功能障碍。根据《柳叶刀神经病学》2019 年的报道，我国自 2016 年以来的年发病率约为 313 例/10 万人，仅次于四肢创伤，在发展中国家中名列前茅 [1]。外伤性脑损伤的主要致伤原因包括交通事故、工伤、运动损伤等，可导致认知、语言、运动等功能障碍。重度脑损伤的康复治疗一般需要持续很多年，部分患者需要长期照顾。

中枢神经损伤往往引起肢体功能紊乱，尤其是偏瘫、截瘫、四肢瘫等肢体残疾。据中国残疾人联合会发布的测算数据，2010 年末全国残疾人总数为 8502 万人，其中肢体残疾患者为 2472 万人，占残疾人总数的 29.1%，在各类残疾人

口中占比最大 [12]。瘫痪患者或者长期卧床需要专门的护理人员，或者行动不便给正常生活和工作带来很多困难，给患者及其家庭带来极大痛苦和沉重的经济负担。

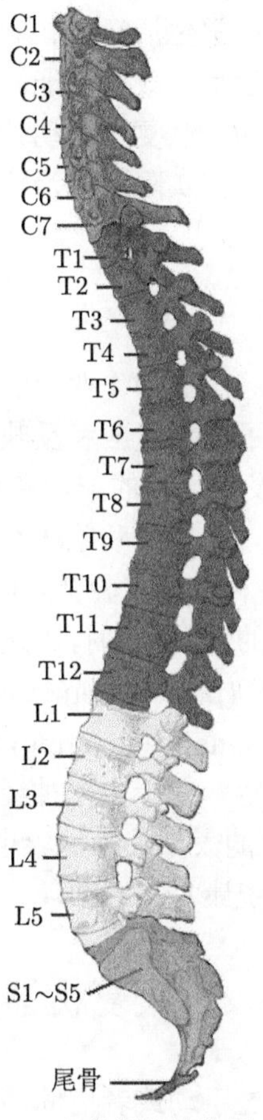

图 1.2 人体脊椎结构图 [8]

1.1.2 中枢神经损伤的康复治疗

瘫痪患者在患病急性期一般需要针对不同的病因进行原发病的治疗，该阶段以手术和药物治疗为主。经过急性期的治疗之后，针对患肢进行康复治疗以恢复其运动功能往往需要更长的时间。针对患肢的康复治疗应在患者病情稳定后尽早展开，这对患者的肢体功能恢复更为有利。例如，对于脑卒中造成的偏瘫患者，其康复治疗应在患者病情稳定后 1~7 周开始为宜；一般认为，神经系统的功能康复效果在发生功能障碍后 3 个月内较显著，约在 6 个月内结束，此后神经系统功能恢复的可能性相对较小 [13]。

目前针对瘫痪患者的康复治疗方法主要包括物理疗法、作业疗法、运动疗法等。物理疗法主要是应用物理因子，如电、光、声、磁、水、蜡等作用于人体，并通过人体的神经、体液、内分泌等生理调节机制促使患者康复的一类疗法。作业疗法是有目的、有针对性地从日常生活活动、职业劳动和认知活动中选择一些作业项目对患者进行训练以缓解症状、改善功能。运动疗法是徒手或者借助器械以使患肢产生主动或者被动的运动，恢复其运动功能。运动疗法是针对瘫痪患者最基本、最有效的康复治疗方法。在实际康复治疗中，往往同时采用多种疗法以获得较理想的康复效果。

1.1.3　神经康复的可塑性原理

康复训练主要对应于康复医学中的作业疗法和运动疗法，它基于中枢神经的可塑性理论。该理论认为，为了主动适应和反映外界环境的各种变化，中枢神经 (包括脑神经、脊髓神经等) 能发生局部的结构和功能的改变，并维持一段时间，这就是可塑性 (plasticity)。目前，生物学和临床医学的研究并不支持高度分化的神经系统具有再生能力，然而，各种动物实验及临床试验，都能发现脑局部损伤后丧失的部分功能可以有某种程度的恢复。同时，先进的神经影像技术和非侵入式刺激研究，如正电子发射体层摄影术 (positron emission tomography，PET)、功能磁共振成像 (functional magnetic resonance imaging，fMRI)、经颅磁刺激 (transcranial magnetic stimulation，TMS) 等，揭示中枢神经损伤后可以通过运动训练及行为学习而不断重塑 [14]。康复医学的大量临床试验也证明，对瘫痪肢体长期的、足够强度的康复训练对患肢神经系统康复和运动功能恢复非常有效 [15,16]。

1.2　康复机器人

传统康复训练方法主要通过手动或者借助简单器械对患者肢体进行康复，即由医生、护士或者理疗师用手或借助简单器械带动患肢对患者作一对一或多对一训练。对于下肢瘫痪患者，为了支撑患者身体并带动其腿部做康复运动，传统康复训练方法往往需要 3 名护士做辅助，劳动强度大且效率低下，极大影响了患者及医护人员参与康复训练的热情。同时，伴随着人员成本的不断上升，传统康复方法造成整个康复治疗过程费用增加，进一步加重了患者家庭及社会负担。因此，有必要研发先进的康复训练技术，以降低医护人员劳动强度和康复治疗费用，提高康复训练效果。

随着机器人技术的日益成熟，越来越多的研究人员致力于将先进的机器人技术应用于瘫痪患者的康复训练。康复机器人基于先进机器人技术同时结合医学康复理论，能够克服传统康复训练方法的不足。康复机器人能减少辅助训练的医护人员数量，减轻医护人员的繁重劳动；借助各种传感器和控制技术，康复机器人可以实现多种训练方法和灵活的训练轨迹；同时，它可以对患者运动功能进行定量评估并灵活调整训练处方，以获得更加科学的康复训练方法，提高康复效果。因此，康复机器人技术具有广阔的应用前景。

第 2 章　康复机器人研究现状与分析

2.1　引　　言

根据训练肢体所处人体位置的不同，康复机器人可以分为上肢康复机器人和下肢康复机器人两大类。这两类机器人又可以细分为各个关节的单关节机器人及多关节联合训练机器人，如针对手部关节、腕部关节、踝关节等的康复机器人。总体看来，目前上肢康复机器人技术相对比较成熟，并且已有较为成功的临床应用和相对成熟的产品。例如，瑞士 Hocoma 公司的 Armeo 系列上肢康复机器人 [17]、美国交互式运动技术公司 (Interactive Motion Technologies Inc.) 的 InMotion 系列上肢康复机器人 [18] 等都已经投向市场。而目前下肢康复机器人技术相对落后，还远远没有获得令人满意的临床效果 [19]。以瑞士 Hocoma 公司的 Lokomat 下肢康复机器人为例，这种康复机器人在欧美已经得到较为广泛的应用，其临床效果也被大量研究和评估；然而，这些阶段性研究结果表明，Lokomat 的临床效果在统计学意义上甚至不如传统康复训练方法 [20,21]。其他下肢康复机器人或者功能过于单一，或者功能多但是训练效果未得到证实。总之，目前用于下肢康复训练的机器人系统在技术上和应用效果上都有待进一步研究和验证。

2.2　上肢康复机器人的研究现状与分析

康复机器人技术的研究首先是从上肢康复机器人开始的。回顾上肢康复机器人技术的发展历史对下肢康复机器人技术研究同样具有重要参考价值。

2.2.1　主要的上肢康复机器人平台

根据康复机器人和患者上肢之间的接触和交互方式，上肢康复机器人可以大致分为两种形式，即末端牵引式和外骨骼式。末端牵引式上肢康复机器人只与患者手部或者前臂位置接触并交互，患者上肢各关节和康复机器人关节之间没有一一对应关系。而外骨骼式上肢康复机器人的关节和连杆机构分别与患者上肢关节和手臂一一对应 [22]。

在末端牵引式上肢康复机器人的研究方面，以麻省理工学院机械工程系的 Newman 实验室为代表，其早期的核心产品为 MIT-MANUS[23~26]，如图 2.1(a) 所示 [19]。MIT-MANUS 第一台样机由 Newman 实验室于 1991 年设计完成，能同时提供运动疗法和作业疗法，用于脑卒中后神经系统的恢复并提高患者对肩肘关节的控制能力。该康复机器人具有以下特点 [19,27]：

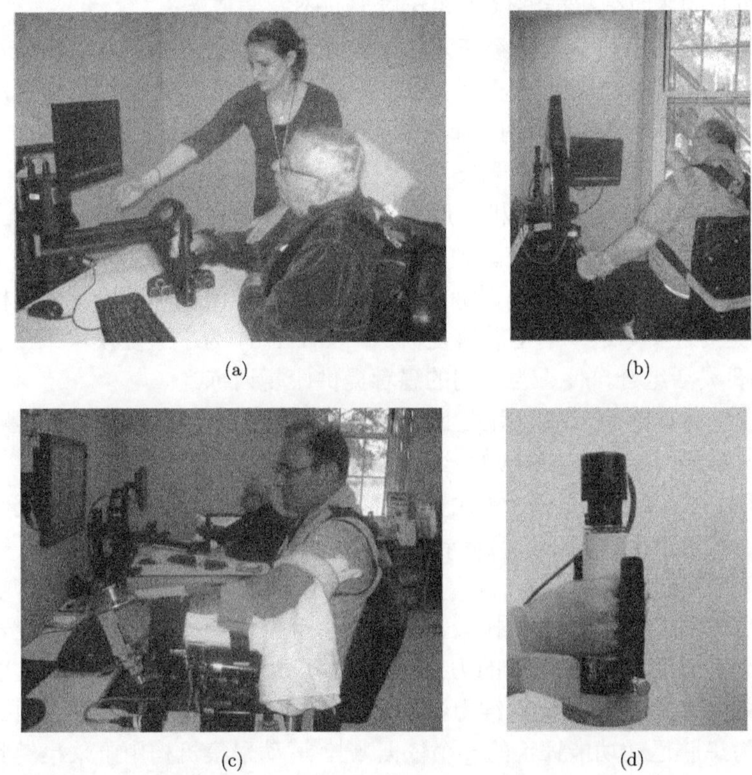

(a) (b) (c) (d)

图 2.1 麻省理工学院 Newman 实验室研发的上肢康复系列机器人

(1) 基于五连杆平面关节机器人设计，有两个自由度，主要为人体的肩、肘关节提供康复训练，通过训练患者对机械臂末端定位控制能力来改善患者上肢的定位功能；

(2) 该系统设计了基于虚拟现实 (virtual reality) 技术的训练游戏，能为患者提供一系列进阶式训练；

(3) 包含丰富的评价功能，可用于辅助诊断，并基于评价结果设计了个性化的康复方法；

(4) 采用阻抗控制策略设计控制系统，采用反向可驱电机作为驱动单元，优化设计了机械臂末端的阻抗。

该系统采用上述阻抗控制策略在患肢与机械臂之间设计了虚拟的弹簧和阻尼，可以减小机械臂对患肢固有动力学特性的影响，提高康复训练过程中的安全性和舒适感。临床对照实验表明 [23]，在传统康复训练中增加 MIT-MANUS 进行康复训练，可以产生以下效果：

(1) 进一步提高康复效果，改善患肢运动功能；

(2) 患肢的康复效果能够保持 3 年以上而不发生逆转；

(3) 传统疗法一般认为神经康复效果较显著的时间段是在发生运动功能障碍后的 3 个月内，超过该时间段后，传统疗法的神经康复效果并不明显，而结合 MIT-MANUS 进行康复训练时，康复效果显著的相应时间段远远大于 3 个月，因此能够为患者神经系统的康复赢得更多时间，改善康复效果。

在研制 MIT-MANUS 样机之后，Newman 实验室又研制了一系列上肢康复训练设备。图 2.1(b) 为包含抗重力功能的肩康复模块。图 2.1(c) 为腕关节康复训练机器人，它和肩肘关节康复训练机器人可组成三自由度上肢康复训练机器人系统，提供更接近实际运动的上肢康复训练。图 2.1(d) 为手康复模块。上述模块可以根据需要灵活组合，便于为不同的患者提供康复训练。

此外，较为典型的末端牵引式上肢康复机器人还包括镜像运动使能器 (mirror image movement enabler, MIME)[28]、GENTLE/S[29] 等。

MIME 上肢康复机器人 [30] 由美国加利福尼亚州 Palo Alto 市康复研发中心 (Rehabilitation Research and Development Center, Palo Alto) 研制。整个系统由一台 PUMA560 机械臂和一台六自由度运动采集机构组成。机械臂末端安装了用于固定患者前臂的托架；该托架上安装了手动操作柄；在操作柄位置安装了六维力传感器用于检测患者上肢的力/力矩，以识别患者运动意图，实现主动训练；同时，进行被动训练时，该六维力传感器可用于检测患肢和机械臂之间的相互作用力，作为患肢运动功能评价的一个依据 [31]。运动采集机构用于采集健侧上肢的运动轨迹。MIME 系统提供单侧和双侧两种运动模式。如图 2.2(a) 所示，在单侧运动模式下，移开运动采集机构，仅由 PUMA560 机械臂带动患肢做康复训练。在该运动模式下，MIME 系统能为患者提供被动、主动、抗阻三种训练方式。与 MIT-MANUS 相比，MIME 系统有以下两大特点：

(1) 患者手部的运动为三维空间运动形式，与日常生活中人体手部的运动方式更加接近；

(2) 提供双侧运动模式。

如图 2.2(b) 所示，在双侧运动模式下，患者健侧上肢固定在运动采集机构上，患侧上肢固定在机械臂末端的托架上。训练时，健侧上肢做主动运动，运动采集机构采集其运动轨迹，并生成与健侧轨迹镜面对称的运动轨迹，然后，由患侧的机械臂执行该轨迹带动患侧上肢做康复训练。因此，双侧运动模式实际是有患者主动运动意图参与的训练方式。大量的临床试验表明 [30~33]：

(1) MIME 上肢康复系统能显著提高上肢活动范围和运动速度；

(2) 与单纯桌面形式运动 (平面运动) 相比，MIME 提供的三维空间运动能更加显著地改善上肢肌肉的活动模式；

(3) 尚未发现双侧运动的康复训练模式具有比单侧康复训练模式更为显著的康复效果。

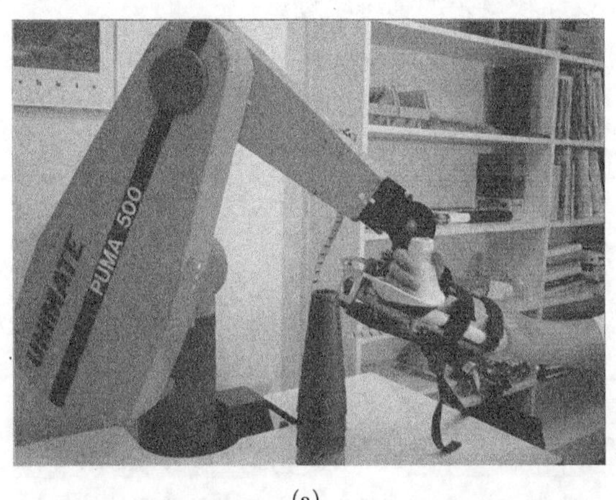

(a)

(b)

图 2.2 MIME 上肢康复系列机器人 [30]

这些实验结果可以为新型康复机器人系统的研制提供参考。

GENTLE/S 是在欧盟框架五中的生活质量行动计划 (The Quality of Life Initiative of Framework Five) 资助的一个项目，旨在评价机器人辅助治疗方法对脑卒中患者上肢功能的康复效果。该项目研制的上肢康复机器人系统被命名为 GENTLE/S 系统。如图 2.3 所示，GENTLE/S 系统主要由以下几部分组成：一台三自由度机械臂、一台三自由度的被动万向机构、一台电脑显示器、一套悬吊系统、一套训练桌和座椅。其中，机械臂用于辅助患者上肢产生特定的运动轨迹。万向机构安装在机械臂末端，是患肢与机械臂交互的接口。该机构允许肘关节的旋前/旋后动作和腕关节的弯曲/伸展动作。训练时用挽具将患肢肩关节固定在座椅位置，而患者的手部固定在万向机构中，患肢的前臂和上臂分别由各自的悬吊系统进行悬挂控制。采用 GENTLE/S 系统进行康复训练时，患肢的手部可做空间运动，因此可以设计较复杂的训练轨迹。

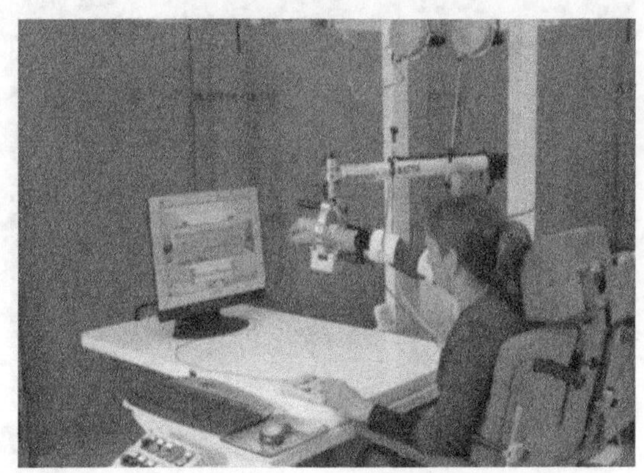

图 2.3　GENTLE/S 上肢康复机器人 [34]

GENTLE/S 提供了被动、主动、助动等多种训练模式。同时，该系统特别强调对患者感知能力的恢复，设计了基于视、听、触觉反馈的虚拟现实康复平台。图 2.4 是基于 GENTLE/S 系统的虚拟现实场景进行康复训练的一个例子。该场景用于训练患者对手部位置的控制能力。其中，1 号小球代表患肢手部位置，2 号小球代表起点，3 号小球代表目标终点，2 号和 3 号小球之间的连线代表参考轨迹，训练要求患者沿着参考轨迹移动手部至目标终点位置。为了给患者更好的空间感觉，三个小球通过投影投射到水平桌面上，便于患者定位其手部位置。GENTLE/S 系统的初步临床试验结果表明其对患肢康复具有积极的促进作用 [34, 35]。

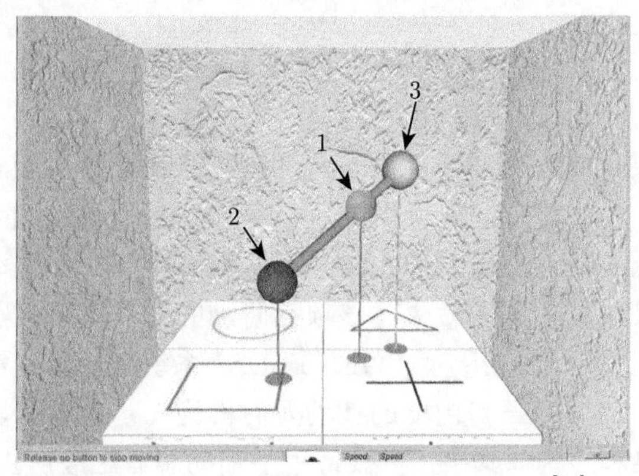

图 2.4　GENTLE/S 虚拟现实环境示例 [34]

虽然末端牵引式上肢康复机器人设计简单且易于实现，但其存在很多不足。例如：

(1) 患肢和康复机器人只有一个接触接口，上肢的姿态难以完全确定；

(2) 很难对患肢关节进行准确的力-位控制；

(3) 无法进行单关节康复训练；

(4) 患肢关节的运动范围受到限制，因此它所能提供的训练方法比较单一。

外骨骼式上肢康复机器人则正好能弥补这些不足，因此近年来获得更多关注。

目前，较为典型的外骨骼式上肢康复机器人产品是瑞士 Hocoma 公司推出的 Armeo 系列机器人 [22]。该系列产品包括七自由度 ArmeoPower 外骨骼机器人 (图 2.5(a))、ArmeoBoom 悬挂系统 (图 2.5(b)) 和 ArmeoSpring 外骨骼机器人 (图 2.5(c))。该系列康复机器人均配置 Armeocontrol 软件系统，可以帮助患者制定治疗计划、评估伤残级别，并提供各种训练模式的虚拟康复训练游戏。

(a) ArmeoPower外骨骼机器人

(b) ArmeoBoom悬挂系统

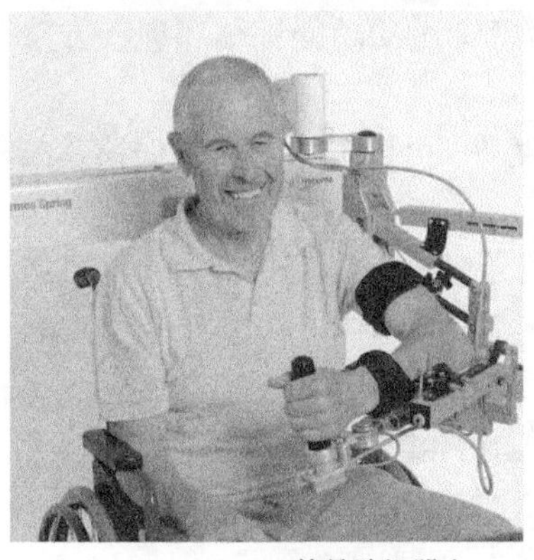

(c) ArmeoSpring外骨骼机器人

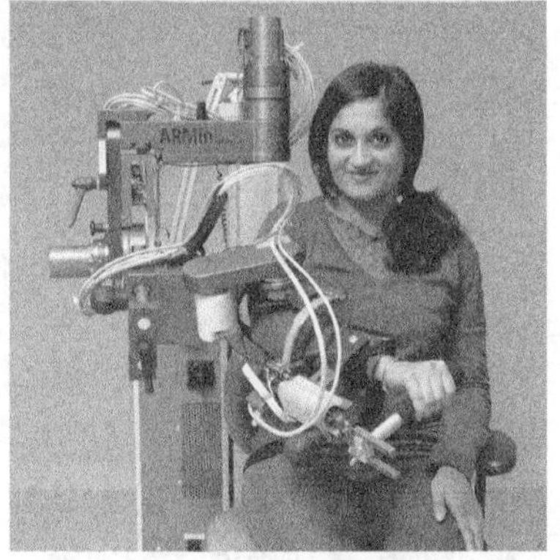

(d) ARMin外骨骼机器人

图 2.5 Armeo 系列上肢康复机器人 [17]

其中，ArmeoPower 机器人的原型机是苏黎世联邦理工学院 Riener 教授团队开发的 ARMin 外骨骼机器人 (图 2.5(d))[36]。由于肩关节是最为复杂的人体关节之一，研究人员对肩关节建立了一个简化的模型，并在此基础上，提出一种符合肱骨运动原理和人体工效学的肩关节机构设计和控制方法。ArmeoPower 机器人的肩关节有三个自由度，肘关节有一个自由度；同时，还专门设计了一个模块用于为前臂提供旋前/旋后训练，并为腕关节提供弯曲/伸展训练。临床试验验证了采用该系统进行强化训练能改善患肢的运动功能 [37,38]。

其他上肢康复机器人产品还包括美国马萨诸塞州 Myomo 公司的 mPower 臂托式机器人 [22]，该机器人采用人体上肢肱二头肌和肱三头肌的肌电信号对其肘关节施加辅助力矩；美国亚利桑那州 Kinetic Muscles 公司的 Hand Mentor 机器人 [39]，该机器人具有力、位、肌电信号反馈，由气动肌肉驱动；日本 CYBERDYNE 公司的 HAL 机器人 [40]，该机器人是人体全身外骨骼机器人，采用患者的肌电信号对患肢施加辅助力矩，目前该款机器人只在日本以出租的形式供患者使用；美国 Biodex Medical Systems 公司的 Biodex System 4 机器人，该机器人可用于等速肌力评估训练 [41]。

2.2.2 上肢康复机器人研究现状分析

由 2.2.1 节可知，上肢康复机器人技术具有以下特点：

(1) 研究历史较长，临床试验较为充分；

(2) 兼具主动、被动、助动等多种训练方法，强调主动训练方法；

(3) 以任务为导向的康复方法，该方法治疗效果好于抗阻性的力量增强型训练 [42]，表现出较好的应用前景；

(4) 基于虚拟现实技术的康复训练，并可以结合任务导向的康复方法以获得更好的康复效果；

(5) 结合康复评价功能，该功能包括患者运动功能评估和训练方法评价两个方面；

(6) 训练处方 (康复训练的内容及难度等) 可以根据患者的病情及康复进程进行调整；

(7) 新技术的应用，例如，采用肌电信号来控制康复机器人带动患肢进行康复训练或者评估患肢的运动功能。

2.3 下肢康复机器人的研究现状与分析

2.3.1 传统下肢康复训练方法和简易下肢康复器械

传统的下肢康复训练方法一般由医生或者理疗师手动对患者下肢施加康复训

练。采用人工方法进行下肢康复的情形如图 2.6 所示。其中，图 2.6(a) 是患者在急性期采用卧姿的情况下由理疗师手动对患者施行下肢康复训练；图 2.6(b) 是患者下肢具有部分力量时，由两位医护人员对患者施行下肢康复训练，其中一位医护人员辅助患者维持站立姿态，另一位施行下肢康复训练。此外，还有一种比较典型的传统康复训练方法称为减重步态训练 (partial body weight support treadmill training，PBWSTT)，这种治疗方法借助于悬吊减重系统 (body weight support，BWS) 减轻患者腿部受力，同时采用跑步机辅助患者实现行走动作，这种训练一般需要 3 名治疗师帮助患者的髋膝关节及骨盆实现协调运动 [43]。传统的下肢康复训练方法需要占用较多的医护人员，而且医护人员的劳动强度较大，使得康复训练的时长和强度难以保证，影响了康复效果。同时，由于人员成本的不断攀升，传统的康复训练方法给患者家庭及社会带来沉重的经济负担。

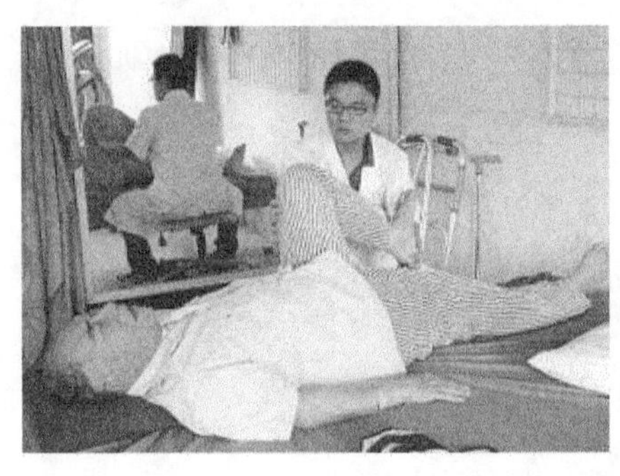

(a)

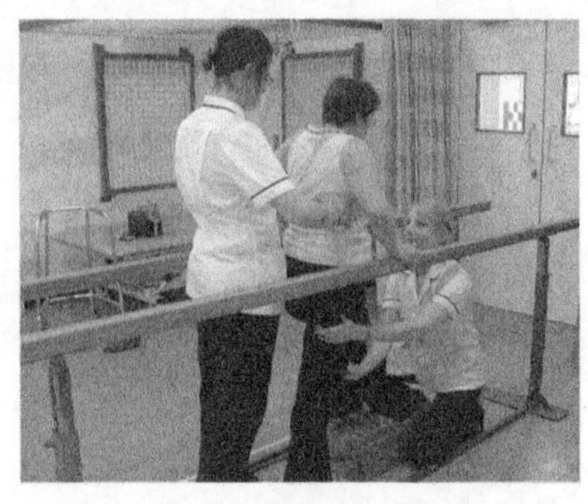

(b)

图 2.6 采用人工方法进行下肢康复的情形

目前，除人工手动对患者施行下肢康复训练外，一些功能简单、价位较低的简易康复器械已经广泛应用于临床康复训练。

图 2.7 是目前国内几款较常见的下肢康复设备。图 2.7(a) 是广州人来康复设备制造有限公司生产的 RL-XZ-27 型卧式功率车 [44]，主要用于下肢关节肌力及协调功能训练。图 2.7(b) 是北京宝达华技术有限公司生产的 PT-2-AXG 型自动康复机 [45]，该康复机能够提供主、被动训练和助力训练，并能适应不同腿长的患者使用，具有痉挛保护功能。图 2.7(c) 是河南安阳市翔宇医疗设备有限责任公司生产的 XY-ZBD-IIID 型多关节主被动训练仪 [46]，该设备可同时进行上下肢的康复训练，并配置了痉挛管理系统。

这些简易康复设备，一般只在一个接触点或者接触面和患者下肢接触，无法准确控制患者下肢的姿态。同时，其训练轨迹单一，一般只提供踏车运动的圆形轨迹或者蹬踏运动的直线轨迹。最后，它们不能满足先进康复训练方法对设备平台的要求，例如，要实现基于虚拟现实场景的康复训练，需要设备能够提供较丰富的运动轨迹，而这类设备的运动轨迹过于单一，难以在这些平台上设计丰富的康复训练任务。因此，需要研制功能更为丰富和完善的下肢康复训练机器人系统，为实现先进的康复训练方法提供软硬件支撑。

(a) RL-XZ-27型卧式功率车

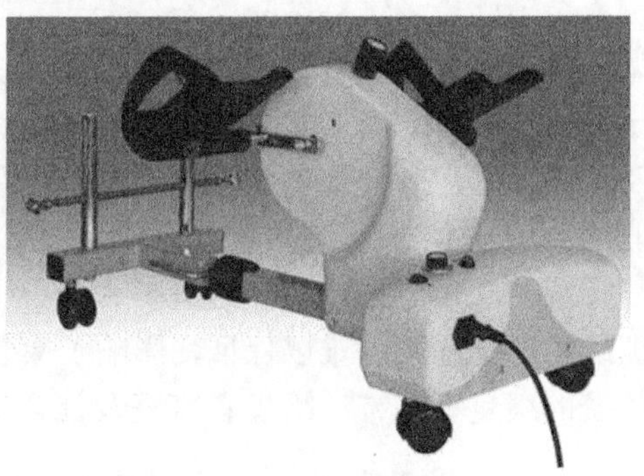

(b) PT-2-AXG型自动康复机

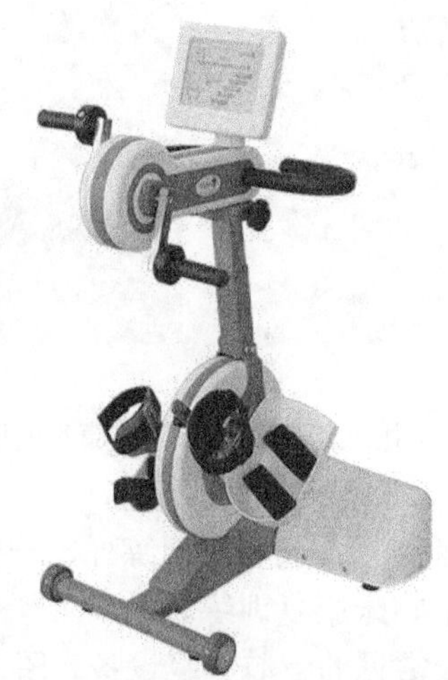

(c) XY-ZBD-IIID型多关节主被动训练仪

图 2.7　国内几款较常见的下肢康复设备

2.3.2　下肢康复机器人的主要类型

根据不同的标准，可以得到不同的下肢康复机器人的分类方法。如图 2.8 所示，根据康复原理的不同，下肢康复机器人可分为以下几类 [47]：

(1) 跑步机步态训练器 (treadmill gait trainer)；

(2) 基于脚踏板的步态训练器 (foot-plate-based gait trainer)；

(3) 地面步态训练器 (overground gait trainer)；

(4) 静态步态训练器 (stationary gait trainer)；

(5) 踝关节康复训练系统 (ankle rehabilitation system)，该类型又可以分为静态系统 (stationary system) 和主动足部矫正器 (active foot orthoses) 两种。

图 2.8(a) 为跑步机步态训练器，它从传统 PBWSTT 发展而来，用下肢外骨骼康复机器人取代治疗师，以辅助患者完成下肢髋膝关节在步行时的协调动作。图 2.8(b) 为基于脚踏板的步态训练器，它用可编程控制多自由度的脚踏板 (programmable foot plate) 代替跑步机步态训练器中的跑步机和下肢外骨骼，通过控制该脚踏板实现人体下肢的步态动作。图 2.8(c) 为地面步态训练器，该训练器设计了移动式机器人基座 (mobile robotic base)，它可随人体的行走动作在地面做行进运动。图 2.8(d) 为静态步态训练器，它有一个静态机器人基座 (stationary robotic base)，该基座配有下肢外骨骼，患者在座椅就座后，其下肢由外骨骼带动做下肢运动。图 2.8(e) 为主动足部矫正器，它是可穿戴式的外骨骼机器人，使用比较方便。

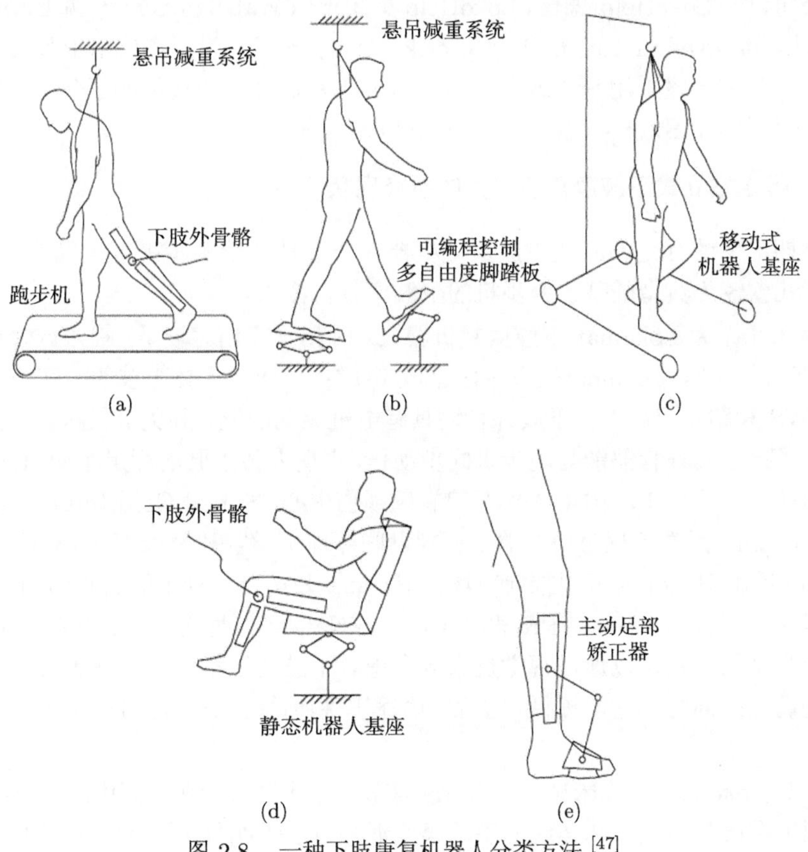

图 2.8 一种下肢康复机器人分类方法 [47]

上述分类中前三种康复机器人主要提供步态训练，第四种康复机器人则能实现更丰富的下肢运动训练，其运动轨迹不限于步态轨迹。而第五种属于单关节康复机，它只有一个运动关节，结构和功能都相对简单，适用于特定关节的康复。相比较而言，虽然多关节康复机器人结构复杂，但功能更丰富，训练也更加灵活。脑卒中或脊髓损伤患者出现瘫痪症状时绝大部分是单侧或双侧下肢整体瘫痪，甚至全身瘫痪，因此本书着重探讨多关节下肢康复机器人。

根据患者在康复训练时的身体姿态，可以将多关节下肢康复机器人大致分为行走站立式和坐卧式两种 [48]。行走站立式下肢康复机器人基本可涵盖上述分类中的前三种下肢康复机器人，而坐卧式下肢康复机器人可对应于上述分类中的第四种下肢康复机器人。患者在使用行走站立式下肢康复机器人进行康复训练时，采用站姿或者步行姿态。这类设备一般配置悬吊减重系统以辅助患者站立，目前针对这类康复机器人的研究相对较多，典型的平台包括 Lokomat(瑞士，Hocoma 医学工程公司)[49]、LokoHelp(德国，LokoHelp 集团)[50]、WalkTrainer^{TM}(瑞士，Swortec 公司)[51]、ReoAmbulator(美国，Motorika 公司)[52] 等。患者在使用坐卧式下肢康复机器人时，一般采用坐姿或者卧姿，这类康复机器人的典型例子包括 Motion-Maker^{TM}(瑞士，Swortec 公司)[53]、Lambda[54] 等。

2.3.3 行走站立式下肢康复机器人的研究现状

早期出现的行走站立式下肢康复机器人一般是基于跑步机来实现的，图 2.9 给出了几款较为典型的基于跑步机的下肢康复机器人。

图 2.9(a) 为 Lokomat 下肢康复机器人。对其研究相对较早，临床试验也较为充分 [20,21,55~59]。Lokomat 主要由三部分组成：对应于人体下肢的两套下肢外骨骼、BWS 和跑步机。上述下肢外骨骼具有电机驱动的髋、膝关节机构。其控制系统保证了该下肢外骨骼能与跑步机同步动作，实现人体下肢的行走运动。Lokomat 最初由瑞士苏黎世 Balgrist 大学医院脊髓损伤中心 (Spinal Cord Injury Center)、瑞士 Hocoma 医学工程公司、瑞士苏黎世联邦理工学院和德国 Woodway 公司联合研制，后由 Hocoma 公司推向市场。Hocoma 公司目前推出的 Lokomat 下肢康复机器人主要有 Lokomat®Pro 和 Lokomat®Nanos[59] 两款。其中 Lokomat®Pro 功能较为全面，它可以通过视觉反馈放大患者下肢的运动偏差促使患者对步态作出主动调整；同时，它能提供丰富的训练程序和训练任务，能对患者进行运动功能评估。

针对 Lokomat 的临床试验研究比较丰富。临床试验表明，采用 Lokomat 进行康复训练在康复效果上和传统的手动康复训练方法无明显区别 [55]。采用 Lokomat 进行康复训练能够明显改善患者步行时的步速、持久力和完成特定功能性任务的能力，从而改善患者的步行能力 [56] 和独立行走能力 [57]。对比实验 [58] 表明，采用手动的 PBWSTT 同时给予适当的 Lokomat 康复训练，其效果优于单纯采用手动的 PBWSTT。然而，也有临床试验表明，采用 Lokomat 辅助康复训练的效果反而比传统的减重步态康复训练的效果差 [20,21]，而 Westlake 等 [58] 也认为其结论需要更大样本的临床试验来验证。因此，Lokomat 的康复效果还需要进一步研究。

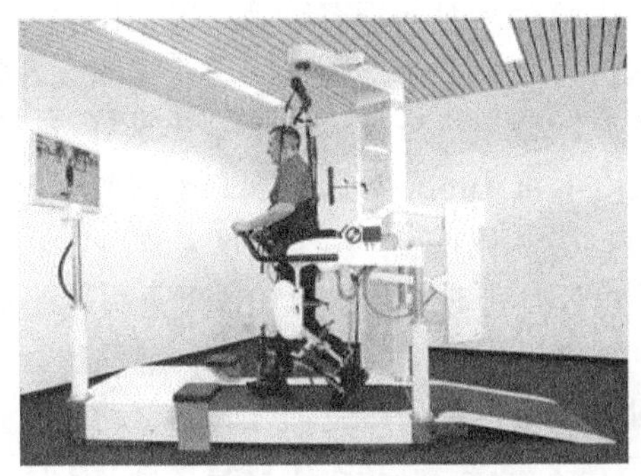

(a) Lokomat[59]

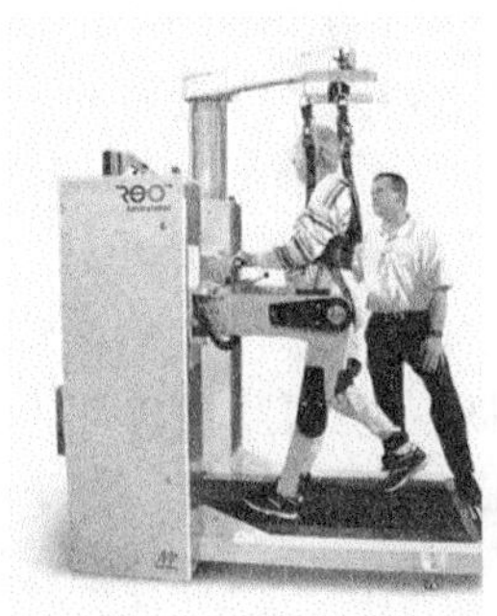

(b) ReoAmbulator[61]

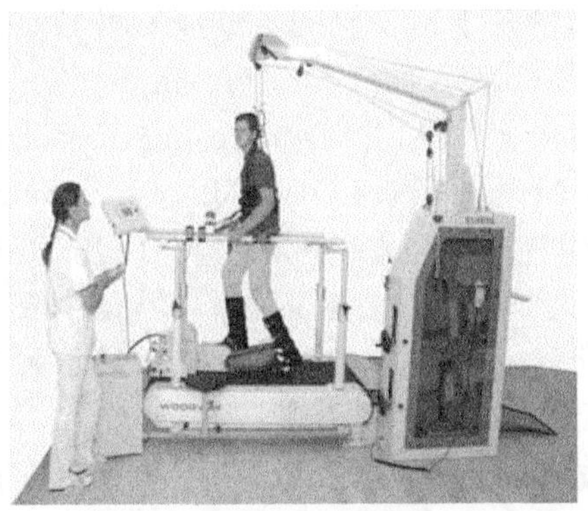

(c) LokoHelp[62]

图 2.9 基于跑步机的行走站立式下肢康复机器人

图 2.9(b) 为 ReoAmbulator 下肢康复机器人，其结构和 Lokomat 类似。与 Lokomat 有所不同的是，患者在使用 ReoAmbulator 进行康复训练时需要面对设备本体，因此它的显示系统安装在设备本体位置，使得设备的占地面积相对较小。ReoAmbulator 的两套下肢外骨骼均有两个自由度，分别对应于人体下肢的髋、膝关节，用于模拟正常的步态并保证训练的安全；其悬吊减重系统的负重可以人工调节，以适应不同下肢肌力患者的训练需求。ReoAmbulator 具有一个虚拟现实康复训练平台，能提供逼真的康复训练场景，提高患者参与训练的积极性；同时，它能评估康复训练效果，提供个性化的康复训练方案。针对 ReoAmbulator 的临

床试验表明 [60]，该下肢康复机器人能够改善患者的步态，提高其下肢平衡能力。

图 2.9(c) 为 LokoHelp 下肢康复机器人系统。该下肢康复机器人与前述两种康复机器人有所不同。它采用一个步态生成装置代替 Lokomat 的下肢外骨骼，而其 BWS 及跑步机和 Lokomat 类似。该步态生成装置是一个独立模块，可方便地安装在跑步机中间位置，和步行方向一致；它采用易于拆卸的机构固定在跑步机上，由跑步机间接驱动，输出模拟人体行走时的步态轨迹。由于该步态生成装置能够生成近似人体行走时的步态轨迹，不需要治疗师辅助患者实现髋、膝关节的协调动作。为了验证 LokoHelp 的临床效果，Freivogel 等 [61] 选择 16 位下肢瘫痪患者进行分组对比实验。一组采用 LokoHelp 系统，做 20 次康复训练；另一组将步态发生装置移除，由治疗师辅助做相同的 20 次下肢康复训练。实验结果表明，两组患者的康复训练都能改善患者行走时的步态，其效果无明显差别。但是，采用 LokoHelp 系统后，整个康复训练过程只需要一名治疗师辅助患者进行就位和退出，人员成本大大降低。同时，该治疗师做康复训练时的劳动强度也大为减轻。LokoHelp 下肢康复机器人的不足之处是，其步态生成装置只能生成固定的步态轨迹，无法调整步长，限制了其对不同体型患者的适应能力。

此外，其他较典型的基于跑步机的下肢康复机器人研究平台还有 ARTHu (Ambulation-assisting Robotic Tool for Human Rehabilitation，美国加利福尼亚大学生物机电实验室)[62,63]、ALEX(Active Leg Exoskeleton, 美国特拉华大学机械工程系机械系统实验室)[64,65]、LOPES(LOwerextremity Powered ExoSkeleton, 荷兰特温特大学生物医学技术研究所)[66]、RGR(Robotic Gait Rehabilitation)Trainer(美国东北大学机械与工业工程系)[67]，String-Man (德国弗劳恩霍夫生产系统和设计技术研究所)[68]，以及比利时布鲁塞尔大学机械工程系设计的由气动肌肉驱动的步态训练外骨骼机器人 [69] 等。

基于跑步机的下肢康复机器人有很多不足，例如，其下肢行走轨迹非常单一，与日常生活中人体下肢的运动方式有较大差距。因此，近年来不依赖跑步机的下肢康复机器人获得了较多关注。图 2.10 给出了几款比较典型的该类型机器人，即 GT I 步态训练器 (图 2.10(a))、HapticWalker(图 2.10(b))、WalkTrainer^{TM} (图 2.10(c)) 和 HAL-5(图 2.10(d))。

GT I 步态训练器最初由柏林自由大学神经康复系研制，后由德国 RehaStim 公司推向市场。如图 2.10(a) 所示，GT I 配置了 BWS 和两个由电机驱动的脚踏板。使用时，患者的双脚分别固定在 GT I 的两个脚踏板上。该脚踏板能模拟人体行走过程中站立和摇摆周期脚部的运动，并能根据患者的病情调整步速。同时，GT I 步态训练器通过绑定到患者身体的 BWS 控制患者重心在水平和垂直两个方向的变化，能更加逼真地再现正常人体的行走状态 [70]。大量的临床试验表明，GT I 能够获得至少等同于手动康复训练的效果，同时大大减少康复训练对医护

人员数量的需求 [15,71,72]。

(a) GT I步态训练器[73]

(b) HapticWalker[74]

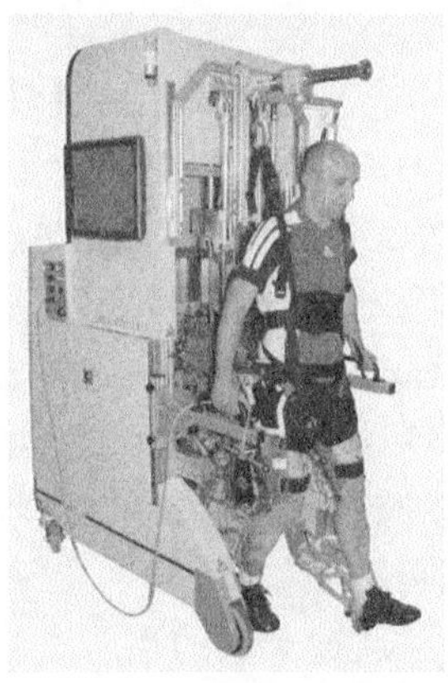

(c) WalkTrainer™[75]

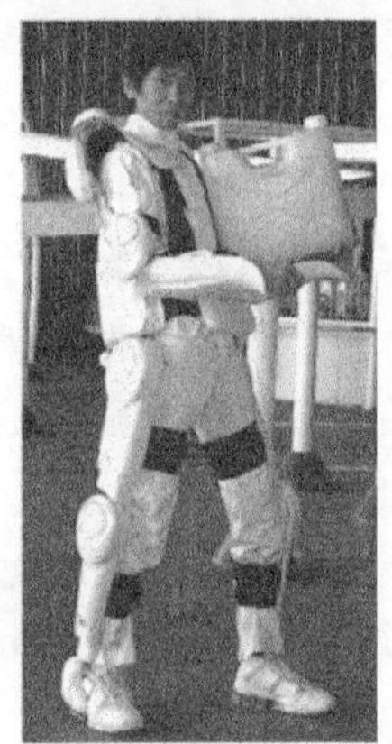

(d) HAL-5[76]

图 2.10 不依赖跑步机的行走站立式下肢康复机器人

HapticWalker 由查尔特-柏林医科大学神经康复系研制, 它在 GT I 基础上进行了较大改进。如图 2.10(b) 所示，它能够提供更加丰富的行走轨迹，如上下楼梯、在不平路面行走，甚至滑行等，这与现实生活中的情况更加接近 [73]。

WalkTrainer™ 由瑞士洛桑联邦理工学院机器人技术与系统实验室 (Laboratoire de Systèmes Robotiques, Ecole Polytechnique Federale de Lausanne) 研制，并由瑞士 Swortec 公司推向市场。它与目前其他行走站立式的下肢康复机器人有较大不同。该设备的设计初衷是为已恢复部分腿部肌力的瘫痪患者提供一个行走训练的平台。该设备设计了三套机器人外骨骼机构，其中两套为下肢外骨骼，一套为骨盆外骨骼。每套下肢外骨骼机构由主被动两部分组成 [74]：被动部分是轻型外骨骼，与人体下肢接触，作为人体下肢和设备的交互接口，该外骨骼设计了一个单自由度的膝关节机构，以防止人体下肢膝关节过度伸直而导致拉伤；主动部分外骨骼位于人体下肢后方，通过连杆和被动外骨骼连接，能控制人体髋、膝、踝三个关节，以实现行走时人体下肢各关节的协调运动。WalkTrainer^{TM} 的骨盆外骨骼机构具有六个自由度，分别对应于人体骨盆在行走过程中的三个平移和三个转动运动，用于控制人体骨盆在行走时的协调运动。该机器根据测量 20 个健康人行走时骨盆的运动轨迹，建立了几种人体骨盆运动的模型，并在 WalkTrainer^{TM} 上实现了该运动轨迹 [75]。通过下肢外骨骼和骨盆外骨骼机构的协调控制，WalkTrainer^{TM} 能够逼真再现人体行走时的动作，给患者提供优化的运动模式。该设备的另一大特点是结合了功能性电刺激 (functional electrical stimulation，FES) 系统，该系统能够在患者腿部运动时给患者腿部相应肌肉施加动态的电刺激，使患者的步态及肌肉收缩状况更加接近正常人 [51]。初步的临床试验表明，结合下肢和骨盆外骨骼控制，并在步行训练中施加 FES 的下肢康复训练方法，对瘫痪患者恢复行走能力有促进作用 [51]。

HAL(hybrid assistive limb) 是由日本筑波大学研制的外骨骼机器人，可用于肢体康复、负重行走等场合，目前由 CYBERDYNE 公司负责生产和运营。它有全身外骨骼和下肢外骨骼等多种类型。图 2.10(d) 所示为 HAL-5，是其最新版本的全身外骨骼机器人。该外骨骼机器人集成了肌电信号处理系统，提供两种控制方案，即智能主动控制 (cybernic voluntary control) 和智能自主控制 (cybernic autonomous control)。前者通过采集并识别使用者的主动运动意图来控制机器人，主要用于健康者；后者由机器人进行智能控制，可生成和健康者一致的运动姿态，可用于肢体功能障碍患者进行多种步态训练，包括行走、上下楼梯、起立等 [76]。HAL 下肢康复机器人的安全性和可行性已通过大量的临床试验得到验证。

2.3.4 坐卧式下肢康复机器人的研究现状

目前坐卧式下肢康复机器人的研究相对较少，相关的成熟产品十分稀缺。图 2.11 是几种主要的坐卧式下肢康复机器人系统。

图 2.11(a) 是瑞士 Swortec 公司的 MotionMaker^{TM} 下肢康复机器人。该康复机器人原型机同样由瑞士洛桑联邦理工学院机器人技术与系统实验室研制，包括一台座椅、两套下肢外骨骼，并为方便患者就座设计了就座床。每套下肢外骨骼有髋、膝、踝三个关节，同时大小腿长度和踝高均可手动调整，能满足不同体型患者的个性化训练需求。该康复机器人的一个显著特点是结合了力-位反馈的闭环 FES 功能。它能按照设定的算法在患者下肢进行被动康复训练时，对下肢肌肉进行同步电刺激 [77]，使患者肌肉收缩状态和健康人接近一致；同时，该系统还能够在机器人提供辅助扭矩的情况下刺激患者下肢肌肉，产生预期的运动轨迹 [53,78]。由于该康复机器人个性化调节机构均采用手动调节，其使用较为烦琐。同时，它

还不具备主动训练功能，也未配置虚拟现实系统，因此其训练模式比较单一。

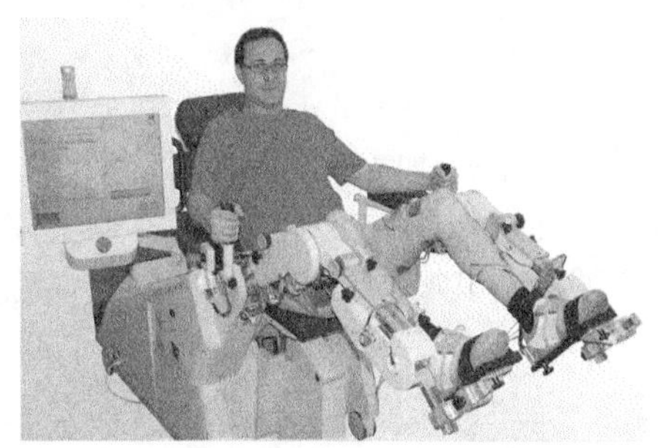

(a) MotionMaker™[77]

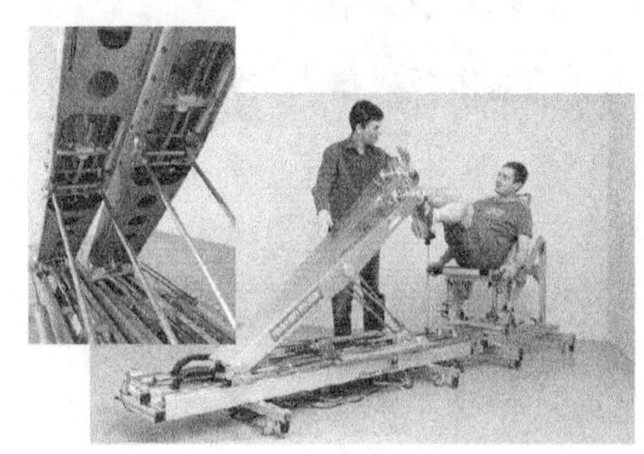

(b) Lambda[54]

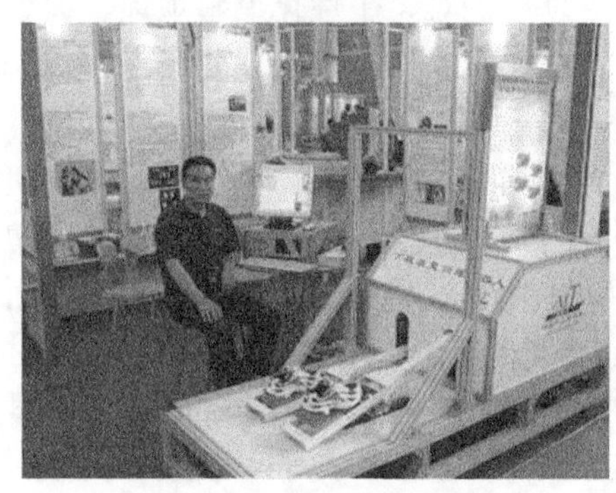

(c) 水平式下肢康复机器人

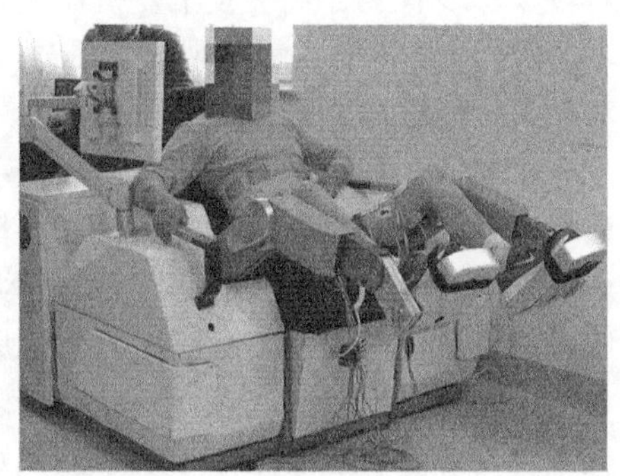

(d) iLeg

图 2.11 主要的坐卧式下肢康复机器人系统

图 2.11(b) 所示的 Lambda 是瑞士洛桑联邦理工学院机器人技术与系统实验室研制的一款经济型下肢康复机器人。患者在使用该康复机器人做康复训练时，其双脚只能在一个平面内运动 [54]。

图 2.11(c) 是哈尔滨工程大学研制的水平式下肢康复机器人，该机器人和 Lambda 功能类似，患者的双脚只能在水平面运动 [79,80]。以上两款下肢康复机器人由于患者双脚只能在给定的平面内运动，其训练轨迹较单一。同时，它们都未配置虚拟现实系统。

图 2.11(d) 所示的 iLeg 是中国科学院自动化研究所为主研制的一款下肢康复机器人 [81]。该机器人设计了被动训练功能，可带动患者下肢做踏车运动和蹬踏运动。同时，iLeg 初步实现了主动康复训练功能，可通过采集和分析患者上肢的表面肌电 (surface electromyography，sEMG) 信号，并用该信号识别患者运动意图，然后结合意图识别结果驱动 iLeg 下肢机构。该康复机器人的缺点是其个性化调节机构还不完善，例如，它的座椅宽度无法调整，患者就座时极易和下肢机构发

生擦碰；同时，其主动训练主要基于人体表面肌电信号，对个体差异较为敏感，影响了意图识别的准确性。

2.3.5 下肢康复机器人关键技术分析

比较上下肢康复机器人技术现状可以看出，下肢康复机器人在机构设计、康复训练方法、康复评价及个性化训练处方等方面还存在不足；同时，其康复效果还需要更大规模的临床试验来验证。本书主要针对其中的机构设计和康复训练方法等问题展开研究。

在机构设计方面，虽然对行走站立式的下肢康复机器人研究较多，但是大量的临床试验都无法证明其确切的康复效果；而目前坐卧式下肢康复机器人的研究相对较少，现有坐卧式下肢康复机器人存在就座困难、个性化调整烦琐、训练方法单一等问题。本书将针对现有坐卧式下肢康复机器人机构设计的不足进行改进，并对相关机构进行设计和优化。

在康复训练方法研究方面，虽然主动康复训练对促进人体神经系统修复和肢体运动功能恢复的效果已经得到验证，但是目前对基于下肢康复机器人的主动康复训练方法的研究还相对不足。实现主动康复训练必须首先识别患者的运动意图，而现有的运动意图识别方法应用于下肢康复机器人还存在较多问题。本书在对现有人体运动意图识别方法进行分析和探讨的基础上，提出一种基于力-位传感器和人机系统动力学模型的人体运动意图识别方法，并重点研究了下肢康复机器人及其人机系统的动力学模型辨识的相关问题。

1) 机构设计及优化

行走站立式下肢康复机器人的设计初衷是设计更加接近日常生活中人体下肢运动方式的康复训练方法。从以上几节的分析可知，行走站立式的下肢康复机器人研究时间较长，而且有大量的临床试验。然而，这些试验的结果却不能有效证明该类型下肢康复机器人具有显著的康复效果。因此，有必要在下肢康复机器人的机构设计中考虑采用有别于传统行走站立式的结构形式。另外，与行走站立式的下肢康复机器人相比，坐卧式下肢康复机器人在以下几个方面具有优势：

(1) 坐卧式姿态和医生对瘫痪患者做下肢功能评估时采用的姿态更加接近；

(2) 早中期的瘫痪患者因缺乏下肢肌力而难以站立，对该类型患者而言，坐卧式的下肢康复机器人更加易于使用；

(3) 患者在坐卧姿态时，其下肢运动空间更大，因此可以设计更丰富的训练轨迹，这对虚拟康复训练系统设计非常有利。

上述第 3 点优势尤其值得关注，因为下肢瘫痪患者下肢功能丧失只是一种表象，其实质是中枢神经系统损伤，下肢康复训练的本质是促进瘫痪患者神经系统的康复。上肢康复机器人的技术研究成果表明，基于虚拟现实系统的康复训练能更大程度激发患者神经系统的活性和参与度，有利于改善神经系统的康复效果 [82,83]。因此，结合虚拟现实系统的康复训练方法能进一步改善下肢康复机器人的性能，提高康复效果。

然而，目前坐卧式下肢康复机器人研究相对较少，其机构设计还存在以下主要问题：就座不方便、个性化调节机构使用烦琐、腿部关节机构设计不完善等。

首先，现有的坐卧式下肢康复机器人的就座工艺及相关机构设计还不完善。例如，就较为典型的坐卧式下肢康复机器人 MotionMaker™ 而言，其就座时需要将两套下肢外骨骼上举到最大高度，给医生和患者造成不安全的心理感觉，而且它需要设计专门的就座床，设计较为复杂。对于 iLeg 来说，就座时需要将患者背到康复机器人座椅上，而且其两侧腿部机构的宽度无法调整，因此在患者就座过程中，容易造成患者下肢与机械臂发生擦碰产生二次伤害。其次，在个性化调节方面，现有坐卧式下肢康复机器人的机构设计还非常欠缺。例如，MotionMaker™ 还没有座椅宽度调节功能，而其下肢外骨骼机械臂的大小腿长度完全采用手动进行调节，相关调节机构的使用较为困难且较烦琐。最后，在腿部关节机构设计方面，MotionMaker™ 和 iLeg 也都有自身的不足。前者下肢关节机构的力学特性与人体下肢关节的力学特性差距较大；而后者的腿部关节机构稳定性较差，还需要进一步做改进。上述问题将在本书的机构设计章节作进一步详细分析。

2) 人体运动意图识别与人机系统动力学模型辨识

成熟的上肢康复机器人平台，往往设计了多种康复训练方法，包括主动训练、被动训练及助力训练等。主动训练对于患者的运动功能恢复和神经系统的康复具有更加积极的效果 [84,85]。患者采用主动和被动的方式进行腕关节的弯曲/伸展运动训练后，比较其大脑皮层的 fMRI 图像和基于 TMS 获得的运动皮层激活度发现，主动训练能够更大程度诱发大脑皮层功能重组和性能改善 [84]。另外，从 1.2 节上肢康复机器人的技术分析也可以发现，上肢康复机器人的设计者特别重视主动康复训练的设计。例如，较典型的上肢康复机器人，如 MIT-MANUS、MIME 及 ArmeoPower 等都设计了较丰富的主动康复训练程序。而基于下肢康复机器人的主动康复训练方法研究相对不足，其中针对坐卧式下肢康复机器人的相关研究则更加稀缺。

设计主动康复训练必须首先识别患者的运动意图。sEMG 信号是目前研究较多的一种可用于人体运动意图识别的生物电信号。由于人体肌电信号先于可见的肌肉运动，且能够反映人体肌肉疲劳程度等生物机能特征，采用 sEMG 信号来识别运动意图具有一定的应用前景。然而，sEMG 信号对人体的个体差异非常敏感，当同一使用者的皮肤表面情况发生变化时，其 sEMG 信号也会发生变化。因此，康复训练中采用 sEMG 信号来估计人体运动意图的方法离实际临床应用还有较大差距。

来自力-位传感器的测量信号则相对可靠，因此采用力-位传感器信号来识别患者运动意图的准确性更高，而该方法也有其自身的问题。就桌面型上肢康复机器人而言，其机械臂重力对关节扭矩影响可忽略不计；人体施加主动扭矩时，机器人关节扭矩主要由该主动扭矩提供，因此采用安装在康复机器人关节位置的扭矩传感器或者通过监测关节驱动电机的电流变化并结合相应的辨识算法可识别患者的运动意图。对于下肢康复机器人和空间运动型的上肢康复机器人而言，其关节扭矩构成更为复杂，机械臂的重力、惯性力与关节摩擦力，患者的主动关节扭矩均会对机器人关节位置的测量扭矩产生影响。因此，需要充分考虑各个影响因素，设计合理的辨识算法对康复训练时人体的运动意图进行准确估计。当然，也可以采用测量人体和机械臂接触位置的作用力来估计人体运动意图。这种方法是在人体和机械臂接触位置设计测量装置，当人体施加主动作用力时用该装置测量获得人体主动力。但是，这种装置往往需要人体按照特定的方向对测力装置施加作用力，这容易造成患者在使用时的不舒适感。而且，对于下肢瘫痪患者来说，其下肢存在运动功能障碍，极易发生抖动现象，这种抖动对接触力的影响很大，容易导致较大的测量误差而造成识别错误。因此，直接测量人体和机械臂之间接触力来识别人体主动运动意图的方法 [86]，对于本书的下肢康复机器人而言并不适用。综上所述，本书采用扭矩和位置传感器来识别患者的运动意图。由于康复训练时，患者肢体和机械臂一起做运动，这两部分均会产生由动力学特性带来的关节扭矩。该扭矩也将反映在关节扭矩传感器的测量值中，因此需要考虑人机系统的动力学问题。

对于本书讨论的下肢康复机器人而言，其人机系统动力学模型包括下肢外骨骼和人体下肢的动力学模型两部分。对于下肢外骨骼的动力学模型辨识问题，相关文献已做过大量的研究，但是这些研究一般都是针对关节角度范围较大，需要高速高精度控制的工业机器人。对本书的下肢康复机器人而言，由于其关节角度、角速度，以及角加速度的变化范围都较小，采用传统的机器人动力学系统辨识方法将遇到很多困难，包括下肢外骨骼的动力学系统如何精确建模、激励轨迹优化问题的初始可行解如何获得，以及动力学模型如何优化等。本书将对这些问题进行分析并提出相应的解决办法。另外，文献中的人体下肢动力学模型往往是针对特定的下肢运动而设计的，难以直接应用到下肢康复训练中，因此本书设计了新型的人体下肢动力学模型和相应的辨识方法，并通过实验验证了该动力学模型和辨识方法的可行性。在获得人体下肢和下肢外骨骼的动力学模型之后，我们还基于该模型对人体的运动意图进行识别实验，通过人体实验验证了基于关节扭矩、关节角度并结合人机系统动力学模型来估计人体主动运动意图的可行性。

第 3 章　上肢康复机器人设计

3.1　引　　言

系统设计是康复机器人研究的一个重要基础。康复机器人设计首先要能够满足运动的要求，如运动空间、运动速度等；其次，对于康复训练任务，机器人与患者之间应当是柔顺的交互，要保证患者的安全；最后，康复机器人系统要性能稳定，方便控制和操作。针对这些要求，本书设计了一款新型上肢康复机器人，采用末端执行器形式，能够在运动过程中向患者提供力反馈，同时设计了虚拟现实训练环境提供训练指导和视觉反馈。本章将对上肢康复机器人系统设计进行详细介绍和分析，具体内容安排如下：3.2节介绍系统组成与机构设计，并对机器人的工作空间和力反馈能力进行分析，3.3节介绍控制系统设计，3.4节介绍虚拟现实训练环境的设计，3.5节对本章内容进行总结。

3.2　系统介绍与机构设计

3.2.1　系统介绍

图 3.1 展示了中国科学院自动化研究所研制的上肢康复机器人平台。整个系统包括上肢康复机器人和上位机，其中上肢康复机器人有两个电机驱动的主动关节，可提供平面内的运动训练。上位机与康复机器人通过 USB 接口进行通信，接

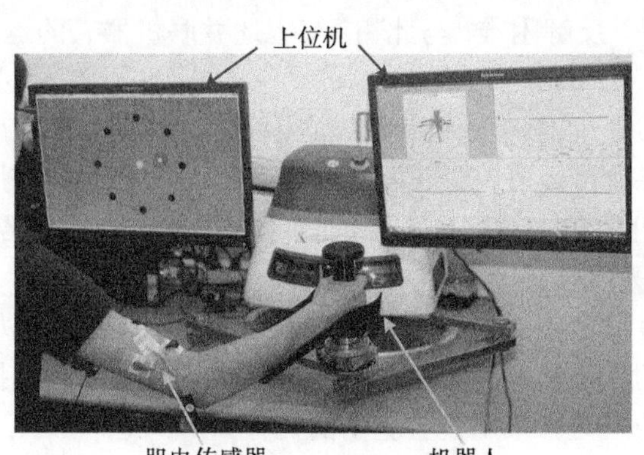

图 3.1　本书设计的上肢康复机器人辅助训练场景

收机器人的运动状态信息，同时向机器人下发运动或者力控制指令。此外，在上位机设计了虚拟现实训练环境，向患者提供指导和视觉反馈，并记录训练数据，为医生提供评价参考。

3.2.2 机构设计

机械结构如图 3.2 所示，机器人采用并联五连杆结构，四根连杆与基座通过五个关节依次连接构成一个闭环。除基座两个关节为主动关节外，其他三个关节均为被动关节。相对于串联机构，该设计具有以下主要优点：

(1) 驱动装置可以安放在基座或者接近基座的位置；

(2) 机器人的运动部分重量轻，动态性能较好；

(3) 运动机构通过连杆和被动关节与基座相连接，因此结构紧凑、刚度高、承载能力高。

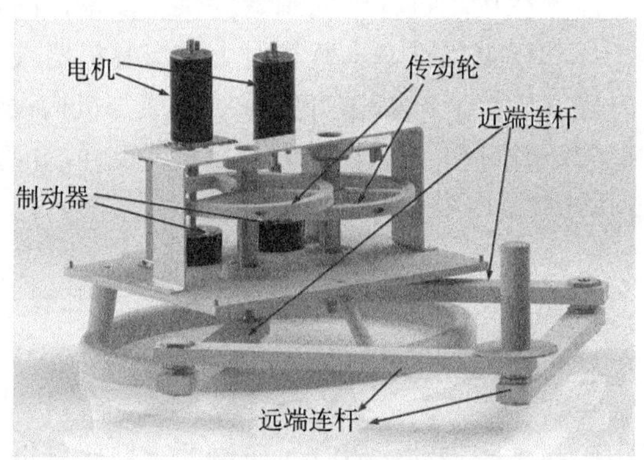

图 3.2 本书设计的上肢康复机器人机械结构图

该机器人的主要缺点包括：工作空间小；从运动学的角度来看，串联机器人的运动学正解容易，反解困难，与此相反，上述并联机器人的运动学反解简单，正解困难。

由于没有关节误差的积累，并联机器人往往被认为是高精度的机器人。在一些需要高精度、高刚度或者高速度而不需很大的工作空间的应用领域，并联机器人机构相比串联机构越来越受到人们的青睐，常见的应用场合包括飞行模拟器、微动机器人、力/力矩传感器等 [86]。

上述上肢康复机器人采用电机和磁滞制动器混合驱动。电机是主动元件，可以控制输出扭矩的大小和方向。磁滞制动器是被动元件，只能提供与运动或者运动趋势方向相反的阻力。采用混合驱动的优势如下：

(1) 在本书研制的上肢康复机器人系统中，对机器人的阻力输出有较高要求，磁滞制动器可以增加机器人的阻力输出能力；

(2) 在力反馈控制中，虚拟环境的刚度过大会导致电机控制不稳定，而磁滞制动器作为耗能元件，有助于系统的稳定 [87]。

绳传动机构可以将电机和制动器的扭矩传递到连杆。相对于齿轮传动方式，其优势在于传动效率高，摩擦小；没有回差和间隙，反向驱动能力强，有助于提高力反馈控制的透明性。相对于直驱方式，绳传动机构在相同力输出能力下对电机的尺寸和性能要求更小 [88]。混合驱动与绳传动如图 3.3 所示，电机和制动器之间通过轴套进行连接，钢丝绳缠绕在轴套和传动轮上，构成绳传动机构。轴套直径 8 mm，传动轮直径 160 mm，传动比 20:1。钢丝绳直径 0.8 mm，最大负载 150 kg。

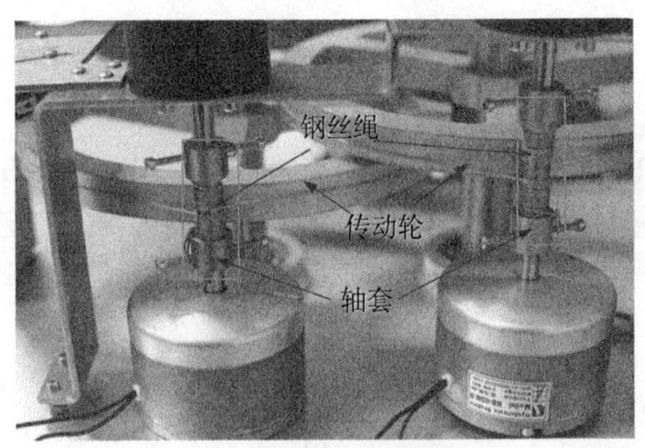

图 3.3 混合驱动与绳传动

3.2.3 工作空间与奇异性分析

并联机构的正运动学求解不便，因此并联机器人工作空间的解析求解是一个非常复杂的问题，至今仍没有完善的方法。Gosselin[89] 利用圆弧相交的方法确定了六自由度并联机器人在姿态固定时的工作空间，并且给出工作空间的三维表示。这种方法以求工作空间的边界为目的，可以计算出工作空间的体积大小。Merlet[90] 采用类似的方法研究了平面并联机器人的各种工作空间。

1. 工作空间分析

图 3.4 为本书设计的上肢康复机器人的平面五连杆机构示意图。该机构具有结构简单、易用的特点，受到国内外很多学者的重视。为避免使用齿轮机构，美国麻省理工学院的 Asada 等 [91] 研制了基于平面五连杆机构的直接驱动机器人；美国田纳西科技大学的 Ting[92] 研究了五连杆机器人的曲柄存在条件。

本书设计的并联机构为对称结构，即两条近端连杆的长度相同，两条远端连杆的长度也相同。如图 3.4 所示，连杆长度满足下式，即

$$l_1 = l_2, \quad l_3 = l_4 \tag{3.1}$$

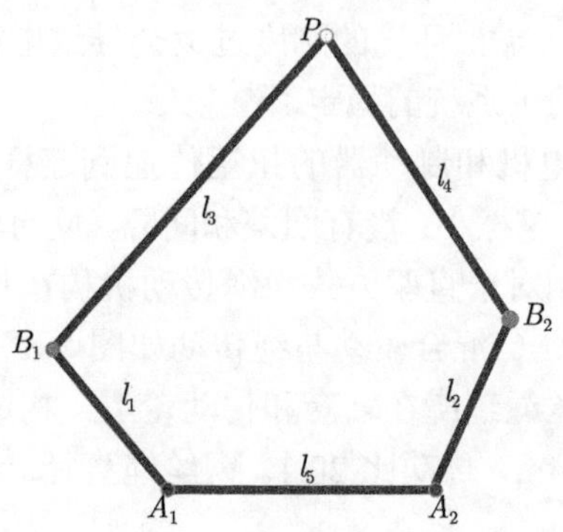

图 3.4 本书设计的上肢康复机器人结构示意图

五连杆机构的工作空间分析比较复杂，不同的连杆长度组合会产生不同的工作空间特性。五连杆并联机器人的工作空间状况如图 3.5 所示，其工作空间是两

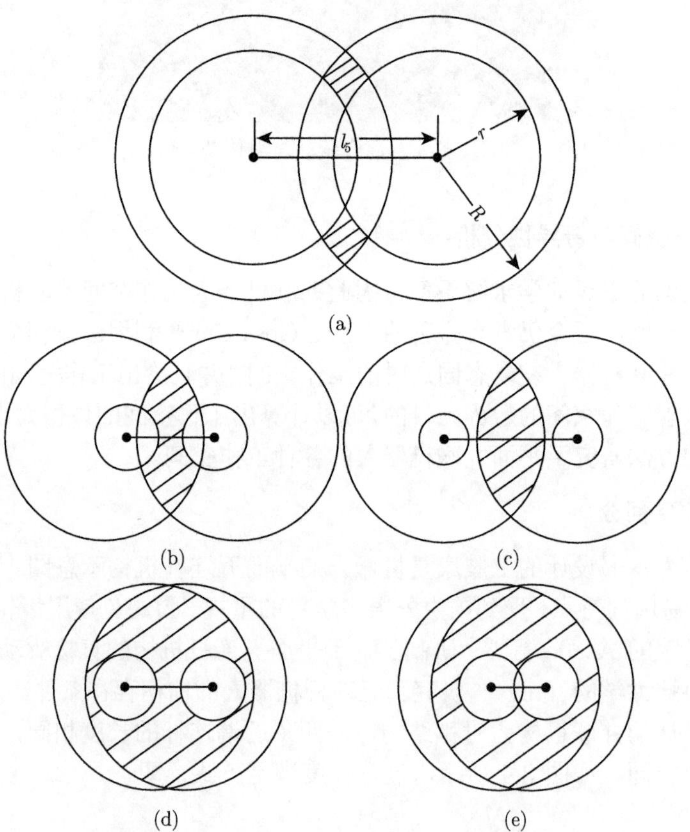

图 3.5 五连杆并联机器人五种工作空间状况

个串联分支工作空间的公共区域。容易看出，串联分支的工作空间是半径分别为 r 和 R 的圆构成的圆环，而 r 和 R 是由近端连杆和远端连杆的长度共同确定的，即

$$r = |l_1 - l_3|, \quad R = l_1 + l_3 \tag{3.2}$$

选择不同的 r 和 R 可以得到 5 种不同形态的工作空间：

$$\begin{cases} \text{(a) } l_5 < 2r,\ l_5 - r < R < \ l_5 + r \\ \text{(b) } l_5 > 2r,\ l_5 - r < R < \ l_5 + r \\ \text{(c) } l_5 > 2r,\ R > \ l_5 + r \\ \text{(d) } l_5 > 2r,\ R < \ l_5 - r \\ \text{(e) } l_5 < 2r,\ R > l_5 + r \end{cases} \tag{3.3}$$

本书设计的上肢康复机器人工作空间如图 3.6 所示，其中近端连杆长度 l_1 和 l_2 为 30 cm，远端连杆长度 l_3 和 l_4 为 40 cm，两个基座关节之间的长度 l_5 为 12 cm，因此有

$$\begin{cases} r = |l_1 - l_3| = 10\,\text{cm} \\ R = l_1 + l_3 = 70\,\text{cm} \\ l_5 = 12\,\text{cm} \end{cases} \tag{3.4}$$

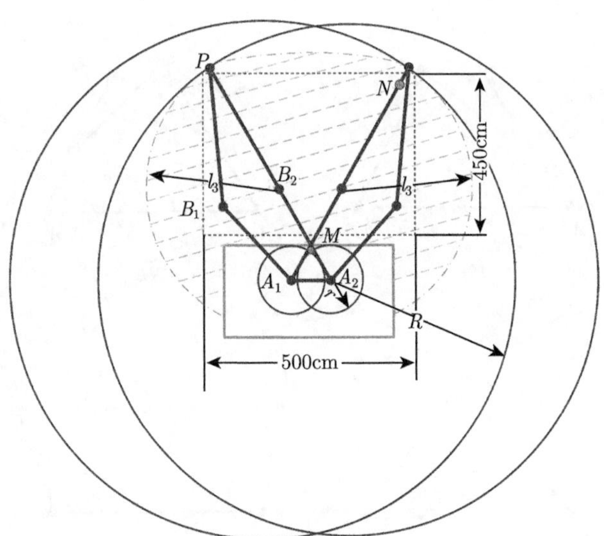

图 3.6 本书设计的上肢康复机器人工作空间

根据以上分析，本书的机器人工作空间形状与图 3.5(e) 相同，与其他类型相比，在相同连杆总长度 R 的情况下，工作空间更大。图 3.6 中上部矩形虚线框包

含的 500mm×450mm 区域是实际的任务空间，与虚拟训练环境的范围相对应，能够满足上肢康复训练的需要。

2. 奇异位置分析

上述并联机器人存在串联奇异和并联奇异两种类型的奇异位置。如图 3.7 所示，五连杆并联机器人共有四种串联奇异情况 (图 3.7(a)~(d))，以及两种并联奇异情况 (图 3.7(e) 和 (f))。串联奇异位置是当同一侧两根连杆共线时候发生的，此时连杆末端的位置构成了工作空间的边界，如图 3.7(a)~(d) 所示。

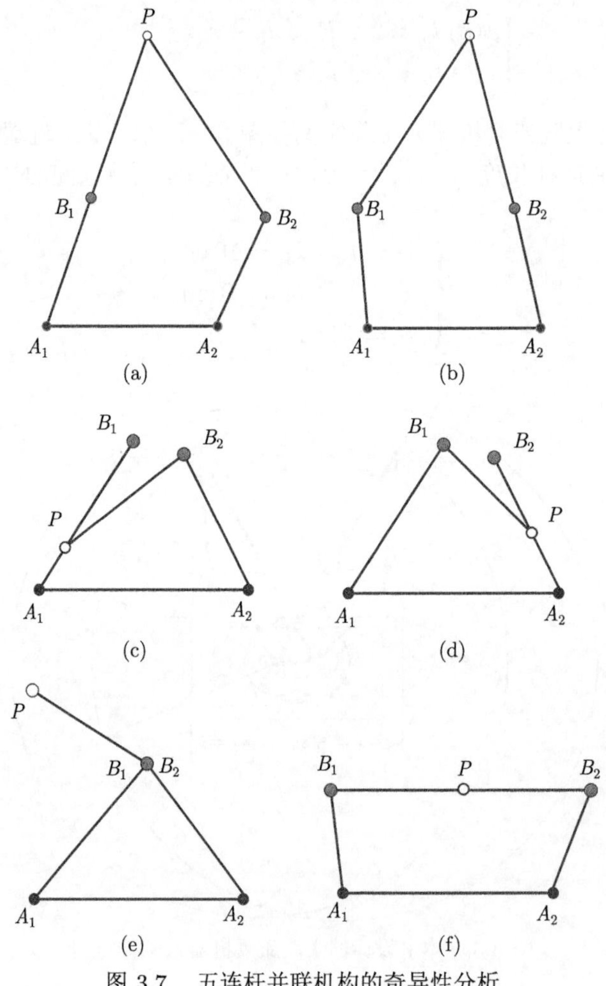

图 3.7　五连杆并联机构的奇异性分析

并联奇异位置是当不同侧远端连杆共线的时候发生的。并联奇异位置又有两种情况：一种是关节 B_1、B_2 重合，如图 3.7(e) 所示；另一种是不重合，如图 3.7(f) 所示。并联奇异位置位于可达工作空间内部的，必须尽量避免。

本设计的连杆尺寸满足

$$l_3 + l_4 > l_1 + l_2 + l_5 \tag{3.5}$$

因此，第二种并联奇异类型 (图 3.7(f)) 不会发生。

另外，由于机械干涉和限制，一些奇异情况也不会发生。由于手柄和基座的阻挡，同侧近端连杆和远端连杆不会出现如图 3.7(c) 和 (d) 所示的串联奇异。类似的，由于机构干涉，关节 B_1 和 B_2 不会重合，所以第一种并联奇异类型 (图 3.7(e)) 也不会发生。

安装两个限位销可以避免如图 3.7(a) 和 (b) 所示的连杆机构奇异状况。一个安装在基座 (图 3.6 中 M)，用来限制两个近端连杆的旋转角度；另一个安装在靠近手柄的远端连杆 (图 3.6 中 N)，用来限制两个远端连杆之间的角度。

综上所述，通过选择合适的连杆长度，并添加机械限位措施，可以避免工作空间内的各种串联奇异和并联奇异情况。

3.2.4 运动学分析

1. 正向运动学

如图 3.8 所示，正向运动学研究如何根据关节角度 (θ_1，θ_2) 得到手柄 P 在工作空间中的坐标。图中黑点表示坐标系上的点或参考点，灰点表示考察的运动点。机构采用对称结构，为方便起见，假设近端连杆长度为 r_1，远端连杆长度为 r_2，基座两关节间距离 $A_1A_2 = 2r_3$，坐标系原点位于基座两关节的中间位置。

根据图 3.8，末端手柄 P 的位置为

$$\boldsymbol{OP} = \boldsymbol{OB_1} + \boldsymbol{B_1B_3} + \boldsymbol{B_3P} \tag{3.6}$$

已知连杆长度 (r_1，r_2，r_3) 及基座关节角度 (θ_1，θ_2)，可以得到

$$\boldsymbol{OB_1} = (r_1 \cos\theta_1 - r_3, r_1 \sin\theta_1) \tag{3.7}$$

$$\boldsymbol{OB_2} = (r_1 \cos\theta_2 + r_3, r_1 \sin\theta_2) \tag{3.8}$$

从而有

$$\begin{aligned}\boldsymbol{B_1B_2} &= \boldsymbol{OB_2} - \boldsymbol{OB_1} \\ &= (r_1 \cos\theta_2 - r_1 \cos\theta_1 + 2r_3,\ r_1 \sin\theta_2 - r_1 \sin\theta_1)\end{aligned} \tag{3.9}$$

取 B_3 为 $\boldsymbol{B_1B_2}$ 的中点，由于两根远端连杆长度相同，从而有

$$\boldsymbol{B_1B_3} = \frac{1}{2}\boldsymbol{B_1B_2} \tag{3.10}$$

$$\boldsymbol{B_3P} \perp \boldsymbol{B_1B_2} \tag{3.11}$$

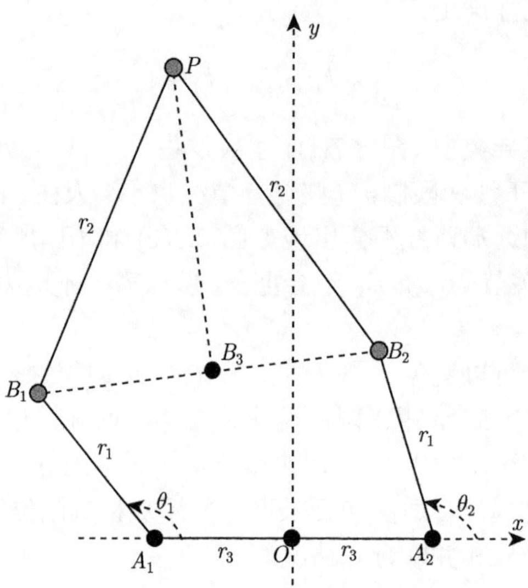

图 3.8　正向运动学分析示意图

如果定义向量 $\boldsymbol{B_1B_2}$ 为

$$\boldsymbol{B_1B_2} = (a, b) \tag{3.12}$$

即

$$\begin{cases} a = r_1\cos\theta_2 - r_1\cos\theta_1 + 2r_3 \\ b = r_1\sin\theta_2 - r_1\sin\theta_1 \end{cases} \tag{3.13}$$

则 $\boldsymbol{B_3P}$ 的单位向量为

$$\left(\frac{-b}{\sqrt{a^2+b^2}}, \frac{a}{\sqrt{a^2+b^2}}\right) \tag{3.14}$$

因为 $\boldsymbol{B_3P}$ 的长度为

$$|\boldsymbol{B_3P}| = \sqrt{{r_2}^2 - \frac{a^2+b^2}{4}} \tag{3.15}$$

从而 $\boldsymbol{B_3P}$ 可以表示为

$$\boldsymbol{B_3P} = \frac{(-b, a)}{\sqrt{a^2+b^2}} \times \sqrt{{r_2}^2 - \frac{a^2+b^2}{4}} \tag{3.16}$$

最后，我们可以得到手柄 P 的坐标为

$$\begin{aligned}\boldsymbol{OP} &= \boldsymbol{OB_1}+\boldsymbol{B_1B_3}+\boldsymbol{B_3P}\\ &= \begin{pmatrix} r_1\cos\theta_1 - r_3 \\ r_1\sin\theta_1 \end{pmatrix}^{\mathrm{T}} + \frac{1}{2}\begin{pmatrix} a \\ b \end{pmatrix}^{\mathrm{T}} + \frac{\sqrt{{r_2}^2 - \dfrac{a^2+b^2}{4}}}{\sqrt{a^2+b^2}}\begin{pmatrix} -b \\ a \end{pmatrix}^{\mathrm{T}}\end{aligned} \tag{3.17}$$

2. 逆向运动学

在运动控制中，控制目标通常是工作空间中的位置，需要转化为关节空间的角度，即逆向运动学求解。图 3.9 为逆向运动学分析示意图，其中黑点表示坐标系上的点或参考点，灰点表示考察的运动点。

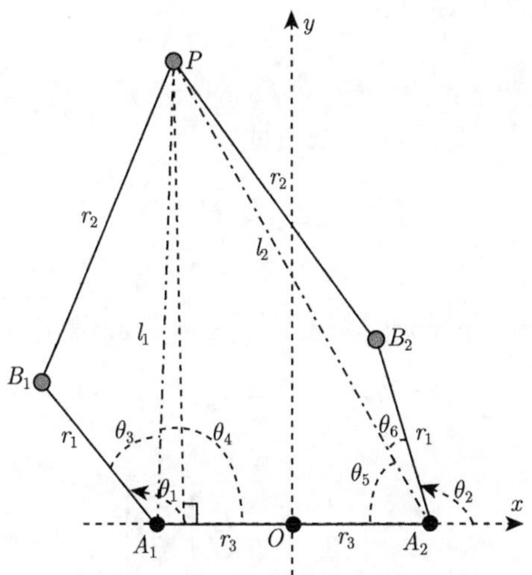

图 3.9 逆向运动学分析示意图

如图 3.9 所示，如果已知手柄位置为 (x, y)，可以得到

$$l_1 = \sqrt{y^2 + (x+r_3)^2} \tag{3.18}$$

根据余弦定理，有

$$\theta_3 = \arccos\left(\frac{r_1^2 + l_1^2 - r_2^2}{2r_1 l_1}\right) \tag{3.19}$$

$$\theta_4 = \arccos\left(\frac{l_1^2 + (2r_3)^2 - l_2^2}{4l_1 r_3}\right) \tag{3.20}$$

从而可以得到 θ_1 为

$$\theta_1 = \theta_3 + \theta_4 \tag{3.21}$$

同样的，我们可以得到关节角 θ_2，即

$$\theta_2 = \theta_5 + \theta_6 \tag{3.22}$$

其中

$$\theta_5 = \arccos\left(\frac{l_2^2 + (2r_3)^2 - l_1^2}{4l_2 r_3}\right) \tag{3.23}$$

$$\theta_6 = \arccos\left(\frac{r_1^2 + l_2^2 - r_2^2}{2r_1 l_2}\right) \tag{3.24}$$

$$l_2 = \sqrt{y^2 + (x - r_3)^2} \tag{3.25}$$

3.2.5　速度运动学与力反馈分析

1. 雅可比矩阵推导

假设两根远端连杆的长度都为 r_2，即

$$|\boldsymbol{B_1P}| = |\boldsymbol{B_2P}| = r_2 \tag{3.26}$$

则有

$$\begin{cases} (x - r_1\cos\theta_1 + r_3)^2 + (y - r_1\sin\theta_1)^2 = r_2^2 \\ (x - r_1\cos\theta_2 - r_3)^2 + (y - r_1\sin\theta_2)^2 = r_2^2 \end{cases} \tag{3.27}$$

对时间求导有

$$\boldsymbol{A}\begin{bmatrix} \dot{\theta}_1 \\ \dot{\theta}_2 \end{bmatrix} = \boldsymbol{B}\begin{bmatrix} \dot{x} \\ \dot{y} \end{bmatrix} \tag{3.28}$$

其中, 矩阵 $\boldsymbol{A}$ 和 $\boldsymbol{B}$ 分别为

$$\boldsymbol{A} = \begin{bmatrix} y\cos\theta_1 - (x + r_3)\sin\theta_1 & 0 \\ 0 & y\cos\theta_2 + (r_3 - x)\sin\theta_2 \end{bmatrix} r_1 \tag{3.29}$$

$$\boldsymbol{B} = \begin{bmatrix} x + r_3 - r_1\cos\theta_1 & y - r_1\sin\theta_1 \\ x - r_3 - r_1\cos\theta_2 & y - r_1\sin\theta_2 \end{bmatrix} \tag{3.30}$$

从而可以得到雅可比矩阵 $\boldsymbol{J}$，即

$$\boldsymbol{J} = \boldsymbol{B}^{-1}\boldsymbol{A} \tag{3.31}$$

2. 力反馈分析

如 3.2.4 节所述，本书设计的上肢康复机器人的工作空间形状不规则，为便于

分析其力反馈能力，将力反馈空间限制在工作空间中心附近 50cm×45cm 的矩形空间，这也是在康复训练过程中使用的任务空间。

根据虚功原理，机器人在末端的反馈力 $\boldsymbol{F}$ 和关节电机输出扭矩 $\boldsymbol{T}$ 之间的关系为

$$\boldsymbol{T}=\boldsymbol{J}^{\mathrm{T}}\boldsymbol{F} \tag{3.32}$$

其中，$\boldsymbol{J}$ 是机器人的雅可比矩阵。

因此，根据关节电机的输出扭矩，可以计算得到其在末端手柄处产生的等价力，即

$$\boldsymbol{F}=\boldsymbol{J}^{-\mathrm{T}}\boldsymbol{T} \tag{3.33}$$

在本设计中，电机和制动器的最大连续输出扭矩都是 0.45 Nm，传动机构的传动比为 20:1，从而电机能够提供的最大关节扭矩为 9 Nm，电机和制动器共同提供的最大阻力扭矩可达 18 Nm。

由于雅可比矩阵与机器人末端位置有关，在不同的位置机器人的力反馈能力也不同，工作空间中典型位置的力反馈能力如图 3.10 所示。可以看出，机器人末端在某一位置的力输出是限制在一个平行四边形内，而在该点不同方向的最大反馈力大小是由其内接圆的半径决定的。根据图 3.10，远离基座的两个边角上所能提供的各方向上的反馈力最小，为 32.8 N。

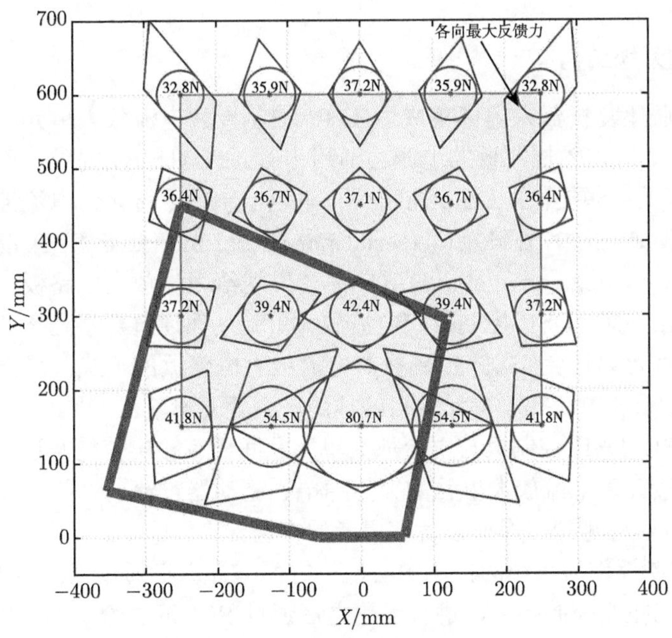

图 3.10 力反馈能力分析示意图

3.3 电控系统设计

本书设计的上肢康复机器人控制系统采用主从架构，如图 3.11 所示。上位机使用普通个人计算机 (PC)，下位机是数字信号处理器 (digital signal processing, DSP)，集成在机器人内部。

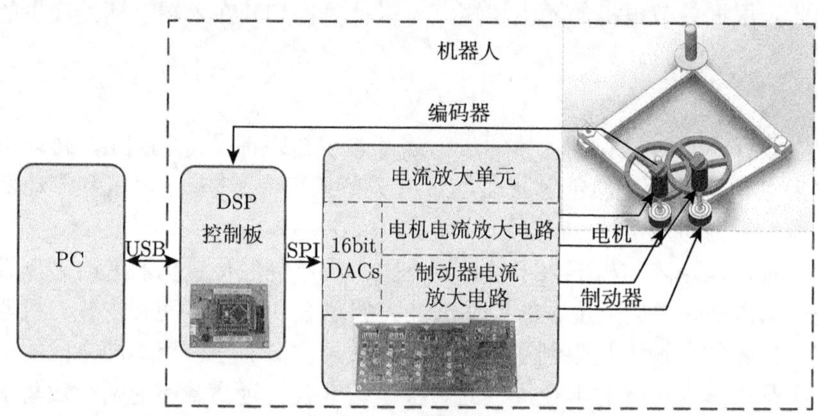

图 3.11 本书设计的上肢康复机器人控制系统

3.3.1 控制系统结构

上述上肢康复机器人内部集成了 DSP 控制板和电流放大单元，分别负责运算和电流放大。DSP 控制板的电源由通用串行总线 (USB) 提供，而驱动板的电源由 24V 开关电源提供。DSP 控制板将扭矩控制指令转化为电流控制量，然后将电流控制量通过串行外设接口 (serial peripheral interface, SPI) 的数字模拟转换 (digital-to-analog conversion,DAC) 芯片发送给电流放大电路板，控制电机和制动器的输出扭矩。DSP 控制板和电流放大单元之间通过数字隔离芯片进行电气隔离，一方面可以避免 DSP 控制板对电流放大电路板的干扰，另一方面可以保证 DSP 控制板和电流控制单元各自的故障不会相互影响。

除了 SPI，DSP 控制板与电流放大单元之间还有输出使能及过流、过热检测的状态查询接口，电流放大单元的突然掉电、驱动器过流、过热等异常状况都能被 DSP 控制板检测到，保证设备和患者的安全。

DSP 控制板作为系统的控制中心，一方面与计算机通过 USB 接口通信，接收位置、输出扭矩控制指令，进行解码之后通过 SPI 发送给 DAC 芯片作为电流控制的参考输入。另一方面，DSP 接收电机编码器信息，经过计算之后，将电机的旋转角度发送给上位机，上位机计算得到机器人的当前位置和速度等信息。除此之外，DSP 控制板还接收机器人手柄内部的接触传感器的输出，检测患者手部的抓握信息。另外，DSP 控制板还控制手柄内部的振动电机，通过触觉的形式向患者提供一些提醒、警告等。

3.3.2 驱动电路

由于涉及人机交互力的控制，要求系统能够精确地控制电机和制动器的电流。如图 3.11 所示的上肢康复机器人采用功率运放作为电机和制动器的电流放大元件，采用线性放大的方式。线性放大电路相对基于 H 桥的开关驱动电路，具有噪声小、电流脉动小的优势。同时，设计模拟电路实现电机的电流闭环控制，电流通过霍尔元件进行检测，而参考电流由 SPI 的 16 位 DAC 芯片给出。

在图 3.11 中，电机位置的闭环控制在 DSP 中实现。DSP 接收电机编码器信息，得到电机的当前位置，通过比例积分 (proportional integral, PI) 控制器实现电机的位置控制。位置控制的输出作为电流环的电流参考，经过放大之后改变电机的输出扭矩。

磁滞制动器驱动电路采用类似的设计方法。与电机控制不同，制动器的输出扭矩方向与运动方向相反，电流的方向对输出扭矩的方向没有影响，因此制动器的电流放大电路采用单端输出。

3.4 软件系统设计

目前，虚拟现实技术已经在康复领域得到广泛应用，已成为康复机器人系统的一个重要组成部分。

虚拟现实技术在康复训练中的应用主要有以下优点。

(1) 康复运动训练多为重复性任务，比较单调，患者缺乏训练的积极性，容易注意力不集中。康复训练结合虚拟现实环境，可以增强训练的趣味性，有助于患者集中注意力，提高训练的积极性，从而提高康复训练效果。

(2) 可以通过编程模拟多种训练场景，作为视觉反馈有助于训练患者对于复杂环境的感知和运动控制。

(3) 可以实现很多在物理场景中无法实现的训练策略，例如，可以实现基于视觉的扭矩 [93] 和误差放大等 [94]。

(4) 可以结合一个简单的康复机构完成更多的训练任务，可以增加系统的功能，更加经济有效。

3.4.1 系统架构

本书设计的虚拟现实训练环境的整体架构如图 3.12 所示，主要有操作系统层、基础软件库层、功能模块层。其中，操作系统、文件系统和设备驱动程序是整个软件的最底层，向上层模块提供接口和支持。设备驱动主要负责通过 USB 接口与机器人进行数据的交互，完成数据的收发和解码等任务。

基础软件库层包括 OpenGL、MFC、C++ 标准库、矩阵运算库等。OpenGL 是 2D/3D 图形库，提供跨平台的图像渲染接口，可以非常方便地设置 3D 场景，配置场景颜色、光照和纹理等。MFC 是 Windows 平台开发应用软件的基础类库。系统涉及大量的矩阵和向量运算，所以系统中设计了矩阵运算库，完成一些基本的矩阵和向量运算，如矩阵乘法、求逆等。

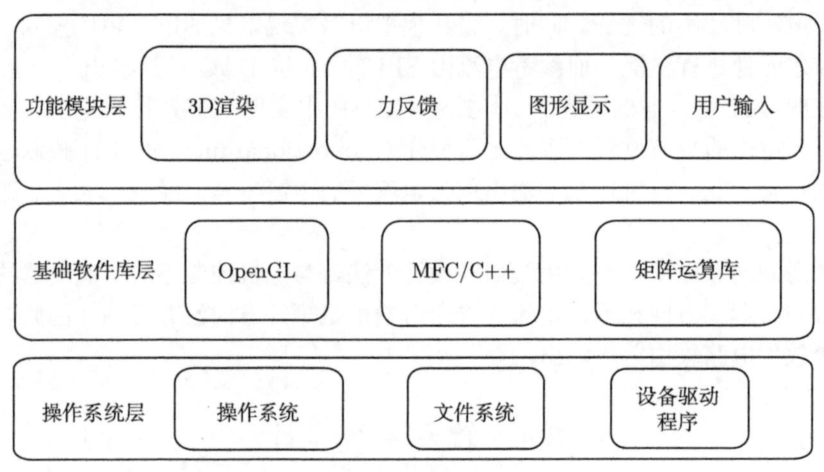

图 3.12 虚拟现实训练环境设计架构

功能模块层包含四个主要的功能模块，即 3D 渲染模块、力反馈模块、图形显示模块和用户输入模块。力反馈模块包含大量的计算，包括机器人的运动学分析和阻抗控制器的实现；用户输入模块管理人机界面，负责读取用户的输入，更新系统的状态信息，管理和操作数据文件等；图形显示模块用于将运动过程的数据可视化，如运动轨迹、运动速度、机器人和人之间的交互力等。这些信息实时采集并保存在计算机中，用于对患者的运动能力进行跟踪评价。

3.4.2 工作流程及主要模块实现

下面介绍图 3.12 中各主要功能模块的实现和工作流程。

1) 系统初始化

系统初始化过程如图 3.13 所示，负责初始化计算机和机器人之间的通信、虚拟现实环境的渲染，建立图形显示窗口等任务。初始化完成之后，程序生成一个类，然后开始整个控制循环过程。

```
Environment Init()
{
    OpenDevice();//USB通信设置
    CreateOpenGLWindow();//建立OpenGL渲染窗口
    CreateChartWindow();//建立动态曲线窗口
    CreateRobotModel();//建立机器人类对象
    SetMainLoopTimer();//设置主循环定时器
}
```

图 3.13 系统初始化过程

2) 图形渲染

图形渲染流程如图 3.14 所示。虚拟训练环境将根据机器人的运动和虚拟物体的特性进行更新。在图形渲染过程中，机器人在工作空间中的坐标要转换到虚拟环境中的三维坐标。因为机器人在平面内运动，所以可以通过缩放和平移操作将机器人的工作空间与虚拟环境之间进行映射。因为计算机显示是二维平面，所以三维虚拟环境要根据设定的视口 (viewport) 进行投影。投影过程涉及复杂的矩阵运算，由 OpenGL 完成。

```
//虚拟环境渲染
RenderLoop()
{
    GetMode();//获取当前训练模式
    CoordinateTransformation();//将机器人位置坐标转换到
                               //虚拟空间
    DrawScene();//绘制静态场景
    CollisionDectection();//碰撞检测
    UpdateScene();//根据碰撞渲染特效
    UpdateTarget();//更新目标
}
```

图 3.14 图形渲染流程

3) 力控制模块

如图 3.15 所示，力控制模块包含运动和力控制指令的更新。首先，对机器人进行运动学分析，根据电机编码器的值计算得到关节角度，然后得到机器人的位置和速度等信息。之后，根据阻抗控制原理，计算得到期望的机器人末端的交互力。最后，计算得到电机扭矩参考值，通过 USB 接口发送给机器人执行。

```
//主循环
MainLoop()
{
    ReadEncoder();//读取编码器值
    KinematicUpdate();//更新机器人位置和速度
    JacobianUpdate();//更新Jacobian矩阵
    ForceComputation();//根据阻抗参数计算反馈力
    TorqueComputation();//计算目标关节扭矩值
    SetMode();//设置训练模式
    SetTorque();//设置电机扭矩控制值
    SaveInFile();//保存相关变量
}
```

图 3.15　力控制流程

3.4.3　虚拟现实训练环境设计实例

下面介绍系统中典型的虚拟现实训练场景。

1. 直线够物训练

直线够物训练用于锻炼患者的伸手够物能力，是日常生活中最基本的生活技能。要准确够取远处的目标，需要脑、眼和手的配合，动作要快速和平滑。偏瘫患者很难准确快速地完成任务，因此需要进行不断的练习，锻炼对肢体的感知和控制能力以及运动系统的协调配合能力等。

直线够物训练场景如图 3.16 所示，光标指示患者手部的位置，期望患者由中间原点运动到周围的目标点。在达到一个目标点后，目标点会切换到另一个位置，以训练不同方向上的运动能力。根据康复训练模式的不同，机器人对患者运动的辅助策略也不同。例如，在被动训练模式中，患者由机器人牵引着沿直线从起点运动到目标点，而在主动训练模式中，机器人根据患者的运动意图提供一定的阻力或者助力。

2. 动态跟踪训练

动态跟踪训练不同于静态的够物训练，由于需要跟踪运动的目标物体，所以需要有更高的运动控制能力。其训练场景如图 3.17 所示，篮子指示患者手部的当前位置，目标以不同的速度和方向在屏幕上运动，要求患者移动篮子去接住目标。在本书中，该训练场景被设计成阻尼环境，即患者的运动速度越快，机器人提供的阻力越大。

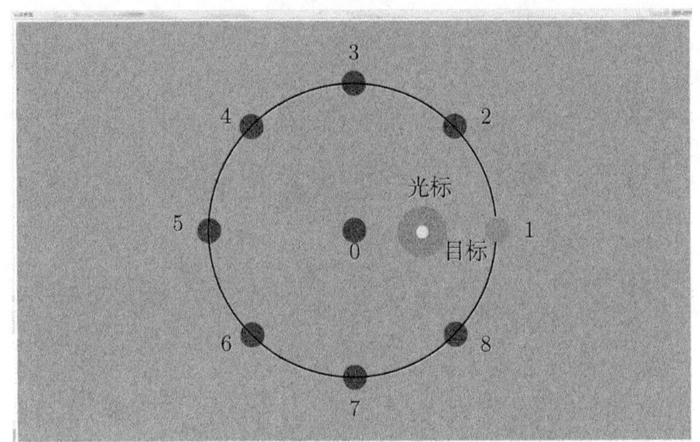

图 3.16　直线够物训练场景

图 3.17　动态跟踪训练场景

3.5 小　结

本章主要结合课题组的研究成果介绍了上肢康复机器人系统的设计方法。首先介绍了上肢康复机器人的系统组成和机构设计，包括机器人的运动机构、驱动机构、传动机构等。然后，对五连杆并联机器人的工作空间和奇异性问题进行了分析，通过连杆长度选择保证足够的工作空间，同时避免各种奇异情况。之后，分别对机器人的正向运动学、逆向运动学和速度运动学进行了推导，对机器人在工作空间内的力反馈能力进行了分析。最后，对机器人的控制系统设计及虚拟现实训练环境设计进行了介绍。

第 4 章　下肢康复机器人设计

4.1　引　　言

下肢康复机器人是由机械本体、电气控制系统、软件系统等多个模块组成的有机整体，各模块之间相辅相成、缺一不可。机构设计工作是其中最为基础的工作，下肢康复机器人的机构设计基本决定了其能够实现的功能。例如，基于跑台、下肢机构及减重机构的康复系统可用于患者步行训练，但是无法用于踏车、斜床等训练。目前临床上大量应用的康复踏车则一般只用于坐姿的踏车训练，用于步态训练则不太适合。电气控制系统好比是下肢康复机器人的“神经系统”，一方面将来自主控制器的指令下达给执行机构，驱动机器人动作；另一方面检测机器人的运动、受力等信息，并将这些信息反馈给主控制器。软件系统则是康复机器人的“大脑”，执行数据运算分析、发出控制指令等工作。下肢康复机器人的设计是各个模块设计工作协同和反复优化的过程。

由第 2 章分析可知，下肢康复机器人的机构设计方面还存在很多不足，制约了其临床应用的推广，这是下肢康复机器人技术进一步发展需要首先解决的问题。同时，坐卧式下肢康复机器人和行走站立式下肢康复机器人相比有很多优点，但目前针对坐卧式下肢康复机器人的研究相对较少。基于上述原因，本书主要基于课题组研发的新型坐卧式下肢康复机器人的设计过程，阐述下肢康复机器人的机构设计方法。该康复机器人采用模块化设计，主要包括一台中间座椅和两套下肢机构。其中的下肢机构是最为关键也较为复杂的部分。本章首先详细阐述下肢机构的设计和优化过程，进而依次介绍新型就座机构、个性化调节机构等相关关键机构，最后简要介绍电控系统的设计。

4.2　下肢机构设计

本节首先分析目前下肢机构设计存在的问题，接着详细阐述下肢机构的设计和优化过程，并推导该下肢机构的运动学方程，最后结合机构设计结果和运动学方程进行仿真分析。

4.2.1 现有下肢机构的关节设计方法

坐卧式下肢康复机器人一般由一台中间座椅和两套下肢机构三部分组成。下肢机构是其最为关键和复杂的部件。该下肢机构可采用不同的机构进行综合设计。

Kong 等 [95] 采用连杆机构来设计下肢机构，该机构可产生多关节运动。如图 4.1 所示，该下肢机构由两套二连杆组成。一套二连杆和人体下肢固定，其活动关节和人体膝关节对应，而两个连杆分别绑定在人体下肢的大小腿上。另一套连杆和前述二连杆在髋关节位置铰接，而在膝关节和踝关节位置通过弹簧连接，并由单电机驱动。经过尺寸的优化设计，通过安装在 a 或者 b 位置的电机驱动连杆，即可辅助人体下肢实现步态行走动作。由于机构只有一个电机驱动，其控制系统较为简单。同时，关节位置采用弹簧连接，使机械臂的惯性力不会直接作用于人体下肢，可实现理想的阻抗系统。但是，该机械臂的运动轨迹是由连杆设计给定的，人体下肢无法随意运动，因此该机构无法用于主动康复训练。

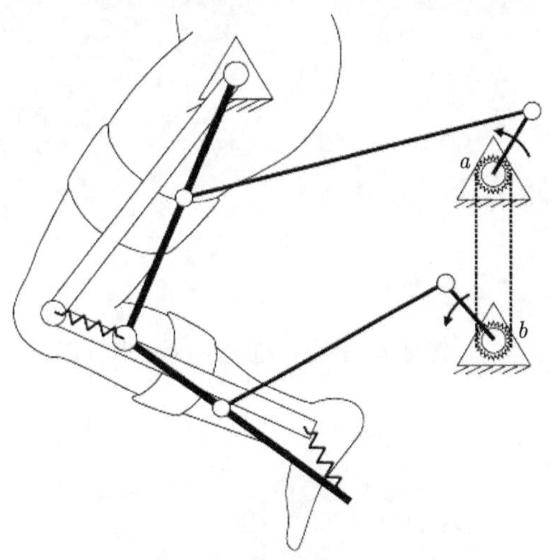

图 4.1 用连杆机构设计的下肢机构原理图 [95]

在本课题组研制的 iLeg 下肢康复机器人系统中，下肢关节机构采用带链传送机构来设计，如图 4.2 所示。髋、膝、踝三个关节均有确定的旋转中心，与人体下肢的髋、膝、踝关节旋转中心分别对应。由于人体下肢关节具有低速、大扭矩的特点，关节电机需要经过减速后才能驱动各关节，而该减速机构和电机组装后其尺寸往往较大。为了使机械臂本身质量较轻且外形较美观，设计时将关节驱动电机，尤其是髋、膝关节驱动电机安装在远离关节旋转中心的位置。其中，髋关节驱动电机位于座椅底部位置，该电机输出端通过谐波减速器减速后，再通过链条传动系统驱动髋关节转动。膝关节电机安装在大腿连杆后侧位置，其输出经过齿轮减速器减速后，再通过同步带传动系统驱动膝关节。髋关节机构的链条具有较大回转差，而膝关节机构的同步带较长，虽然采用钢丝芯加强，其弹性仍然较大，因此 iLeg 的下肢机构在运行时易产生抖动现象，影响使用的舒适度和控制系统的稳定性，同时增加机器人动力学系统建模和辨识 [96~98] 的复杂性。

MotionMaker^{TM} 下肢机构的结构原理如图 4.3 所示。该下肢机构采用曲柄滑块机构设计转动关节，并用螺母旋转式滚珠丝杠作为该关节机构的关键传动部件。曲柄滑块机构本身可以获得较大传动比，不需要额外的减速系统，使得该关节机构结构紧凑、尺寸较小，因此关节驱动电机可以安装在靠近关节机构转动中心的位置。同时，由于关节机构中采用精度和可靠性较高的滚珠丝杠作为传动部件，该下肢机构具有较好的动态性能。

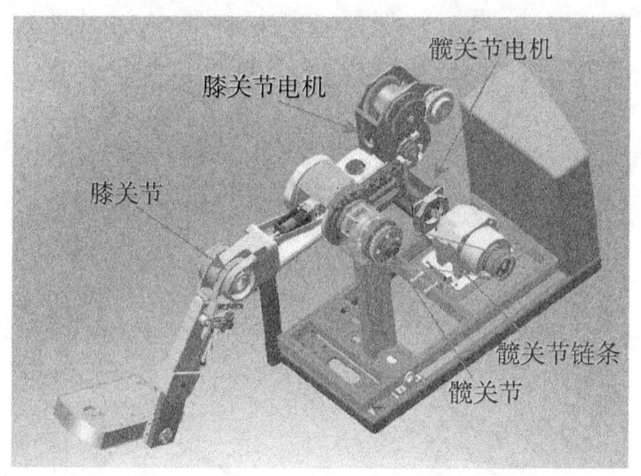

图 4.2 iLeg 下肢机构原理图

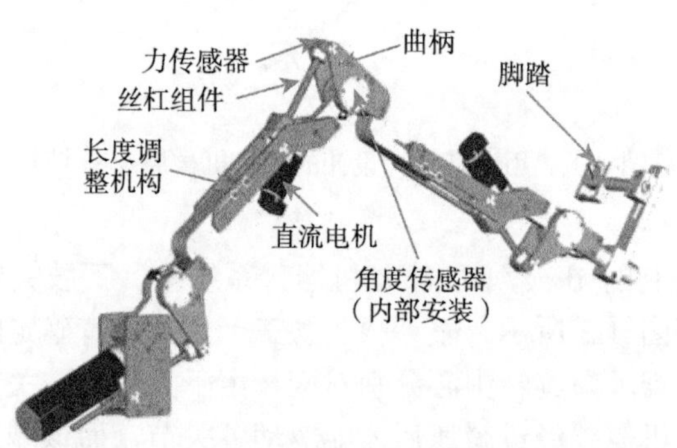

图 4.3 MotionMaker^{TM} 下肢机构原理图 [53]

因为关节轴线和人体下肢关节轴线并非严格匹配，并且膝关节在运行时其转动中心会发生微小滑动，而且矢状面也会发生微小位移 [53]，所以降低了患者使用时的舒适性。同时，比较该下肢机构膝关节扭矩转角特性 [78] 和对应人体下肢膝关节的特性 [99]，可以发现二者有较大差别。两种扭矩转角特性如图 4.4 所示。图 4.4(a) 为 MotionMaker^{TM} 下肢机构膝关节特性 [78]，图 4.4(b) 为人体下肢膝关节特性。二者参考方向相反。可以看出，当膝关节从 90° ~ 0° 变化时 (即图 4.4(b) 中人体膝关节的角度从 −90° 变化到 0°)，机构的输出扭矩先增大后减小，而人体膝关节的扭矩则具有近似于递减的特性。最后，在 MotionMaker^{TM} 下肢机构中，髋、膝、踝三个关节采用结构形式完全相同的 ESCM 来设计[78]。然而，人体下肢的髋、踝关节角度变化范围较小，其扭矩特性和膝关节扭矩特性并不相同，因此这种设计使得关节机构的优化空间受到限制。换言之，若 MotionMaker^{TM} 下肢机构的髋、膝、踝关节机构采用不同形式的曲柄滑块机构设计，可以分别进行优

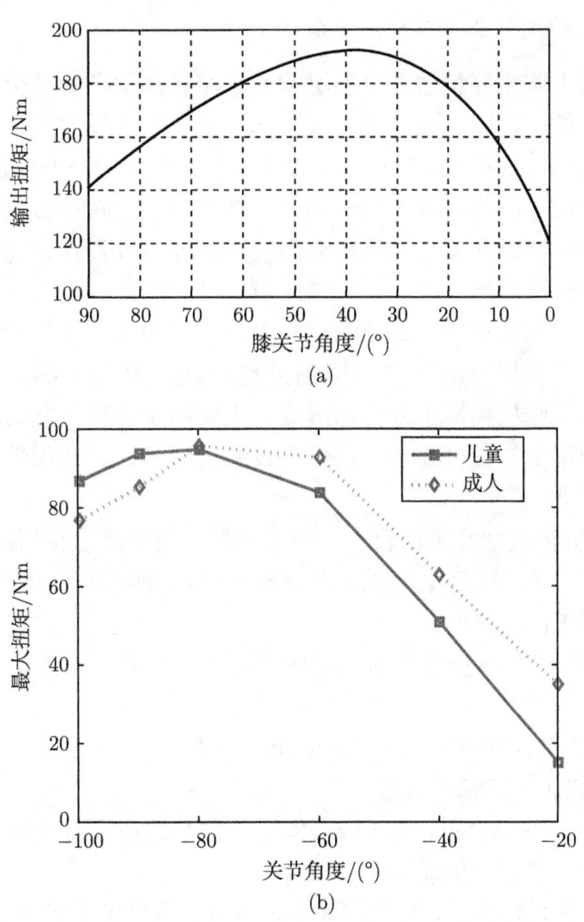

图 4.4 MotionMaker^{TM} 和人体下肢的膝关节扭矩角度特性比较

化，使各个关节的扭矩特性更加符合人体下肢关节的扭矩特性，提高设备的使用性能和患者的舒适感。

当然，下肢康复机器人的下肢机构也可采用其他形式的机构来实现，例如，可采用 Bouri 等 [54] 和孙洪颖等 [80] 所设计的机构。然而，在这些机构中，人体双脚的运动均被限制在一个平面或斜面内，因此这些下肢康复机器人所能提供的下肢运动轨迹非常单一，限制了其康复训练效果。

综上所述，现有坐卧式下肢康复机器人的下肢机构设计仍然存在不足。本章将在综合上述机构，尤其是 iLeg 和 MotionMaker™ 优缺点的基础上设计新型的下肢机构。

4.2.2 本书的优化设计方法和相关优化算法

1. 下肢机构的设计要求及解决办法

本书设计的下肢康复机器人下肢机构有三个转动关节和两个连杆机构，分别对应于人体下肢的髋、膝、踝关节和大小腿。上述转动关节采用偏心曲柄滑块机构 (eccentric slider-crank mechanism，ESCM) 设计。该机构经过优化设计后，能产生较大的减速比，能将直流电机的高速、低扭矩输出特性转化为低速、高扭矩的下肢机构关节特性。因此，关节传动系统不需要额外设计减速机构，使得下肢机构的结构更加简洁紧凑，提高了系统的可靠性。此外，由于大小腿连杆机构长度均可调整，所以下肢机构的关节轴线和人体下肢的关节轴线能够准确匹配。以上特点可提高患者在使用该下肢机构进行康复训练时的舒适感。

本书设计的下肢机构属于外骨骼形式，主要用于人体下肢的康复训练，因此需要满足实际使用中的各种要求，以保证设备的可靠性、实用性和适用性。这些要求可以概括如下：

(1) 该下肢机构尺寸应该比较小，较为轻便，便于患者使用；

(2) 各转动关节的扭矩和角度应在合理的变化范围内，以符合人体下肢关节扭矩和角度的要求；

(3) 该下肢机构大小腿连杆的长度应可调，且调整范围应满足不同使用者大小腿长度需求；

(4) 关节传动机构应有较大传动比，便于使用一般的高速、低扭矩直流电机得到低速、高扭矩的关节扭矩特性；

(5) 关节机构的扭矩特性应该与人体下肢关节的扭矩特性相匹配，使下肢机构满足人体工程学要求，提高其使用性能。

对于较简单的机构而言，其机构尺寸可通过试算法或者简单的几何计算得到。然而，就本书的下肢机构而言，上述的前四个设计要求是相互矛盾的，而第五个设计要求难以用数学式子描述，因此采用传统的机构设计方法很难满足上述设计要求。本书采用如下方法来设计：首先，根据上述的前四个设计要求来建立优化问题，求解得到该问题的最优解；然后，用第五个要求来验证该求解结果是否满足要求，如果满足要求则所求优化问题的最优解制定下肢关节机构的设计尺寸，关节机构的优化设计完毕，否则修改相关约束条件重新求解上述优化问题。

2. 粒子群算法

下肢机构关节机构的优化设计所建立的优化问题是高度非线性的。相关文献已经证明，粒子群优化 (particle swarm optimization，PSO) 算法对该类优化问题的求解非常有效 [100~104]。因此，本书采用 PSO 算法来求解该问题。下面简要回顾 PSO 算法及其应用，并详细说明 PSO 算法原理。

PSO 算法是由 Kennedy 和 Eberhart 于 1995 年共同提出的一种全局优化和进化计算技术，源于对鸟群捕食行为的研究 [100,101]。传统的确定性优化算法在求解非线性优化问题时容易陷入局部极小值点，而 PSO 算法可弥补这一不足。它从随机解出发，通过给定的规则更新粒子的速度和位置并通过适应度来评价解的品质，迭代寻找最优解。与遗传算法相比，PSO 算法更为简单，没有遗传算法的交叉 (crossover) 和变异 (mutation) 操作，需要更少的迭代次数即可得到最优解。PSO 算法已逐渐应用于机构设计中。例如，PSO 算法用于求解直齿圆柱齿系的轻型化最优参数集 [102]，结果表明，PSO 算法能够获得比遗传算法更好的求解结果。文献 [103] 采用 PSO 算法设计了一种用于一般 Grashof 四连杆机构综合的方法，可获得更准确的最优解和更好的机构性能。文献 [104] 采用 PSO 算法求解液压机械功率分流式变速器的优化问题，求解过程表明采用 PSO 算法可以获得较好的收敛速度，并能避免陷入局部极小值点。

在 PSO 算法中，用粒子代表搜索变量集。粒子在问题空间移动，并和群内其他粒子按照其适应度共享粒子群信息。假设用 m 和 d 分别代表群内粒子数和各粒子的维数，每个粒子的速度和位置更新策略可分别用以下两式描述，即

$$\boldsymbol{V}_{j,i+1} = w_i \boldsymbol{V}_{j,i} + c_1 r_{j,i,1}(\mathbf{pBest}_{j,i} - \boldsymbol{X}_{j,i}) + c_2 r_{j,i,2}(\mathbf{gBest}_i - \boldsymbol{X}_{j,i}) \tag{4.1}$$

$$\boldsymbol{X}_{j,i+1} = \boldsymbol{X}_{j,i} + \boldsymbol{V}_{j,i+1} \tag{4.2}$$

其中，$\boldsymbol{V}_{j,i+1}$、$\boldsymbol{V}_{j,i}$、$\mathbf{pBest}_{j,i}$、$\mathbf{gBest}_i$、$\boldsymbol{X}_{j,i}$、$\boldsymbol{X}_{j,i+1} \in \boldsymbol{R}^d$；$j \in [0, m]$；$\boldsymbol{V}_{j,i+1}$ 代表第 j 个粒子的当前速度，通过该粒子上一次迭代的速度 $\boldsymbol{V}_{j,i}$、位置 $\boldsymbol{X}_{j,i}$、粒子群当前最优位置 $\mathbf{pBest}_{j,i}$、该粒子当前最优位置 $\mathbf{gBest}_i$ 来计算 [102]；w_i 为惯性加权系数，用于控制群的搜索能力；c_1 和 c_2 为给定的加速度常数，分别控制 $\mathbf{pBest}_{j,i}$ 和 $\mathbf{gBest}_i$ 的影响；$r_{j,i,1}$ 和 $r_{j,i,2}$ 是相互独立的随机变量，在 [0, 1] 随机生成。式 (4.2) 用于更新第 j 个粒子的位置。

为了获得较好的收敛性能和较高的求解精度，采用下式来更新 w_i，即

$$w_i = w_{\max} - (w_{\max} - w_{\min})i/c_{\text{loop}} \tag{4.3}$$

其中，$w_{\max}$、$w_{\min}$ 和 c_{loop} 分别代表加权系数的最大值、最小值和最大迭代次数。

4.2.3 新型下肢机构设计和优化

1. 下肢机构的设计参数及虚拟样机描述

本书设计的下肢机构主要用于身高 150~190cm 的患者，根据人体身高腿长比例 [105]，可得到表 4.1 所示的大小腿长度及踝高的范围。考虑到该下肢机构的实际应用，本书设计的下肢机构各关节的角度范围和最大关节扭矩如表 4.2 所示。由于该下肢结构的踝关节和膝关节结构相似，关节机构的设计将着重考虑髋、膝关节，而踝关节的结构尺寸可以用类似的方法得到。

表 4.1　新型下肢机构的大小腿长度及踝高范围

极值	大腿长	小腿长	踝高
最小值/mm	305	325	60
最大值/mm	395	420	90

表 4.2　新型下肢机构各关节的角度范围和最大关节扭矩

极值	髋关节	膝关节	踝关节
最小关节角/(°)	0	−130	−30
最大关节角/(°)	70	−10	30
最大关节扭矩/Nm	150	65	5

本书设计的新型下肢机构虚拟样机如图 4.5 所示。该下肢机构有髋、膝、踝三个关节机构，分别对应人体下肢的髋、膝、踝关节；有大小腿两套连杆机构分别对应人体下肢的大腿和小腿。髋关节机构直接安装在基座上。大腿机构和小腿机构分别由两个连杆组成，即大腿连杆 1 和 2、小腿连杆 1 和 2。相邻的五个部分，即髋关节、大腿机构、膝关节、小腿机构、踝关节，两两相连，形成一套和人体下肢相似的结构。该下肢机构的每个关节都用 ESCM 来设计。为了便于分析，每个关节机构的丝杠和滑块的螺旋副都可以简化为一个滑动副。关节机构的丝杠滑块由相应的直流电机通过同步带驱动，可围绕相应的基座转动。相应的，滚珠丝杠只能沿着丝杠滑块滑行，这就形成了在关节位置相互铰接的两个连杆之间夹角的变化，该夹角即对应于人体下肢关节角。

采用滚珠丝杠作为关节机构的关键传动部件，一方面可获得较大的减速比，减小直流电机功率；另一方面则能够获得较高的运行精度。每个关节机构分别由不同的直流电机驱动，因此该下肢机构不但可以提供单关节康复训练，也可提供多

关节联合训练。该下肢机构的每个关节机构都安装了位置和扭矩传感器，可检测各关节的角度和扭矩，用于监控设备安全或识别患者运动意图，从而执行主动康复训练。因此，该下肢机构不但能提供被动康复训练，而且还能提供基于力位传感器的主动康复训练。此外，松开下肢机构的大小腿长度调节手轮，对应的大小腿长度可用相应的直流电机驱动长度调节机构进行调整，而且该下肢机构的髋、膝、踝关节机构均有确定不变的转动中心。因此，通过调整大小腿机构长度可使下肢机构的髋、膝、踝关节转动中心和对应的人体下肢关节转动中心准确匹配。该设计特点可有效提高患者在使用时的舒适感。

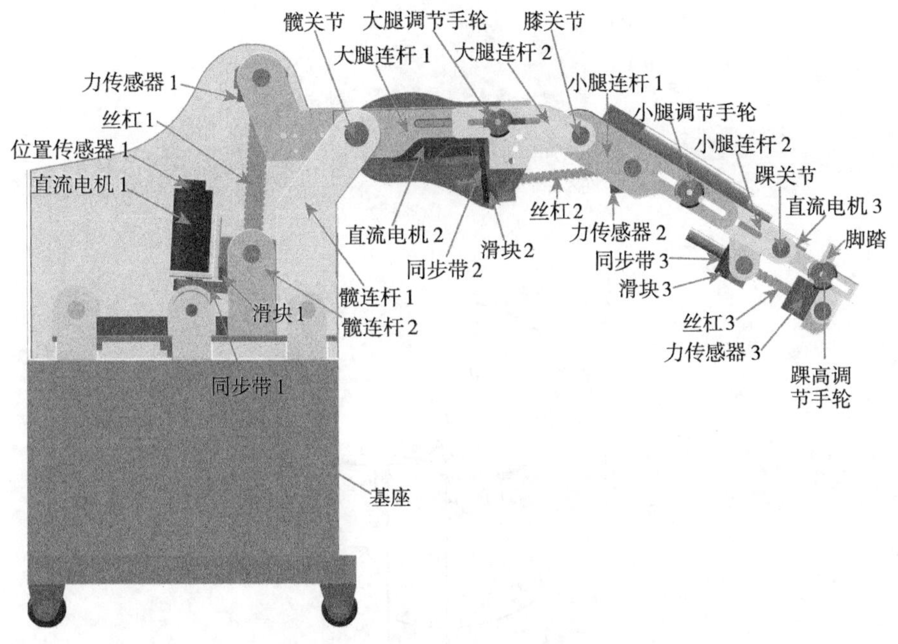

图 4.5 新型下肢机构虚拟样机

下面详细描述该下肢机构髋、膝关节的优化设计过程。

2. 髋关节机构的优化设计

1) 髋关节机构设计

本书设计的髋关节机构如图 4.6 所示。为了清晰展现其机构原理，图中忽略了与优化设计过程无关的其他零件。在图 4.6 中，髋连杆 1 和 2 固定在下肢机构的基座上 (如图 4.5 所示)。滑块 1 固定安装在其安装座中，由直流电机 1 通过同步带 1 驱动。滑块 1 安装座通过关节 A_1 和髋连杆 2 铰接，可相对基座转动。丝杠 1 和滑块 1 组成一对螺旋副，通过该螺旋副，滑块的转动可变换为丝杠的直线运动。丝杠 1 和力传感器 1 固定连接并固定安装在力传感器 1 的安装座中。三个相邻的零件，即力传感器 1 安装座、大腿连杆 1 和髋连杆 1，在关节 B_1 和髋关节位置分别构成转动副。

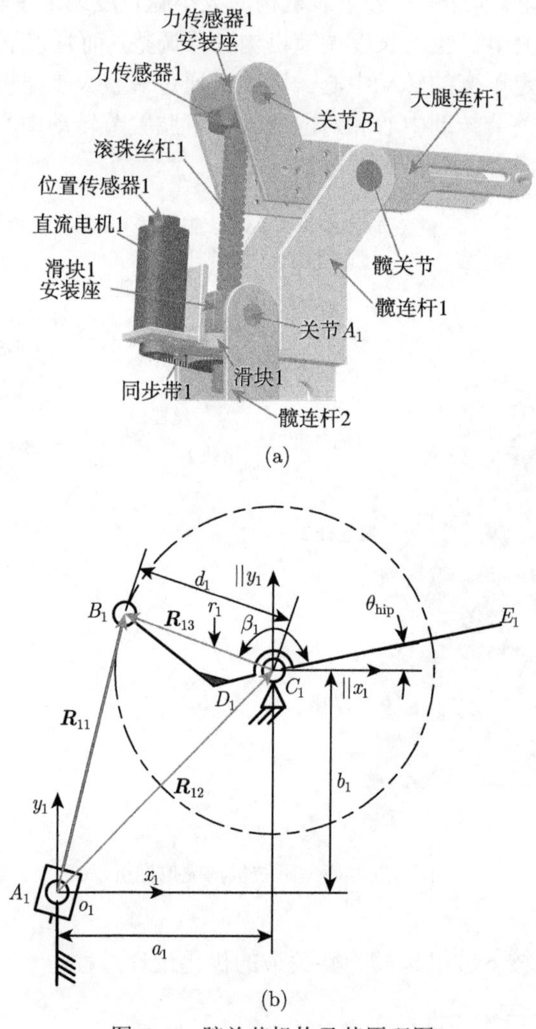

图 4.6 髋关节机构及其原理图

当直流电机 1 通过同步带驱动滑块 1 旋转时，丝杠 1 将沿滑块做直线运动，同时在关节 A_1 和 B_1、髋关节处相互铰接的两连杆将做相对转动，使得大腿连杆 1 和髋连杆 1 之间的角度发生变化。在本书设计的髋关节机构中，图 4.6 的髋关节对应于人体下肢的髋关节，而大腿连杆 1 和髋连杆 1 之间的夹角则对应于人体下肢髋关节的关节角。

直流电机输出端到丝杠滑块 1 之间的传动比由其输出端的同步轮直径和固定在丝杠滑块 1 上的同步轮直径决定。髋关节机构的输出扭矩则由丝杠 1 的推力和丝杠 1 到图 4.6 中髋关节之间的距离决定。因此，当不考虑功率损失和机构质量时，髋关节机构的输出扭矩可由以下式计算得到：

$$\tau_{\text{hip}} = 2\pi\tau_{\text{motor}}r_{\text{belt}}d_1/e \tag{4.4}$$

其中，τ_{hip} 和 τ_{motor} 分别是髋关节机构和直流电机 1 的输出扭矩；r_{belt} 是直流电机 1 到滑块 1 的传动比，由连接到直流电机 1 和滑块 1 的两个同步轮的直径决定；d_1 为丝杠 1 到髋关节之间的距离，随髋关节角度的变化而变化；e 为丝杠导程。因此，图 4.6 中髋关节的输出扭矩和直流电机 1 的输出扭矩之间的比值 (即直流电机 1 到髋关节的传动比) 可由下式决定：

$$r_{\text{hip}} = 2\pi r_{\text{belt}}d_1/e \tag{4.5}$$

式 (4.5) 表明，要使直流电机 1 到髋关节的传动比 r_{hip} 较大，r_{belt} 和 d_1 应较大，而 e 应较小。例如，若不考虑其他因素，当 $r_{\text{belt}} = 2$，$d_1 \geqslant 150\text{mm}$，$e = 5\text{mm}$ 时，传动比 r_{hip} 将大于 377。这意味着，在髋关节机构中可以采用功率相对较小的高速、低扭矩直流电机来获得低速、大扭矩的髋关节扭矩特性。其中，r_{belt} 可通过设计直流电机 1 输出端的同步轮直径、滑块 1 所连接的同步轮直径得到；e 可通过样本选择较小的值。相对而言，d_1 的设计要困难得多，由式 (4.5) 可知，设计较大的 d_1 能够获得较大的传动比；但是，较大的 d_1 对应的机构尺寸往往也较大。因此，髋关节优化设计的目标在于设计出具有较小尺寸的髋关节机构，该机构中 d_1 的最小值要尽可能大。

该髋关节机构的原理图如图 4.6(b) 所示。图中，位于点 A_1、B_1 和 C_1 的转动副分别代表图 4.6(a) 中的关节 A_1、B_1 和髋关节。连杆 D_1C_1 和 C_1E_1 共线，连杆 B_1D_1 和 D_1C_1 之间的夹角设定为 110°。因此，点 B_1 和 C_1 之间的距离 (即 r_1)、连杆 C_1E_1 和 B_1C_1 之间的夹角 (即 β_1) 可唯一决定连杆 B_1D_1 和 D_1C_1 的长度。在设计中，丝杠 1 和滑块 1 的螺旋副可简化为滑动副。因此，该机构可由 r_1、β_1、点 A_1 和 C_1 之间相对位置 (分别用 a_1 和 b_1 代表 x 轴和 y 轴方向的相对位置) 唯一决定。d_1 也由 r_1、β_1、a_1、b_1 唯一决定。

由图 4.6(b) 可得到以下矢量方程：

$$\boldsymbol{R}_{11} = \boldsymbol{R}_{12} + \boldsymbol{R}_{13} \tag{4.6}$$

该式可分解为 x 轴和 y 轴的两个分量，即

$$\begin{cases} x_{B_1} = a_1 + r_1\cos(\beta_1 + \theta_{\text{hip}}) \\ y_{B_1} = b_1 + r_1\sin(\beta_1 + \theta_{\text{hip}}) \end{cases} \tag{4.7}$$

其中，θ_{hip} 为髋关节角度。

直线 A_1B_1 及点 C_1 和直线 A_1B_1 之间的距离可以分别由下式给出：

$$y_{B_1}x - x_{B_1}y = 0 \tag{4.8}$$

$$d_1 = \frac{y_{B_1}a_1 - x_{B_1}b_1}{\sqrt{x_{B_1}^2 + y_{B_1}^2}} \tag{4.9}$$

若 $d_1 = 0$，该机构将位于死点位置，因此该情况应设法避免。换言之，当髋关节角度在表 4.2 给定的角度范围内变化时，点 B_1 必须始终位于直线 A_1C_1 的左侧，因此有

$$d_1 > 0, \quad \forall\theta_{\text{hip}} \in [0^\circ, 70^\circ] \tag{4.10}$$

假设 $d_{\min}^{\text{hip}}$ 代表 d_1 的下限，$d_{\min}^{\text{hip}}$ 应满足下式：

$$d_{\min}^{\text{hip}} \leqslant d_1, \quad \forall\theta_{\text{hip}} \in [0^\circ, 70^\circ] \tag{4.11}$$

关节机构的目标是最大化 $d_{\min}^{\text{hip}}$，同时需要考虑由式 (4.7)~ 式 (4.11) 给出的约束，由此可得如下的优化问题。

设计变量为

$$\begin{aligned} &\boldsymbol{X}_{\text{hip}} = (a_1, b_1, r_1, \beta_1) \\ &a_1 \in [a_{11}, a_{12}], \quad b_1 \in [b_{11}, b_{12}], \quad r_1 \in [r_{11}, r_{12}], \quad \beta_1 \in [\beta_{11}, \beta_{12}] \end{aligned} \tag{4.12}$$

需极大化的目标函数为

$$F_1(\boldsymbol{X}_{\text{hip}}) = d_{\min}^{\text{hip}} \tag{4.13}$$

需满足的约束条件为

$$d_{\min}^{\text{hip}} \leqslant \frac{y_{B_1}a_1 - x_{B_1}b_1}{\sqrt{x_{B_1}^2 + y_{B_1}^2}}, \quad d_{\min}^{\text{hip}} > 0, \quad \forall\theta_{\text{hip}} \in [0^\circ, 70^\circ] \tag{4.14}$$

其中，x_{B_1} 和 y_{B_1} 由式 (4.7) 给出。

取值范围 $[a_{11}, a_{12}]$、$[b_{11}, b_{12}]$、$[r_{11}, r_{12}]$ 及 $[\beta_{11}, \beta_{12}]$ 根据机构的实际尺寸给出。

2) 髋关节机构优化问题求解及结果分析

可以看出，由式 (4.12)~ 式 (4.14) 定义的优化问题是非线性优化问题。本书采用式 (4.1)~ 式 (4.3) 定义的 PSO 算法进行求解，其中第 j 个粒子可定义为

$$\boldsymbol{X}_j = (x_{j,1}, x_{j,2}, x_{j,3}, x_{j,4}) \tag{4.15}$$

其中，$x_{j,1} \in [a_{11}, a_{12}]$、$x_{j,2} \in [b_{11}, b_{12}]$、$x_{j,3} \in [r_{11}, r_{12}]$ 和 $x_{j,4} \in [\beta_{11}, \beta_{12}]$ 分别代表 a_1、b_1、r_1 和 β_1。

$\boldsymbol{X}_j$ 的初始值为

$$x_{j,0}^d = r_{j,0}^d(x_{\max}^d - x_{\min}^d) + x_{\min}^d, \quad d = 1, 2, 3, 4 \tag{4.16}$$

其中，$x_{j,0}^d$、$x_{\max}^d$ 和 $x_{\min}^d$ 分别表示第 j 个粒子第 d 维元素的初始位置、位置的最大值和最小值；$r_{j,0}^d$ 为在 $[0,1]$ 生成的随机数。

向量 $\boldsymbol{X}_j$ 和 $\boldsymbol{V}_j$ 各元素的取值范围分别与 a_1、b_1、r_1 和 β_1 的取值范围相同。

速度向量 $\boldsymbol{V}_{j,0}$ 各元素值可以由下式给出：

$$v_{j,0}^d = r_j^d(x_{\max}^d - x_{\min}^d) + x_{\min}^d, \quad d = 1, 2, 3, 4 \tag{4.17}$$

其中，$v_{j,0}^d$ 和 r_j^d 分别表示 $\boldsymbol{V}_{j,0}$ 的第 j 维元素和在 $[0,1]$ 生成的随机数。

考虑到机构的实际尺寸，式 (4.12)~ 式 (4.14) 定义的优化问题各变量范围给定如下：

$$a_1 \in [150, 200], \quad b_1 \in [150, 200], \quad r_1 \in [150, 200], \quad \beta_1 \in [110^\circ, 180^\circ] \tag{4.18}$$

求解该优化问题的 PSO 算法参数设定如下：

(1) 最大迭代次数为 1000；

(2) 粒子群规模为 20；

(3) 最大权重为 0.95；

(4) 最小权重为 0.4；

(5) c_1 和 c_2 为 2。

从求解过程可以发现，用 PSO 算法求解由式 (4.12)~ 式 (4.14) 定义的优化问题大约用 300 次的迭代即可得到最优解。然而，若采用传统的遍历算法，迭代次数将会大很多。例如，在给定的 a_1、b_1、r_1 和 β_1 范围内每隔 1mm 或者 1° 取一个点进行计算，其迭代次数将大于 8750000，远远大于采用 PSO 求解所需的迭代次数。因此，采用 PSO 算法求解该最优问题更加有效。

通过尝试可发现，由式 (4.12)~ 式 (4.14) 定义的优化问题有多组最优解。最终，本书选取整体尺寸较小的解作为所设计髋关节机构的尺寸，该最优解为 $a_1 = 150\text{mm}$，$b_1 = 158\text{mm}$，$r_1 = 200\text{mm}$，$\beta_1 = 150^\circ$。

任意选取一个非最优解，将基于该非最优解设计的髋关节机构的扭矩角度特性和采用上述最优解设计的髋关节机构的扭矩角度特性做一比较，并将比较结果在图 4.7 中给出。图 4.7(a) 中，髋关节机构尺寸为 $a_1 = 200\text{mm}$，$b_1 = 200\text{mm}$，$r_1 = 200\text{mm}$，$\beta_1 = 150^\circ$。在图 4.7(b) 中，机构尺寸为上面获得的最优解。图 4.7

为当沿着丝杠 1 方向施加 1000N 作用力时，髋关节位置输出扭矩的变化情况。在图 4.7(a) 和 (b) 中，最小的输出扭矩分别为 57.7Nm 和 163.55Nm。由图 4.7 可见，髋关节经过优化后，其关节最小输出扭矩显著提高，同时输出扭矩的变化范围显著减小。这一特点有利于选择更小的髋关节直流电机，同时对机构的平稳运行也更为有利。

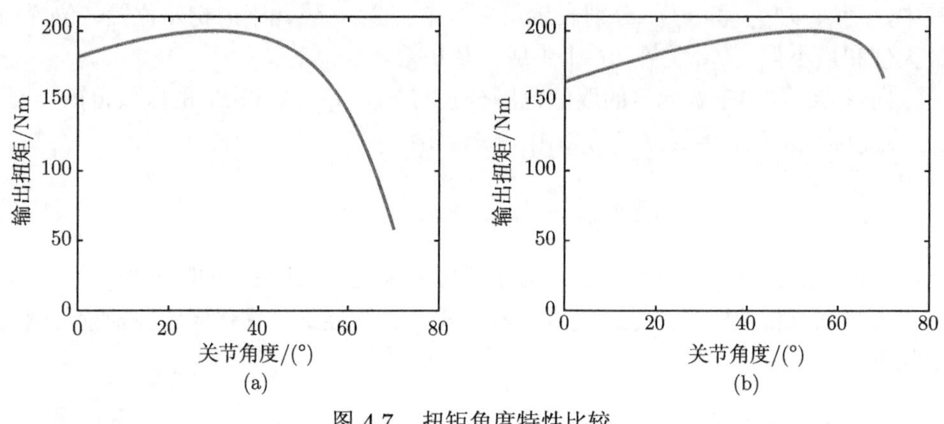

图 4.7　扭矩角度特性比较

3. 膝关节机构优化设计

1) 膝关节机构设计

膝关节也采用 ESCM 设计，其机构及原理如图 4.8 所示。其中，丝杠 2 和滑块 2 构成一对螺旋副。以下两两相邻的零件：滑块 2、大腿连杆 2、小腿连杆 2 和丝杠 2 中，每相邻的两个零件均构成一对转动副。与髋关节机构设计相同，为分析方便将螺旋副看做滑动副，因此当直流电机 2 通过同步带 2 驱动滑块 2 时，丝杠 2 将沿着滑块 2 滑动。此时，大腿连杆 2 和小腿连杆 1 之间的夹角发生变化。在图 4.8(a) 中，该机构的膝关节对应于人体下肢的膝关节，而大腿连杆 2 和小腿连杆 1 之间的夹角对应于人体下肢膝关节的关节角 (用 θ_2 表示)。

膝关节机构的原理图如图 4.8(b) 所示。在该图中，丝杠 2 和滑块 2 构成的螺旋副简化为由导杆 E_2F_2 和点 D_2 位置的滑块构成的滑动副。直线 C_1C_2 和 C_2C_3 分别对应于下肢机构大、小腿机构的中心线。在图 4.8(b) 中，位于点 C_2、D_2 和 E_2 的转动副分别代表图 4.8(a) 中的膝关节、关节 D_2 和 E_2。

为分析方便，图 4.8(b) 中的横坐标轴 x_2 和直线 C_1C_2 之间的夹角设定为 45°。考虑到实际机构的尺寸，大腿机构长度 l_{thigh} 设定为 400mm。考虑到膝关节角度变化范围，丝杠 2 需要足够长，同时又要保证机构整体尺寸尽可能小。经过尝试，设定丝杠 2 长度为 270mm。由图 4.8(b) 可以看出，膝关节机构可由连杆 B_2C_2、

B_2D_2、C_2E_2 的长度，以及连杆 B_2D_2 和 C_1C_2 之间的夹角 (a_2、b_2、c_2、β_2) 决定。为求解方便并考虑实际机构尺寸，c_2 可以设定为 100mm，该值可根据最终设计机构的角度扭矩特性是否合适而做修改。因此，在膝关节机构的优化设计过程中，变量 a_2、b_2 和 β_2 作为优化问题的设计变量。

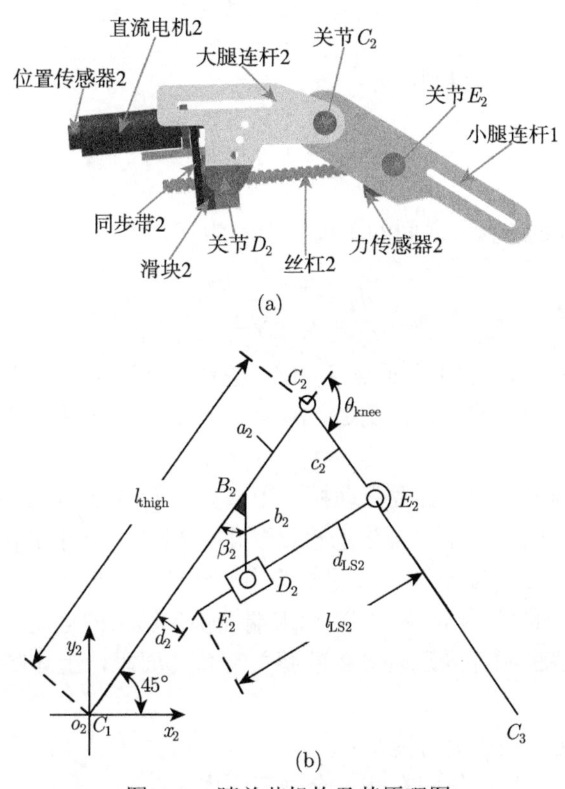

图 4.8 膝关节机构及其原理图

由上述分析可得到如下式子：

$$l_{\text{thigh}} = 400, \quad c_2 = 100, \quad l_{\text{LS2}} = 270 \tag{4.19}$$

点 B_2、C_2、D_2 和 E_2 的坐标值可分别计算如下：

$$x_{B_2} = \frac{l_{\text{thigh}} - a_2}{\sqrt{2}}, \quad y_{B_2} = x_{B_2} \tag{4.20}$$

$$x_{C_2} = \frac{l_{\text{thigh}}}{\sqrt{2}}, \quad y_{C_2} = x_{C_2} \tag{4.21}$$

$$x_{D_2} = x_{B_2} + b_2 \sin(\beta_2 - 45°), \quad y_{D_2} = y_{B_2} - b_2 \cos(\beta_2 - 45°) \tag{4.22}$$

及

$$x_{E_2} = x_{C_2} + c_2 \cos(\theta_{\text{knee}} + 45^\circ), \quad y_{E_2} = y_{C_2} + c_2 \sin(\theta_{\text{knee}} + 45^\circ) \tag{4.23}$$

假设

$$k_2 = \frac{y_{E_2} - y_{D_2}}{x_{E_2} - x_{D_2}} \tag{4.24}$$

则点 F_2 的坐标可由下式得到，即

$$x_{F_2} = x_{E_2} - \frac{l_{\text{LS2}}}{\sqrt{k_2^2 + 1}}, \quad y_{F_2} = k_2(x_{F_2} - x_{E_2}) + y_{E_2} \tag{4.25}$$

因此，点 F_2 和直线 C_1C_2 之间的距离可表示为

$$d_2 = \frac{x_{F_2} - y_{F_2}}{\sqrt{2}} \tag{4.26}$$

在图 4.8(b) 中，$d_2 \geqslant 0$ 表示点 F_2 位于直线 C_1C_2 下方，即丝杠 2 的活动末端位于大腿机构中心线的下方；反之，$d_2 < 0$ 表示丝杠 2 的活动末端位于大腿机构中心线之上。

在设计中，导杆 E_2F_2 看做驱动杆，当该导杆沿着点 D_2 位置的滑块运动时，膝关节角度运动范围应满足表 4.2 的设计要求。同时，导杆 E_2F_2 的运动将导致 d_2 的变化，即丝杠 2 活动末端与大腿机构中心线的距离发生变化，这就要求大腿机构需要有足够大的尺寸给丝杠 2 活动末端提供足够大的运动空间。因此，为了得到小尺寸的大腿机构并满足表 4.2 的膝关节角度要求，上述膝关节机构应满足以下条件：

(1) d_2 的变化范围应尽可能小；

(2) d_2 的最大、最小值应在一个合理范围内；

(3) 点 E_2 和 D_2 之间的距离 (即 d_{LS2}) 应足够大，以提供足够空间安装力传感器 2，同时该距离应小于导杆 E_2F_2(即丝杠 2) 的长度；

(4) 膝关节机构的扭矩角度特性应和人体下肢膝关节的扭矩角度特性接近。

本书将上述条件 (2) 和 (3) 看做优化问题的约束条件，而优化问题的目标函数由条件 (1) 得到。同时，优化过程应考虑膝关节角度的运动范围。此外，条件 (4) 中对关节机构扭矩角度特性的要求可以作为验证条件来考虑。

假设 $d_{\max}^{\text{knee}}$ 和 $d_{\min}^{\text{knee}}$ 分别表示 d_2 的最大、最小值。根据上述条件 (2) 可得到以下约束方程：

$$d_2 \leqslant d_{\max}^{\text{knee}} \leqslant 80, \quad 15 \leqslant d_{\min}^{\text{knee}} \leqslant d_2, \quad \forall \theta_{\text{knee}} \in [-130^\circ, -10^\circ] \tag{4.27}$$

其中，$d_{\max}^{\text{knee}}$ 的上限和 $d_{\min}^{\text{knee}}$ 的下限值由实际机构尺寸给出。

上述条件 (3) 可由下式表示：

$$60 \leqslant d_{\mathrm{LS2}} \leqslant l_{\mathrm{LS2}} - 40, \quad \forall \theta_{\mathrm{knee}} \in [-130°, -10°] \tag{4.28}$$

其中，d_{LS2} 的上限由丝杠滑块 2 的实际尺寸给出，并可由下式计算得到：

$$d_{\mathrm{LS2}} = \sqrt{(x_{E_2} - x_{D_2})^2 + (y_{E_2} - y_{D_2})^2} \tag{4.29}$$

考虑以上结果，可得以下用于设计膝关节机构的优化问题。

设计变量为

$$\boldsymbol{X}_{\mathrm{knee}} = (a_2, b_2, \beta_2), \quad a_2 \in [a_{21}, a_{22}], \quad b_2 \in [b_{21}, b_{22}], \quad \beta_2 \in [\beta_{21}, \beta_{22}] \tag{4.30}$$

需极小化的目标函数为

$$F_2(\boldsymbol{X}_{\mathrm{knee}}) = d_{\max}^{\mathrm{knee}} - d_{\min}^{\mathrm{knee}} \tag{4.31}$$

需满足的约束条件为

$$\begin{cases} d_2 \leqslant d_{\max}^{\mathrm{knee}} \leqslant 80, \quad 15 \leqslant d_{\min}^{\mathrm{knee}} \leqslant d_2 \\ 60 \leqslant d_{\mathrm{LS2}} \leqslant l_{\mathrm{LS2}} - 40, \quad \forall \theta_{\mathrm{knee}} \in [-130°, -10°] \end{cases} \tag{4.32}$$

其中，d_2 和 d_{LS2} 分别由式 (4.26) 和式 (4.29) 给出。

2) 膝关节机构优化问题求解及结果分析

与髋关节机构优化设计相同，用于设计膝关节机构的优化问题也采用上述 PSO 算法来求解。其中，式 (4.15)~ 式 (4.17) 可以分别改写为

$$\boldsymbol{X}_j = (x_{j,1}, x_{j,2}, x_{j,3}) \tag{4.33}$$

$$x_{j,0}^d = r_{j,0}^d (x_{\max}^d - x_{\min}^d) + x_{\min}^d, \quad d = 1, 2, 3 \tag{4.34}$$

$$v_{j,0}^d = r_j^d (x_{\max}^d - x_{\min}^d) + x_{\min}^d, \quad d = 1, 2, 3 \tag{4.35}$$

其中，$x_{j,1} \in [a_{21}, a_{22}]$、$x_{j,2} \in [b_{21}, b_{22}]$ 和 $x_{j,3} \in [\beta_{21}, \beta_{22}]$ 分别代表 a_2、b_2 和 β_2；$x_{j,0}^d$、$x_{\max}^d$ 和 $x_{\min}^d$ 分别表示第 j 个粒子第 d 维元素的初始位置、位置的最大值和最小值；$r_{j,0}^d$ 为在 $[0,1]$ 生成的随机数；$v_{j,0}^d$ 和 r_j^d 分别表示 $\boldsymbol{V}_{j,0}$ 的第 j 维元素和在 $[0,1]$ 生成的随机数。

优化时，给定设计变量范围如下：

$$a_2 \in [80, 120], \quad b_2 \in [60, 100], \quad \beta_2 \in [35°, 105°] \tag{4.36}$$

该 PSO 算法的参数和求解与式 (4.12)~ 式 (4.14) 定义的优化问题给定的 PSO 算法参数相同。同时，由式 (4.30)~ 式 (4.32) 定义的优化问题，也有多组最优解。设计时采用的最优解为 $a_2 = 94\text{mm}$，$b_2 = 77\text{mm}$，$\beta_2 = 66°$。

图 4.9 给出了优化设计的膝关节机构与任意非优化设计的膝关节机构中，丝杠 2 活动末端的运动轨迹。图 4.9(a) 对应于非优化设计的膝关节机构，其机构尺寸为 $a_2 = 80\text{mm}$，$b_2 = 60\text{mm}$，$\beta_2 = 80°$。图 4.9(b) 对应于优化设计的膝关节机构，其机构尺寸为上述优化问题的求解结果。在图 4.9 中，膝关节角度在 $-130° \sim -10°$ 范围内变化。在图 4.9(a) 中，点 F_2 和直线 C_1C_2 之间最大、最小距离分别为 75.60mm 和 −73.74mm，点 E_2 和 F_2 之间的最大、最小距离分别

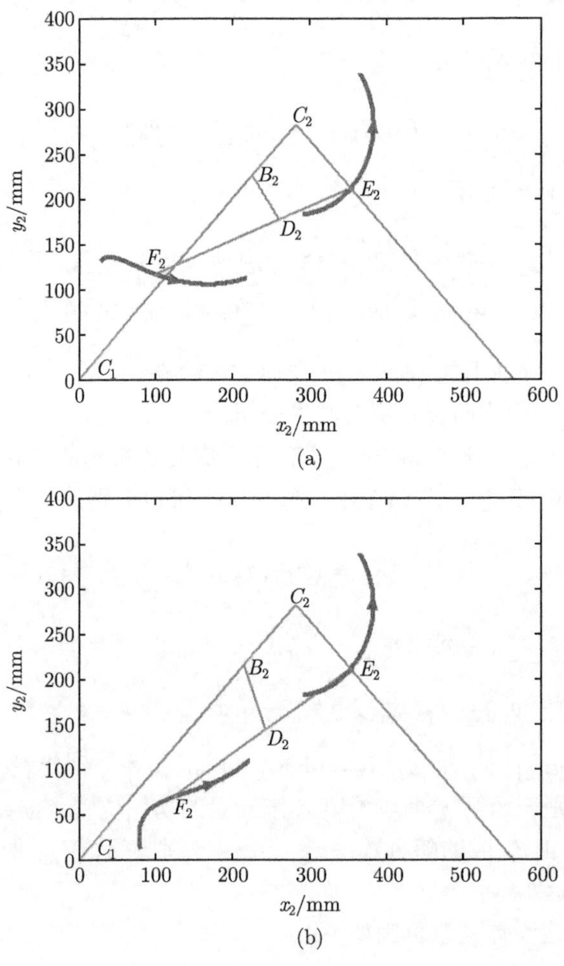

图 4.9　采用不同尺寸设计膝关节机构时，丝杠 2 活动端的轨迹比较

为 193.45mm 和 31.47mm。在图 4.9(b) 中，点 F_2 和直线 C_1C_2 之间最大、最小距离分别为 79.56mm 和 26.08mm，点 E_2 和 F_2 之间的最大、最小距离分别为 229.99mm 和 61.36mm。由于点 F_2 的轨迹为圆弧，该点轨迹可以用于验证所作的点 E_2 轨迹是否正确。

由图 4.9(a) 可见，对于非优化设计的膝关节机构，当膝关节角由 $-130° \sim -10°$ 变化时，点 F_2 和直线 C_1C_2 之间距离从 −73.74mm 变化为 75.60mm，即变化了 149.34mm。其中，当点 F_2 和直线 C_1C_2 的距离为 −73.74mm 时，丝杠 2 活动末端超出大腿机构中心线 73.74mm，考虑到大腿机构的整体外观，该距离是不合适的；同时，点 E_2 和 F_2 之间最小距离为 31.47mm，该空间对于安装力传感器 2 来说过于狭小。由图 4.9(b) 可见，对于优化设计的膝关节机构来说，当膝关节角由 $-130° \sim -10°$ 变化时，点 F_2 和直线 C_1C_2 之间距离从 26.08mm 变化为 79.56mm，仅变化了 53.48mm，这比非优化设计的膝关节机构对应变化值小很多；同时，在整个变化过程中，点 F_2 和直线 C_1C_2 之间距离始终为正，这有利于设计较小尺寸的大腿机构，而且点 E_2 和 F_2 之间最小距离为 61.36mm，该距离可以为安装力传感器 2 提供足够的空间。

优化设计的膝关节机构和人体下肢膝关节角度如图 4.10 所示。图 4.10(a) 给出了当沿丝杠 2 施加 1000N 推力且膝关节角度由 $-130° \sim -10°$ 变化时，膝关节输出扭矩的变化情况，反映了膝关节机构的扭矩角度特性。同时，在图 4.10(b) 中再次给出了人体下肢膝关节的扭矩角度特性 [99]，以便与图 4.10(a) 做一比较。

由图 4.10(a) 可见，当膝关节角由 $-100° \sim -20°$ 变化时，膝关节的输出扭矩大约下降了 50.81%(即从 99.68Nm 降为 49.03Nm)；在图 4.10(b) 中，该降幅更

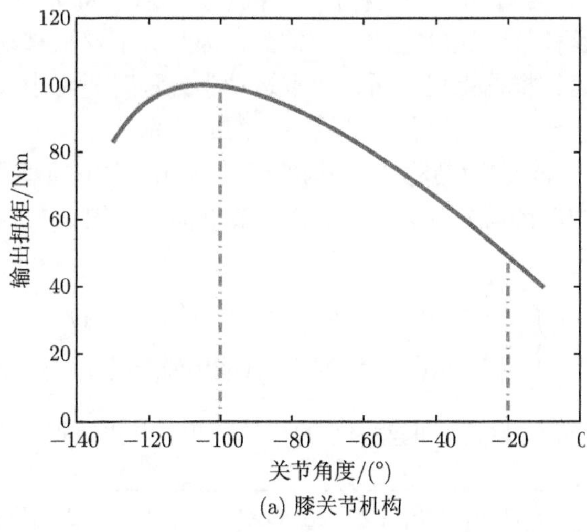

(a) 膝关节机构

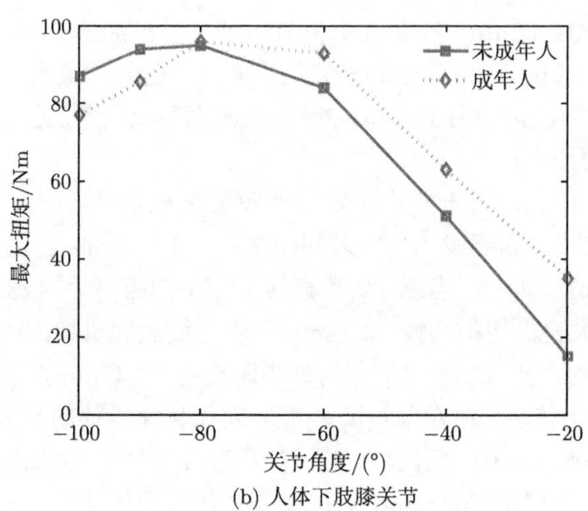

(b) 人体下肢膝关节

图 4.10 优化设计的膝关节机构和人体下肢膝关节的扭矩角度特性比较

大 (成年人的膝关节扭矩下降约 63%，未成年人膝关节扭矩下降约 84%)。因此，若根据本书优化设计结果，以及表 4.2 给定的膝关节扭矩范围选择直流电机，该膝关节机构将能满足人体下肢膝关节的训练需求。

4.2.4 新型下肢机构运动学分析

本书设计的新型下肢机构踝关节角度变化范围较小，因此在求解运动学方程时，将踝关节忽略，而将脚踏至膝关节看做一个连杆。此时，设计的下肢机构可看做二连杆 (即大腿连杆和小腿连杆) 平面机器人。对于每个关节机构来说，直流电机转速和关节丝杠移动速度之比为一常数，因此关节丝杠移动速度可以唯一确定直流电机的转速。根据上述分析，求解运动学方程时只考虑关节丝杠位移和速度、关节角度和角速度、踏板位移和速度之间的关系。

图 4.11 给出了髋关节和膝关节机构的运动学方程求解原理图，其中图 4.11(a) 对应于髋关节机构，图 4.11(b) 对应于膝关节机构。由图 4.11(a) 可知，式 (4.6) 可以改写为

$$\begin{cases} r_{11}\cos(\theta_{11}) = a_1 + r_{13}\cos(\theta_{\text{hip}} + \beta_1) \\ r_{11}\sin(\theta_{11}) = b_1 + r_{13}\sin(\theta_{\text{hip}} + \beta_1) \end{cases} \tag{4.37}$$

而点 A_1 和 B_1 之间的距离 (即丝杠 1 的位移) 可由上式获得，即

$$d_{\text{LS1}} = r_{11} = \sqrt{r_{13}^2 + a_1^2 + b_1^2 + 2r_{13}a_1\cos(\theta_{\text{hip}} + \beta_1) + 2r_{13}b_1\sin(\theta_{\text{hip}} + \beta_1)} \tag{4.38}$$

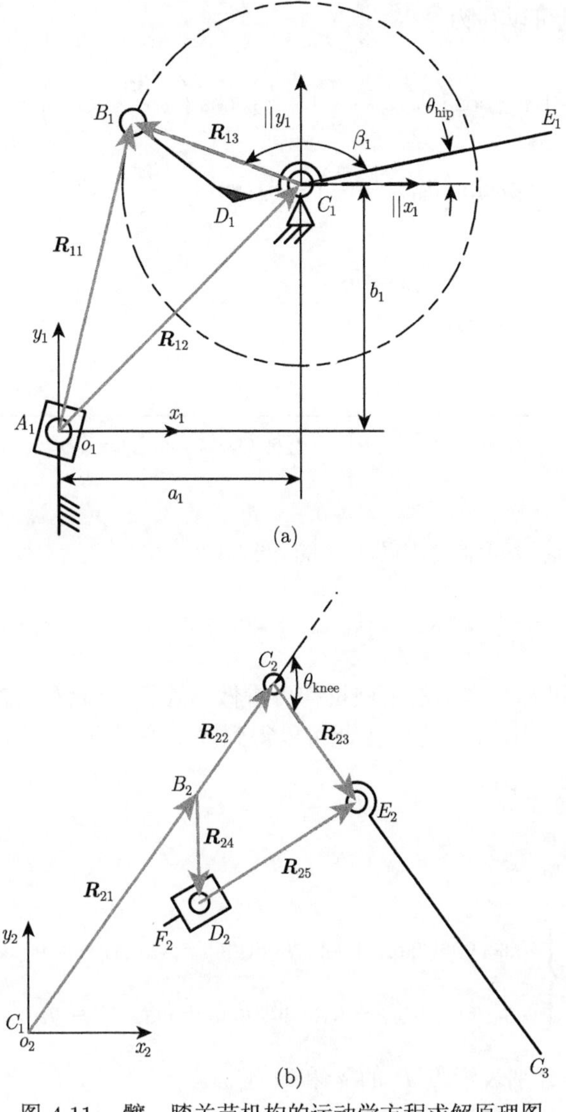

图 4.11 髋、膝关节机构的运动学方程求解原理图

对式 (4.38) 求导，可得丝杠 1 的线速度如下：

$$v_{\text{LS1}} = \dot{r}_{11} = \frac{1}{2r_{11}}[-2r_{13}a_1\sin(\theta_{\text{hip}}+\beta_1)+2r_{13}b_1\cos(\theta_{\text{hip}}+\beta_1)]\dot{\theta}_{\text{hip}} \tag{4.39}$$

对膝关节机构来说，由图 4.11(b) 可得如下矢量方程，即

$$\boldsymbol{R}_{22}+\boldsymbol{R}_{23}-\boldsymbol{R}_{24}=\boldsymbol{R}_{25} \tag{4.40}$$

其 x 和 y 轴分量可以写为

$$\begin{cases} r_{22}\cos\left(\dfrac{\pi}{4}\right)+r_{23}\cos\left(\theta_{\text{knee}}+\dfrac{\pi}{4}\right)-r_{24}\cos\left(-\dfrac{3\pi}{4}+\beta_2\right)=r_{25}\cos(\theta_{25}) \\ r_{22}\sin\left(\dfrac{\pi}{4}\right)+r_{23}\sin\left(\theta_{\text{knee}}+\dfrac{\pi}{4}\right)-r_{24}\sin\left(-\dfrac{3\pi}{4}+\beta_2\right)=r_{25}\sin(\theta_{25}) \end{cases} \tag{4.41}$$

其中，$r_{22}=a_2$，$r_{23}=c_2$，$r_{24}=b_2$。

因此，可得丝杠 2 的位移为

$$\begin{aligned} d_{\text{LS2}} &= r_{25} \\ &= \sqrt{a_2^2+c_2^2+b_2^2+2a_2c_2\cos(\theta_{\text{knee}})-2a_2b_2\cos(\pi-\beta_2)-2b_2c_2\cos(\theta_{\text{knee}}-\beta_2+\pi)} \end{aligned} \tag{4.42}$$

丝杠 2 的线速度可通过求解上式的导数获得，即

$$v_{\text{LS2}}=\dot{r}_{25}=\frac{1}{2r_{25}}[-2a_2c_2\sin(\theta_{\text{knee}})+2b_2c_2\sin(\theta_{\text{knee}}-\beta_2+\pi)]\dot{\theta}_{\text{knee}} \tag{4.43}$$

由上面分析可知，本书的下肢机构可看做二连杆机械臂，如图 4.12(a) 所示。其矢量图在图 4.12(b) 中给出，由此可以得到以下矢量方程，即

$$\boldsymbol{R}_1+\boldsymbol{R}_2=\boldsymbol{R}_3 \tag{4.44}$$

式 (4.44) 等价于

$$\begin{cases} l_{\text{thigh}}\cos(\theta_{\text{hip}})+l_{\text{crus}}\cos(\theta_{\text{hip}}+\theta_{\text{knee}})=x_P \\ l_{\text{thigh}}\sin(\theta_{\text{hip}})+l_{\text{crus}}\sin(\theta_{\text{hip}}+\theta_{\text{knee}})=y_P \end{cases} \tag{4.45}$$

其中，x_P 和 y_P 分别表示点 P 的 x 和 y 坐标。

由式 (4.45) 可以得到 θ_{hip} 和 θ_{knee}，即

$$\theta_{\text{hip}}=\arctan\left(\frac{y_P}{x_P}\right)+\arccos\frac{l_{\text{thigh}}^2-l_{\text{crus}}^2+x_P^2+y_P^2}{2l_{\text{thigh}}\sqrt{x_P^2+y_P^2}} \tag{4.46a}$$

$$\theta_{\text{knee}}=-\arccos\frac{x_P^2+y_P^2-l_{\text{thigh}}^2-l_{\text{crus}}^2}{2l_{\text{thigh}}l_{\text{crus}}} \tag{4.46b}$$

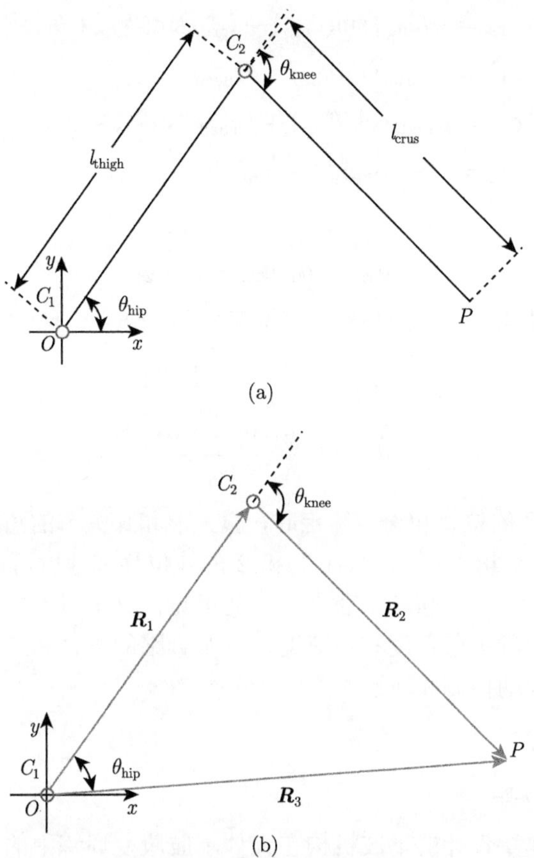

图 4.12　下肢机构运动学方程求解原理图

对上式求导，可以得到脚踏速度为

$$\begin{aligned}v_x &= \dot{x}_p \\ &= [-l_{\rm thigh}\sin(\theta_{\rm hip}) - l_{\rm crus}\sin(\theta_{\rm hip}+\theta_{\rm knee})]\dot{\theta}_{\rm hip} \\ &\quad - l_{\rm crus}\sin(\theta_{\rm hip}+\theta_{\rm knee})\dot{\theta}_{\rm knee}\end{aligned} \tag{4.47a}$$

$$\begin{aligned}v_y &= \dot{y}_p \\ &= [l_{\rm thigh}\cos(\theta_{\rm hip}) + l_{\rm crus}\cos(\theta_{\rm hip}+\theta_{\rm knee})]\dot{\theta}_{\rm hip} \\ &\quad + l_{\rm crus}\cos(\theta_{\rm hip}+\theta_{\rm knee})\dot{\theta}_{\rm knee}\end{aligned} \tag{4.47b}$$

其中，v_x 和 v_y 分别表示脚踏速度的 x 和 y 分量。

假设

$$
\begin{aligned}
a_{11} &= -l_{\text{thigh}}\sin(\theta_{\text{hip}}) - l_{\text{crus}}\sin(\theta_{\text{hip}}+\theta_{\text{knee}}) \\
a_{12} &= -l_{\text{crus}}\sin(\theta_{\text{hip}}+\theta_{\text{knee}}) \\
a_{21} &= l_{\text{thigh}}\cos(\theta_{\text{hip}}) + l_{\text{crus}}\cos(\theta_{\text{hip}}+\theta_{\text{knee}}) \\
a_{22} &= l_{\text{crus}}\cos(\theta_{\text{hip}}+\theta_{\text{knee}})
\end{aligned}
$$

及

$$\theta_{\text{m1}} = a_{11}a_{22} - a_{12}a_{21}$$

下肢机构的髋关节和膝关节的角速度可分别求解如下：

$$\dot{\theta}_{\text{hip}} = \frac{a_{22}v_x - a_{12}v_y}{\theta_{\text{m1}}} \tag{4.48a}$$

$$\dot{\theta}_{\text{knee}} = \frac{a_{11}v_y - a_{21}v_x}{\theta_{\text{m1}}} \tag{4.48b}$$

因此，当点 P 的位置和速度给定时，髋关节和膝关节的角度和角速度可分别由式 (4.46) 和式 (4.48) 获得。丝杠 1 和 2 的线位移和速度可以分别由式 (4.38)、式 (4.39)、式 (4.42)、式 (4.43) 获得。由此可见，这里得到的运动学方程揭示了丝杠位移和速度、各关节角度和角速度，以及脚踏的位移和速度之间的关系，可用于下肢机构的运动控制和轨迹跟踪。

4.2.5 仿真与讨论

1. 踏车运动仿真

本节将验证本章设计的下肢机构在人体下肢康复训练中的可行性，采用上面得到的运动学方程及下肢康复训练中常用的踏车轨迹来对本章设计的下肢机构进行仿真分析。仿真中的踏车训练原理如图 4.13 所示。

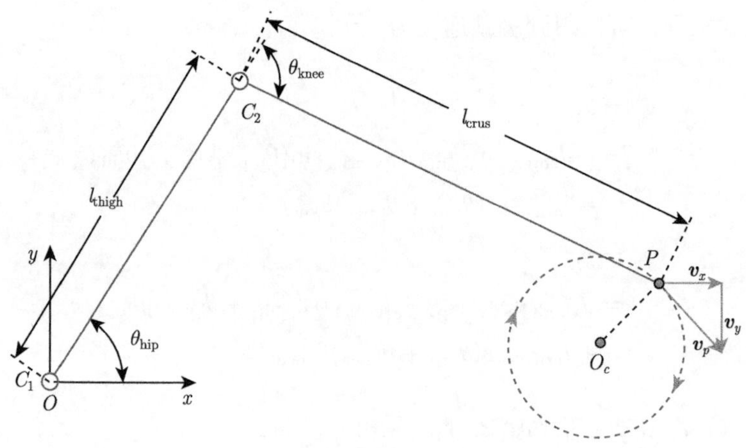

图 4.13　踏车训练原理图

图中踏板位置 (点 P) 轨迹由下式给出，即

$$\begin{cases} x_p = x_0 + r\cos(\pi - \omega t) \\ y_p = y_0 + r\sin(\pi - \omega t) \end{cases} \tag{4.49}$$

其中，x_0 和 y_0 分别表示轨迹圆心的 x 和 y 坐标；ω 为角速度。

在仿真中，x_0、y_0 和 ω 分别设定为 0.65m、0.06m 和 0.5πrad/s。大小腿长度分别为 0.385m 和 0.455m，其中小腿长度为膝关节到踏板之间的距离。仿真采用上面获得的优化设计尺寸和运动学方程，仿真时间设为 8s。虚拟样机的仿真示意图如图 4.14 所示。图中，选择了训练轨迹上的 4 个位置点；黑色圆和白点分别表示训练轨迹和踏板位置。由图可见，在踏车训练过程中，丝杠 1 和 2 的长度周期性变化，从而得到机械臂末端的圆形轨迹。

踏车运动中下肢机构关节角度及丝杠长度的变化情况如图 4.15 所示。在踏车运动中，髋、膝关节机构的角度可由式 (4.46) 计算得到，结果如图 4.15(a) 所示。该图根据表 4.2 标出了髋关节角度的上限和下限、膝关节角度的上限和下限。图 4.15(b) 中给出了踏车运动中丝杠长度的变化，该值可由式 (4.38) 和式 (4.42) 计算得到。该图中标出了优化设计时丝杠 2 的长度上限和下限。由图 4.15(a) 和 (b) 可见，踏车运动时髋、膝关节角度及丝杠长度均在给定范围内变化，因此，该下肢机构能够用以实现式 (4.4) 所定义的踏车运动。

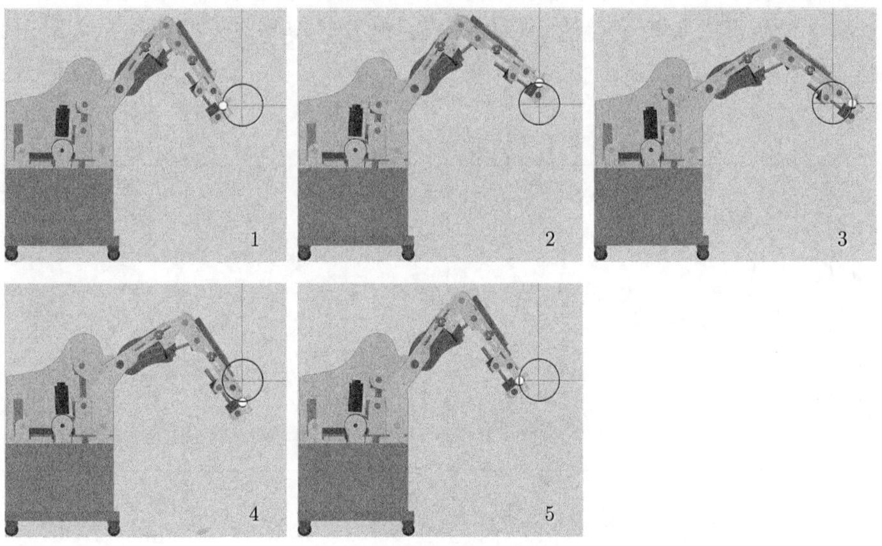

图 4.14 下肢机构仿真分析的示意图

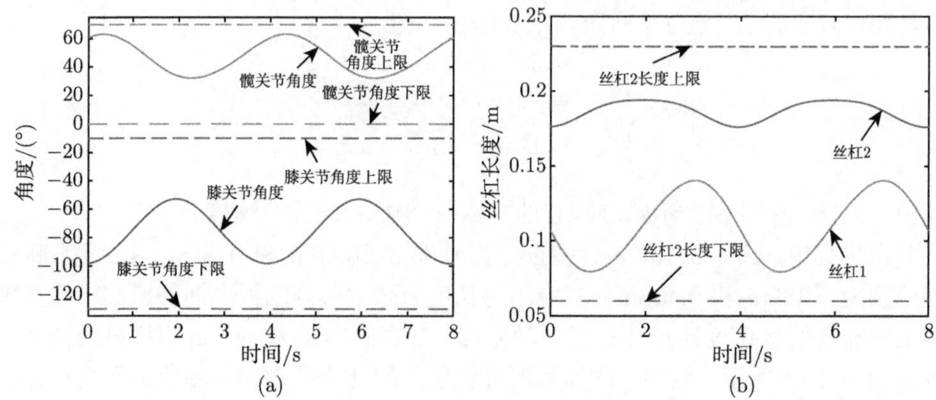

图 4.15　踏车运动中下肢机构关节角度及丝杠长度的变化情况

由式 (4.49) 求导数可以得到下式表示的踏板速度:

$$v_x = \omega r \sin(\pi - \omega t), \quad v_y = -\omega r \cos(\pi - \omega t) \tag{4.50}$$

踏车运动中下肢机构关节角速度及丝杠线速度的变化情况如图 4.16 所示。将式(4.50)代入式 (4.48) 便可得到髋、膝关节机构的角速度，其结果在图 4.16(a) 给出。并将得到的关节角速度代入式 (4.39) 和式 (4.43)，即可分别得到丝杠 1 和 2 的线速度，其结果在图 4.16(b) 给出。由图 4.16(a) 和 (b) 可见，在执行式 (4.49) 所定义的踏车轨迹时，关节机构的角速度及丝杠的线速度周期性地变化。同时，丝杠 1 和 2 的速度及速度变化的幅度均不大，因此较容易在下肢机构上实现。综上所述，就运动学而言，本书设计的下肢机构能够满足式 (4.49) 定义的踏车康复训练的要求。

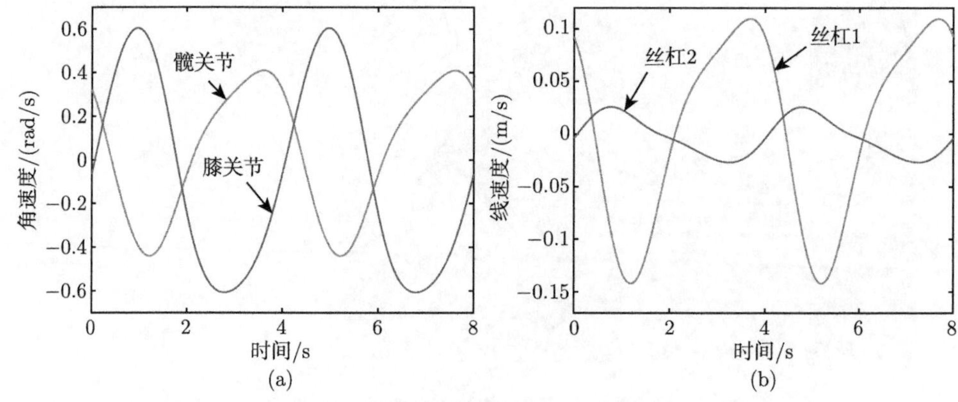

图 4.16　踏车运动中下肢机构关节角速度及丝杠线速度的变化情况

2. 讨论

在本书设计的下肢机构中，髋、膝、踝三个关节机构均安装了位置和力传感器。这些传感器不仅可以用于安全性检测，防止康复训练时关节角度或者扭矩超限，还可用于识别患者的运动意图。因此，该下肢机构不仅能用于被动训练，还能用于主动训练。这一特点使得本书的设计优于孙洪颖等 [80] 和 Shi 等 [106] 所提出的设计。同时，在本书设计的下肢机构的每个关节中采用了 ESCM，并用滚珠丝杠作为其关键传动部件。由本章分析可知，该机构能获得很大的传动比，因此无须在传动系统中额外设计减速机构，这一特点使设计比 Shi 等 [106] 更为简洁紧凑，有利于机构的稳定可靠运行。不同的关节机构采用不同形式的 ESCM，因此各个关节机构可以根据不同的要求分别独立优化设计，克服了 Schmitt 等 [53] 设计方法的不足。本书设计的下肢机构的髋、膝、踝关节机构均有唯一确定的转动中心，而且大小腿连杆及踝高均可调，因此可以调整各连杆长度使下肢机构的髋、膝、踝转动中心和人体下肢对应关节的转动中心严格对应。该特点有助于提高康复训练时患者的舒适感。

4.3 其他主要机构

4.2 节详细阐述了新型坐卧式下肢康复机器人下肢机构的优化设计过程。对于坐卧式下肢康复机器人来说，为了使其能够用于临床并满足各种类型患者的使用需求，仅考虑其下肢机构是远远不够的。另外，本书第 2 章曾经分析了现有下肢康复机器人在就座、个性化调节等多个方面的不足，这些不足需要在新型坐卧式下肢康复机器人的设计中加以考虑。因此，本节针对现有坐卧式下肢康复机器人其他主要机构的设计问题展开分析和讨论，并给出相应的设计方案。

本节首先介绍新型坐卧式下肢康复机器人的整体结构。然后，对现有下肢康复机器人在机构设计方面存在的主要问题展开详细分析，并给出相应的改进措施和设计方案。最后，简要说明新型坐卧式下肢康复机器人的电控系统设计方案。

4.3.1 新型坐卧式下肢康复机器人整体介绍

本书第 2 章对现有坐卧式下肢康复机器人的相关研究和主要平台做了介绍，指出了目前坐卧式下肢康复机器人的主要问题。本节针对这些问题进行改进和完善，并在已有的相关康复机器人平台基础上设计新型的坐卧式下肢康复机器人。图 4.17 给出了该新型康复机器人的虚拟样机。

如图 4.17 所示，本书设计的新型坐卧式下肢康复机器人采用模块化设计，其主要组成模块包括两套下肢机构、一台中间座椅，以及一台人机界面。在每套下肢机构后部配置了一台电控箱，用于控制相应的下肢机构。在下肢机构和中间座椅分离时，该电控箱可用于平衡相应的前端机构重量。同时，每套下肢机构都有各自的电控系统，而且从下面的电控系统设计部分可以看出，中间座椅也配置了相应的电控接线盒，因此新型坐卧式下肢康复机器人在电控系统上实现了完全的模块化设计。这种模块化设计对于设备的调试和维护非常有利。其结构如图 4.17 所示，在中间座椅右侧配置了一台人机界面，用于实现人机信息交互，其主要功能包括设备的实时监控、故障报警、对训练处方的管理和维护、提供虚拟康复环境等。

本书针对新型坐卧式下肢康复机器人的设计重点是下肢机构优化设计、就座工艺及相关机构、个性化调节机构三个方面。由于下肢机构的优化设计已经在 4.2 节作了详细阐述，下面主要对其余两方面的相关问题展开分析和讨论。

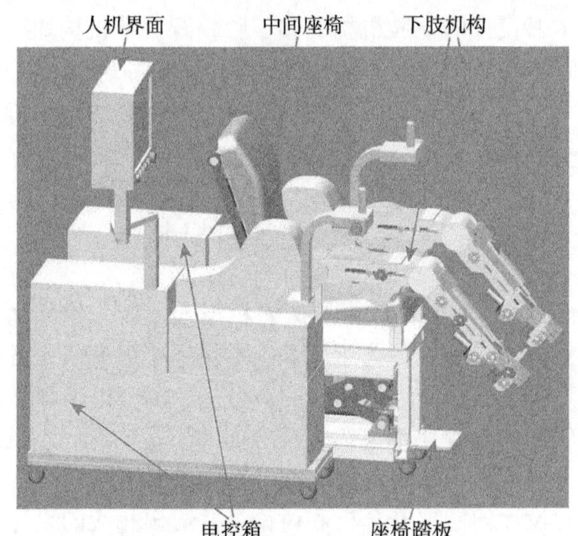

图 4.17　新型坐卧式下肢康复机器人

4.3.2　就座工艺和相关机构设计

1. 问题分析

由于 MotionMaker^{TM} 和 iLeg 是目前较为典型的两款坐卧式下肢康复机器人，新型坐卧式下肢康复机器人的设计主要基于这两款康复机器人展开。

首先来看 MotionMaker^{TM} 的就座情况。图 4.18 和图 4.19 分别给出了使用 MotionMaker^{TM} 时患者的就座姿态及相应的就座床。由于 MotionMaker^{TM} 的座椅宽度 (两套下肢机构之间的距离) 和座椅高度均不可调，患者难以直接入座。因此，研究人员专门为患者入座设计了就座床。该就座床高度可调，可以方便患者从轮椅转移到就座床上。就座时，患者首先躺在就座床上，由医护人员将就座床推入机器人本体位置。该就座床中间位置有一个标准的座椅模块，该座椅模块和就座床、康复机器人设备本体都能方便地对接。当就座床进入设备本体位置并与康复机器人准确对接时，医护人员可以推送该座椅模块进入康复机器人。因此，在就座过程中患者可以比较自然地从轮椅转移到康复机器人上。然而，这种就座方式也存在很多问题，主要包括如下方面。

(1) 需要设计专门的就座床，增加了设备的复杂性和设备成本。

(2) 患者需要先从轮椅转移到就座床，再转移到康复机器人上，其就座过程时间较长，降低了设备的使用效率。

(3) 从图 4.18 可以看出，就座床进入康复机器人设备本体时，需要将两套下肢机构上举到较大的髋关节角度位置。这种状态一方面会给操作者和患者造成心理上的压迫感和不安全感，另一方面也降低了设备的安全性。

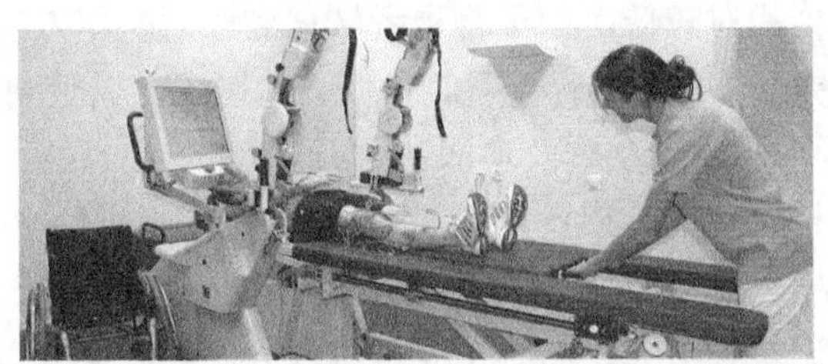

图 4.18 使用 MotionMaker™ 下肢康复机器人时患者的就座姿态

图 4.19 MotionMaker™ 下肢康复机器人的就座床

iLeg 设计的就座过程相对简单。在 iLeg 的最初设计方案中，其两侧下肢机构距离可调。就座时，将两侧下肢机构距离调整至最大，然后由医护人员将患者转移到 iLeg 的座椅上。然而，在最终研制的 iLeg 下肢康复机器人上，座椅宽度调整功能未完全实现，造成两侧下肢机械臂之间的距离无法调整。因此，在就座过程中，患者和医护人员容易和下肢机构发生碰撞，造成不必要的伤害。另外，iLeg 的座椅高度无法调整，无法满足康复训练和患者就座两个方面的实际需求。具体而言，康复训练时，其下肢机构的运动范围较大，需要设计较高的座椅避免下肢机构末端触及地面；而在患者就座时，需要将座椅降下来，便于患者顺利转移。因此，坐卧式下肢康复机器人的座椅高度应能方便调整，以满足上述两个过程对座椅高度的不同要求。由于 iLeg 的设计没有考虑康复机器人座椅高度的变化，这给上述两个过程的顺利进行带来很大的困难。

综上所述，现有典型的坐卧式下肢康复机器人其就座工艺及相关机构仍需要改进，不但要做到设备简洁以降低设计制作成本，同时还要满足下肢康复训练的实际需求。

2. 新型就座工艺

基于上述分析，本书设计了一种新型的就座工艺。该工艺主要考虑就座过程的下述要求：

(1) 就座时座椅相对较低，便于将患者转移到康复机器人座椅上；

(2) 就座过程完毕，准备进行康复训练时，座椅需要调整到较大高度，使下肢机构在设计的运行范围内不会触及地面；

(3) 就座机构相对简单无须设计专门的就座设备。

考虑到这些要求，本书设计了如图 4.20 所示的新型就座工艺，包含如下步骤：

(1) 座椅宽度调整到最大，同时下肢机构收回，如图 4.20(a) 所示；

(2) 座椅下降到下止点，如图 4.20(b) 所示；

(3) 座椅推离设备本体位置，如图 4.20(c) 所示；

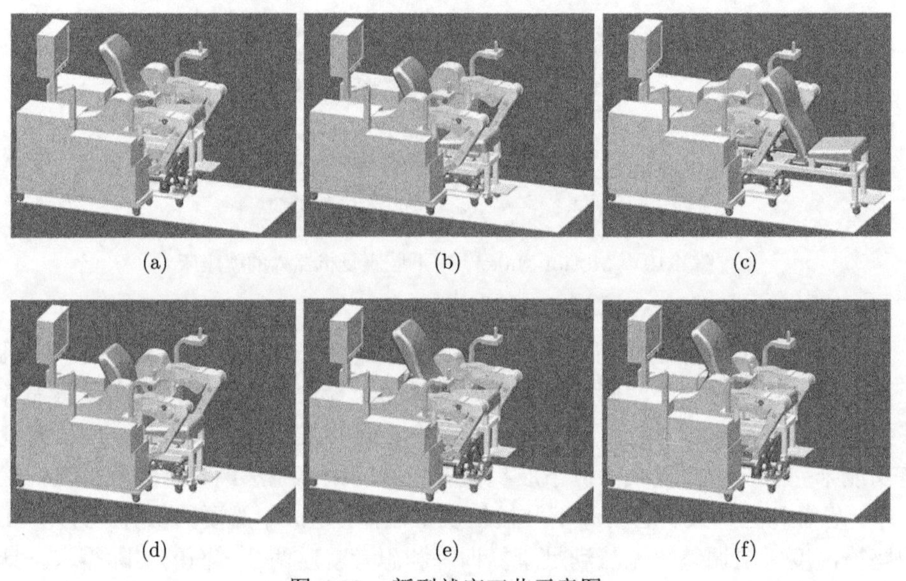

(a) (b) (c)

(d) (e) (f)

图 4.20 新型就座工艺示意图

(4) 患者就座完毕；

(5) 座椅退回设备本体位置，如图 4.20(d) 所示；

(6) 座椅上升到合适高度，如图 4.20(e) 所示；

(7) 座椅宽度调整到合适位置，如图 4.20(f) 所示；

(8) 准备就绪。

其中，第 (2) 步的下止点需要保证座椅推出过程平稳，无卡死现象；第 (4) 步需要确保患者安全就座，包括系好安全带、双脚放置在图 4.17 所示座椅踏板上等；第 (6) 步和第 (7) 步根据患者就座时髋关节中心高度、宽度进行相应调整。从这个就座过程可以看出，患者在就座时因座椅远离下肢机械臂，所以患者及医护人员不容易和机械臂发生碰撞。同时，座椅高度可调使得患者就座较为方便。该就座过程涉及三套机构，即举升机构、宽度调节机构、座椅推出机构，分别实现座椅高度调整、两侧下肢机械臂距离调整和座椅推出及退回功能。下面将具体说明这些机构的设计过程。

3. 举升机构设计

本书设计的举升机构如图 4.21 所示。该机构由驱动电机、涡轮减速器、两套滚珠丝杠和四套叉架组件组成。其中，涡轮减速器为双轴输出型，其两个输出轴各连接一套滚珠丝杠，每套丝杠分别驱动两套叉架组件。由于两套滚珠丝杠完全相同，且四套叉架组件也完全相同，所以运动过程中四套叉架组件的上支点能同步升降。

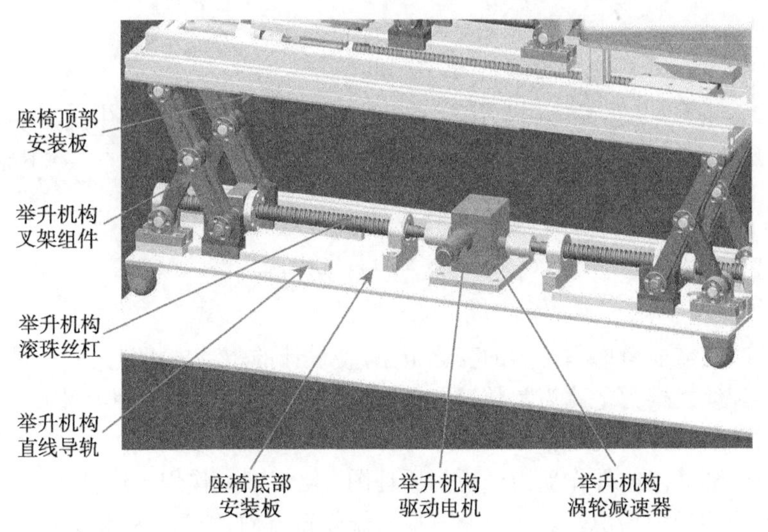

图 4.21 新型坐卧式下肢康复机器人的举升机构

举升机构原理如图 4.22 所示。为了分析举升机构的运动学，图 4.22(a) 给出一套叉架组件的举升原理图。为分析方便，将丝杠滑块的螺旋副用点 B_l 位置的滑动副来代替；连杆 A_lC_l 和 B_lC_l 长度相等，均为 l_a；为了使座椅上底板做竖直升降运动，点 D_l 需做竖直运动。丝杠保持水平状态，所以图中 l_a 和 l_b 必相等，即 C_l 为 B_lD_l 中点。因此，丝杠水平移动距离和座椅升降高度满足以下关系，即

$$l_h = \sqrt{4l_a^2 - l_v^2} \tag{4.51}$$

丝杠水平速度和座椅升降速度满足以下关系，即

$$v_{B_l} = \frac{-l_v}{\sqrt{4l_a^2 - l_v^2}} v_{D_l} \tag{4.52}$$

其中，v_{B_l} 为点 B_l 速度，即丝杠滑块水平速度；v_{D_l} 为点 D_l 速度，即座椅升降速度。由于驱动电机到丝杠滑块的传动比为常数，式 (4.51) 和式 (4.52) 乘以相应的传动比即可得到给定座椅高度、升降速度时相应电机的角度和速度控制值。

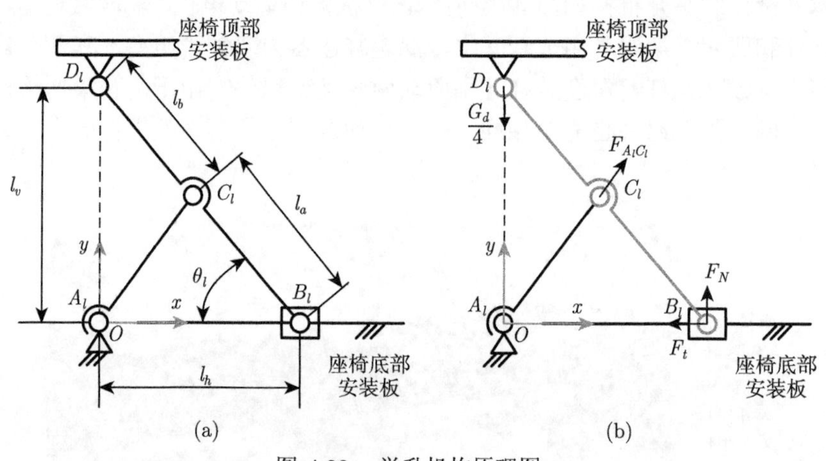

图 4.22　举升机构原理图

设计时还需要考虑举升力的变化范围，使设计的驱动电机满足扭矩要求。电机输出扭矩到丝杠推力之比为常数，同时四套叉架组件受力近似相等，因此对其中一套叉架组件的受力情况进行分析，得到丝杠推力与座椅顶板重力关系。图 4.22(b) 给出了对一套叉架组件作受力分析的原理图。丝杠推力作用于连杆 D_lB_l，图中给出了该连杆的受力情况。其中，点 D_l 只做竖直方向运动，因此该点不受水平作用力；连杆 A_lC_l 为二力杆，因此连杆 D_lB_l 在点 C_l 处受力沿连杆 A_lC_l 方向。由连杆 D_lB_l 的力平衡和绕点 C_l 扭矩平衡方程可以得到如下力学方程组，即

$$\begin{cases}-F_t + F_{A_lC_l}\cos(\theta_l) = 0 \\ -\dfrac{G_d}{4} + F_{A_lC_l}\sin(\theta_l) + F_N = 0 \\ -F_t l_a \sin(\theta_l) + F_N l_a \cos(\theta_l) + \dfrac{G_d}{4} l_a \cos(\theta_l) = 0\end{cases} \tag{4.53}$$

其中，F_t 是丝杠推力；F_N 为直线导轨给予的支持力；G_d 为座椅上底板及其负重总和。

由该式可得一套叉架组件所需丝杠推力，即

$$F_t = \frac{G_d}{4}\cot(\theta_l) \tag{4.54}$$

整个举升机构所需丝杠总推力为 $4F_t$。

4. 推出机构设计

推出机构的功能是在康复训练结束时将座椅推离设备本体，以及康复训练开始前在患者安全就座后将座椅退回设备本体。上述两个过程均有患者就座，因此推出机构在将座椅推出或者退回设备本体的过程中应保证安全、平稳、顺畅，具有较高的可靠性。基于上述考虑，本书采用滚珠丝杠作为推出机构的主要动作部件，同时采用直流伺服电机作为驱动，以保证推送机构较好的驱动控制性能。

本书设计的新型坐卧式下肢康复机器人的推出机构如图 4.23 所示，本书设计的座椅推出机构由驱动电机、滚珠丝杠及其滑块、直线导轨及其滑鞍、座椅活动底板、活动底板支撑轮及支撑垫高和地面滚轮等零部件组成。座椅活动底板上方固定安装座椅及其角度调整机构等零部件。直线导轨及其滑鞍各有两套，滑鞍均安装在座椅活动底板下方，承受活动底板及上方安装部件重量。同时，滚珠丝杠滑块也安装在座椅活动底板下方，以带动座椅活动底板做水平直线运动。这样的设计保证了座椅活动底板及上方部件的重量作用在直线导轨滑鞍上，滚珠丝杠滑块不受座椅活动底板竖直方向的压力，以避免滚珠丝杠受弯矩。推出机构由直流电机驱动，滚珠丝杠及其滑块作为推出机构的主要传动机构。为保证座椅推送及退回原位时，上方座椅及相关机构能够可靠支撑，在座椅推送过程中，将直线导轨及其滑鞍、地面滚轮作为导向和承重部件；座椅退回设备本体时，由直线导轨及其滑鞍、活动底板支撑轮及支撑垫高构成承重部件。

座椅推出时，驱动电机驱动滚珠丝杠旋转，此时丝杠滑块带动座椅活动底板水平移动，同时座椅在地面做水平移动。为了防止因加工误差、地面不平整等因素造成运动时直线导轨和滑鞍之间卡死，在直线导轨滑鞍和座椅活动底板连接之间设计了推出机构辅助关节；当存在上述问题时，该辅助关节能够容许座椅活动底板和直线导轨在一定范围内不平行。

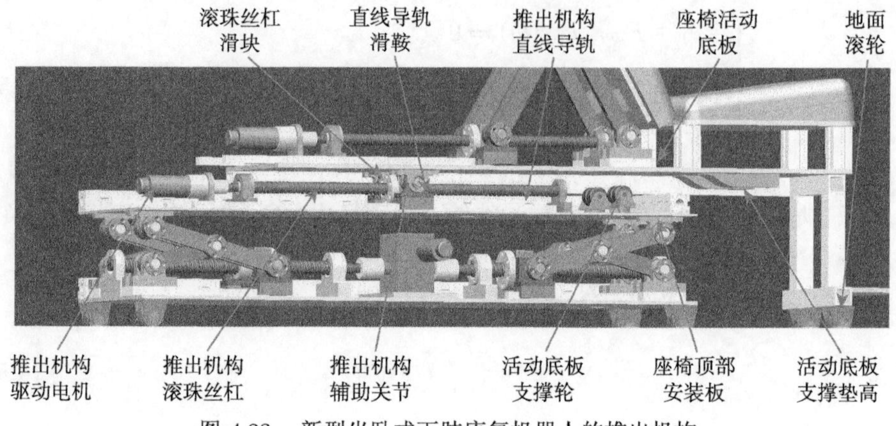

图 4.23　新型坐卧式下肢康复机器人的推出机构

5. 座椅宽度调节机构设计

宽度调节机构的功能是调整两侧下肢机构之间的距离，使座椅推出或者退回设备本体时患者不会和下肢机构发生碰撞，同时能够根据患者体型调整座椅宽度使其与患者髋关节宽度匹配。因此，宽度调节机构既是就座机构同时也具有个性化调整机构的功能。为了获得理想的模块化设计，本书将座椅宽度调节机构设计在下肢机构基座位置，以便拆卸和装配。

该调节机构如图 4.24 所示，主要由宽度调节驱动电机、同步轮系、滚珠丝杠、直线轴承、活动底板、直线导轨及腿部机构安装板等部分组成。下肢机构安装在

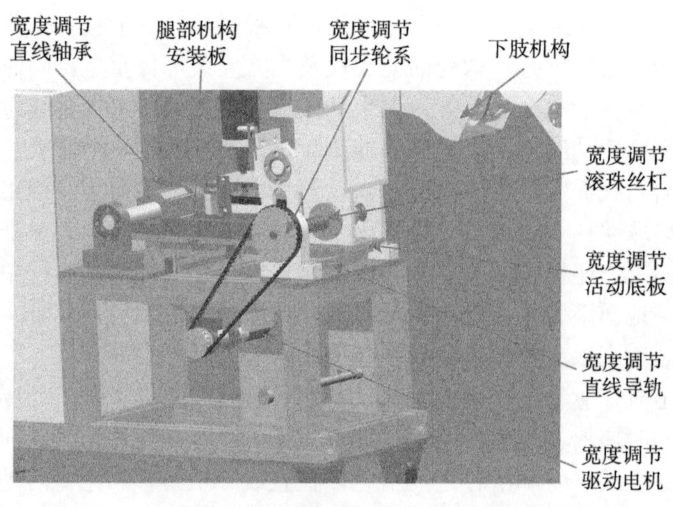

图 4.24　新型坐卧式下肢康复机器人的座椅宽度调节机构

宽度调节活动底板上，活动底板一端安装在直线导轨滑鞍和滚珠丝杠滑块上，另一端安装于直线轴承。直线导轨位于滚珠丝杠正下方，并与滚珠丝杠平行；直线轴承与滚珠丝杠平行，可沿其导杆滑动。当驱动电机通过同步轮系驱动滚珠丝杠旋转时，滚珠丝杠滑块带动宽度调整活动底板沿直线导轨和直线轴承导杆做水平移动，此时两下肢机构的距离将发生变化，从而达到调整座椅宽度的效果。直线轴承及其导杆用于宽度调整时的导向，同时也可平衡部分前端下肢机构的重量，提高设备稳定性。

4.3.3 个性化调节机构设计

瘫痪患者体型和病情各异，为了满足各类患者康复训练的需求，有必要实现便于使用的个性化调节功能。本书设计的个性化调节功能包括大小腿长度调节、座椅角度调节、座椅宽度调节三个部分。其中，腿长和座椅宽度调节是为了满足不同体型患者的训练需要；座椅角度调节功能则可满足不同病情患者之需要，因为座椅宽度调节机构已在前面做了描述，本节主要介绍座椅角度调节机构和大小腿长度调节机构的设计。

1. *座椅角度调节机构设计*

图 4.25 给出了座椅角度调节机构的三维图。该机构由驱动电机、滚珠丝杠、丝杠滑块及安装座、直线导轨、关节 A-C、连杆 1 和 2 等零部件组成。其中，关节 A-C、连杆 1 和 2、直线导轨及其滑鞍构成曲柄滑块机构。直线导轨滑鞍和丝杠滑块安装座固定连接。角度调整时，由驱动电机驱动滚珠丝杠旋转，此时丝杠滑块在丝杠上做水平移动，带动滑鞍在直线导轨上滑行，同时曲柄滑块机构将产生运动，使得直线导轨和连杆 1 之间的夹角发生变化。该夹角在该座椅机构中作为座椅靠背的夹角。

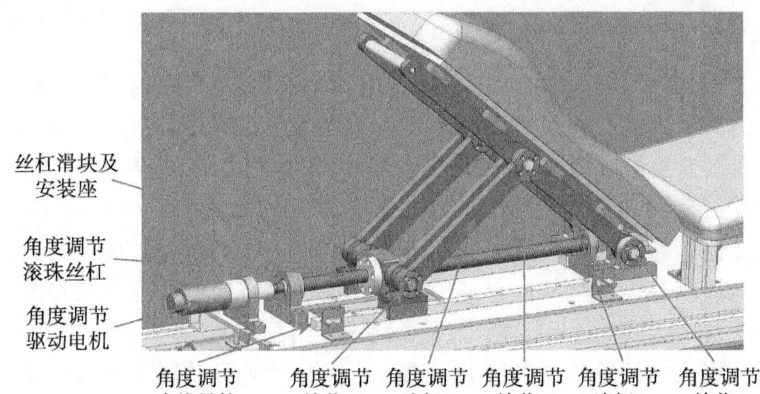

图 4.25 新型坐卧式下肢康复机器人的座椅角度调节机构

为了推导座椅靠背夹角与丝杠滑块位移之间的关系，图 4.26 给出了座椅角度调节机构的原理图。图中，连杆 A_sB_s 代表图 4.25 中的连杆 1；连杆 E_sF_s 代表图 4.25 中的直线导轨；点 A_s、B_s 和 C_s 处的转动副分别和图 4.25 中的关节 A-C 对应。点 C_s 处的滑块和直线导轨滑鞍对应。连杆 A_sB_s 和 B_sC_s 长度相等，即 $l_{bc}=l_{ab}$。由于滚珠丝杠滑块和直线导轨滑鞍的位移相等，丝杠滑块的位移可由下式给出，即

$$\begin{aligned}\Delta s &= l_{ac,1}-l_{ac,0}\\ &= 2l_{ab}\cos\theta_{s,1}-2l_{ab}\cos\theta_{s,0}\end{aligned} \tag{4.55}$$

其中，$\theta_{s,1}$ 和 $\theta_{s,0}$ 分别为 θ_s 的目标角度和初始角度；$l_{ac,1}$ 和 $l_{ac,0}$ 分别是关节 A_s 和 C_s 之间的目标距离和初始距离。由式 (4.55) 可以计算出要控制座椅靠背为给定角度时，丝杠滑块的位移大小。

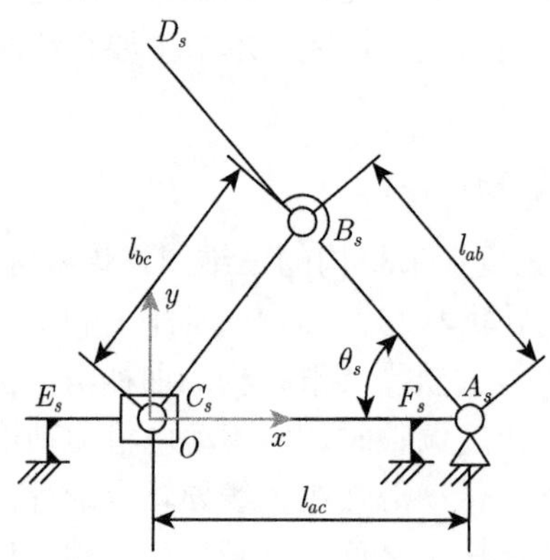

图 4.26　座椅角度调节机构原理图

2. 大小腿长度调节机构设计

图 4.27 给出了大腿长度调节机构结构图。图中，大腿连接板 1 和 2 组成了下肢机构的大腿机构，通过调节两个连接板之间的相对位置可以实现大腿长度调节。大腿连接板 1 和 2 上分别安装了调节丝杠及其滑块。当驱动电机通过减速器驱动调节丝杠旋转时，丝杠滑块产生水平移动，此时大腿连接板 1 和 2 之间距离即发生变化。为了保证大腿机构的可靠性，一方面要确保长度调节时，两块大腿连接板能够相对平滑移动；另一方面，要保证训练时两块连接板可靠固定。为此，分别在大腿连接板 1 和 2 设计了导向槽和滑杆，其中滑杆可以沿着导向槽滑动，用于大腿长度调节时的导向和承重。在进行康复训练时，可以将调节手轮拧紧，此时大腿连接板 1 和 2 能可靠固定，保证大腿机构的可靠性。为避免调节丝杠产生过大弯矩，在调节丝杠和大腿连接板 1 的连接位置设计了自调整关节，当

丝杠和大腿连接板 1 平行度较差时，通过此关节可自动调整丝杠角度和位置使其所受弯矩较小。

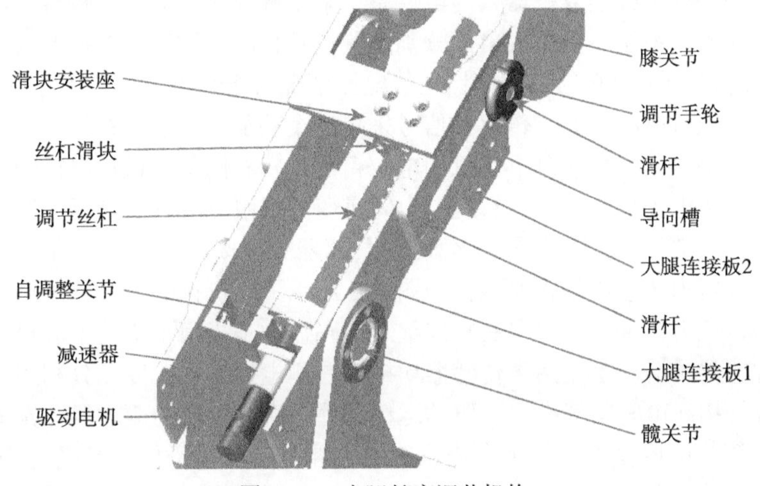

图 4.27 大腿长度调节机构

图 4.28 给出了小腿长度调节机构的结构图。由图 4.28 可见，小腿长度调节机构和大腿长度调节机构相似，只是将驱动电机和调节丝杠之间的刚性连接改为同步带柔性连接，以适应小腿机构内部空间布局。

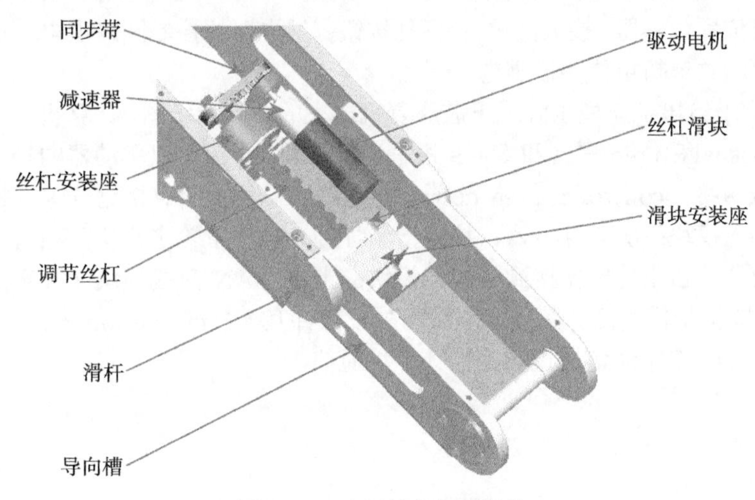

图 4.28 小腿长度调节机构

4.4　电控系统方案设计

新型坐卧式下肢康复机器人的电控系统采用模块化设计，将每台下肢机构和中间座椅的电控系统主要组成单元分别配置在各自的电控箱或电控盒内，便于快速拆卸和对接。图 4.29 给出了模块化的电控系统功能框图。颜色由浅及深分别对应于供电、电机驱动控制、传感器信号采集三个功能。电控系统采用 220V 市电电压供电，供电电路从左侧下肢机构电控箱接入，右侧下肢机构电控箱的供电从左侧腿部机构电控箱转接。左右腿及中间座椅的极限位置开关是指下肢机构及中间座椅的运动部件的极限位置传感器。该传感器分别接入对应电控箱或电控盒中。左右腿部拉压力传感器是指安装在如图 4.5 所示下肢机构的关节位置用于检测关节扭矩的拉压力传感器，而左右腿部绝对值码盘则是指用于检测下肢机构各关节角度的位置传感器。上述两类传感器均接入右侧电控箱中，以充分利用电控箱空间。下肢机构和中间座椅中用于驱动运动部件的直流电机的驱动器分别安装在各自的电控箱或电控盒中。整个电控系统的主控单元采用研华计算机 (IPC610H)，该计算机安装在右侧下肢机构电控箱内。左侧下肢机构和中间座椅的控制信号首先连接至各自的电控箱或电控盒，并向上转接到右侧下肢机构电控箱的主控单元。

图 4.30 给出了新型坐卧式下肢康复机器人的电源系统图。可见，电器元件由 48V、24V 和 12V 三种电压供电。系统中所有直流电机均采用 Motec 直流伺服电机，其供电采用 48V 直流电源供电。继电器用于控制直流电机驱动器的供电；断路器用于电机驱动器供电回路的电流过载保护。24V 直流电源主要给绝对值码盘、极限位置传感器 (接近开关)、各种按钮、继电器的控制回路供电。12V 直流电源主要给关节扭矩传感器供电。

图 4.31 给出了新型坐卧式下肢康复机器人的控制系统图。计算机上的软件系统采用 Visual Studio 平台和 C++ 语言进行开发。直流电机驱动器的控制采用控制器局域网络 (controller area network, CAN) 总线；所有接近开关、按钮接入数字量输入模块；所有继电器、按钮指示灯接入数字量输出模块；绝对值码盘接到计数模块；扭矩传感器接到模拟量模块。上述 CAN 总线模块、数字量输入输出模块、模拟量模块及计数模块均采用外设部件互连标准 (peripheral component interconnect,PCI) 通信协议和主控计算机通信。

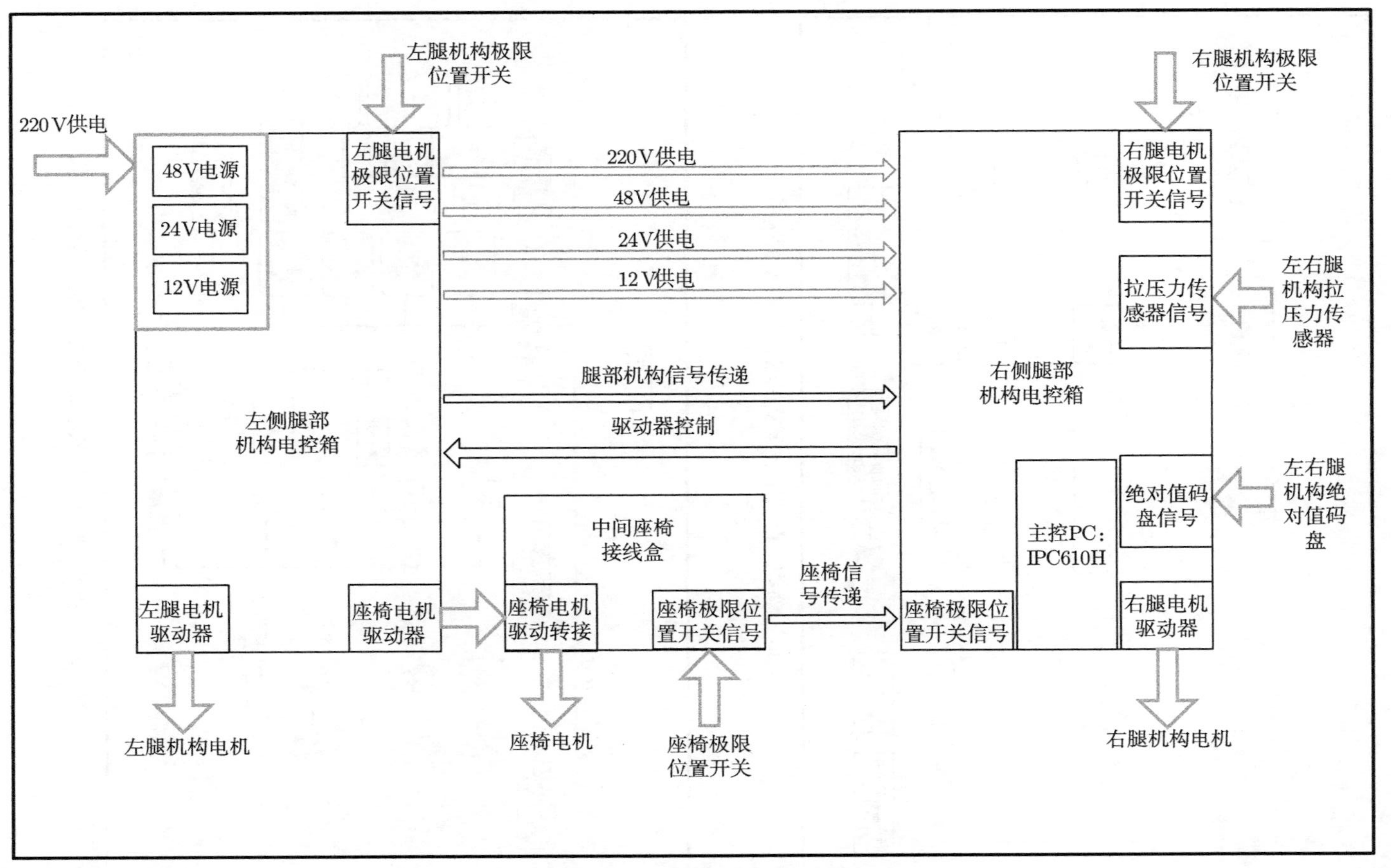

图 4.29 电控系统功能框图

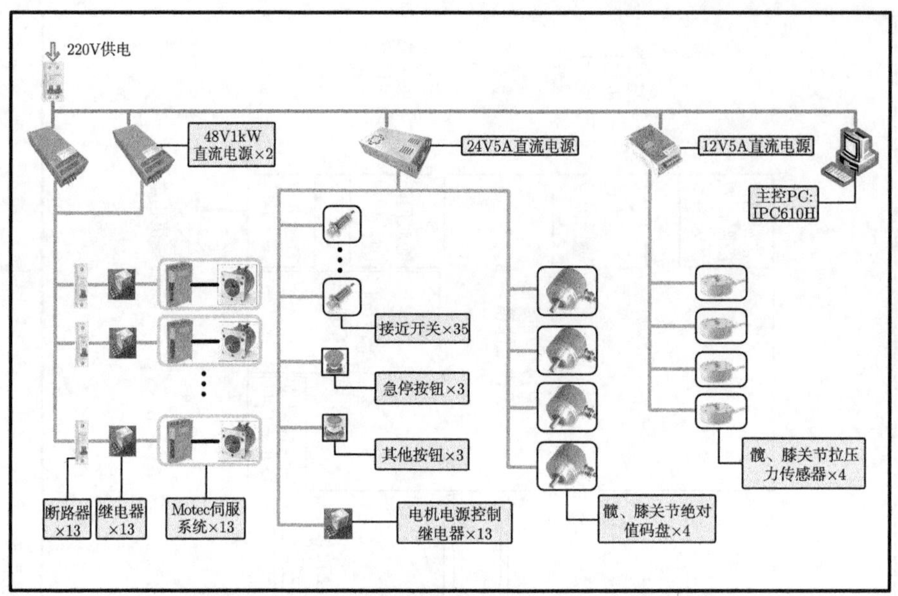

图 4.30　新型坐卧式下肢康复机器人的电源系统图

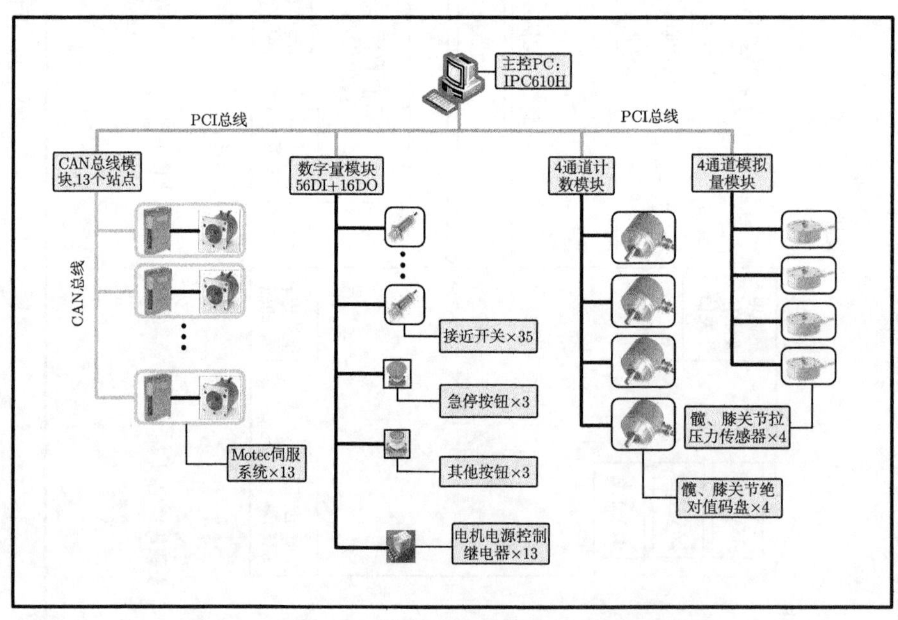

图 4.31　新型坐卧式下肢康复机器人的控制系统图

4.5 小　结

本章首先介绍了新型坐卧式下肢康复机器人下肢机构的设计方法。在分析现有坐卧式下肢康复机器人下肢机构优缺点基础上，设计了新型的下肢机构，并采用 PSO 算法对髋、膝关节机构的尺寸做了优化；针对优化的下肢机构，推导了其运动学方程；并用得到的运动学方程和给定的踏车运动轨迹，对优化设计的下肢机构做了仿真分析，仿真结果验证了该下肢机构应用于下肢康复训练的可行性。其次，针对目前坐卧式下肢康复机器人就座工艺的缺点，设计了一种便于使用的就座工艺并设计了相关的就座机构，同时推导了其中的举升机构的运动学方程和受力情况，为电机选型设计和机构运动控制提供了依据。再次，针对现有坐卧式下肢康复机器人的个性化调节机构存在的问题，设计了新型的腿长调节、座椅角度和宽度调节机构。这些个性化调节机构均采用电动控制的方式，便于患者及医护人员使用。最后，对新型坐卧式下肢康复机器人的电控系统方案做了介绍。

第 5 章　康复机器人动力学系统建模

5.1　引　　言

机器人动力学主要是研究机器人系统中力和运动之间的关系，是机器人控制算法分析和设计的基础。本章将基于课题组研制的上肢康复机器人 (详见本书第 3 章) 来阐述康复机器人的动力学分析与建模方法。该上肢康复机器人采用并联结构，在康复训练中，患者的上肢与康复机器人存在复杂的耦合关系，需要对整个人机交互系统进行动力学分析。本章将对康复机器人本身和人机交互系统的动力学分别进行分析，内容安排如下：在 5.2节，将基于拉格朗日方法进行上肢康复机器人动力学的推导，进而介绍一种相对简单的降维模型法；在 5.3节，将人机交互系统的动力学建模问题简化为冗余驱动并联机器人的动力学建模问题，并利用基于拉格朗日-达朗贝尔方法推导其动力学方程，最后提出一种更为简洁、高效的工作空间中的人机系统动力学建模方法，并在 5.4节中进行仿真验证；5.5节对本章内容进行总结。

5.2　机器人动力学分析

5.2.1　拉格朗日法

拉格朗日法是最常用的机器人力学推导方法 [107]，本节将直接使用拉格朗日法推导上述并联机器人的动力学方程。由于并联机器人的被动关节和主动关节之间存在运动学约束关系，相对于串联机器人，直接使用拉格朗日法推导并联机器人的动力学方程比较复杂 [108]。

前述上肢康复机器人的动力学分析原理图见图 5.1。动力学分析中采用的拉格朗日方程如下：

$$\frac{\mathrm{d}}{\mathrm{d}t}\left(\frac{\partial L}{\partial \dot{\theta}_i}\right)-\frac{\partial L}{\partial \theta_i}=\tau_i,\quad i=1,2 \tag{5.1}$$

其中，θ_i 是关节角度；τ_i 是关节扭矩；$L=K-P$ 是拉格朗日函数，K 和 P 分别是连杆系统的动能和势能。

根据图 5.1 可以得到连杆系统动能 K，即

$$K=\sum_{i=1}^{4}\frac{1}{2}[m_i(\dot{x}_{si}+\dot{y}_{si})^2+I_i\dot{\theta}_i^2]=\frac{1}{2}\dot{\boldsymbol{q}}_{12}^{\mathrm{T}}\boldsymbol{D}\dot{\boldsymbol{q}}_{12} \tag{5.2}$$

其中，$\boldsymbol{D}$ 是惯量矩阵，(x_{si}, y_{si}) 是连杆质心坐标，关节变量 $\boldsymbol{q}_{12} = [\theta_1,\ \theta_2]^{\mathrm{T}}$。

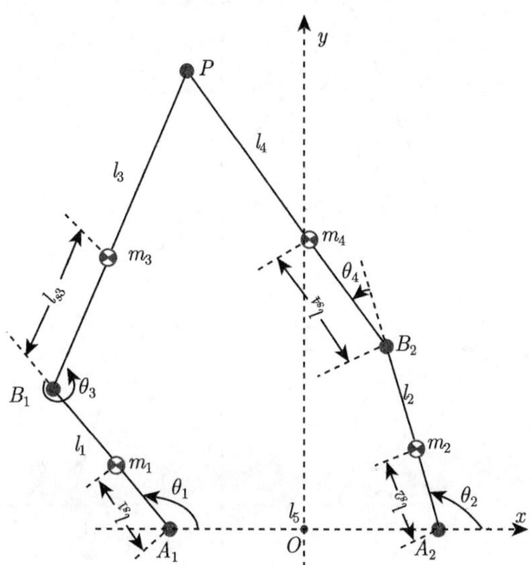

图 5.1 机器人动力学分析原理图

将式 (5.2) 代入式 (5.1) 可得

$$\boldsymbol{D}\ddot{\boldsymbol{q}}_{12} + \dot{\boldsymbol{D}}\dot{\boldsymbol{q}}_{12} - \frac{\partial K}{\partial \boldsymbol{q}_{12}} + \frac{\partial P}{\partial \boldsymbol{q}_{12}} = \boldsymbol{\tau}_{12} \tag{5.3}$$

令

$$\boldsymbol{C} = \dot{\boldsymbol{D}} - \frac{\partial K}{\partial \boldsymbol{q}_{12}}, \quad \boldsymbol{G} = \frac{\partial P}{\partial \boldsymbol{q}_{12}} \tag{5.4}$$

则式 (5.3) 转化为

$$\boldsymbol{D}\ddot{\boldsymbol{q}}_{12} + \boldsymbol{C}\dot{\boldsymbol{q}}_{12} + \boldsymbol{G} = \boldsymbol{\tau}_{12} \tag{5.5}$$

本书使用的机器人为平面机构，连杆重力势能保持不变，因此 $\boldsymbol{G} = 0$，其动力学建模只需要求取矩阵 $\boldsymbol{D}$ 和 $\boldsymbol{C}$。

1. 运动学约束

θ_3 和 θ_4 的计算如图 5.2 所示，由于连杆系统构成闭环，存在下列运动学约束关系，即

$$l_1 c_1 + l_3 c_{13} - l_2 c_2 - l_4 c_{24} - l_5 = 0 \tag{5.6}$$

$$l_1 s_1 + l_3 s_{13} - l_2 s_2 - l_4 s_{24} = 0 \tag{5.7}$$

其中，c_i 和 s_i 分别是 $\cos\theta_i$ 和 $\sin\theta_i$ 的简写，$\theta_{13} = \theta_1 + \theta_3$，$\theta_{24} = \theta_2 + \theta_4$。

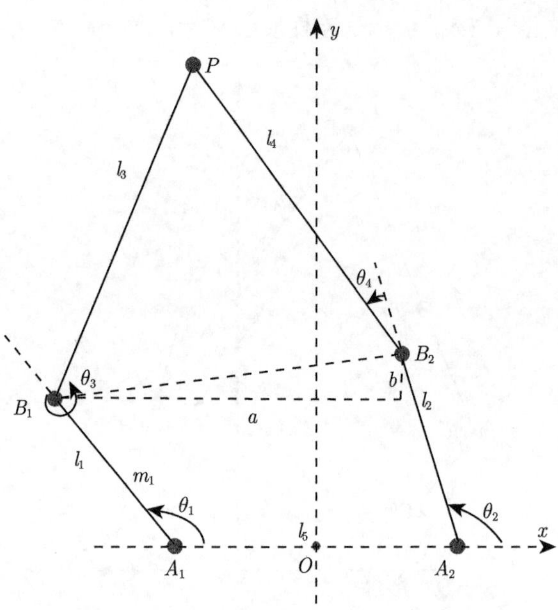

图 5.2　计算 θ_3 和 θ_4 示意图

在以下的推导过程中，需要根据主动关节的角度 θ_1 和 θ_2 计算得到被动关节的角度 θ_3 和 θ_4。由图 5.2 可得

$$\theta_3 = \arccos\frac{a^2+b^2+l_3^2-l_4^2}{2l_3\sqrt{a^2+b^2}} + \arctan\frac{b}{a} - \theta_1 \tag{5.8}$$

其中，变量 a 和 b 的定义为

$$\begin{cases} a = l_5 + l_2\cos\theta_2 - l_1\cos\theta_1 \\ b = l_2\sin\theta_2 - l_1\sin\theta_1 \end{cases} \tag{5.9}$$

根据式 (5.6) 和式 (5.7)，可得

$$\theta_4 = \arctan\frac{l_3\sin\theta_{13} - b}{l_3\cos\theta_{13} - a} - \theta_2 \tag{5.10}$$

2. 计算 $\dfrac{\partial\theta_i}{\partial\theta_1}$ 和 $\dfrac{\partial\theta_i}{\partial\theta_2}$($i=13,14$)

式 (5.6) 和式 (5.7) 对 θ_1 求偏导得

$$\begin{cases} l_1s_1 + l_3s_{13}\dfrac{\partial\theta_{13}}{\partial\theta_1} - l_4s_4\dfrac{\partial\theta_{24}}{\partial\theta_1} = 0 \\ l_1c_1 + l_3c_{13}\dfrac{\partial\theta_{13}}{\partial\theta_1} - l_4c_4\dfrac{\partial\theta_{24}}{\partial\theta_1} = 0 \end{cases} \tag{5.11}$$

由式 (5.11) 求解可得

$$\begin{bmatrix} \dfrac{\partial\theta_{13}}{\partial\theta_1} \\ \dfrac{\partial\theta_{24}}{\partial\theta_1} \end{bmatrix} = l_1 \begin{bmatrix} -l_3 s_{13} & l_4 s_4 \\ -l_3 c_{13} & l_4 c_4 \end{bmatrix}^{-1} \begin{bmatrix} s_1 \\ c_1 \end{bmatrix} = l_1 \boldsymbol{A}_{34}^{-1} \boldsymbol{S}_{c_1} \tag{5.12}$$

其中，$\boldsymbol{A}_{34} = \begin{bmatrix} -l_3 s_{13} & l_4 s_4 \\ -l_3 c_{13} & l_4 c_4 \end{bmatrix}$，$\boldsymbol{S}_{c_1} = [s_1\ c_1]^{\mathrm{T}}$。

同样，式 (5.6) 和式 (5.7) 相对于 θ_2 求偏导数可得下式：

$$\begin{bmatrix} \dfrac{\partial\theta_{13}}{\partial\theta_2} \\ \dfrac{\partial\theta_{24}}{\partial\theta_2} \end{bmatrix} = l_2 \begin{bmatrix} -l_3 s_{13} & l_4 s_4 \\ -l_3 c_{13} & l_4 c_4 \end{bmatrix}^{-1} \begin{bmatrix} s_2 \\ c_2 \end{bmatrix} = l_2 \boldsymbol{A}_{34}^{-1} \boldsymbol{S}_{c_2} \tag{5.13}$$

其中，$\boldsymbol{S}_{c_2} = [s_2\ c_2]^{\mathrm{T}}$。

3. 计算 $\dot{\theta}_{13}$ 和 $\dot{\theta}_{24}$

式 (5.6) 和式 (5.7) 对时间 t 求导可得

$$\begin{cases} l_1 s_1 \dot{\theta}_1 + l_2 s_2 \dot{\theta}_2 + l_3 s_{13} \dot{\theta}_{13} - l_{24} s_{24} \dot{\theta}_{24} = 0 \\ l_1 c_1 \dot{\theta}_1 - l_2 c_2 \dot{\theta}_2 + l_3 c_{13} \dot{\theta}_{13} - l_{24} c_{24} \dot{\theta}_{24} = 0 \end{cases} \tag{5.14}$$

求解上式可得

$$\begin{bmatrix} \dot{\theta}_{13} \\ \dot{\theta}_{24} \end{bmatrix} = \begin{bmatrix} -l_3 s_{13} & l_4 s_4 \\ -l_3 c_{13} & l_4 c_4 \end{bmatrix}^{-1} \begin{bmatrix} l_1 s_1 & -l_2 s_2 \\ l_1 c_1 & -l_2 c_2 \end{bmatrix} \begin{bmatrix} \dot{\theta}_1 \\ \dot{\theta}_2 \end{bmatrix} \tag{5.15}$$

定义 $\boldsymbol{A}_{12} = \begin{bmatrix} l_1 s_1 & -l_2 s_2 \\ l_1 c_1 & -l_2 c_2 \end{bmatrix}$，可得

$$\dot{\boldsymbol{q}}_{34} = \begin{bmatrix} \dot{\theta}_{13} \\ \dot{\theta}_{24} \end{bmatrix} = \boldsymbol{A}_{34}^{-1} \boldsymbol{A}_{12} \dot{\boldsymbol{q}}_{12} \tag{5.16}$$

4. 计算 $\dot{\boldsymbol{x}}_{si}$ 和 $\dot{\boldsymbol{y}}_{si}$

根据图 5.1 可得各连杆的质心坐标为

$$\begin{cases} x_{s1} = l_{s1} c_1 - \dfrac{l_5}{2}, \quad y_{s1} = l_{s1} s_1 \\ x_{s2} = l_{s2} c_2 + \dfrac{l_5}{2}, \quad y_{s2} = l_{2s} s_2 \\ x_{s3} = l_1 c_1 + l_{s3} c_{13} - \dfrac{l_5}{2}, \quad y_{s3} = l_1 s_1 + l_{s3} s_{13} \\ x_{s4} = l_2 c_2 + l_{s4} c_{24} + \dfrac{l_5}{2}, \quad y_{s4} = l_2 s_2 + l_{s4} s_{24} \end{cases} \tag{5.17}$$

以上各式对时间求导可得

$$\begin{cases}\dot{x}_{s1}=-l_{s1}s_1\dot{\theta}_1, \quad \dot{y}_{s1}=l_{s1}c_1\dot{\theta}_1\\ \dot{x}_{s2}=-l_{s2}s_2\dot{\theta}_2, \quad \dot{y}_{s2}=l_{s2}c_2\dot{\theta}_2\\ \dot{x}_{s3}=-l_{s3}s_{13}\dot{\theta}_{13}-l_1s_1\dot{\theta}_1, \quad \dot{y}_{s3}=l_{s3}c_{13}\dot{\theta}_{13}+l_1c_1\dot{\theta}_1\\ \dot{x}_{s4}=-l_{s4}s_{24}\dot{\theta}_{24}-l_2s_2\dot{\theta}_2, \quad \dot{y}_{s4}=l_{s4}c_{24}\dot{\theta}_{24}+l_2c_2\dot{\theta}_2\end{cases} \tag{5.18}$$

写成向量形式，有

$$\dot{\boldsymbol{x}}_{12}=\begin{bmatrix}\dot{x}_{s1}\\ \dot{x}_{s2}\end{bmatrix}=-\begin{bmatrix}l_{s1}s_1 & 0\\ 0 & l_{s2}s_2\end{bmatrix}\begin{bmatrix}\dot{\theta}_1\\ \dot{\theta}_2\end{bmatrix}=-\boldsymbol{A}_s\dot{\boldsymbol{q}}_{12} \tag{5.19}$$

$$\dot{\boldsymbol{y}}_{12}=\begin{bmatrix}\dot{y}_{s1}\\ \dot{y}_{s2}\end{bmatrix}=\begin{bmatrix}l_{s1}s_1 & 0\\ 0 & l_{s2}s_2\end{bmatrix}\begin{bmatrix}\dot{\theta}_1\\ \dot{\theta}_2\end{bmatrix}=\boldsymbol{A}_c\dot{\boldsymbol{q}}_{12} \tag{5.20}$$

$$\dot{\boldsymbol{x}}_{34}=\begin{bmatrix}\dot{x}_{s3}\\ \dot{x}_{s4}\end{bmatrix}=-(\boldsymbol{A}_{s34}\boldsymbol{A}_{34}^{-1}\boldsymbol{A}_{12}+\boldsymbol{A}_s)\dot{\boldsymbol{q}}_{12} \tag{5.21}$$

$$\dot{\boldsymbol{y}}_{34}=\begin{bmatrix}\dot{y}_{s3}\\ \dot{y}_{s4}\end{bmatrix}=(\boldsymbol{A}_{c34}\boldsymbol{A}_{34}^{-1}\boldsymbol{A}_{12}+\boldsymbol{A}_c)\dot{\boldsymbol{q}}_{12} \tag{5.22}$$

其中

$$\begin{aligned}\boldsymbol{A}_s&=\begin{bmatrix}l_{s1}s_1 & 0\\ 0 & l_{s2}s_2\end{bmatrix}\\ \boldsymbol{A}_c&=\begin{bmatrix}l_{s1}c_1 & 0\\ 0 & l_{s2}c_2\end{bmatrix}\\ \boldsymbol{A}_{s34}&=\begin{bmatrix}l_{s3}s_{13} & 0\\ 0 & l_{s4}s_{24}\end{bmatrix}\\ \boldsymbol{A}_{c34}&=\begin{bmatrix}l_{s3}c_{13} & 0\\ 0 & l_{s4}c_{24}\end{bmatrix}\end{aligned} \tag{5.23}$$

5. 计算矩阵 $\boldsymbol{D}$

机器人连杆系统的动能 K 可以表示为

$$\begin{aligned}K&=\sum_{i=1}^{4}\frac{1}{2}[m_i(\dot{x}_{si}+\dot{y}_{si})^2+I_i\dot{\theta}_i^2]\\ &=\frac{1}{2}\dot{\boldsymbol{q}}_{12}^{\mathrm{T}}\boldsymbol{I}_{12}\dot{\boldsymbol{q}}_{12}+\frac{1}{2}\dot{\boldsymbol{q}}_{34}^{\mathrm{T}}\boldsymbol{I}_{34}\dot{\boldsymbol{q}}_{34}+\frac{1}{2}\dot{\boldsymbol{x}}_{12}^{\mathrm{T}}\boldsymbol{M}_{12}\dot{\boldsymbol{x}}_{12}\\ &\quad+\frac{1}{2}\dot{\boldsymbol{x}}_{34}^{\mathrm{T}}\boldsymbol{M}_{34}\dot{\boldsymbol{x}}_{34}+\frac{1}{2}\dot{\boldsymbol{y}}_{12}^{\mathrm{T}}\boldsymbol{M}_{12}\dot{\boldsymbol{y}}_{12}+\frac{1}{2}\dot{\boldsymbol{y}}_{34}^{\mathrm{T}}\boldsymbol{M}_{34}\dot{\boldsymbol{y}}_{34}\end{aligned} \tag{5.24}$$

其中，$\boldsymbol{I}_{12}=\begin{bmatrix} I_1 & 0 \\ 0 & I_2 \end{bmatrix}$；$\boldsymbol{I}_{34}=\begin{bmatrix} I_3 & 0 \\ 0 & I_4 \end{bmatrix}$；$\boldsymbol{M}_{12}=\begin{bmatrix} m_1 & 0 \\ 0 & m_2 \end{bmatrix}$；$\boldsymbol{M}_{34}=\begin{bmatrix} m_3 & 0 \\ 0 & m_4 \end{bmatrix}$。

根据之前得到的结果，可将上式改写成独立关节变量 $\boldsymbol{q}_{12}$ 和 $\dot{\boldsymbol{q}}_{12}$ 的形式，即

$$
\begin{aligned}
K=&\frac{1}{2}\dot{\boldsymbol{q}}_{12}^{\mathrm{T}}\boldsymbol{I}_{12}\dot{\boldsymbol{q}}_{12}+\frac{1}{2}\dot{\boldsymbol{q}}_{12}^{\mathrm{T}}\boldsymbol{A}_{12}^{\mathrm{T}}\boldsymbol{A}_{34}^{-\mathrm{T}}\boldsymbol{I}_{34}\boldsymbol{A}_{34}^{-1}\boldsymbol{A}_{12}\dot{\boldsymbol{q}}_{12}+\frac{1}{2}\dot{\boldsymbol{q}}_{12}^{\mathrm{T}}\boldsymbol{A}_{s}^{\mathrm{T}}\boldsymbol{M}_{12}\boldsymbol{A}_{s}\dot{\boldsymbol{q}}_{12}\\
&+\frac{1}{2}\dot{\boldsymbol{q}}_{12}^{\mathrm{T}}\left(\boldsymbol{A}_{s34}\boldsymbol{A}_{34}^{-1}\boldsymbol{A}_{12}+\boldsymbol{A}_{s}\right)^{\mathrm{T}}\boldsymbol{M}_{34}\left(\boldsymbol{A}_{s34}\boldsymbol{A}_{34}^{-1}\boldsymbol{A}_{12}+\boldsymbol{A}_{s}\right)\dot{\boldsymbol{q}}_{12}\\
&+\frac{1}{2}\dot{\boldsymbol{q}}_{12}^{\mathrm{T}}\boldsymbol{A}_{c}^{\mathrm{T}}M_{12}\boldsymbol{A}_{c}\dot{\boldsymbol{q}}_{12}\\
&+\frac{1}{2}\dot{\boldsymbol{q}}_{12}^{\mathrm{T}}\left(\boldsymbol{A}_{c34}\boldsymbol{A}_{34}^{-1}\boldsymbol{A}_{12}+\boldsymbol{A}_{c}\right)^{\mathrm{T}}\boldsymbol{M}_{34}\left(\boldsymbol{A}_{c34}\boldsymbol{A}_{34}^{-1}\boldsymbol{A}_{12}+\boldsymbol{A}_{c}\right)\dot{\boldsymbol{q}}_{12}\\
=&\frac{1}{2}\dot{\boldsymbol{q}}_{12}^{\mathrm{T}}\boldsymbol{D}\dot{\boldsymbol{q}}_{12}
\end{aligned}\tag{5.25}
$$

对比以上两式，可以得到矩阵 $\boldsymbol{D}$ 为

$$
\begin{aligned}
\boldsymbol{D}=&\boldsymbol{I}_{12}+\boldsymbol{A}_{12}^{\mathrm{T}}\boldsymbol{A}_{34}^{-\mathrm{T}}\boldsymbol{I}_{34}\boldsymbol{A}_{34}^{-1}\boldsymbol{A}_{12}+\boldsymbol{A}_{s}^{\mathrm{T}}\boldsymbol{M}_{12}\boldsymbol{A}_{s}\\
&+\left(\boldsymbol{A}_{s34}\boldsymbol{A}_{34}^{-1}\boldsymbol{A}_{12}+\boldsymbol{A}_{s}\right)^{\mathrm{T}}\boldsymbol{M}_{34}\left(\boldsymbol{A}_{s34}\boldsymbol{A}_{34}^{-1}\boldsymbol{A}_{12}+\boldsymbol{A}_{s}\right)\\
&+\boldsymbol{A}_{c}^{\mathrm{T}}\boldsymbol{M}_{12}\boldsymbol{A}_{c}+\left(\boldsymbol{A}_{c34}\boldsymbol{A}_{34}^{-1}\boldsymbol{A}_{12}+\boldsymbol{A}_{c}\right)^{\mathrm{T}}\boldsymbol{M}_{34}\left(\boldsymbol{A}_{c34}\boldsymbol{A}_{34}^{-1}\boldsymbol{A}_{12}+\boldsymbol{A}_{c}\right)
\end{aligned}\tag{5.26}
$$

6. 计算矩阵 $\boldsymbol{C}$

式 (5.26) 对时间求导可得

$$
\begin{aligned}
\dot{\boldsymbol{D}}=&2\boldsymbol{A}_{12}^{\mathrm{T}}\boldsymbol{A}_{34}^{-\mathrm{T}}\boldsymbol{I}_{34}\boldsymbol{A}_{34}^{-1}\left(\dot{\boldsymbol{A}}_{12}-\dot{\boldsymbol{A}}_{34}\boldsymbol{A}_{34}^{-1}\boldsymbol{A}_{12}\right)+2\boldsymbol{A}_{s}^{\mathrm{T}}\boldsymbol{M}_{12}\dot{\boldsymbol{A}}_{s}+2\boldsymbol{A}_{c}^{\mathrm{T}}\boldsymbol{M}_{12}\dot{\boldsymbol{A}}_{c}\\
&+2\left(\boldsymbol{A}_{s34}\boldsymbol{A}_{34}^{-1}\boldsymbol{A}_{12}+\boldsymbol{A}_{s}\right)^{\mathrm{T}}\\
&\boldsymbol{M}_{34}\left[\left(\dot{\boldsymbol{A}}_{s34}-\boldsymbol{A}_{s34}\boldsymbol{A}_{34}^{-1}\dot{\boldsymbol{A}}_{34}\right)\boldsymbol{A}_{34}^{-1}\boldsymbol{A}_{12}+\boldsymbol{A}_{s34}\boldsymbol{A}_{34}^{-1}\dot{\boldsymbol{A}}_{12}+\dot{\boldsymbol{A}}_{s}\right]\\
&+2\left(\boldsymbol{A}_{c34}\boldsymbol{A}_{34}^{-1}\boldsymbol{A}_{12}+\boldsymbol{A}_{c}\right)^{\mathrm{T}}\\
&\boldsymbol{M}_{34}\left[\left(\dot{\boldsymbol{A}}_{c34}-\boldsymbol{A}_{c34}\boldsymbol{A}_{34}^{-1}\dot{\boldsymbol{A}}_{34}\right)\boldsymbol{A}_{34}^{-1}\boldsymbol{A}_{12}+\boldsymbol{A}_{c34}\boldsymbol{A}_{34}^{-1}\dot{\boldsymbol{A}}_{12}+\dot{\boldsymbol{A}}_{c}\right]
\end{aligned}\tag{5.27}
$$

将式 (5.24) 展开可得

$$
\begin{aligned}
K=&\frac{1}{2}\left[\left(I_1+m_1l_{s1}^2+m_3l_1^2\right)\dot{\theta}_1^2+\left(I_2+m_2l_{s2}^2+m_4l_2^2\right)\dot{\theta}_2^2+2m_3l_2l_{s4}c_3\dot{\theta}_1\dot{\theta}_{13}\right.\\
&\left.+\left(I_3+m_3l_{s3}^2\right)\dot{\theta}_{13}^2+2m_4l_2l_{s4}c_4\dot{\theta}_2\dot{\theta}_{24}+\left(I_4+m_4l_{s4}^2\right)\dot{\theta}_{24}^2\right]
\end{aligned}\tag{5.28}
$$

将 K 对 $\boldsymbol{q}_{12}$ 求偏导可得

$$\frac{\partial K}{\partial \boldsymbol{q}_{12}}=\begin{bmatrix}\dfrac{\partial K}{\partial \theta_1}\\ \dfrac{\partial K}{\partial \theta_2}\end{bmatrix}=\left(\boldsymbol{I}-\begin{bmatrix}\dfrac{\partial \theta_{13}}{\partial \theta_1} & \dfrac{\partial \theta_{13}}{\partial \theta_2}\\ \dfrac{\partial \theta_{24}}{\partial \theta_1} & \dfrac{\partial \theta_{24}}{\partial \theta_2}\end{bmatrix}^{\mathrm{T}}\right)$$
$$\begin{bmatrix}2m_3l_1l_{s3}s_3\dot{\theta}_1 & 0\\ 0 & 2m_4l_2l_{s4}s_4\dot{\theta}_2\end{bmatrix}\begin{bmatrix}\dot{\theta}_{13}\\ \dot{\theta}_{24}\end{bmatrix}$$
$$=\left(\boldsymbol{I}-\begin{bmatrix}l_1\boldsymbol{A}_{34}^{-1}\boldsymbol{S}_{c_1} & l_2\boldsymbol{A}_{34}^{-1}\boldsymbol{S}_{c_2}\end{bmatrix}^{\mathrm{T}}\right)$$
$$\begin{bmatrix}2m_3l_1l_{s3}s_3\dot{\theta}_1 & 0\\ 0 & 2m_4l_2l_{s4}s_4\dot{\theta}_2\end{bmatrix}\boldsymbol{A}_{34}^{-1}\boldsymbol{A}_{12}\dot{\boldsymbol{q}}_{12} \tag{5.29}$$

结合式 (5.26) 和式 (5.29)，可以计算得到矩阵 $\boldsymbol{C}$，即

$$\boldsymbol{C}=\dot{\boldsymbol{D}}-\frac{\partial K}{\partial \boldsymbol{q}_{12}} \tag{5.30}$$

5.2.2 降维模型法

5.2.1 节使用拉格朗日方法建立了五连杆并联机器人的动力学方程。从推导过程可以看出，最终的动力学方程表示为独立关节变量 $\boldsymbol{q}_{12}$ 和 $\dot{\boldsymbol{q}}_{12}$ 的形式，被动关节和主动关节存在复杂的约束关系，导致推导过程和结果形式比较复杂，难以用来进行动力学相关的分析和证明。

本节使用降维模型法推导五连杆并联机器人的动力学。与直接拉格朗日法不同，降维模型法首先将所有关节都视为独立关节，使用拉格朗日法得到一个高维的扩展动力学模型，然后根据关节之间的运动学约束关系，对扩展动力学模型进行简化，降维得到实际的动力学模型 [109]。相对于直接拉格朗日法，降维模型法得到的结果更便于证明动力学方程的相关性质。

1. 推导扩展动力学模型

首先定义独立关节变量 $\boldsymbol{q}$ 和扩展关节变量 $\boldsymbol{q}'$，即

$$\boldsymbol{q}'=[\theta_1\ \theta_2\ \theta_3\ \theta_4]^{\mathrm{T}} \tag{5.31}$$

$$\boldsymbol{q}=[\theta_1\ \theta_2]^{\mathrm{T}} \tag{5.32}$$

其中，关节变量 θ_3 和 θ_4 依赖于独立关节变量 θ_1 和 θ_2。

假设所有关节为独立关节，使用拉格朗日公式有

$$\frac{\mathrm{d}}{\mathrm{d}t}\left(\frac{\partial L}{\partial \dot{\boldsymbol{q}}'}\right)-\frac{\partial L}{\partial \boldsymbol{q}'}=\boldsymbol{\tau}' \tag{5.33}$$

其中，$\boldsymbol{\tau}'=\begin{bmatrix}\tau_1 & \tau_2 & \tau_3 & \tau_4\end{bmatrix}^{\mathrm{T}}$；$L=K-P$，这里的 K 和 P 分别为连杆系统的动能和势能。

$$\begin{aligned}K&=\sum_{i=1}^{4}\frac{1}{2}[m_i(\dot{x}_{si}+\dot{y}_{si})^2+I_i\dot{\theta}_i^2]\\&=\frac{1}{2}[m_1(\dot{x}_{s1}+\dot{y}_{s1})^2+I_1\dot{\theta}_1^2]+\frac{1}{2}[m_2(\dot{x}_{s2}+\dot{y}_{s2})^2+I_2\dot{\theta}_2^2]\\&\quad+\frac{1}{2}[m_3(\dot{x}_{s3}+\dot{y}_3)^2+I_3\dot{\theta}_{13}^2]+\frac{1}{2}[m_4(\dot{x}_{s4}+\dot{y}_{s4})^2+I_4\dot{\theta}_{24}^2]\end{aligned}\tag{5.34}$$

将 K 代入式 (5.33)，可以得到扩展动力学方程，即

$$\boldsymbol{D}'(\boldsymbol{q}')\ddot{\boldsymbol{q}}'+\boldsymbol{C}'(\boldsymbol{q}',\dot{\boldsymbol{q}}')\dot{\boldsymbol{q}}'=\boldsymbol{\tau}'\tag{5.35}$$

其中，惯量矩阵 $\boldsymbol{D}'(\boldsymbol{q}')$ 为

$$\boldsymbol{D}'(\boldsymbol{q}')=\begin{bmatrix}d_{11} & 0 & d_{13} & 0\\0 & d_{22} & 0 & d_{24}\\d_{31} & 0 & d_{33} & 0\\0 & d_{42} & 0 & d_{44}\end{bmatrix}\tag{5.36}$$

$\boldsymbol{D}'(\boldsymbol{q}')$ 矩阵中各项分别为

$$\begin{cases}d_{11}=m_1l_{s1}^2+m_3(l_1^2+l_3^2+2l_1l_{s3}\cos\theta_3)+I_1+I_3\\d_{13}=m_3(l_{s3}^2+l_1l_{s3}\cos\theta_3)+I_3\\d_{22}=m_2l_{s2}^2+m_4(l_2^2+l_{s4}^2+2l_2l_{s4}\cos\theta_4)+I_2+I_4\\d_{24}=m_4(l_{s4}^2+l_2l_{s4}\cos\theta_4)+I_4\\d_{31}=d_{13}\\d_{33}=m_3l_{s3}^2+I_3\\d_{42}=d_{24}\\d_{44}=m_4l_{s4}^2+I_4\end{cases}\tag{5.37}$$

科氏力/向心力项矩阵 $\boldsymbol{C}'(\boldsymbol{q}',\dot{\boldsymbol{q}}')$ 为

$$\boldsymbol{C}'(\boldsymbol{q}',\dot{\boldsymbol{q}}')=\begin{bmatrix}h_1\dot{\theta}_3 & 0 & h_1\dot{\theta}_{13} & 0\\0 & h_2\dot{\theta}_4 & 0 & h_2\dot{\theta}_{24}\\-h_1\dot{\theta}_1 & 0 & 0 & 0\\0 & -h_2\dot{\theta}_2 & 0 & 0\end{bmatrix}\tag{5.38}$$

其中，变量 h_1 和 h_2 定义为

$$\begin{cases}h_1=-m_3l_1l_{s3}\sin\theta_3\\h_2=-m_4l_2l_{s4}\sin\theta_4\end{cases}\tag{5.39}$$

2. 推导降维动力学模型

下面根据关节之间的运动学约束关系，将扩展动力学模型式 (5.35) 转化为降维动力学模型。

假设降维动力学模型的形式为

$$\boldsymbol{D}(\boldsymbol{q})\ddot{\boldsymbol{q}}+\boldsymbol{C}(\boldsymbol{q},\dot{\boldsymbol{q}})\dot{\boldsymbol{q}}=\boldsymbol{\tau} \tag{5.40}$$

其中，$\boldsymbol{\tau}=\left[\begin{array}{cc}\tau_1 & \tau_2\end{array}\right]^{\mathrm{T}}$。

假设 $\dot{\boldsymbol{q}}'$ 与 $\dot{\boldsymbol{q}}$ 之间的关系为

$$\dot{\boldsymbol{q}}'=\boldsymbol{\rho}(\boldsymbol{q}')\dot{\boldsymbol{q}} \tag{5.41}$$

如果方程 (5.35) 和方程 (5.40) 描述的系统瞬时功率相等，则有

$$\begin{aligned}&\boldsymbol{\tau}'^{\mathrm{T}}\dot{\boldsymbol{q}}'=\boldsymbol{\tau}^{\mathrm{T}}\dot{\boldsymbol{q}}\\ \Rightarrow\ &\boldsymbol{\tau}'^{\mathrm{T}}\boldsymbol{\rho}(\boldsymbol{q}')\dot{\boldsymbol{q}}=\boldsymbol{\tau}^{\mathrm{T}}\dot{\boldsymbol{q}}\\ \Rightarrow\ &\boldsymbol{\tau}^{\mathrm{T}}=\boldsymbol{\tau}'^{\mathrm{T}}\boldsymbol{\rho}(\boldsymbol{q}')\\ \Rightarrow\ &\boldsymbol{\tau}=\boldsymbol{\rho}(\boldsymbol{q}')^{\mathrm{T}}\boldsymbol{\tau}'\end{aligned} \tag{5.42}$$

并且有

$$\ddot{\boldsymbol{q}}'=\boldsymbol{\rho}(\boldsymbol{q}')\dot{\boldsymbol{q}}+\dot{\boldsymbol{\rho}}(\boldsymbol{q}',\dot{\boldsymbol{q}}')\ddot{\boldsymbol{q}} \tag{5.43}$$

将以上两式代入式 (5.35) 中，可以得到

$$\boldsymbol{D}'(\boldsymbol{q}')(\boldsymbol{\rho}(\boldsymbol{q}')\ddot{\boldsymbol{q}}+\dot{\boldsymbol{\rho}}(\boldsymbol{q}',\dot{\boldsymbol{q}}')\dot{\boldsymbol{q}})+\boldsymbol{C}'(\boldsymbol{q}',\dot{\boldsymbol{q}}')\boldsymbol{\rho}(\boldsymbol{q}')\dot{\boldsymbol{q}}=\boldsymbol{\rho}(\boldsymbol{q}')^{-\mathrm{T}}\boldsymbol{\tau} \tag{5.44}$$

进一步转化为

$$\boldsymbol{\rho}(\boldsymbol{q}')^{\mathrm{T}}\boldsymbol{D}'(\boldsymbol{q}')(\boldsymbol{\rho}(\boldsymbol{q}')\ddot{\boldsymbol{q}}+\dot{\boldsymbol{\rho}}(\boldsymbol{q}',\dot{\boldsymbol{q}}')\dot{\boldsymbol{q}})+\boldsymbol{\rho}(\boldsymbol{q}')^{\mathrm{T}}\boldsymbol{C}'(\boldsymbol{q}',\dot{\boldsymbol{q}}')\boldsymbol{\rho}(\boldsymbol{q}')\dot{\boldsymbol{q}}=\boldsymbol{\tau} \tag{5.45}$$

从而可以得到降维动力学模型如下：

$$\boldsymbol{D}(\boldsymbol{q}')=\boldsymbol{\rho}(\boldsymbol{q}')^{\mathrm{T}}\boldsymbol{D}'(\boldsymbol{q}')\boldsymbol{\rho}(\boldsymbol{q}') \tag{5.46}$$

$$\boldsymbol{C}(\boldsymbol{q}',\dot{\boldsymbol{q}}')=\boldsymbol{\rho}(\boldsymbol{q}')^{\mathrm{T}}\boldsymbol{C}'(\boldsymbol{q}',\dot{\boldsymbol{q}}')\boldsymbol{\rho}(\boldsymbol{q}')+\boldsymbol{\rho}(\boldsymbol{q}')^{\mathrm{T}}\boldsymbol{D}'(\boldsymbol{q}')\dot{\boldsymbol{\rho}}(\boldsymbol{q}',\dot{\boldsymbol{q}}') \tag{5.47}$$

而要得到矩阵 $\boldsymbol{D}$ 和 $\boldsymbol{C}$ 的具体表达式，需要得到扩展关节变量和独立关节变量之间的关系 $\boldsymbol{\rho}(\boldsymbol{q}')$ 和 $\dot{\boldsymbol{\rho}}(\boldsymbol{q}',\dot{\boldsymbol{q}}')$。

3. 推导关系式 $\boldsymbol{\rho}(\boldsymbol{q}')$ 和 $\dot{\boldsymbol{\rho}}(\boldsymbol{q}',\dot{\boldsymbol{q}}')$

根据五连杆机器人的特点，关节之间的运动学约束可以表示为

$$\boldsymbol{\phi}(\boldsymbol{q}') = \begin{bmatrix} \phi(1) \\ \phi(2) \end{bmatrix} = \mathbf{0} \tag{5.48}$$

其中

$$\begin{cases} \phi(1) = l_1\cos\theta_1 + l_3\cos\theta_{13} - l_5 - l_2\cos\theta_2 - l_4\cos\theta_{24} \\ \phi(2) = l_1\sin\theta_1 + l_3\sin\theta_{13} - l_2\sin\theta_2 - l_4\sin\theta_{24} \end{cases} \tag{5.49}$$

定义向量 $\boldsymbol{\psi}(\boldsymbol{q}')$ 为

$$\boldsymbol{\psi}(\boldsymbol{q}') = \begin{bmatrix} \phi(1) \\ \phi(2) \\ \theta_1 \\ \theta_2 \end{bmatrix} \tag{5.50}$$

$\boldsymbol{\psi}(\boldsymbol{q}')$ 对 $\boldsymbol{q}'$ 求偏导数可以得到下式，即

$$\boldsymbol{\psi}_{q'}(\boldsymbol{q}') = \frac{\partial \boldsymbol{\psi}}{\partial \boldsymbol{q}'} = \begin{bmatrix} \psi_{q'}(1,1) & \psi_{q'}(1,2) & \psi_{q'}(1,3) & \psi_{q'}(1,4) \\ \psi_{q'}(2,1) & \psi_{q'}(2,2) & \psi_{q'}(2,3) & \psi_{q'}(2,4) \\ 1 & 0 & 0 & 0 \\ 0 & 1 & 0 & 0 \end{bmatrix} \tag{5.51}$$

其中

$$\begin{cases} \psi_{q'}(1,1) = -l_1\sin\theta_1 - l_3\sin\theta_{13} \\ \psi_{q'}(1,2) = l_2\sin\theta_2 + l_4\sin\theta_{24} \\ \psi_{q'}(1,3) = -l_3\sin\theta_{13} \\ \psi_{q'}(1,4) = l_4\sin\theta_{24} \\ \psi_{q'}(2,1) = l_1\cos\theta_1 + l_3\cos\theta_{13} \\ \psi_{q'}(2,2) = -l_2\cos\theta_2 - l_4\cos\theta_{24} \\ \psi_{q'}(2,3) = l_3\cos\theta_{13} \\ \psi_{q'}(2,4) = -l_4\cos\theta_{24} \end{cases} \tag{5.52}$$

根据式 (5.50) 有

$$\begin{aligned} \dot{\boldsymbol{q}} &= \begin{bmatrix} 0 & 0 & 1 & 0 \\ 0 & 0 & 0 & 1 \end{bmatrix} \dot{\boldsymbol{\psi}}(\boldsymbol{q}') \\ &= \begin{bmatrix} 0 & 0 & 1 & 0 \\ 0 & 0 & 0 & 1 \end{bmatrix} \boldsymbol{\psi}_{q'}(\boldsymbol{q}')\dot{\boldsymbol{q}}' \end{aligned} \tag{5.53}$$

对照式 (5.41) 与式 (5.53)，可得 $\boldsymbol{\rho}(\boldsymbol{q}')$ 为

$$\boldsymbol{\rho}(\boldsymbol{q}') = \boldsymbol{\psi}_{q'}^{-1}(\boldsymbol{q}')\begin{bmatrix} 0 & 0 \\ 0 & 0 \\ 1 & 0 \\ 0 & 1 \end{bmatrix} \tag{5.54}$$

因为有

$$\boldsymbol{\psi}_{q'}(\boldsymbol{q}')\boldsymbol{\rho}(\boldsymbol{q}') = \begin{bmatrix} 0 & 0 \\ 0 & 0 \\ 1 & 0 \\ 0 & 1 \end{bmatrix} \tag{5.55}$$

等式两边对时间求导可得下式:

$$\dot{\boldsymbol{\psi}}_{q'}(\boldsymbol{q}')\boldsymbol{\rho}(\boldsymbol{q}') + \boldsymbol{\psi}_{q'}(\boldsymbol{q}')\dot{\boldsymbol{\rho}}(\boldsymbol{q}') = 0 \tag{5.56}$$

从而 $\dot{\boldsymbol{\rho}}(\boldsymbol{q}')$ 可以表示为

$$\dot{\boldsymbol{\rho}}(\boldsymbol{q}') = -\boldsymbol{\psi}_{q'}^{-1}(\boldsymbol{q}')\dot{\boldsymbol{\psi}}_{q'}(\boldsymbol{q}')\boldsymbol{\rho}(\boldsymbol{q}') \tag{5.57}$$

以及

$$\dot{\boldsymbol{\psi}}_{q'}(\boldsymbol{q}', \dot{\boldsymbol{q}}') = \begin{bmatrix} \psi(1,1) & \psi(1,2) & \psi(1,3) & \psi(1,4) \\ \psi(2,1) & \psi(2,2) & \psi(2,3) & \psi(2,4) \\ 0 & 0 & 0 & 0 \\ 0 & 0 & 0 & 0 \end{bmatrix} \tag{5.58}$$

其中，矩阵各元素为

$$\begin{cases} \psi(1,1) = -l_1\cos\theta_1\dot{\theta}_1 - l_3\cos\theta_{13}\dot{\theta}_{13} \\ \psi(1,2) = l_2\cos\theta_2\dot{\theta}_2 + l_4\cos\theta_{24}\dot{\theta}_{24} \\ \psi(1,3) = -l_3\cos\theta_{13}\dot{\theta}_{13} \\ \psi(1,4) = l_4\cos\theta_{24}\dot{\theta}_{24} \\ \psi(2,1) = -l_1\sin\theta_1\dot{\theta}_1 - l_3\sin\theta_{13}\dot{\theta}_{13} \\ \psi(2,2) = l_2\sin\theta_2\dot{\theta}_2 + l_4\sin\theta_{24}\dot{\theta}_{24} \\ \psi(2,3) = -l_3\sin\theta_{13}\dot{\theta}_{13} \\ \psi(2,4) = l_4\sin\theta_{24}\dot{\theta}_{24} \end{cases} \tag{5.59}$$

5.2.3 动力学方程性质

下面根据降维模型法得到的动力学模型 (即式 (5.46) 和式 (5.47)) 证明其两条重要性质。

性质 1 矩阵 $\boldsymbol{D}$ 为对称正定矩阵。

证明 已知

$$\boldsymbol{D}=\boldsymbol{\rho}^{\mathrm{T}}\boldsymbol{D}'\boldsymbol{\rho} \tag{5.60}$$

因为 $\boldsymbol{D}'$ 为对称矩阵，易知 $\boldsymbol{D}$ 也是对称矩阵。

定义向量 $\boldsymbol{x}=\begin{bmatrix} x_1 \\ x_2 \end{bmatrix}$，则有

$$\boldsymbol{x}^{\mathrm{T}}\boldsymbol{D}\boldsymbol{x}=\boldsymbol{x}^{\mathrm{T}}\boldsymbol{\rho}^{\mathrm{T}}\boldsymbol{D}'\boldsymbol{\rho}\boldsymbol{x}=(\boldsymbol{\rho}\boldsymbol{x})^{\mathrm{T}}\boldsymbol{D}'(\boldsymbol{\rho}\boldsymbol{x})\geqslant 0 \tag{5.61}$$

由于 $\boldsymbol{D}'$ 为正定矩阵，等号当且仅当 $\boldsymbol{\rho}\boldsymbol{x}=0$ 时成立。

又因为

$$\boldsymbol{\rho}(\boldsymbol{q}')=\boldsymbol{\psi}_{q'}^{-1}(\boldsymbol{q}')\begin{bmatrix} 0 & 0 \\ 0 & 0 \\ 1 & 0 \\ 0 & 1 \end{bmatrix} \tag{5.62}$$

所以有

$$\boldsymbol{\rho}(\boldsymbol{q}')x=\boldsymbol{\psi}_{q'}^{-1}(\boldsymbol{q}')\begin{bmatrix} 0 & 0 \\ 0 & 0 \\ 1 & 0 \\ 0 & 1 \end{bmatrix}x=\boldsymbol{\psi}_{q'}^{-1}(\boldsymbol{q}')\begin{bmatrix} 0 \\ 0 \\ x_1 \\ x_2 \end{bmatrix} \tag{5.63}$$

从而有式 (5.61) 当且仅当 $x_1=0,\ x_2=0$ 时等号成立，所以 $\boldsymbol{D}$ 为对称正定矩阵。

性质 2 $\dfrac{1}{2}\dot{\boldsymbol{D}}-\boldsymbol{C}$ 为反对称矩阵。

证明 因为

$$\begin{aligned}\frac{1}{2}\dot{\boldsymbol{D}}-\boldsymbol{C}&=\frac{1}{2}(\dot{\boldsymbol{\rho}}^{\mathrm{T}}\boldsymbol{D}'\boldsymbol{\rho}+\boldsymbol{\rho}^{\mathrm{T}}\dot{\boldsymbol{D}}'\boldsymbol{\rho}+\boldsymbol{\rho}^{\mathrm{T}}\boldsymbol{D}'\dot{\boldsymbol{\rho}})-(\boldsymbol{\rho}^{\mathrm{T}}\boldsymbol{C}'\boldsymbol{\rho}+\boldsymbol{\rho}^{\mathrm{T}}\boldsymbol{D}'\dot{\boldsymbol{\rho}})\\&=\frac{1}{2}(\dot{\boldsymbol{\rho}}^{\mathrm{T}}\boldsymbol{D}'\boldsymbol{\rho}+\boldsymbol{\rho}^{\mathrm{T}}\dot{\boldsymbol{D}}'\boldsymbol{\rho}-\boldsymbol{\rho}^{\mathrm{T}}\boldsymbol{D}'\dot{\boldsymbol{\rho}}-2\boldsymbol{\rho}^{\mathrm{T}}\boldsymbol{C}'\boldsymbol{\rho})\\&=\frac{1}{2}(\dot{\boldsymbol{\rho}}^{\mathrm{T}}\boldsymbol{D}'\boldsymbol{\rho}-\boldsymbol{\rho}^{\mathrm{T}}\boldsymbol{D}'\dot{\boldsymbol{\rho}})+\boldsymbol{\rho}^{\mathrm{T}}\left(\frac{1}{2}\dot{\boldsymbol{D}}'-\boldsymbol{C}'\right)\boldsymbol{\rho}\\&=\underbrace{\frac{1}{2}(\dot{\boldsymbol{\rho}}^{\mathrm{T}}\boldsymbol{D}'\boldsymbol{\rho}-(\dot{\boldsymbol{\rho}}^{\mathrm{T}}\boldsymbol{D}'\boldsymbol{\rho})^{\mathrm{T}})}_{\boldsymbol{M}}+\underbrace{\boldsymbol{\rho}^{\mathrm{T}}\left(\frac{1}{2}\dot{\boldsymbol{D}}'-\boldsymbol{C}'\right)\boldsymbol{\rho}}_{\boldsymbol{N}}\end{aligned} \tag{5.64}$$

式中，$\boldsymbol{M}$ 和 $\boldsymbol{N}$ 均为反对称矩阵，所以 $\dfrac{1}{2}\dot{\boldsymbol{D}}-\boldsymbol{C}$ 为反对称矩阵。

5.3 人机系统动力学分析

如前所述，相对于串联机器人，并联机器人的动力学方程推导过程更为复杂。对于康复机器人应用来说，由于机器人要和人进行交互，人体上肢对系统动力学影响较大，进一步增加了对整个系统动力学分析的难度。本节首先将人机交互系统的动力学建模问题简化成冗余驱动的并联机器人动力学建模问题，然后分别使用拉格朗日-达朗贝尔方法和一种新的工作空间建模方法进行动力学推导，并比较其优缺点。

5.3.1 问题简化

由于上肢康复机器人和人体上肢存在运动耦合及力交互，更适合将两者当做一个系统进行动力学分析。人机系统动力学分析如图 5.3 所示。在图 5.3(a) 中，将人体上肢简化为两连杆的串联机构，并与机器人在末端进行交互。该人机系统共有两个自由度，具有四个驱动关节，包括康复机器人的两个驱动关节，以及人体的肩关节和肘关节。因此，该人机系统的动力学分析可以转换为冗余驱动的并联机器人动力学建模问题。

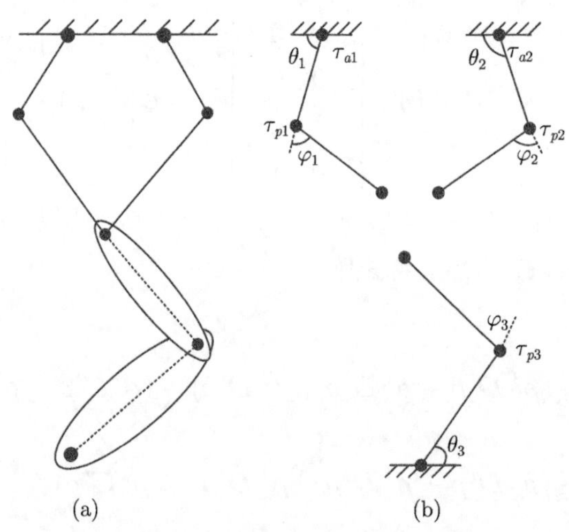

图 5.3 人机系统动力学分析示意图

5.3.2 拉格朗日–达朗贝尔方法

首先介绍一种方法：基于拉格朗日–达朗贝尔公式来推导冗余和非冗余驱动的并联机构动力学方程 [110]。整个动力学建模过程可以分为两步。

第一步，如图 5.3(b) 所示，将并联机构在末端“切开”，得到 3 个 2 自由度串联分支。将 3 个串联分支当做是独立的两自由度机械臂，并假设所有关节都是主动关节，使用拉格朗日法可以得到串联系统的动力学方程，即

$$\begin{cases} \boldsymbol{D}_1(\boldsymbol{q_1})\ddot{\boldsymbol{q}}_1+\boldsymbol{C}_1(\boldsymbol{q_1},\dot{\boldsymbol{q}}_1)\dot{\boldsymbol{q}}_1=\boldsymbol{\tau}_1\\ \boldsymbol{D}_2(\boldsymbol{q_2})\ddot{\boldsymbol{q}}_2+\boldsymbol{C}_2(\boldsymbol{q_2},\dot{\boldsymbol{q}}_2)\dot{\boldsymbol{q}}_2=\boldsymbol{\tau}_2\\ \boldsymbol{D}_3(\boldsymbol{q_3})\ddot{\boldsymbol{q}}_3+\boldsymbol{C}_3(\boldsymbol{q_3},\dot{\boldsymbol{q}}_3)\dot{\boldsymbol{q}}_3=\boldsymbol{\tau}_3 \end{cases} \tag{5.65}$$

其中

$$\begin{cases} \boldsymbol{q_1}=\begin{bmatrix}\theta_1 & \varphi_1\end{bmatrix}^{\mathrm{T}}, & \boldsymbol{\tau}_1=\begin{bmatrix}\tau_{a1} & \tau_{p1}\end{bmatrix}^{\mathrm{T}}\\ \boldsymbol{q_2}=\begin{bmatrix}\theta_1 & \varphi_2\end{bmatrix}^{\mathrm{T}}, & \boldsymbol{\tau}_2=\begin{bmatrix}\tau_{a2} & \tau_{p2}\end{bmatrix}^{\mathrm{T}}\\ \boldsymbol{q_3}=\begin{bmatrix}\theta_3 & \varphi_3\end{bmatrix}^{\mathrm{T}}, & \boldsymbol{\tau}_3=\begin{bmatrix}\tau_{a3} & \tau_{p3}\end{bmatrix}^{\mathrm{T}} \end{cases} \tag{5.66}$$

将式 (5.65) 写成矩阵形式，即

$$\boldsymbol{D}(\boldsymbol{q})\ddot{\boldsymbol{q}}+\boldsymbol{C}(\boldsymbol{q},\dot{\boldsymbol{q}})\dot{\boldsymbol{q}}=\boldsymbol{\tau} \tag{5.67}$$

其中

$$\boldsymbol{q}=\begin{bmatrix}\theta_1 & \theta_2 & \theta_3 & \varphi_3 & \varphi_1 & \varphi_2\end{bmatrix}^{\mathrm{T}}$$
$$\boldsymbol{\tau}=\begin{bmatrix}\tau_{a1} & \tau_{a2} & \tau_{a3} & \tau_{p3} & \tau_{p1} & \tau_{p2}\end{bmatrix}^{\mathrm{T}}$$

$\boldsymbol{D}$ 和 $\boldsymbol{C}$ 均是 6×6 的矩阵，即

$$\begin{aligned} \boldsymbol{D}&=\begin{bmatrix} D_{111} & 0 & 0 & 0 & D_{112} & 0\\ 0 & D_{211} & 0 & 0 & 0 & D_{212}\\ 0 & 0 & D_{311} & D_{312} & 0 & 0\\ 0 & 0 & D_{321} & D_{322} & 0 & 0\\ D_{121} & 0 & 0 & 0 & D_{122} & 0\\ 0 & D_{221} & 0 & 0 & 0 & D_{222} \end{bmatrix}\\ \boldsymbol{C}&=\begin{bmatrix} C_{111} & 0 & 0 & 0 & C_{112} & 0\\ 0 & C_{211} & 0 & 0 & 0 & C_{212}\\ 0 & 0 & C_{311} & C_{312} & 0 & 0\\ 0 & 0 & C_{321} & C_{322} & 0 & 0\\ C_{121} & 0 & 0 & 0 & C_{122} & 0\\ 0 & C_{221} & 0 & 0 & 0 & C_{222} \end{bmatrix} \end{aligned} \tag{5.68}$$

第二步，如果要求冗余并联系统和串联系统产生相同的运动，则冗余并联系统的驱动关节扭矩 $\boldsymbol{\tau}_a$ 和串联系统的关节扭矩 $\boldsymbol{\tau}$ 之间需要满足下式，即

$$\boldsymbol{W}^{\mathrm{T}}\boldsymbol{\tau}=\boldsymbol{S}^{\mathrm{T}}\boldsymbol{\tau}_a \tag{5.69}$$

其中，矩阵 $\boldsymbol{W}$ 和 $\boldsymbol{S}$ 定义为

$$\boldsymbol{W}=\frac{\partial \boldsymbol{q}}{\partial \boldsymbol{q}_e}=\begin{bmatrix}\dfrac{\partial \boldsymbol{q}_a}{\partial \boldsymbol{q}_e}\\ \dfrac{\partial \boldsymbol{q}_p}{\partial \boldsymbol{q}_e}\end{bmatrix}$$
$$\boldsymbol{S}=\frac{\partial \boldsymbol{q}_a}{\partial \boldsymbol{q}_e}$$

其中，$\boldsymbol{q}_e$ 是机器人工作空间坐标；$\boldsymbol{q}_a$ 是并联机构的驱动关节角变量，定义为

$$\begin{gathered}\boldsymbol{q}_a=\begin{bmatrix}\theta_1 & \theta_2 & \theta_3 & \varphi_3\end{bmatrix}^{\mathrm{T}}\\ \boldsymbol{q}_e=\begin{bmatrix}x & y\end{bmatrix}^{\mathrm{T}}\end{gathered} \tag{5.70}$$

式 (5.69) 可以根据拉格朗日–达朗贝尔公式推导得到，推导过程在本节最后。

将式 (5.69) 代入式 (5.67)，可以得到下式，即

$$\boldsymbol{W}^{\mathrm{T}}(\boldsymbol{D}(\boldsymbol{q})\ddot{\boldsymbol{q}}+\boldsymbol{C}(\boldsymbol{q},\dot{\boldsymbol{q}})\dot{\boldsymbol{q}})=\boldsymbol{S}^{\mathrm{T}}\boldsymbol{\tau}_a \tag{5.71}$$

利用关节变量之间的关系，即

$$\begin{cases}\dot{\boldsymbol{q}}=\dfrac{\partial \boldsymbol{q}}{\partial \boldsymbol{q}_e}\dot{\boldsymbol{q}}_e=\boldsymbol{W}\dot{\boldsymbol{q}}_e\\ \ddot{\boldsymbol{q}}=\dot{\boldsymbol{W}}\dot{\boldsymbol{q}}_e+\boldsymbol{W}\ddot{\boldsymbol{q}}_e\end{cases} \tag{5.72}$$

可以得到冗余并联机构的动力学方程，即

$$\hat{\boldsymbol{D}}\ddot{\boldsymbol{q}}_e+\hat{\boldsymbol{C}}\dot{\boldsymbol{q}}_e=\boldsymbol{S}^{\mathrm{T}}\boldsymbol{\tau}_a \tag{5.73}$$

其中

$$\begin{cases}\hat{\boldsymbol{D}}=\boldsymbol{W}^{\mathrm{T}}\boldsymbol{D}\boldsymbol{W}\\ \hat{\boldsymbol{C}}=\boldsymbol{W}^{\mathrm{T}}\boldsymbol{D}\dot{\boldsymbol{W}}+\boldsymbol{W}^{\mathrm{T}}\boldsymbol{C}\boldsymbol{W}\end{cases} \tag{5.74}$$

式 (5.69) 的证明如下。假设主动关节变量 $\boldsymbol{q}_a$，被动关节变量 $\boldsymbol{q}_p$ 与变量 $\boldsymbol{q}_e$ 的关系为

$$\boldsymbol{q}_a=\boldsymbol{q}_a(\boldsymbol{q}_e),\quad \boldsymbol{q}_p=\boldsymbol{q}_p(\boldsymbol{q}_e) \tag{5.75}$$

对上式求导可以得到下式，即

$$\delta\boldsymbol{q}_a=\frac{\partial\boldsymbol{q}_a}{\partial\boldsymbol{q}_e}\delta\boldsymbol{q}_e,\quad \delta\boldsymbol{q}_p=\frac{\partial\boldsymbol{q}_p}{\partial\boldsymbol{q}_e}\delta\boldsymbol{q}_e \tag{5.76}$$

利用拉格朗日–达朗贝尔公式，可以得到下式，即

$$\begin{aligned}
&\left[\frac{\mathrm{d}}{\mathrm{d}t}\left(\frac{\partial L}{\partial\dot{\boldsymbol{q}}}\right)-\frac{\partial L}{\partial\boldsymbol{q}}-\boldsymbol{\tau}^{\mathrm{T}}\right]\delta\boldsymbol{q}\\
&=\left[\frac{\mathrm{d}}{\mathrm{d}t}\left(\frac{\partial L}{\partial\dot{\boldsymbol{q}}_a}\right)-\frac{\partial L}{\partial\boldsymbol{q}_a}-{\boldsymbol{\tau}_a}^{\mathrm{T}}\right]\delta\boldsymbol{q}_a+\left[\frac{\mathrm{d}}{\mathrm{d}t}\left(\frac{\partial L}{\partial\dot{\boldsymbol{q}}_p}\right)-\frac{\partial L}{\partial\boldsymbol{q}_p}-{\boldsymbol{\tau}_p}^{\mathrm{T}}\right]\delta\boldsymbol{q}_p\\
&=\left\{\left[\frac{\mathrm{d}}{\mathrm{d}t}\left(\frac{\partial L}{\partial\dot{\boldsymbol{q}}_a}\right)-\frac{\partial L}{\partial\boldsymbol{q}_a}-{\boldsymbol{\tau}_a}^{\mathrm{T}}\right]\frac{\partial\boldsymbol{q}_a}{\partial\boldsymbol{q}_e}+\left[\frac{\mathrm{d}}{\mathrm{d}t}\left(\frac{\partial L}{\partial\dot{\boldsymbol{q}}_p}\right)-\frac{\partial L}{\partial\boldsymbol{q}_p}-{\boldsymbol{\tau}_p}^{\mathrm{T}}\right]\frac{\partial\boldsymbol{q}_p}{\partial\boldsymbol{q}_e}\right\}\delta\boldsymbol{q}_e\\
&=0
\end{aligned} \tag{5.77}$$

由于 $\delta\boldsymbol{q}_e$ 是自由变量，有

$$\left[\begin{array}{cc}\dfrac{\mathrm{d}}{\mathrm{d}t}\left(\dfrac{\partial L}{\partial\dot{\boldsymbol{q}}_a}\right)-\dfrac{\partial L}{\partial\boldsymbol{q}_a} & \dfrac{\mathrm{d}}{\mathrm{d}t}\left(\dfrac{\partial L}{\partial\dot{\boldsymbol{q}}_p}\right)-\dfrac{\partial L}{\partial\boldsymbol{q}_p}\end{array}\right]\left[\begin{array}{c}\dfrac{\partial\boldsymbol{q}_a}{\partial\boldsymbol{q}_e}\\ \dfrac{\partial\boldsymbol{q}_p}{\partial\boldsymbol{q}_e}\end{array}\right]={\boldsymbol{\tau}_a}^{\mathrm{T}}\frac{\partial\boldsymbol{q}_a}{\partial\boldsymbol{q}_e}+{\boldsymbol{\tau}_p}^{\mathrm{T}}\frac{\partial\boldsymbol{q}_p}{\partial\boldsymbol{q}_e} \tag{5.78}$$

因为有

$$\frac{\mathrm{d}}{\mathrm{d}t}\left(\frac{\partial L}{\partial\dot{\boldsymbol{q}}}\right)-\frac{\partial L}{\partial\boldsymbol{q}}=\boldsymbol{\tau} \tag{5.79}$$

同时被动关节的扭矩为零，即 $\boldsymbol{\tau}_p=0$，所以有

$$\boldsymbol{W}^{\mathrm{T}}\boldsymbol{\tau}=\boldsymbol{S}^{\mathrm{T}}\boldsymbol{\tau}_a \tag{5.80}$$

其中，矩阵 $\boldsymbol{W}$ 和 $\boldsymbol{S}$ 可以定义为

$$\boldsymbol{W}=\frac{\partial\boldsymbol{q}}{\partial\boldsymbol{q}_e}=\left[\begin{array}{c}\dfrac{\partial\boldsymbol{q}_a}{\partial\boldsymbol{q}_e}\\ \dfrac{\partial\boldsymbol{q}_p}{\partial\boldsymbol{q}_e}\end{array}\right]$$

$$\boldsymbol{S}=\frac{\partial\boldsymbol{q}_a}{\partial\boldsymbol{q}_e}$$

5.3.3 工作空间模型推导法

与上述方法类似，本方法也是首先对并联系统的串联分支进行动力学分析，然后得到并联机构动力学。不同之处在于，本方法同时考虑串联分支之间的力的交互和运动学约束。

首先，利用拉格朗日法得到第一个串联分支的关节空间动力学方程，即

$$\boldsymbol{D}_1\ddot{\boldsymbol{q}}_1 + \boldsymbol{C}_1\dot{\boldsymbol{q}}_1 = \boldsymbol{\tau}_1 + \boldsymbol{J}_1^{\mathrm{T}}\boldsymbol{F}_1 \tag{5.81}$$

其中，$\boldsymbol{F}_1$ 是串联分支 1 在末端受到的其他两个分支施加的力；关节变量 $\boldsymbol{q}_1$ 和关节扭矩 $\boldsymbol{\tau}_1$ 定义为

$$\boldsymbol{q}_1 = \begin{bmatrix} \theta_1 & \varphi_1 \end{bmatrix}^{\mathrm{T}}$$
$$\boldsymbol{\tau}_1 = \begin{bmatrix} \boldsymbol{\tau}_{a1} & \boldsymbol{\tau}_{p1} \end{bmatrix}^{\mathrm{T}}$$

因为康复机器人的关节 P_1 是被动的，所以有 $\boldsymbol{\tau}_{p1} = 0$。根据雅可比矩阵定义可以得到下式，即

$$\begin{cases} \dot{\boldsymbol{q}}_1 = \boldsymbol{J}_1^{-1}\dot{\boldsymbol{x}} \\ \ddot{\boldsymbol{q}}_1 = \dot{\boldsymbol{J}}_1^{-1}\dot{\boldsymbol{x}} + \boldsymbol{J}_1^{-1}\ddot{\boldsymbol{x}} \\ \quad\;\; = -\boldsymbol{J}_1^{-1}\dot{\boldsymbol{J}}_1\boldsymbol{J}_1^{-1}\dot{\boldsymbol{x}} + \boldsymbol{J}_1^{-1}\ddot{\boldsymbol{x}} \end{cases} \tag{5.82}$$

将式 (5.82) 代入动力学方程 (5.81) 可以得到下式，即

$$\boldsymbol{J}_1^{-\mathrm{T}}\boldsymbol{D}_1\boldsymbol{J}_1^{-1}\ddot{\boldsymbol{x}} + \boldsymbol{J}_1^{-\mathrm{T}}(-\boldsymbol{D}_1\boldsymbol{J}_1^{-1}\dot{\boldsymbol{J}}_1 + \boldsymbol{C}_1)\boldsymbol{J}_1^{-1}\dot{\boldsymbol{x}} = \boldsymbol{J}_1^{-\mathrm{T}}\boldsymbol{\tau}_1 + \boldsymbol{F}_1 \tag{5.83}$$

如果定义

$$\begin{cases} \hat{\boldsymbol{D}}_1 = \boldsymbol{J}_1^{-\mathrm{T}}\boldsymbol{D}_1\boldsymbol{J}_1^{-1} \\ \hat{\boldsymbol{C}}_1 = \boldsymbol{J}_1^{-\mathrm{T}}(-\boldsymbol{D}_1\boldsymbol{J}_1^{-1}\dot{\boldsymbol{J}}_1 + \boldsymbol{C}_1)\boldsymbol{J}_1^{-1} \end{cases} \tag{5.84}$$

可以得到串联分支 1 在工作空间中的动力学方程，即

$$\hat{\boldsymbol{D}}_1\ddot{\boldsymbol{x}} + \hat{\boldsymbol{C}}_1\dot{\boldsymbol{x}} = \boldsymbol{J}_1^{-\mathrm{T}}\boldsymbol{\tau}_1 + \boldsymbol{F}_1 \tag{5.85}$$

类似的，可以得到串联分支 2 的动力学方程，即

$$\hat{\boldsymbol{D}}_2\ddot{\boldsymbol{x}} + \hat{\boldsymbol{C}}_2\dot{\boldsymbol{x}} = \boldsymbol{J}_2^{-\mathrm{T}}\boldsymbol{\tau}_2 + \boldsymbol{F}_2 \tag{5.86}$$

其中

$$\begin{cases} \hat{\boldsymbol{D}}_2 = \boldsymbol{J}_2^{-\mathrm{T}}\boldsymbol{D}_2\boldsymbol{J}_2^{-1} \\ \hat{\boldsymbol{C}}_2 = \boldsymbol{J}_2^{-\mathrm{T}}(-\boldsymbol{D}_2\boldsymbol{J}_2^{-1}\dot{\boldsymbol{J}}_2 + \boldsymbol{C}_2)\boldsymbol{J}_2^{-1} \\ \boldsymbol{\tau}_2 = \begin{bmatrix} \boldsymbol{\tau}_{a2} & 0 \end{bmatrix}^{\mathrm{T}} \end{cases} \tag{5.87}$$

对于人体上肢，可以得到下式，即

$$\hat{\boldsymbol{D}}_3\ddot{\boldsymbol{x}} + \hat{\boldsymbol{C}}_3\dot{\boldsymbol{x}} = \boldsymbol{J}_3^{-\mathrm{T}}\boldsymbol{\tau}_3 + \boldsymbol{F}_3 \tag{5.88}$$

其中

$$\begin{cases}\hat{\boldsymbol{D}}_3 = \boldsymbol{J}_3^{-\mathrm{T}}\boldsymbol{D}_3\boldsymbol{J}_3^{-1} \\ \hat{\boldsymbol{C}}_3 = \boldsymbol{J}_3^{-\mathrm{T}}(-\boldsymbol{D}_3\boldsymbol{J}_3^{-1}\dot{\boldsymbol{J}}_3 + \boldsymbol{C}_3)\boldsymbol{J}_3^{-1} \\ \boldsymbol{\tau}_3 = \begin{bmatrix} \boldsymbol{\tau}_{a3} & \boldsymbol{\tau}_{p3} \end{bmatrix}^{\mathrm{T}}\end{cases} \tag{5.89}$$

肩关节和肘关节都是主动关节，因此有 $\boldsymbol{\tau}_{p3} \neq 0$。

在以上的推导过程中，考虑了 3 个串联分支的空间位置约束，即动力学方程 (5.85)、(5.86) 和 (5.88) 中的末端位置坐标 $\boldsymbol{x}$ 是相等的；考虑了 3 个串联分支的交互力，即 $\boldsymbol{F}_1$、$\boldsymbol{F}_2$ 和 $\boldsymbol{F}_3$；同时考虑了主动关节和被动关节。因此，式 (5.85)、式 (5.86) 和式 (5.88) 就构成了整个冗余驱动并联系统的动力学方程。

如果将式 (5.85)、式 (5.86) 和式 (5.88) 相加，可得

$$\begin{aligned}&\left(\hat{\boldsymbol{D}}_1 + \hat{\boldsymbol{D}}_2 + \hat{\boldsymbol{D}}_3\right)\ddot{\boldsymbol{x}} + \left(\hat{\boldsymbol{C}}_1 + \hat{\boldsymbol{C}}_2 + \hat{\boldsymbol{C}}_3\right)\dot{\boldsymbol{x}} \\ =& \left(\boldsymbol{J}_1^{-\mathrm{T}}\boldsymbol{\tau}_1 + \boldsymbol{J}_2^{-\mathrm{T}}\boldsymbol{\tau}_2 + \boldsymbol{J}_3^{-\mathrm{T}}\boldsymbol{\tau}_3\right) + (\boldsymbol{F}_1 + \boldsymbol{F}_2 + \boldsymbol{F}_3)\end{aligned} \tag{5.90}$$

对于每个串联分支，其受到的来自其他两个分支的力和其施加给其他两个分支的力是作用力和反作用力，大小相等、方向相反，因此有

$$\boldsymbol{F}_1 + \boldsymbol{F}_2 + \boldsymbol{F}_3 = 0 \tag{5.91}$$

因此，该冗余驱动并联机构的动力学方程为

$$\left(\hat{\boldsymbol{D}}_1 + \hat{\boldsymbol{D}}_2 + \hat{\boldsymbol{D}}_3\right)\ddot{\boldsymbol{x}} + \left(\hat{\boldsymbol{C}}_1 + \hat{\boldsymbol{C}}_2 + \hat{\boldsymbol{C}}_3\right)\dot{\boldsymbol{x}} = \boldsymbol{J}_1^{-\mathrm{T}}\boldsymbol{\tau}_1 + \boldsymbol{J}_2^{-\mathrm{T}}\boldsymbol{\tau}_2 + \boldsymbol{J}_3^{-\mathrm{T}}\boldsymbol{\tau}_3 \tag{5.92}$$

如果定义

$$\begin{cases}\hat{\boldsymbol{D}} = \hat{\boldsymbol{D}}_1 + \hat{\boldsymbol{D}}_2 + \hat{\boldsymbol{D}}_3 \\ \hat{\boldsymbol{C}} = \hat{\boldsymbol{C}}_1 + \hat{\boldsymbol{C}}_2 + \hat{\boldsymbol{C}}_3 \\ \boldsymbol{F} = \boldsymbol{J}_1{}^{-\mathrm{T}}(\theta_1, \varphi_1)\,\boldsymbol{\tau}_1 + \boldsymbol{J}_2{}^{-\mathrm{T}}(\theta_2, \varphi_2)\,\boldsymbol{\tau}_2 + \boldsymbol{J}_3{}^{-\mathrm{T}}(\theta_3, \varphi_3)\,\boldsymbol{\tau}_3\end{cases} \tag{5.93}$$

动力学方程 (5.92) 可以表示为

$$\hat{\boldsymbol{D}}\ddot{\boldsymbol{x}} + \hat{\boldsymbol{C}}\dot{\boldsymbol{x}} = \boldsymbol{F} \tag{5.94}$$

其中，$\hat{\boldsymbol{D}}$ 是工作空间的惯性项；$\hat{\boldsymbol{C}}$ 是科氏力/向心力项；$\boldsymbol{F}$ 是关节扭矩在末端的等价力。

上述方法利用并联机构的运动学约束和力的交互都是基于末端的特性，对串联分支分别进行工作空间的动力学建模，可以适用于任意多串联分支的情况，而且对于冗余驱动和完全驱动的情况都适用。可以证明，该方法的结果与使用拉格

朗日-达朗贝尔公式推导的结果相同 [110]，但是更加容易理解和建立。对本问题而言，基于拉格朗日-达朗贝尔公式的方法和上述方法均需要计算 3 个串联分支的关节空间动力学方程，但是前者运算过程中直接计算矩阵 $\boldsymbol{W}$ 和 $\boldsymbol{S}$ 较复杂，而后者只需要计算每个串联分支的雅可比矩阵即可。

5.4 基于动力学模型的机器人运动控制仿真

从 5.3 节机器人动力学推导可以看出，对于并联机器人，更容易得到其在工作空间中的动力学方程。本节将设计基于工作空间动力学模型的计算转矩控制器，来完成工作空间中的轨迹跟踪任务。

5.4.1 计算转矩控制

首先，工作空间中的人机系统动力学方程为

$$\hat{\boldsymbol{D}}\ddot{\boldsymbol{x}} + \hat{\boldsymbol{C}}\dot{\boldsymbol{x}} = \boldsymbol{F} \tag{5.95}$$

根据计算转矩控制方法 [111]，机器人末端执行器的等价力控制量设计为

$$\begin{aligned}\boldsymbol{F} &= \hat{\boldsymbol{D}}\left(\ddot{\boldsymbol{x}}_{\mathrm{d}} + \boldsymbol{K}_{\mathrm{p}}\boldsymbol{e} + \boldsymbol{K}_{\mathrm{d}}\dot{\boldsymbol{e}}\right) + \hat{\boldsymbol{C}}\dot{\boldsymbol{x}} \\ &= \left(\hat{\boldsymbol{D}}\ddot{\boldsymbol{x}}_{\mathrm{d}} + \hat{\boldsymbol{C}}\dot{\boldsymbol{x}}\right) + \hat{\boldsymbol{D}}\left(\boldsymbol{K}_{\mathrm{p}}\boldsymbol{e} + \boldsymbol{K}_{\mathrm{d}}\dot{\boldsymbol{e}}\right)\end{aligned} \tag{5.96}$$

其中，$\boldsymbol{e}$ 是工作空间中的位置跟踪误差，即

$$\boldsymbol{e} = \boldsymbol{X}_{\mathrm{d}} - \boldsymbol{x} \tag{5.97}$$

矩阵 $\boldsymbol{K}_{\mathrm{p}}$ 和 $\boldsymbol{K}_{\mathrm{d}}$ 都是对角阵，分别为比例和微分系数矩阵。

将计算转矩控制器的输出 (即式 (5.96)) 代入式 (5.95) 中，可得

$$\dot{\boldsymbol{e}} = -\boldsymbol{K}_{\mathrm{p}}\boldsymbol{e} - \boldsymbol{K}_{\mathrm{d}}\dot{\boldsymbol{e}} \tag{5.98}$$

即跟踪误差是一个二阶线性系统，通过调节 $\boldsymbol{K}_{\mathrm{p}}$ 和 $\boldsymbol{K}_{\mathrm{d}}$ 可以实现对误差稳态和动态性能的控制。

在康复训练过程中，整个人机系统的力量输入包含两部分：一部分由机器人的关节电机产生，另一部分来自人的主动力 (式 (5.92))。然而，在实际控制中，人的主动力是无法控制的，也无法直接检测到，所以在实际应用中，人的主动力作为一种外部扰动，通过 PD 控制器进行抑制，同时也可以补偿动力学模型误差。

进一步，可以计算得到机器人的关节扭矩控制量，即

$$\boldsymbol{T} = \boldsymbol{J}^{\mathrm{T}}\left(\theta_1, \theta_2\right)\boldsymbol{F} \tag{5.99}$$

其中，$\boldsymbol{J}\left(\theta_1, \theta_2\right)$ 是上述上肢康复机器人的雅可比矩阵。

5.4.2 人机交互系统仿真

图 5.4 是人机交互系统仿真中的动力学参数定义，其中机器人的 4 根运动连杆长度为 $l_1 \sim l_4$，而人的上臂和前臂长度分别为 l_5 和 l_6。

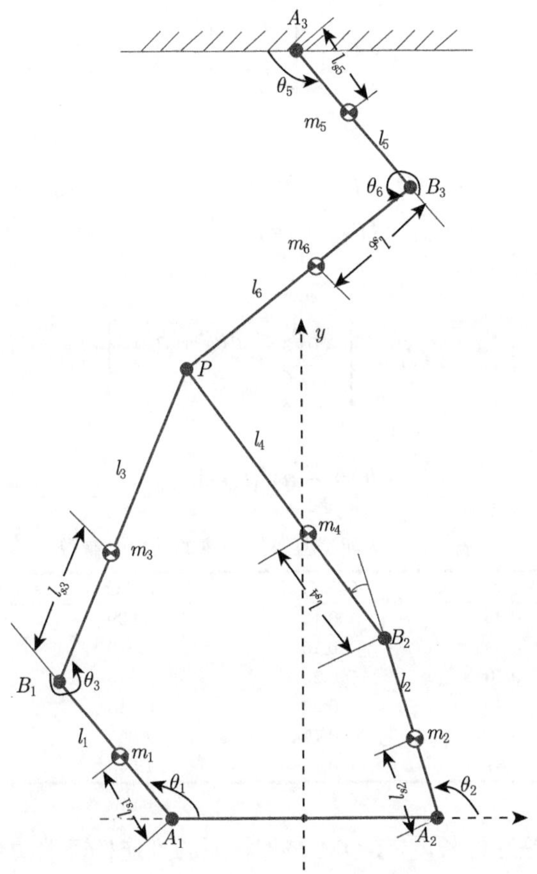

图 5.4 人机交互系统仿真参数定义

仿真使用的实际参数如表 5.1 所示，包括连杆质量、质心位置、转动惯量和连杆长度等，其中机器人的基座连杆 A_1A_2 长度 $l_{A_1A_2}$ 为 12 cm。机器人自身的动力学参数使用的是其设计参数，可以通过 CAD 软件计算得到，而人体手臂的动力学参数则是根据身高和体重，借助人体测量学统计数据估计得到的 [112]，仿真中假设用户体重为 70 kg。

对于运动连杆 1，其动力学方程为

$$\boldsymbol{D}_1\ddot{\boldsymbol{q}}_1+\boldsymbol{C}_1\dot{\boldsymbol{q}}_1 = \boldsymbol{\tau}_1 + \boldsymbol{J}_1^{\mathrm{T}}\boldsymbol{F}_1 \tag{5.100}$$

其中，各系数矩阵分别为

$$\boldsymbol{J}_1=\begin{bmatrix}-l_1\sin\theta_1-l_3\sin(\theta_1+\theta_3) & -l_3\sin(\theta_1+\theta_3)\\ l_1\cos\theta_1+l_3\cos(\theta_1+\theta_3) & l_3\cos(\theta_1+\theta_3)\end{bmatrix} \tag{5.101}$$

$$\boldsymbol{D}_1=\begin{bmatrix}d_{11} & d_{12}\\ d_{21} & d_{22}\end{bmatrix} \tag{5.102}$$

式中

$$\begin{cases}d_{11}=m_1l_{s1}^2+m_3\left(l_1^2+l_{s3}^2+2l_1l_{s3}^2+2l_1l_{s3}\cos\theta_3\right)+I_1+I_3\\ d_{12}=d_{21}=m_3\left(l_{s3}^2+l_1l_{s3}\cos\theta_3\right)+I_3\\ d_{22}=m_3l_{s3}^2+I_3\end{cases} \tag{5.103}$$

$$\boldsymbol{C}_1=\begin{bmatrix}h\dot{\theta}_3 & h\dot{\theta}_3+h\dot{\theta}_1\\ -h\dot{\theta}_1 & 0\end{bmatrix} \tag{5.104}$$

其中

$$h=-m_3l_1l_{s3}\sin\theta_3 \tag{5.105}$$

表 5.1 人机交互系统仿真的动力学参数

连杆	l/m	COM/m	m/kg	$I/(\mathrm{kg}\cdot\mathrm{m}^2)$
1	0.30	0.15	0.629	0.0047
2	0.30	0.15	0.629	0.0047
3	0.40	0.20	0.815	0.0109
4	0.40	0.20	0.815	0.0109
5	0.35	0.15	1.960	0.0250
6	0.37	0.25	1.540	0.0460

表 5.1 中，l 是连杆长度，COM 是连杆质心到连杆近端的长度，m 是连杆质量，I 是连杆关于其质心的转动惯量。对于其他两个串联分支，动力学方程中各系数矩阵具有类似的形式，只是实际的动力学参数及关节角度不同。

根据计算转矩控制策略 (式 (5.96)) 和机器人动力学方程 (式 (5.94))，机器人关节扭矩控制量为

$$\begin{aligned}\boldsymbol{T}&=\boldsymbol{J}^{\mathrm{T}}(\theta_1,\theta_2)\,\boldsymbol{F}\\ &=\boldsymbol{J}^{\mathrm{T}}\left[\left(\hat{\boldsymbol{D}}_1+\hat{\boldsymbol{D}}_2+\hat{\boldsymbol{D}}_3\right)\left(\ddot{\boldsymbol{x}}_{\mathrm{d}}+\boldsymbol{K}_{\mathrm{p}}\boldsymbol{e}+\boldsymbol{K}_{\mathrm{d}}\dot{\boldsymbol{e}}\right)+\left(\hat{\boldsymbol{C}}_1+\hat{\boldsymbol{C}}_2+\hat{\boldsymbol{C}}_3\right)\dot{\boldsymbol{x}}\right]\end{aligned} \tag{5.106}$$

其中，康复机器人的雅可比矩阵 $\boldsymbol{J}$ 为

$$\boldsymbol{J}=\boldsymbol{B}^{-1}\boldsymbol{A} \tag{5.107}$$

式中，矩阵 $\boldsymbol{A}$ 和 $\boldsymbol{B}$ 分别为

$$\boldsymbol{A}=\begin{bmatrix} y\cos\theta_1-\left(x+\dfrac{l_{A_1A_2}}{2}\right)\sin\theta_1 & 0 \\ 0 & y\cos\theta_2+\left(\dfrac{l_{A_1A_2}}{2}-x\right)\sin\theta_2 \end{bmatrix} l_1$$

$$\boldsymbol{B}=\begin{bmatrix} x+\dfrac{l_{A_1A_2}}{2}-l_1\cos\theta_1 & y-l_1\sin\theta_1 \\ x-\dfrac{l_{A_1A_2}}{2}-l_1\cos\theta_2 & y-l_1\sin\theta_2 \end{bmatrix} \tag{5.108}$$

5.4.3　仿真结果

仿真过程系统状态 (加速度、速度、关节角度、末端执行器位置等) 根据人机系统动力学方程式 (5.92) 和机器人的关节扭矩输入值式 (5.106) 进行更新。

在仿真中，系统动力学通过四阶 Runge-Kutta 方法实现，控制器式 (5.106) 中的比例和微分系数矩阵分别为

$$\boldsymbol{K}_{\mathrm{p}}=\begin{bmatrix} 500 & 0 \\ 0 & 500 \end{bmatrix},\quad \boldsymbol{K}_{\mathrm{d}}=\begin{bmatrix} 150 & 0 \\ 0 & 150 \end{bmatrix}$$

期望轨迹和实际运动轨迹如图 5.5 所示，其中机器人和人手从环形轨道的中心 (位置坐标为 (0, 0.4m)) 开始运动。

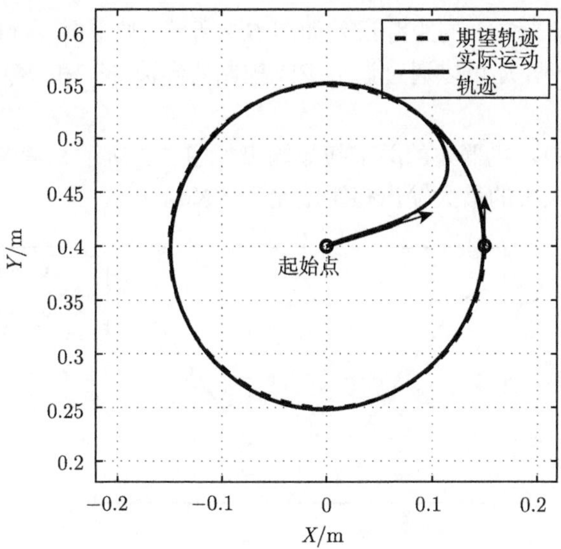

图 5.5　期望轨迹和实际运动轨迹

因此，机器人末端执行器的期望轨迹为

$$\begin{cases} x_{\mathrm{d}}(t) = R\cos\left(\dfrac{2\pi}{T_{\mathrm{d}}}t\right) \\ y_{\mathrm{d}}(t) = 0.4 + R\sin\left(\dfrac{2\pi}{T_{\mathrm{d}}}t\right) \end{cases} \tag{5.109}$$

其中，半径 $R = 0.15\mathrm{m}$；运动周期 $T_{\mathrm{d}} = 8\mathrm{s}$。

如前所述，在实际控制中，人的主动力很难获取，因此被视为外部扰动，通过比例微分 (proportion differentiation,PD) 控制器进行抑制。

在该仿真中人的主动力在末端的等价力设置为

$$\begin{cases} F_{\mathrm{hx}} = A(t)\cdot\cos\left(\dfrac{2\pi}{T_{\mathrm{d}}}t\right) \\ F_{\mathrm{hy}} = A(t)\cdot\sin\left(\dfrac{2\pi}{T_{\mathrm{d}}}t\right) \end{cases} \tag{5.110}$$

因此，有

$$\boldsymbol{F}_{\mathrm{h}}^{\mathrm{T}}\dot{\boldsymbol{x}}_{\mathrm{d}} = 0 \tag{5.111}$$

即人施加的力量是垂直于速度的，幅值为

$$A(t) = 5\sin\left(\frac{4\pi}{T_{\mathrm{d}}}t\right) \tag{5.112}$$

所以人施加的力量是垂直于期望运动方向的变化的扰动，最大为 5 N，周期为 $\dfrac{T_{\mathrm{d}}}{2} = 4\,\mathrm{s}$。

X 轴和 Y 轴方向上的跟踪误差如图 5.6 所示 (见彩图)，可以看到跟踪误差非常小 ($\leqslant 1.2\,\mathrm{mm}$)，还可以通过调节 PD 控制器参数 $\boldsymbol{K}_{\mathrm{p}}$ 和 $\boldsymbol{K}_{\mathrm{d}}$ 来实现更加精确的控制。

在运动过程中，机器人的关节扭矩输出如图 5.7 所示。考虑到实际控制中的电机饱和因素，电机的最大输出扭矩限制为 5 Nm。

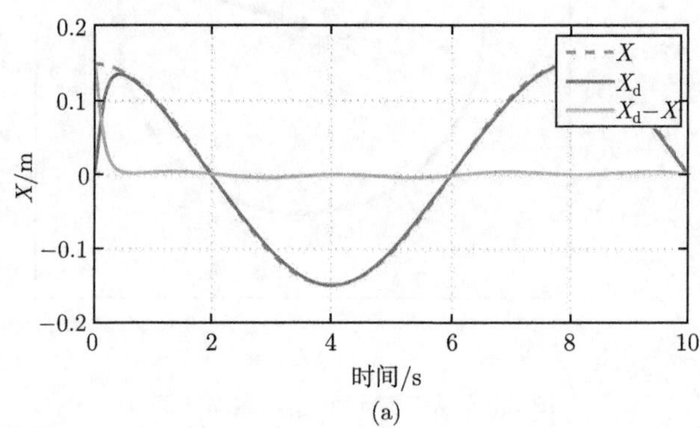

(a)

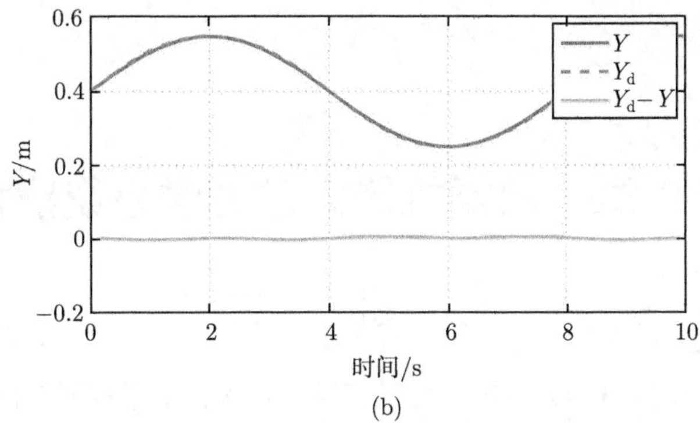

(b)

图 5.6　X 轴和 Y 轴方向上的跟踪误差 (见彩图)

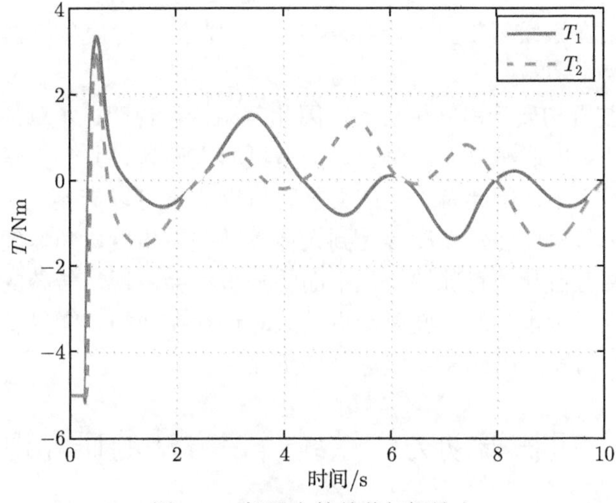

图 5.7　机器人的关节扭矩输出

5.5 小　结

本章主要基于课题组研制的并联式上肢康复机器人介绍了康复机器人和人机交互系统的动力学建模方法。并联机构关节之间存在复杂的运动学约束，导致直接使用拉格朗日方程来建立动力学模型比较困难，结果比较复杂。在 5.2节中，首先直接使用拉格朗日法推导了机器人的动力学方程，然后介绍了一种相对简单的降维模型法。在 5.3节中，首先将人机交互系统的动力学建模问题简化为冗余驱动并联机器人的动力学建模问题，然后利用拉格朗日–达朗贝尔公式推导其动力学方程，之后提出一种更为简洁的在工作空间中的人机系统动力学建模方法，并对两种方法进行比较，最后基于动力学模型设计了计算转矩控制器，并进行了仿真验证。

第 6 章 康复机器人动力学系统辨识

6.1 引 言

建立精确的康复机器人系统动力学模型，是设计基于模型的控制策略的必要前提，也是基于系统动力学模型识别人体运动意图从而执行主动康复训练的基础。这一过程包括建模和辨识两方面。第 5 章对康复机器人的建模做了详细的阐述，本章的侧重点则在系统辨识方面，并将以 iLeg 为例探讨康复机器人动力学系统的辨识技术。

iLeg 的下肢机构属于串联机器人，因此若无特别说明，本章的机器人动力学系统辨识都是针对串联机器人。对于该类型机器人而言，其动力学系统辨识问题的研究已有很长历史，因此有大量的文献和研究成果可以借鉴。然而，由于下肢康复机器人的关节角度和角速度等受到人体下肢关节角度、角速度的限制，其动力学系统辨识又有自身的特殊性。从下面的分析将会发现，传统的机械臂动力学系统辨识方法应用于本书的下肢康复机器人时还存在建模、激励轨迹优化、模型优化等多方面的问题，因此需要作进一步研究。

6.2 机械臂动力学系统辨识方法的研究现状

传统的机械臂动力学系统辨识过程包含建模、实验设计、数据获取、信号处理、参数估计和模型验证等步骤 [113]。机械臂动力学系统辨识中采用的动力学模型为逆模型。该模型可通过牛顿–欧拉 (Newton-Euler) 或者拉格朗日 (Lagrange) 法推导[114]，并可变换为与待定参数呈线性关系的方程组。该方程组中的方程数目和机械臂关节数目相同，而待定参数的系数为关节角度、角速度、角加速度的函数。为了得到待定参数的准确估计，可根据一定的规则优化设计激励轨迹，然后进行参数辨识实验。实验时，在机械臂上执行前述激励轨迹，并记录或计算轨迹采样点的角度、角速度、角加速度，以及关节扭矩。同时，将上述数据代入所设计的逆动力学模型中，可得以待定参数为未知量的超定线性方程组。求解该方程组即可获得待定参数的估计值。

6.2.1 一步辨识法与分步辨识法

在机械臂动力学系统辨识中，待定动力学参数包括惯性参数和摩擦力相关参数两部分。传统的机械臂动力学系统辨识方法只需要设计一条最优激励轨迹 (optimal exciting trajectory，OET)，接着在辨识实验中执行该轨迹并记录相关数据，然后在参数估计中一次性估计出逆动力学模型中的所有待定参数 (为便于描述，将该方法称为一步辨识法)。然而，Mayeda 等[115] 的研究表明，当机械臂连杆数 N，与基座关节轴平行的关节所连接的连杆数 β 给定时，机械臂动力学系统辨识所采用的动力学模型含有的待定参数数目最少为 $7N-4\beta$ 或 $7N-4\beta-2$ (当基座关节轴和重力方向平行时用该公式计算)。同时，Gautier 等[96] 给出了一套完整的推导待定参数数目的方法，使用该方法可以获得和 Mayeda 等[115] 一致的结果。因此，当机械臂关节数目较大时，所求的逆动力学模型将含有较大数目的待定参数。例如，就六关节机械臂而言，系统辨识中采用的动力学模型所含待定的惯性参数将至少为 16 个，再加上摩擦力相关的待定参数，其需辨识的待定参数数目将会非常大。此时，若采用一次性辨识所有待定参数的方法，相应的激励轨迹设计将会变得非常困难。

为了解决这一问题，部分学者提出了几种分步辨识待定参数的方法 [97,98,116]。Grotjahn 等[97] 提出的多步辨识方法基于如下动力学模型：

$$\boldsymbol{\tau}=\boldsymbol{M}(\boldsymbol{\theta})\ddot{\boldsymbol{\theta}}+\boldsymbol{c}(\boldsymbol{\theta},\dot{\boldsymbol{\theta}})\dot{\boldsymbol{\theta}}+\boldsymbol{g}(\boldsymbol{\theta}) \tag{6.1}$$

其中，$\boldsymbol{\tau}$ 为机械臂关机扭矩向量；$\boldsymbol{\theta}$ 为关节角度向量；$\boldsymbol{M}(\boldsymbol{\theta})$ 为关节角 $\boldsymbol{\theta}$ 的函数矩阵；$\boldsymbol{c}(\boldsymbol{\theta},\dot{\boldsymbol{\theta}})$ 反映了向心力和哥氏力的影响；$\boldsymbol{g}(\boldsymbol{\theta})$ 为重力向量。

将动力学参数分为以下三组[97]：

(1) $\boldsymbol{g}(\boldsymbol{\theta})$ 中的动力学参数，即重力参数；

(2) 位于矩阵 $\boldsymbol{M}(\boldsymbol{\theta})$ 对角线且未出现在 $\boldsymbol{g}(\boldsymbol{\theta})$ 中的动力学参数；

(3) 唯一出现在 $\boldsymbol{M}(\boldsymbol{\theta})$ 非对角位置的动力学参数。

然后，对三组参数分别设计相应的 OET，并辨识对应的动力学参数。由于每个参数组所含参数数目相对较少，对应的 OET 设计较为简单。Qin 等[116] 将动力学参数分成摩擦力相关参数、重力参数和其他惯性参数三组，分别采用多项式设计辨识每组参数的 OET，并顺序识别三组动力学参数。Vandanjon 等[98] 则给出了并联机器人顺序分步辨识动力学参数的方法。上述分步辨识参数方法最大的优点是减少了每次辨识实验中需要辨识参数的数目，这对 OET 的设计非常有利。然而，采用分步辨识方法时，执行每一步参数辨识时都会假定不在该步辨识的参数为已知量，这必然导致较大的累积误差[117]。

因此，选择一步辨识法还是分步辨识法，需要根据特定的问题做具体分析。对于一般关节数较少的机械臂动力学参数辨识问题，采用一步辨识法在执行效率和辨识精度上都有优势。

6.2.2 动力学系统建模

在机械臂动力学模型中，相邻关节间的每一条连杆相对应的动力学参数主要有 10 个，即 1 个质量参数、3 个质心参数、6 个一阶矩参数；而其中的关节摩擦力模型一般包含库仑摩擦系数、黏滞摩擦系数等多个参数。因此，一台多关节机械臂的动力学参数数目将非常大。这些参数并非对机械臂的动力学特性都发生直接影响，换言之，这些参数对于机械臂的动力学模型是冗余的，因此无法将上述所有动力学参数单独观测到。根据动力学参数可观测性的不同，模型中的动力学参数可分成可观测、可在线性组合中间接观测和不可观测动力学参数三类[118]。同时，存在一组非冗余的能唯一确定该机械臂动力学模型的参数集，该参数集被称为基本动力学参数集或者最小动力学参数集[117]。为了得到机械臂的动力学模型，有必要确定系统的最小动力学参数集[96, 115, 119, 120]。在确定最小动力学参数集后，对动力学方程中的待定参数进行重新分组并消除近似项，可得

$$\boldsymbol{\tau} = \boldsymbol{\Phi}(\boldsymbol{\theta}, \dot{\boldsymbol{\theta}}, \ddot{\boldsymbol{\theta}})\boldsymbol{p} \tag{6.2}$$

其中，$\boldsymbol{p}$ 为待定参数向量；$\boldsymbol{\Phi}(\boldsymbol{\theta}, \dot{\boldsymbol{\theta}}, \ddot{\boldsymbol{\theta}})$ 为回归矩阵。

另外，在动力学模型辨识实验中，根据模型中是否显式含有关节角加速度，机械臂动力学模型可分成三种，即显式动力学模型、隐式动力学模型和能量模型[121]。显式动力学模型和关节角加速度显式相关，需要显式计算关节角加速度。隐式动力学模型不直接求解角加速度，而是求解某个速度函数的导数。能量模型不需要显式或者隐式求解关节角加速度。Gautier 等[121] 对这三种模型做了比较，并得出如下结论：三种模型能够获得非常相近的参数估计结果和近似的估计精度。该文提出的功率模型 (可看做是能量模型的滤波结果) 因其简洁和较好的辨识精度而具有优越性。对于显式模型和隐式动力学模型来说，虽然其估计精度相似，但隐式动力学模型的计算更为复杂，因此显式模型更为实用。

此外，机械臂关节机构中大多采用电机通过传动系统间接驱动活动关节。对于该类型的机械臂而言，其驱动电机的输出扭矩中大约有 25% 的扭矩用于克服关节机构的摩擦力或者摩擦扭矩 (若不做特殊说明，下面的关节摩擦力都是指摩擦扭矩)[122]。因此，为了得到一个满意的机械臂动力学模型，有必要对其关节摩擦力进行精确建模[123]。然而，关节摩擦力和传动系统的机械结构、润滑条件、各组成元件的惯性大小等众多因素有关[124]，往往表现出高度非线性的特性，这给关节摩擦力建模带来极大挑战[117]。学者针对摩擦力建模的问题做了大量研究，并提出多个摩擦力模型。Hélouvry 等[125] 对以往的摩擦力研究做了综述，并提出一种七参数模型。该模型含有七个参数，每个参数代表不同的摩擦力现象。这种摩擦力模型能够全面展现摩擦力的特性，并能较准确描述摩擦力现象。然而，由于该

模型过于复杂，且具有高度非线性特征，该模型很难应用于机械臂动力学系统辨识。目前，文献中较为广泛使用的摩擦力模型可以用下式来描述[126,127]，即

$$\tau_{i,f} = c_{i,1}\dot{\theta}_i + c_{i,2}\mathrm{sign}(\dot{\theta}_i) \tag{6.3}$$

其中，$c_{i,1}$ 为黏滞摩擦系数；$c_{i,2}$ 为库仑摩擦系数。

由式 (6.3) 可见，该模型由库仑摩擦和黏滞摩擦力构成，能反映关节转向切换时库仑摩擦力的换向特性。然而研究发现，摩擦力在速度零点前后具有显著的递减特性 [97]，该特性无法用式 (6.3) 来描述。因此，Grotjahn 等[97] 给出了两种改进的模型，分别为

$$\tau_{i,f} = c_{i,1}\dot{\theta}_i + c_{i,2}\mathrm{sign}(\dot{\theta}_i) + c_{i,3}\dot{\theta}_i^{1/3} \tag{6.4a}$$

$$\tau_{i,f} = c_{i,1}\dot{\theta}_i + c_{i,2}\mathrm{sign}(\dot{\theta}_i) + c_{i,3}\arctan(c_{i,4}\dot{\theta}_i) \tag{6.4b}$$

研究表明，这两种模型能够获得比式 (6.3) 所描述的摩擦力模型更为准确的摩擦力估计结果。然而，式 (6.3) 和式 (6.4) 中的符号函数具有零点阶跃的特性，因此该模型很难应用到运动控制中。针对这个问题，Wu 等[128] 提出一种改进方法，其本质是将式 (6.4b) 中的符号函数和最后一项反正切函数用一项反正切函数来近似。

6.2.3 激励轨迹设计与优化

1. 参数化

在机械臂动力学系统模型建立之后，需要设计辨识实验对模型中的待定参数进行辨识，而设计激励轨迹是其中最为关键的工作之一。它包括两个步骤：首先是对激励轨迹参数化，即用具有合适形式的代数式来描述激励轨迹；然后对给出的式子在给定的约束条件和目标函数下进行优化设计，以充分激发系统的动力学特征[113]。Armstrong[129] 较早提出采用关节加速度序列来描述激励轨迹的方法。该方法在早期的动力学系统辨识中被广泛应用。然而，在该方法中，由于优化问题的自由度 (即优化问题中变量的个数) 为加速度序列元素的个数，其数目往往非常大，给优化问题的求解带来较大困难。同时，该方法往往难以满足机械臂的实际运动约束，使得该方法的执行较为困难。因此，我们提出用有限的角度、角加速度数据点来描述激励轨迹，同时在这些有限点之间用五次多项式描述的曲线来连接的方法[130]。采用该方法描述的激励轨迹可以满足机械臂的相关运动约束。此外，Otani 和 Kakizaki[131] 采用斜坡函数和余弦函数的组合函数作为激励轨迹，关节速度在零与速度极大值之间以正弦变化，并选择该正弦函数的幅值、频率，以及轨迹初始点来优化激励轨迹。目前广泛采用的是 Swevers[132,133] 提出的采用有限

傅里叶级数 (the finite Fourier series，FFS) 设计激励轨迹的方法。采用该方法设计的激励轨迹是一种有限频率的周期性轨迹。该方法的优点如下：

(1) 激励轨迹可周期性重复执行以便进行时间域的平均，提高所采集信号的抗噪性能 (由于在测量数据中噪声的影响往往较为显著，较高的抗噪性对于系统辨识来说非常重要)；

(2) 能够估计测量噪声的特性，该特性对于采用极大似然估计算法进行参数估计非常有价值；

(3) 能够指定轨迹的频率，从而避开机械臂的固有频率。

早期的 FFS 方法没有考虑轨迹的边界条件 (包括轨迹的初始速度、加速度等)，因此严格跟踪该激励轨迹较为困难。为了解决这一问题，Wu[128] 提出一种修正的傅里叶级数 (modified Fourier series，MFS) 来设计激励轨迹。该方法在 FFS 基础上增加了一个五次多项式，该五次多项式可用来设计轨迹的初始和末了位置、速度和加速度，以保证相邻的两个执行轨迹能够平滑过渡，易于轨迹执行。此外，Rackl 等[134] 采用优化的 B-样条曲线来设计 OET，并通过实验证明了其可行性。

2. 优化

在激励轨迹设计时，需要考虑如何充分激发系统动力学特性。研究表明，参数辨识实验的收敛性和抗噪性依赖于从动力学模型和相应的 OET 计算获得的回归矩阵的条件数。假设执行该激励轨迹，并测量关节角度、角速度、角加速度及关节扭矩，然后将上述数据代入系统的动力学模型，可得到如下的超定线性方程组：

$$\boldsymbol{\Gamma} = \boldsymbol{W}\boldsymbol{p} \tag{6.5}$$

其中，$\boldsymbol{\Gamma}$ 为测量扭矩向量；$\boldsymbol{W}$ 为观测矩阵；$\boldsymbol{p}$ 为待定参数。

考虑测量误差及系统模型误差影响，可得

$$\boldsymbol{\Gamma} + \delta\boldsymbol{\Gamma} = (\boldsymbol{W} + \delta\boldsymbol{W})\boldsymbol{p} + \boldsymbol{\rho} \tag{6.6}$$

其中，$\delta\boldsymbol{\Gamma}$ 为关节扭矩的测量误差；$\delta\boldsymbol{W}$ 反映了关节角度、角速度和角加速度测量误差；$\boldsymbol{\rho}$ 为其他误差的影响。

为方便分析，考虑 $\boldsymbol{W}$ 为方阵。假设 $\hat{\boldsymbol{p}} + \delta\hat{\boldsymbol{p}}$ 是线性方程 (6.6) 的最小二乘解，则有如下两式成立[135]，即

$$\frac{\| \delta\hat{\boldsymbol{p}} \|}{\| \hat{\boldsymbol{p}} \|} \leqslant \mathrm{Cond}(\boldsymbol{W})\frac{\| \delta\boldsymbol{\Gamma} \|}{\| \boldsymbol{\Gamma} \|}, \quad \delta\boldsymbol{W} = \boldsymbol{0} \tag{6.7a}$$

$$\frac{\| \delta\hat{\boldsymbol{p}} \|}{\| \hat{\boldsymbol{p}} + \delta\hat{\boldsymbol{p}} \|} \leqslant \mathrm{Cond}(\boldsymbol{W})\frac{\| \delta\boldsymbol{W} \|}{\| \boldsymbol{W} \|}, \quad \delta\boldsymbol{\Gamma} = \boldsymbol{0} \tag{6.7b}$$

其中，$\| \cdot \|$ 为 p-范数。

由式 (6.7) 可见，控制观测矩阵的条件数 Cond($\boldsymbol{W}$) 能降低扭矩测量误差和关节角度、角速度、角加速度测量误差的影响，提高参数辨识的精度。因此，在激励轨迹的优化设计中，最小化观测矩阵的条件数常常作为优化问题的目标函数。其他目标函数还包括以下三种[136]：

$$F = \mathrm{Cond}(\boldsymbol{W}) + \frac{\max|w_{i,j}|}{\min|w_{i,j}|}, \quad \min|w_{i,j}| \neq 0 \tag{6.8}$$

其中，$w_{i,j}$ 为 $\boldsymbol{W}$ 的第 (i,j) 个元素。

$$F = \mathrm{Cond}(\boldsymbol{W}) + k_1 \frac{1}{\sigma_{\min}} \tag{6.9}$$

式中，k_1 是加权标量参数；$\sigma_{\min}$ 是 $\boldsymbol{W}$ 的最小奇异值。

$$F = \mathrm{Cond}(\boldsymbol{W}\mathrm{diag}(\boldsymbol{Z})) \tag{6.10}$$

其中，$\boldsymbol{Z}$ 是加权向量。

激励轨迹的优化问题是非线性的优化问题。Swevers 等[132] 采用序列二次规划的方法来求解该问题。然而，正如 4.2.3 节所述，传统算法容易陷入局部最优解。因此，可以尝试采用遗传算法来求解问题[128]。

6.2.4 参数估计算法

在动力学参数估计算法中，最小二乘法 (least square estimation，LSE) 和加权最小二乘法 (weighted least square estimation，WLSE) 受到特别关注[137]。当测量误差不大时，采用 LSE 和 WLSE 算法估计的参数精度较高。这两种方法的不足在于，其对测量误差较为敏感。因此，当辨识实验中的测量误差较大时，采用该方法做参数估计并不合适。Olsen 等[138] 认为，采用极大似然估计算法来估计动力学参数能够获得较高的估计精度和抗噪性，并验证了其有效性。然而，极大似然估计算法基于统计学框架，并用随机变量来考虑测量噪声的影响，而模型的结构性误差则无法用随机变量来解释[139]；而且，极大似然估计算法只能用于关节角度和扭矩测量噪声都比较显著的情形[140]。此外，PSO 算法也被用于机械臂动力学参数的估计算法中。Bingul 和 Karahan[141] 比较了 PSO 算法与 LSE 算法的性能，认为采用 PSO 算法可以获得更精确的参数估计结果。然而，该文献采用的验证轨迹是 6 条随意选择、未经优化的轨迹。该验证轨迹具有随机性，因此上述结论的可靠性值得怀疑。此外，PSO 算法也比 LSE 算法更为复杂。

6.2.5 传统系统辨识方法应用于下肢康复机器人时存在的问题及解决办法

机械臂动力学系统辨识问题的研究历史较长，文献较为丰富，因此很自然想到是否可以采用文献中的方法来设计辨识 iLeg 的系统动力学模型。然而，从下面的分析将会发现现有文献中的方法在解决 iLeg 动力学模型的设计和辨识问题时存在很多不足。

由于 iLeg 主要用于下肢瘫痪患者进行下肢康复训练，考虑到使用的安全性，iLeg 的关节角度、角速度和角加速度须在相对较小的范围内变化。此时，传统的机械臂动力学系统建模和辨识方法在以下三个方面存在困难，即系统建模、激励轨迹优化、模型优化。就系统建模而言，下面的分析和实验表明，文献中不考虑关节间耦合因素影响的摩擦力建模方法不够准确，因此需要进一步改进。同时，虽然 iLeg 动力学系统辨识中采用的激励轨迹可以用 FFS 方法来设计，但是对应的激励轨迹优化问题的可行域相对较小且较为复杂，难以用文献中的方法获得该优化问题的有效初始解。最后，下面的分析将表明，从最初的动力学模型及其 OET 计算的条件数较大，不利于精确估计动力学模型参数。为了获得较小的条件数，可对系统动力学模型进行改进。Mayeda 等[115] 和 Khalil 等[120] 提出了模型简化的方法，这些方法可以将系统动力学模型中的惯性参数数目降到最少，降低对应观测矩阵的条件数。然而，这些模型简化方法都是基于机械臂机械结构的拓扑关系，而机械臂的关节摩擦力不仅和机械结构相关还与其他诸如润滑条件等非结构性因素相关，所以无法用这些模型简化方法来对机械臂的摩擦力模型进行优化。因此，我们有必要优化机械臂动力学系统模型，降低对应观测矩阵的条件数。

本章的后续部分将针对上述三方面的问题进行研究并提出相应的解决办法。首先，本章将建立 iLeg 的动力学系统模型，该模型考虑了关节间耦合因素对关节摩擦力的影响，能获得更高的扭矩估计精度。其次，采用 FFS 方法来设计激励轨迹，并采用随机粒子群优化 (stochastic particle swarm optimization，SPSO) 算法来求解该激励轨迹的优化问题。由于文献中的初始化算法难以获得本章激励轨迹优化问题的有效初始解，本章提出一种间接随机生成算法。该方法能够有效克服文献中粒子群初始化算法的不足。同时，针对从初始动力学模型计算获得的观测矩阵条件数较大的问题，本章提出两种模型改进算法。采用这两种算法能够有效降低上述观测矩阵的条件数。最后，应用上述方法进行模型辨识和验证实验，证明所提方法的有效性。

6.3　下肢机构动力学系统建模

iLeg 原型机如图 6.1 所示，它有一台中间座椅和两套结构完全相同的下肢机构。本书将以座椅右侧的下肢机构为对象研究下肢康复机器人的动力学系统辨识问题。为便于描述，将该下肢机构称为 iLeg。

如图 6.1 所示，iLeg 有髋、膝、踝三个关节机构和大腿、小腿两套连杆机构，分别对应于人体下肢的髋、膝、踝关节和大腿、小腿。由于踝关节为纯被动关节

(无电机驱动) 且未安装测量角度和扭矩的传感器，在动力学系统辨识中，将该关节锁死。此时，iLeg 可看做两自由度平面机器人。小腿、踝关节、踏板和踝高可以看成一套连杆。在动力学系统辨识过程中，组成该连杆的各部分质量、惯量和长度等都在系统动力学建模时加以考虑。在 iLeg 的膝关节机构位置，安装了扭矩传感器和旋转码盘，可直接测量膝关节的关节扭矩和角度。髋关节的驱动电机位于座位下方，并通过一套钢质带轮驱动髋关节机构；髋关节扭矩传感器和旋转码盘均安装在驱动电机的输出端。由于本书的动力学系统模型主要用于估计 iLeg 的关节扭矩，采用显式动力学模型对 iLeg 进行系统建模较为合适。

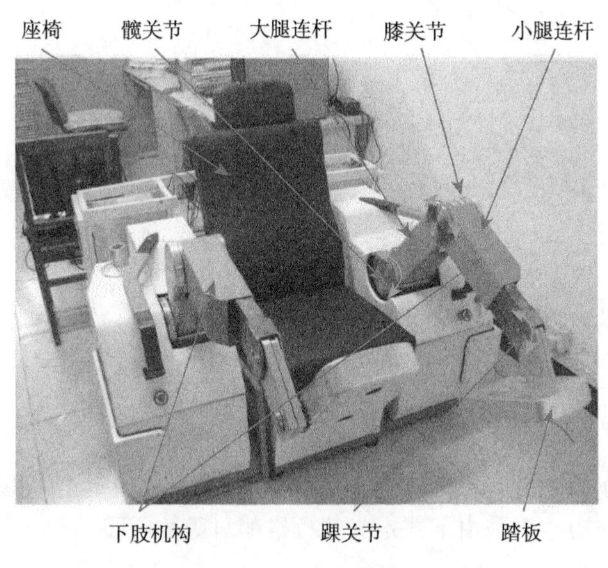

图 6.1 iLeg 原型机

6.3.1 惯性系统建模

不考虑关节摩擦力时，iLeg 的动力学模型可由拉格朗日法推导。质量分布不均匀、机构形状不规则是机械臂普遍存在的现象，基于此，本章采用积分方法推导动力学模型，提高模型精度。

图 6.2 给出了 iLeg 动力学建模与分析的原理图。其中 θ_1、θ_2 分别是髋、膝关节的关节角度；l_{crus}、l_{thigh} 分别是大腿、小腿机构长度；髋关节通过与驱动轮同轴安装的驱动电机经钢带系统驱动；r_{d}、r_1 分别是主动轮及与髋关节轴线同轴安装的从动轮直径；d_v 是一个微单元；θ_v、l_v 是与位置相关的变量，θ_v 表示微单元偏离大腿或小腿机构中心线的角度，l_v 表示微单元到髋关节或者膝关节轴线的距离。本书建立的动力学系统模型用于估计关节扭矩，该扭矩在系统辨识时应能从安装于关节机构的扭矩传感器直接读出。同时，由于髋关节的扭矩传感器及码

盘均安装在髋关节驱动电机的输出端，在本书设计的 iLeg 动力学系统模型中，需要考虑髋关节钢带传动。

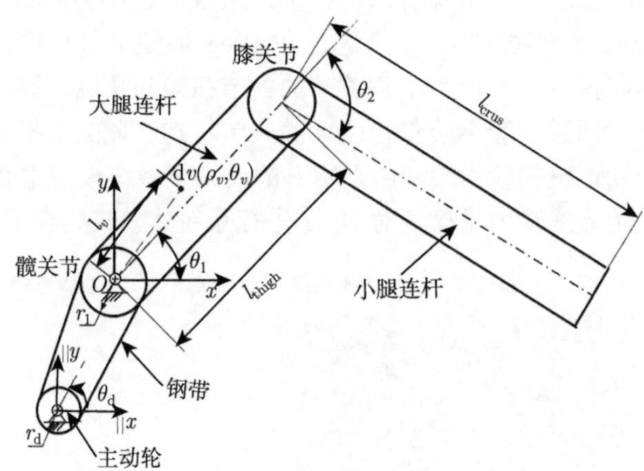

图 6.2 iLeg 动力学系统建模与分析原理图

本书采用的拉格朗日法可以表示为

$$\tau_i = \frac{\mathrm{d}}{\mathrm{d}t}\left(\frac{\partial \mathcal{L}}{\partial \dot{\theta}_i}\right) - \frac{\partial \mathcal{L}}{\partial \theta_i}, \quad \forall i = 1, 2 \tag{6.11}$$

其中，θ_i、$\dot{\theta}_i$ 分别是第 i 个关节的扭矩、角速度；τ_1 为主动轮位置的扭矩；τ_2 为膝关节位置的扭矩；$\mathcal{L}$ 是由下式定义的拉格朗日函数，即

$$\mathcal{L} = \mathcal{K}(\boldsymbol{\Theta}, \dot{\boldsymbol{\Theta}}) - \mathcal{P}(\boldsymbol{\Theta}) \tag{6.12}$$

其中，$\mathcal{K}$ 和 $\mathcal{P}$ 分别是系统的动能和势能；$\boldsymbol{\Theta} = [\theta_1, \theta_2]^{\mathrm{T}}$ 和 $\dot{\boldsymbol{\Theta}} = [\dot{\theta}_1, \dot{\theta}_2]^{\mathrm{T}}$ 分别是角度和角速度矢量。

髋、膝关节分别作为第 1、2 个关节。当采用积分的方法推导系统动力学模型时，大、小腿机构的动能和势能如下：

$$\begin{cases} \mathcal{K}_1 = c_{k1,1}\dot{\theta}_1^2 \\ \mathcal{P}_1 = c_{p1,1}\sin(\theta_1) + c_{p1,2}\cos(\theta_1) \\ \mathcal{K}_2 = c_{k2,1}\dot{\theta}_1^2 + c_{k2,2}(\dot{\theta}_1 + \dot{\theta}_2)^2 + c_{k2,3}\cos(\theta_2)\dot{\theta}_1(\dot{\theta}_1 + \dot{\theta}_2) \\ \qquad - c_{k2,4}\sin(\theta_2)\dot{\theta}_1(\dot{\theta}_1 + \dot{\theta}_2) \\ \mathcal{P}_2 = c_{k2,1}\dfrac{2g\sin(\theta_1)}{l_{\mathrm{thigh}}} + 2c_{k2,3}g\sin(\theta_1 + \theta_2) + c_{k2,4}g\cos(\theta_1 + \theta_2) \end{cases} \tag{6.13}$$

其中，$c_{k1,1} \sim c_{k2,4}$、$c_{p1,1}$ 和 $c_{p1,2}$ 分别为

$$\begin{cases} c_{k1,1} = \int_{V_1} \frac{1}{2}\rho_v l_v^2 \mathrm{d}v \\ c_{k2,1} = \int_{V_2} \frac{1}{2}\rho_v l_v^2 \mathrm{d}v, \quad c_{k2,2} = \int_{V_2} \frac{1}{2}\rho_v l_v^2 \mathrm{d}v \\ c_{k2,3} = \int_{V_2} \rho_v l_v \mathrm{d}v, \quad c_{k2,4} = \int_{V_2} \rho_v l_v \mathrm{d}v \\ c_{p1,1} = \int_{V_1} \rho_v g l_v \cos(\theta_v) \mathrm{d}v, \quad c_{p1,2} = \int_{V_1} \rho_v g l_v \sin(\theta_v) \mathrm{d}v \end{cases} \tag{6.14}$$

在钢带传动系统中，钢带的两端分别固定在主动轮和从动轮，且经过张紧后其形变极小，因此钢带传动系统的势能可忽略不计，其动能可由下式给出：

$$\mathcal{K}_{\mathrm{belt}} = \frac{1}{2}I_{\mathrm{d}}\dot{\theta}_{\mathrm{d}}^2 + \frac{1}{2}I_1\dot{\theta}_1^2 + \int_{V_{\mathrm{b}}} \frac{1}{2}\rho_v r_{\mathrm{d}}^2 \dot{\theta}_{\mathrm{d}}^2 \mathrm{d}v \overset{\mathrm{def}}{=\!=} k_{\mathrm{b}}/k_{\mathrm{r}}\dot{\theta}_1^2 \tag{6.15}$$

其中，I_{d} 和 I_1 分别是钢带传动系统的主动轮和从动轮的转动惯量；V_{b} 为钢带的体积；$k_{\mathrm{r}} = r_{\mathrm{d}}/r_1$ 为钢带传动系统的传动比；k_{b} 定义为

$$k_{\mathrm{b}} = \frac{1}{2}I_{\mathrm{d}} + \frac{1}{2}k_{\mathrm{r}}I_1 + \int_{V_{\mathrm{b}}} \frac{1}{2}\rho_v r_{\mathrm{d}}^2 \mathrm{d}v \tag{6.16}$$

iLeg 的动能和势能则分别由下式给出：

$$\mathcal{K} = \mathcal{K}_1 + \mathcal{K}_2 + \mathcal{K}_{\mathrm{belt}} \tag{6.17a}$$

$$\mathcal{P} = \mathcal{P}_1 + \mathcal{P}_2 \tag{6.17b}$$

将式 (6.13)~ 式 (6.17) 代入式 (6.12)，并考虑关节摩擦力，可得如下动力学模型：

$$\boldsymbol{\tau}_{\mathrm{r}} = \boldsymbol{\Phi}_1(\boldsymbol{\Theta}, \dot{\boldsymbol{\Theta}}, \ddot{\boldsymbol{\Theta}})\boldsymbol{p}_1 + \boldsymbol{\tau}_{\mathrm{f}} \tag{6.18}$$

其中，$\boldsymbol{\tau}_{\mathrm{r}} = [\tau_1, \tau_2]^{\mathrm{T}}$ 为 2×1 关节扭矩向量；$\boldsymbol{\Phi}_1(\boldsymbol{\Theta}, \dot{\boldsymbol{\Theta}}, \ddot{\boldsymbol{\Theta}})$ 为 2×6 矩阵，是动力学模型的回归矩阵；$\boldsymbol{\Theta} = [\theta_1, \theta_2]^{\mathrm{T}}$ 为 iLeg 关节角度向量；$\boldsymbol{p}_1$ 为 6×1 向量，是待定动力学参数向量；$\boldsymbol{\tau}_{\mathrm{f}} = [\tau_{1,\mathrm{f}}, \tau_{2,\mathrm{f}}]^{\mathrm{T}}$ 为关节摩擦扭矩向量。

由式 (6.18) 可见，为了准确获得系统动力学模型，需要建立便于辨识的关节摩擦力模型。6.3.2 节将对该问题进行具体阐述。

6.3.2 关节摩擦力建模

从 6.2.2 节的分析可以看出，文献中给出的各种机械臂关节摩擦力模型的一个共同特点是，不考虑关节耦合因素的影响。然而，就 iLeg 及绝大多数机械臂而

言，除了远离基座的末端关节外，其近基座关节的法向力和远离基座的其他关节角度密切相关。而 Hélouvry 等[125] 指出，包括静摩擦力、库仑摩擦力、黏滞摩擦力在内的几乎所有类型的摩擦力均和接触面的法向力相关，这就意味着，远离基座的关节角度将显著影响近基座关节的摩擦力。因此，需要在机械臂的关节摩擦力模型中考虑耦合因素的影响。

iLeg 的关节摩擦力主要来自于安装在关节位置的深沟滚子轴承，因此关节摩擦力模型可采用 Palmgren 提出的滚子轴承摩擦扭矩计算公式来推导 [126]。将该公式整理简化后，可得如下 iLeg 关节摩擦扭矩的计算公式：

$$\tau_{\rm f} = c_{\rm v} + c_{\rm p} P_1 \tag{6.19}$$

其中，$c_{\rm v}$ 和 $c_{\rm p}$ 均为常数；$c_{\rm v}$ 与机械结构、润滑条件、几何尺寸有关；$c_{\rm p}$ 与几何尺寸、轴承载荷有关；P_1 为轴承所受载荷。

就髋关节而言，其关节轴承载荷可由下式计算：

$$P_{1,\rm hip} = G_1 + G_2 + 2F_0 + \int_{V_1} \rho_v l_v \dot{\theta}_1^2 {\rm d}v + \int_{V_2} \rho_v l_{\rm d} \dot{\theta}_1^2 {\rm d}v \tag{6.20}$$

其中，G_1、G_2 分别是大腿、小腿连杆机构的重量；F_0 是钢带预紧力；两个积分项分别代表髋关节转动时大腿机构和小腿机构的向心力；$l_{\rm d}$ 表示小腿连杆机构微单元到髋关节轴线的距离。

如果不考虑微单元和小腿机构中心线之间的偏离角，$l_{\rm d}$ 可由下式给出：

$$l_{\rm d} = \sqrt{l_{\rm thigh}^2 + l_v^2 + 2 l_{\rm thigh} l_v \cos(\theta_2)} \tag{6.21}$$

由式 (6.20) 和式 (6.21) 可见，施加于髋关节轴承的载荷与膝关节的关节角度相关，因此膝关节的关节角度自然将影响髋关节的摩擦力。为获得线性化表示的动力学模型，上式可用如下的多项式进行线性拟合，即

$$\begin{aligned} l_{\rm d} = & c_{0,0} + c_{1,0} l_v + c_{0,1}\theta_2 + c_{2,0} l_v^2 + c_{1,1} l_v \theta_2 \\ & + c_{0,2}\theta_2^2 + c_{3,0} l_v^3 + c_{2,1} l_v^2 \theta_2 + c_{1,2} l_v \theta_2^2 \end{aligned} \tag{6.22}$$

在本书中踝关节机构被锁死，膝关节可看做该机械臂的末端关节，因此耦合因素的影响在膝关节摩擦力中可不考虑。膝关节轴承载荷可由下式给出：

$$P_{1,\rm knee} = G_2 + \int_{V_2} \rho_v l_v \dot{\theta}_2^2 {\rm d}v \tag{6.23}$$

6.3.3 初始动力学模型

由式 (6.11)~ 式 (6.23)，并对相似项进行重新组合，可得如下的动力学模型：

$$\boldsymbol{\tau}_{\mathrm{r}} = \boldsymbol{\Phi}_{\mathrm{r}}\boldsymbol{P}_{\mathrm{r}} \tag{6.24}$$

其中，$\boldsymbol{\Phi}_{\mathrm{r}}$ 为 2×12 回归矩阵；$\boldsymbol{P}_{\mathrm{r}}$ 为待定动力学参数向量；$\boldsymbol{\Phi}_{\mathrm{r}} = (\tau_1, \tau_2)$；下角标 “r” 表示该动力学模型为机械臂的动力学模型，以区别于后面章节中的人体下肢动力学模型。

$\boldsymbol{\Phi}_{\mathrm{r}}$ 的元素可由下式给出：

$$\begin{aligned}
\phi_{1,1} =& 2\ddot{\theta}_1 k_{\mathrm{r}}, \quad \phi_{1,2} = \cos(\theta_1)k_{\mathrm{r}}, \quad \phi_{1,3} = 2k_{\mathrm{r}}(\ddot{\theta}_1 + \ddot{\theta}_2) \\
\phi_{1,4} =& [2\ddot{\theta}_1\cos(\theta_2) + \ddot{\theta}_2\cos(\theta_2) - 2\dot{\theta}_1\dot{\theta}_2\sin(\theta_2) \\
& -\dot{\theta}_2^2\sin(\theta_2) + g\cos(\theta_1+\theta_2)/l_{\mathrm{thigh}}]k_{\mathrm{r}} \\
\phi_{1,5} =& [-2\dot{\theta}_1\dot{\theta}_2\cos(\theta_2) - \dot{\theta}_2^2\cos(\theta_2) - 2\ddot{\theta}_1\sin(\theta_2) \\
& -\ddot{\theta}_2\sin(\theta_2) - g\sin(\theta_1+\theta_2)/l_{\mathrm{thigh}}]k_{\mathrm{r}} \\
\phi_{1,6} =& -\sin(\theta_1)k_{\mathrm{r}}, \quad \phi_{1,7} = \mathrm{sign}(\dot{\theta}_1)k_{\mathrm{r}} \\
\phi_{1,8} =& \mathrm{sign}(\dot{\theta}_1)\dot{\theta}_1^2 k_{\mathrm{r}}, \quad \phi_{1,9} = \mathrm{sign}(\dot{\theta}_1)\theta_2\dot{\theta}_1^2 k_{\mathrm{r}} \\
\phi_{1,10} =& \mathrm{sign}(\dot{\theta}_1)\theta_2^2\dot{\theta}_1^2 k_{\mathrm{r}}, \quad \phi_{1,11} = 0, \quad \phi_{1,12} = 0 \\
\phi_{2,1} =& 0, \quad \phi_{2,2} = 0, \quad \phi_{2,3} = 2\ddot{\theta}_1 + 2\ddot{\theta}_2 \\
\phi_{2,4} =& \dot{\theta}_1^2\sin(\theta_2) + \ddot{\theta}_1\cos(\theta_2) + g\cos(\theta_1+\theta_2)/l_{\mathrm{thigh}} \\
\phi_{2,5} =& \dot{\theta}_1^2\cos(\theta_2) - \ddot{\theta}_1\sin(\theta_2) - g\sin(\theta_1+\theta_2)/l_{\mathrm{thigh}} \\
\phi_{2,6} =& 0, \quad \phi_{2,7} = 0, \quad \phi_{2,8} = 0, \quad \phi_{2,9} = 0 \\
\phi_{2,10} =& 0, \quad \phi_{2,11} = \mathrm{sign}(\dot{\theta}_2), \quad \phi_{2,12} = \mathrm{sign}(\dot{\theta}_2)\dot{\theta}_2^2
\end{aligned} \tag{6.25}$$

$\boldsymbol{P}_{\mathrm{r}}$ 的元素可由下式给出：

$$\begin{aligned}
p_1 =& \int_{V_1}\frac{1}{2}\rho_v l_v^2 \mathrm{d}v + \int_{V_2}\frac{1}{2}\rho_v l_{\mathrm{thigh}}^2 \mathrm{d}v + \frac{2k_{\mathrm{b}}}{k_{\mathrm{r}}} \\
p_2 =& \int_{V_1}\rho_v l_v g\cos(\theta_v)\mathrm{d}v + \int_{V_2}\rho_v l_{\mathrm{thigh}} g\mathrm{d}v \\
p_3 =& \int_{V_2}\frac{1}{2}\rho_v l_{v2}^2\mathrm{d}v, \quad p_4 = \int_{V_2}\rho_v l_{v2}\cos(\theta_v)l_{\mathrm{thigh}}\mathrm{d}v \\
p_5 =& \int_{V_2}\rho_v l_v\sin(\theta_v)l_{\mathrm{thigh}}\mathrm{d}v, \quad p_6 = \int_{V_1}\rho_v g l_v\sin(\theta_v)\mathrm{d}v \\
p_7 =& c_{\mathrm{v},1} + c_{\mathrm{p},1}(G_1 + G_2 + 2F_0)
\end{aligned} \tag{6.26}$$

$$p_8 = c_{\mathrm{p},1}\left[\int_{V_1}\rho_v l_v \mathrm{d}v + \int_{V_2}\rho_v l_v(c_{0,0}+c_{1,0}l_v+c_{2,0}l_v^2+c_{3,0}l_v^3)\mathrm{d}v\right]$$

$$p_9 = c_{\mathrm{p},1}\int_{V_2}\rho_v(c_{0,1}+c_{1,1}l_v+c_{2,1}l_{v2}^2)\mathrm{d}v$$

$$p_{10} = c_{\mathrm{p},1}\int_{V_2}\rho_v(c_{0,2}+c_{1,2}l_v)\mathrm{d}v$$

$$p_{11} = c_{\mathrm{v},2}+c_{\mathrm{p},2}G_2,\quad p_{12}=c_{\mathrm{p},2}\int_{V_2}\rho_v l_v \mathrm{d}v$$

其中，$c_{\mathrm{v},1}$、$c_{\mathrm{v},2}$ 与式 (6.19) 中的 c_{v} 相同，并分别对应于髋、膝关节机构；$c_{\mathrm{p},1}$、$c_{\mathrm{p},2}$ 含义和式 (6.19) 中的 c_{p} 相同，分别对应于髋、膝关节机构。

由式 (6.25) 和式 (6.26) 可见，本章建立的动力学模型含有 12 个待定动力学参数。为将该模型与后面建立的简化模型和优化模型区别开，将该模型称为初始动力学模型 (preliminary dynamic model，PDM)。

6.4　激励轨迹设计和优化

6.4.1　激励轨迹设计及优化问题的建立

本书采用 FFS 方法设计用于辨识 iLeg 系统动力学模型的激励轨迹。该轨迹可写为

$$\theta_i(t)=\sum_{l=1}^{5}\left(\frac{a_{i,l}}{lw_{\mathrm{f}}}\cos(lw_{\mathrm{f}}t)+\frac{b_{i,l}}{lw_{\mathrm{f}}}\sin(lw_{\mathrm{f}}t)\right)+c_i,\quad \forall i=1,2 \tag{6.27}$$

其中，$w_{\mathrm{f}}=2\pi/t_{\mathrm{f}}$；$t_{\mathrm{f}}$ 为激励轨迹的运行周期。

由式 (6.27) 可得如下式表示的关节角速度和角加速度：

$$\dot{\theta}_i(t)=\sum_{l=1}^{5}(-a_{i,l}\sin(lw_{\mathrm{f}}t)+b_{i,l}\cos(lw_{\mathrm{f}}t)),\quad \forall i=1,2 \tag{6.28a}$$

$$\ddot{\theta}_i(t)=\sum_{l=1}^{5}(-a_{i,l}lw_f\cos(lw_{\mathrm{f}}t)-b_{i,l}lw_{\mathrm{f}}\sin(lw_{\mathrm{f}}t)),\quad \forall i=1,2 \tag{6.28b}$$

假设辨识实验中采用 k 个数据点用于参数估计，并分别用 $\boldsymbol{\tau}_{\mathrm{m}}(i)$、$\boldsymbol{\Theta}_{\mathrm{m}}(i)$、$\dot{\boldsymbol{\Theta}}_{\mathrm{m}}(i)$ 和 $\ddot{\boldsymbol{\Theta}}_{\mathrm{m}}(i)$ 表示测得的第 i 个数据点的关节扭矩、角度、角速度和角加速度向量，可得到如下式所示的超定方程：

$$\boldsymbol{\Gamma}_{\mathrm{r}}=\boldsymbol{W}_{\mathrm{r}}\boldsymbol{P}_{\mathrm{r}} \tag{6.29}$$

其中

$$\boldsymbol{\Gamma}_{\mathrm{r}}=\begin{bmatrix}\boldsymbol{\tau}_{\mathrm{m}}(1)\\\boldsymbol{\tau}_{\mathrm{m}}(2)\\\vdots\\\boldsymbol{\tau}_{\mathrm{m}}(k)\end{bmatrix},\quad \boldsymbol{W}_{\mathrm{r}}=\begin{bmatrix}\boldsymbol{\Phi}_{\mathrm{r}}(\boldsymbol{\Theta}_{\mathrm{m}}(1),\dot{\boldsymbol{\Theta}}_{\mathrm{m}}(1),\ddot{\boldsymbol{\Theta}}_{\mathrm{m}}(1))\\\boldsymbol{\Phi}_{\mathrm{r}}(\boldsymbol{\Theta}_{\mathrm{m}}(2),\dot{\boldsymbol{\Theta}}_{\mathrm{m}}(2),\ddot{\boldsymbol{\Theta}}_{\mathrm{m}}(2))\\\vdots\\\boldsymbol{\Phi}_{\mathrm{r}}(\boldsymbol{\Theta}_{\mathrm{m}}(k),\dot{\boldsymbol{\Theta}}_{\mathrm{m}}(k),\ddot{\boldsymbol{\Theta}}_{\mathrm{m}}(k))\end{bmatrix} \tag{6.30}$$

其中，$\boldsymbol{\Gamma}_{\mathrm{r}}$ 和 $\boldsymbol{W}_{\mathrm{r}}$ 分别是关节扭矩向量和观测矩阵。

为了提高参数辨识精度和辨识实验的抗噪性，需要对上述激励轨迹做优化处理，本书将极小化观测矩阵的条件数作为优化目标。激励轨迹优化问题可描述如下：

设计变量为

$$\boldsymbol{X}=(a_{1,1},\cdots,a_{1,5},b_{1,1},\cdots,b_{1,5},c_1,a_{2,1},\cdots,a_{2,5},b_{2,1},\cdots,b_{2,5},c_2) \tag{6.31}$$

需极小化的目标函数为

$$F(\boldsymbol{X})=\mathrm{cond}(\boldsymbol{W}) \tag{6.32}$$

其中，$\mathrm{cond}(\boldsymbol{W})$ 是观测矩阵 $\boldsymbol{W}$ 的条件数，即矩阵 $\boldsymbol{W}$ 的最大、最小奇异值之比 [142]。

需满足的约束条件为

$$\begin{cases}\theta_{\min,i}\leqslant\theta_i\leqslant\theta_{\max,i}, & \dot{\theta}_{\min,i}\leqslant\dot{\theta}_i\leqslant\dot{\theta}_{\max,i}\\ \ddot{\theta}_{\min,i}\leqslant\ddot{\theta}_i\leqslant\ddot{\theta}_{\max,i}, & x_{\min,\mathrm{e}}\leqslant x_{\mathrm{e}},\quad y_{\min,\mathrm{e}}\leqslant y_{\mathrm{e}}\end{cases} \tag{6.33}$$

其中，$i=1,2$；θ_i、$\dot{\theta}_i$ 和 $\ddot{\theta}_i$ 分别由式 (6.27) 和式 (6.28) 给出；$\theta_{\min,i}$、$\dot{\theta}_{\min,i}$、$\ddot{\theta}_{\min,i}$、$x_{\min,\mathrm{e}}$ 和 $y_{\min,\mathrm{e}}$ 分别是 θ_i、$\dot{\theta}_i$、$\ddot{\theta}_i$、x_{e} 和 y_{e} 的下界；$\theta_{\max,i}$、$\dot{\theta}_{\max,i}$ 和 $\ddot{\theta}_{\max,i}$ 分别是 θ_i、$\dot{\theta}_i$ 和 $\ddot{\theta}_i$ 的上界；x_{e} 和 y_{e} 分别是脚踏的 x 和 y 坐标，其值可分别由下式计算获得：

$$x_{\mathrm{e}}=l_{\mathrm{thigh}}\cos(\theta_1)+l_{\mathrm{crus}}\cos(\theta_1+\theta_2) \tag{6.34a}$$

$$y_{\mathrm{e}}=l_{\mathrm{thigh}}\sin(\theta_1)+l_{\mathrm{crus}}\sin(\theta_1+\theta_2) \tag{6.34b}$$

由式 (6.29)~ 式 (6.34) 可见，本章的激励轨迹优化问题是典型的非线性优化问题。

6.4.2 SPSO 算法

采用 PSO 算法对求解该类问题具有优势，同时由于本章的激励轨迹优化算法将在动力学模型简化和优化中重复使用，有必要保证优化算法的全局收敛性能。为了获得一个具有概率意义上全局收敛性的 PSO 算法，本书应用 SPSO 算法 [143] 对激励轨迹进行优化。该算法与普通 PSO 算法的不同点在于，其粒子的位置更新策略为

$$\boldsymbol{X}_{j,i+1}=\boldsymbol{X}_{j,i}+c_1r_{j,i,1}(\mathbf{pBest}_{j,i}-\boldsymbol{X}_{j,i})+c_2r_{j,i,2}(\mathbf{gBest}_i-\boldsymbol{X}_{j,i}) \tag{6.35}$$

其中，$\boldsymbol{X}_{j,i+1}$、$\boldsymbol{X}_{j,i}$、$\mathbf{pBest}_{j,i}$、$\mathbf{gBest}_{i}$、c_1、c_2、$r_{j,i,1}$ 和 $r_{j,i,2}$ 的定义分别和第 4 章式 (4.1) 和式 (4.2) 中对应参数的定义相同。

从式 (6.35) 可见，当 $\mathbf{pBest}_{j,i} = \mathbf{gBest}_{i} = \boldsymbol{X}_{j,i}$ 时，第 j 个粒子将停止更新，因此为了使算法具有较好的全局收敛性能，该粒子的位置需要重新生成。Qi 等[143] 给出的粒子位置重新生成算法与普通 PSO 算法的粒子初始化算法相同。同时还证明，当 $0 < c_1 + c_2 < 2$ 成立时，SPSO 算法能依概率 1 收敛于全局最优解。

6.4.3 间接随机生成算法

通常，当给定设计变量的取值范围时，优化问题的初始解可以在给定的取值范围内随机生成。传统的 PSO 算法及 SPSO 算法[143] 中均采用这种随机生成算法作为粒子群的初始化方法。然而，就本书的下肢机构而言，由于其激励轨迹优化问题的可行域很小且较为复杂，粒子的可行初始解很难用传统的随机生成方法获得。在实验中，采用传统的随机生成方法在 50h 内都无法得到粒子的可行初始解，表明该初始化算法对本书问题的求解效率非常低。因此，需要设计更加有效的粒子群初始化方法来提高算法效率。

为此，本书设计了一种间接随机生成算法。在该方法中，首先在 iLeg 脚踏位置的运动空间随机生成数据点。脚踏的运动空间由髋、膝关节角度的可行范围和下肢机构的运动学方程推导获得，因此在脚踏位置空间生成的随机数据点能同时满足髋、膝关节角度的约束以及脚踏位置的空间约束。其次，在 iLeg 关节空间计算对应的数据点，并用 FFS 函数来拟合这些数据点。此时，可获得在 iLeg 关节空间的两个 FFS 函数。如果这两个 FFS 函数能够满足式 (6.33) 定义的约束，则两个 FFS 函数的系数 $a_{1,1}$，$a_{1,2}$，$\cdots$，c_1，$a_{2,1}$，$a_{2,2}$，$\cdots$，c_2，可传给某个粒子作为其初始位置。针对上述初始化过程，本书设计了一个初始粒子池 (initial particle pool，IPP)。在该 IPP 中，粒子的位置由上述间接随机生成算法获得。粒子群的初始位置可以通过随机提取 IPP 中部分粒子的值来获得。

图 6.3 给出了间接随机生成算法的流程图。其中脚踏的运动空间可以由式 (6.33) 和式 (6.34) 获得；第三步中，脚踏空间随机生成的数据点应尽可能覆盖整个运动空间，这有助于提高算法的全局收敛性能；第四步中，关节空间的数据点可由下式计算得到：

$$\theta_1 = \arctan\left(\frac{y_{\mathrm{e}}}{x_{\mathrm{e}}}\right) + \arccos\left(\frac{l_{\mathrm{thigh}}^2 - l_{\mathrm{crus}}^2 + x_{\mathrm{e}}^2 + y_{\mathrm{e}}^2}{2l_{\mathrm{thigh}}\sqrt{x_{\mathrm{e}}^2 + y_{\mathrm{e}}^2}}\right) \tag{6.36a}$$

$$\theta_2 = -\arccos\left(\frac{x_{\mathrm{e}}^2 + y_{\mathrm{e}}^2 - l_{\mathrm{thigh}}^2 - l_{\mathrm{crus}}^2}{2l_{\mathrm{thigh}}l_{\mathrm{crus}}}\right) \tag{6.36b}$$

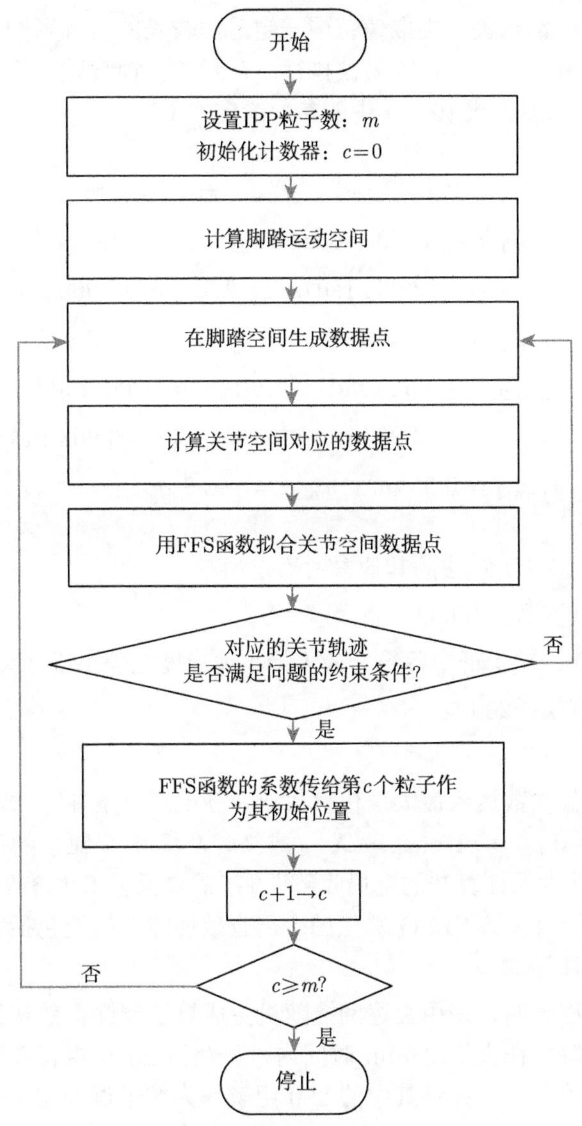

图 6.3 间接随机生成算法的流程图

6.4.4 激励轨迹优化问题求解

在下面的动力学模型辨识实验中，l_{thigh} 和 l_{crus} 分别设定为 0.37m 和 0.53m；$a_{i,l}$、$b_{i,l}$、c_i 的取值范围均设定为 $[-2,2]$，以完全覆盖 IPP 中粒子元素的值。为了使 OET 易于执行，各关节速度及加速度应相对较小。同时，当采用 FFS 函数对激励轨迹进行参数化时，OET 的关节速度、加速度与给定的取值范围、轨迹的运行周期等很多因素相关。当取值范围一定时，较长的运行周期将获得相对小的关节速度、加速度，使 OET 容易被执行。在经过各种尝试之后，本书的激励轨迹周期 t_f 设定为 40s。式 (6.33) 中的参数给定如下：

$$\begin{aligned}
&\theta_{\min,1} = 0.4363 \text{ rad}, \quad \theta_{\max,1} = 1.1345 \text{ rad} \\
&\dot{\theta}_{\min,1} = -0.349 \text{ rad/s}, \quad \dot{\theta}_{\max,1} = 0.349 \text{ rad/s} \\
&\ddot{\theta}_{\min,1} = -13.963 \text{ rad/s}^2, \quad \ddot{\theta}_{\max,1} = 13.963 \text{ rad/s}^2 \\
&\theta_{\min,2} = -1.745 \text{ rad}, \quad \theta_{\max,2} = -0.1745 \text{ rad} \\
&\dot{\theta}_{\min,2} = -0.349 \text{ rad/s}, \quad \dot{\theta}_{\max,2} = 0.349 \text{ rad/s} \\
&\ddot{\theta}_{\min,2} = -13.963 \text{ rad/s}^2, \quad \ddot{\theta}_{\max,2} = 13.963 \text{ rad/s}^2 \\
&x_{\min,e} = 0.35 \text{ m}, \quad y_{\min,e} = -0.2 \text{ m}
\end{aligned} \tag{6.37}$$

本书设计的 SPSO 算法的其他参数给定如下。

(1) 最大迭代次数：10000；

(2) 停止条件：粒子群中各粒子最大最小适应度之差小于 1×10^{-5}；

(3) 粒子群规模：200；

(4) c_1 和 c_2：0.75。

当且仅当迭代次数达到最大迭代次数或者满足停止条件时，该 SPSO 算法停止执行。当 $\mathbf{pBest}_{j,i} = \mathbf{gBest}_i = \boldsymbol{X}_{j,i}$ 成立时，第 j 个粒子的位置将随机地从 IPP 中获得，因此为保证算法的全局收敛性能，需要保证 IPP 有较大的粒子数量。此外，其他可用于改善该 SPSO 算法的全局收敛性能的措施包括增加粒子群的规模，改变停止条件等。

实际求解过程表明，采用上述间接随机生成算法能够有效获得本章激励轨迹优化问题的初始解。在大约 25min 时间内，可获得 2000 组有效解。本章采用该有效解组成上述的 IPP，并将其中的 200 组解作为粒子群的初始位置。然后，用上述 SPSO 算法对前述的激励轨迹进行优化设计。该优化过程表明，上述 SPSO 算法对本章的激励轨迹优化问题非常有效，例如，通常在 100s 的时间内即可获得问题的最优解。采用上述方法得到的 OET_{PDM} 如图 6.4 所示。图 6.4(a) 为 iLeg 下肢机构末端 (踏板位置) 的轨迹，其横、纵坐标分别是踏板的 x、y 坐标 (该坐标系如图 6.2 所示)。图 6.4(b) 为关节角度，上图为髋关节角度，下图为膝关节角度。由该 OET 及上述 PDM 动力学模型计算得到的观测矩阵的条件数为 2604.47。观测矩阵的条件数越小，动力学模型辨识越精确，因此 6.5 节将进一步给出降低条件数的算法。

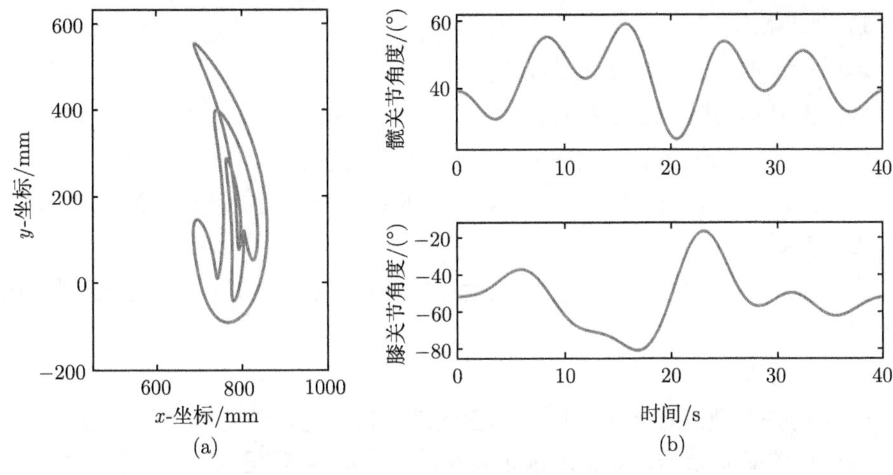

图 6.4 基于 PDM 动力学模型的 $\mathrm{OET_{PDM}}$

6.5 下肢机构 PDM 的改进

本书提出两种算法来对式 (6.24) 定义的 PDM 进行改进，并分别命名这两种算法为递归简化算法和递归优化算法。下面将详述这两种算法的设计过程。

6.5.1 第一种改进算法：递归简化算法

从 PDM 动力学模型及其 OET 计算获得的观测矩阵条件数较大的可能原因有以下两个：

(1) 设计激励轨迹时所采用的 FFS 函数所含项数太少，使得 FFS 函数不能充分覆盖 iLeg 机械臂所能够执行的轨迹空间，这将造成优化问题的可行域减小，从而使得到的 OET 和实际 PDM 动力学模型所对应的 OET 差距较大；

(2) PDM 动力学模型含有可忽略的动力学参数，该参数对系统的动力学特性影响很小。

本书采用 5 阶傅里叶级数，它能够较好地拟合 iLeg 所能够执行的任意轨迹，因此上述的第一个原因可排除。针对第二个原因，可通过动力学模型简化的方法舍去影响较小的动力学参数，使动力学模型得以简化，从而减小观测矩阵的条件数。

本书提出的模型简化方法包括三步：

(1) 设计模型简化轨迹 (model simplification trajectory，MST)；

(2) 数据获取；

(3) 动力学模型简化。

下面分别对上述步骤做详细说明。

1) 设计 MST

本书设计的 MST 需要满足以下条件：

(1) 该 MST 能被 iLeg 执行；

(2) 执行该轨迹，可充分激发所设计模型的特性；

(3) 从 PDM 及中间简化模型计算得到的观测矩阵须满秩，以便能用 LSE 估计动力学参数。

由于 6.4 节的激励轨迹优化方法设计的 OET 能满足这些条件，这里采用该方法来设计 MST。

2) 数据获取

iLeg 的关节角度、扭矩分别由相应的编码器、扭矩传感器测得。为了获得用于模型简化的必要数据，iLeg 连续重复执行 MST，同时记录关节角度、关节扭矩数据。关节角速度、角加速度可由下式计算得到：

$$\dot{\theta}_{i,k} = \frac{\theta_{i,k+1} - \theta_{i,k-1}}{2\Delta t}, \quad \forall i = 1, 2; \quad k = 2, 3, \cdots, K-1 \tag{6.38a}$$

$$\ddot{\theta}_{i,k} = \frac{\dot{\theta}_{i,k+1} - \dot{\theta}_{i,k-1}}{2\Delta t}, \quad \forall i = 1, 2; \quad k = 3, 4, \cdots, K-2 \tag{6.38b}$$

其中，Δt 为采样数据点间隔时间，设定为 30ms；K 为采样点数。

实验中，关节角加速度和关节扭矩数据需要先进行滤波处理，本书采用滑动平均滤波器对上述数据做滤波处理。该滤波器可用 smooth 函数来实现。其中，用于角加速度和关节扭矩滤波的 smooth 函数的 SPAN 参数分别为 5 和 9，即分别采用 5 个和 9 个采样点数据来求得一个计算数据点的数据。获得关节角度、角速度、角加速度及关节扭矩数据后，即可采用 LSE 来计算待定动力学参数。

3) 动力学模型简化

本书设计的动力学模型简化方法将同时考虑观测矩阵的条件数和动力学参数对关节扭矩的贡献值。在模型简化过程中，对应于当前动力学模型的超定方程为

$$\boldsymbol{\Gamma}_{\mathrm{r}} = \boldsymbol{W}_{\mathrm{c}} \boldsymbol{P}_{\mathrm{c}} \tag{6.39}$$

其中，$\boldsymbol{P}_{\mathrm{c}}$ 为当前的动力学参数向量，是式 (6.29) 的一部分；$\boldsymbol{W}_{\mathrm{c}}$ 为从当前动力学模型和 OET 计算得到的观测矩阵。

将上述第 2) 部分获得的运动数据、关节扭矩分别代入 $\boldsymbol{W}_{\mathrm{c}}$、$\boldsymbol{\Gamma}_{\mathrm{r}}$，采用下式表示的 LSE 来计算待定动力学参数，即

$$\boldsymbol{P}_{\mathrm{c}} = (\boldsymbol{W}_{\mathrm{c}}^{\mathrm{T}} \boldsymbol{W}_{\mathrm{c}})^{-1} \boldsymbol{W}_{\mathrm{c}}^{\mathrm{T}} \boldsymbol{\Gamma} \tag{6.40}$$

得到动力学参数后，可采用下式计算第 j 个动力学参数在第 k 个关节扭矩中的扭矩值，即

$$\tau_{k,j} = w_{k,j}^{c} p_{j}^{c} \tag{6.41}$$

其中，$k = 1, 2, \cdots, K_\tau$，K_τ 为式 (6.40) 中采用的数据点数，即 $\boldsymbol{\Gamma}$ 的元素个数；$j = 1, 2, \cdots, N_p$，N_p 为当前待定动力学参数的个数，即 $\boldsymbol{P}_{\mathrm{c}}$ 的元素个数，该数值随简化过程而减小；$w_{k,j}^{c}$ 是 $\boldsymbol{W}_{\mathrm{c}}$ 的第 (k, j) 个元素；p_j^c 是 $\boldsymbol{P}_{\mathrm{c}}$ 的第 j 个元素。

就整个 MST 轨迹而言，第 j 个动力学参数对关节扭矩的贡献值可由下式表示：

$$\gamma_j = \frac{\tau_j}{\sum\limits_{s=1}^{N_p} \tau_s} \tag{6.42}$$

式中，τ_j 和 τ_s 分别为

$$\tau_j = \sqrt{\sum_{k=1}^{K_\tau} (\tau_{k,j})^2} \tag{6.43a}$$

$$\tau_s = \sqrt{\sum_{k=1}^{K_\tau} (\tau_{k,s})^2} \tag{6.43b}$$

其中，$\tau_{k,j}$ 和 $\tau_{k,s}$ 可由式 (6.41) 计算获得。

因此，当前动力学模型可以通过舍去贡献值 γ_j 最小的动力学参数而得以简化。接着可用得到的简化模型重新优化设计激励轨迹，此时可得到新的 OET。若从该 OET 及当前的动力学模型计算的条件数足够小，模型简化便可结束；否则，简化过程继续重复进行。

根据上述的模型简化过程可设计如下的模型简化算法：

(1) 用 PDM 动力学模型和 FFS 方法优化设计激励轨迹，得到第一条 MST；

(2) iLeg 执行 MST，并记录关节角度、关节扭矩，同时计算关节角速度、角加速度，并对关节角加速度和关节扭矩做滤波处理；

(3) 用式 (6.42) 计算每个动力学参数的贡献值；

(4) 将贡献值最小的动力学参数舍去，获得新的动力学模型；

(5) 采用新的动力学模型重新优化设计激励轨迹，得到新的 MST，并计算对应观测矩阵的条件数，如果该条件数足够小，模型简化完成，否则转到 (2)，继续进行模型简化。

可见，上述模型简化算法是一种递归算法，为便于描述，本书称之为递归简化算法。图 6.5 给出了采用上述递归简化算法对 PDM 动力学模型进行简化时观

测矩阵条件数的变化趋势。在图 6.5 中，横坐标为简化次数，纵坐标为观测矩阵条件数；第 1 个条件数对应于 PDM，其后 4 个条件数分别对应于舍去参数 p_3、p_1、p_{12} 和 p_{10} 的动力学模型。最终的简化动力学模型 (simplified dynamic model, SDM) 为

$$\boldsymbol{\tau}_{\mathrm{r}} = \boldsymbol{\Phi}_{\mathrm{b}} \boldsymbol{P}_{\mathrm{b}} \tag{6.44}$$

其中，$\boldsymbol{P}_{\mathrm{b}}$ 对应于式 (6.24) 中的 $\boldsymbol{P}_{\mathrm{r}}$ 舍去 p_3、p_1、p_{12} 和 p_{10} 后的向量；$\boldsymbol{\Phi}_{\mathrm{b}}$ 对应于式 (6.24) 中的 $\boldsymbol{\Phi}_{\mathrm{r}}$ 舍去 p_3、p_1、p_{12} 和 p_{10} 对应元素后的矩阵。

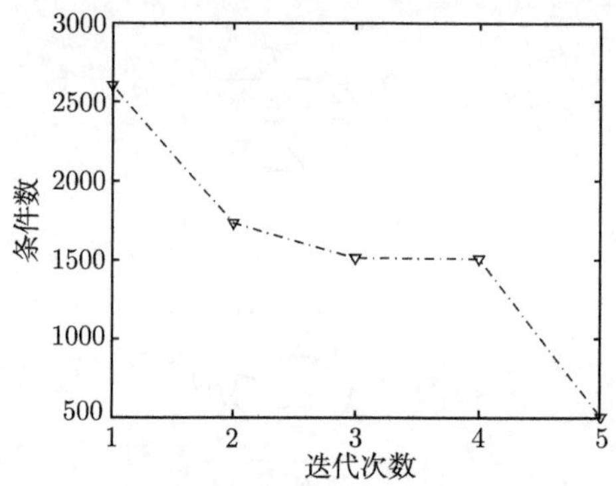

图 6.5　模型简化过程中观测矩阵条件数的变化趋势

基于 SDM 设计的激励轨迹 $\mathrm{OET_{SDM}}$ 如图 6.6 所示。从直觉上判断，p_1 和 p_3 是惯性参数，应该对关节扭矩贡献值较大。但是，p_1, p_3 分别通过 $\phi_{1,1}$、$\phi_{1,3}$、$\phi_{2,1}$ 和 $\phi_{2,3}$ 影响关节扭矩，而上述 4 项的值均和关节加速度相关，同时 iLeg 提供的下肢康复训练中其关节加速度较小，因此在模型简化中，p_3 和 p_1 都会被舍去。

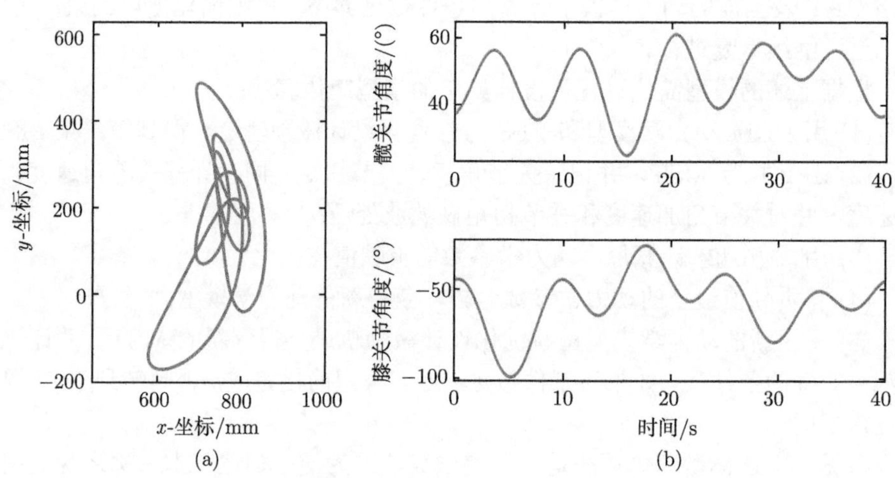

图 6.6　基于 SDM 动力学模型设计的激励轨迹 $\mathrm{OET_{SDM}}$

6.5.2 第二种改进算法：递归优化算法

6.5.1 节给出的递归简化算法是通过舍去对关节扭矩影响较小的动力学参数来降低观测矩阵的条件数，这必将增加动力学模型的结构性误差 (模型误差)，因此该模型简化算法是牺牲了模型的“结构精度”来减小辨识实验中测量误差对辨识结果的影响，从而来提高模型的辨识精度。这显然是不够理想的，是否能够在保持模型结构精度的前提下,减小辨识实验中测量误差对辨识结果的影响呢?答案是肯定的。下面给出另一种模型改进算法：新形式的动力学模型 (new form dynamic model，NFDM)，采用该算法能够在不改变动力学模型结构的前提下，降低观测矩阵的条件数从而减小辨识实验中测量误差的影响，提高关节扭矩的估计精度。

1) 建立 NFDM

对式 (6.24) 定义的 PDM 做形式变换后，可得如下的动力学模型：

$$\boldsymbol{\tau}_{\mathrm{r}} = \boldsymbol{\Phi}_{\mathrm{r}} \boldsymbol{K} \boldsymbol{K}^{-1} \boldsymbol{P}_{\mathrm{r}} \tag{6.45}$$

其中，$\boldsymbol{K}$ 为对角矩阵，$\boldsymbol{K} = \mathrm{diag}(k_1, k_2, \cdots, k_{12})$；$k_1$, k_2, $\cdots$, $k_{12} \in [1, k_{\mathrm{ul}}]$，$k_{\mathrm{ul}}$ 为元素的上限值。

设 $\boldsymbol{\Phi}_n = \boldsymbol{\Phi}_{\mathrm{r}} \boldsymbol{K}$ 及 $\boldsymbol{P}_n = \boldsymbol{K}^{-1} \boldsymbol{P}_{\mathrm{r}}$，可得如下的 NFDM：

$$\boldsymbol{\tau}_{\mathrm{r}} = \boldsymbol{\Phi}_n \boldsymbol{P}_n \tag{6.46}$$

2) 基于 NFDM 的动力学模型优化方法

基于上述 NFDM 动力学模型，可设计如下的优化问题：

设计变量为

$$\boldsymbol{K}_{\mathrm{v}} = (k_1, k_2, \cdots, k_{12}) \tag{6.47}$$

需极小化的目标函数为

$$F(\boldsymbol{K}_{\mathrm{v}}) = \mathrm{cond}(\boldsymbol{W}_n) \tag{6.48}$$

其中，$\boldsymbol{W}_n$ 是从当前回归矩阵 $\boldsymbol{\Phi}_n$ 及当前 OET 计算得到的观测矩阵。

需满足的约束条件为

$$k_1, k_2, \cdots, k_{12} \in [1, k_{\mathrm{ul}}] \tag{6.49}$$

其中，k_{ul} 由下式给出，即

$$k_{\mathrm{ul}} = k_{\mathrm{c}} c_n \tag{6.50}$$

式中，c_n 是当前的条件数；k_{c} 为给定的常数。

由式 (6.47)~ 式 (6.50) 定义的优化问题可以采用和 6.4 节相似的 SPSO 算法求解。首先，本节的 SPSO 算法中粒子群各粒子的初始位置在式 (6.49) 定义的取值范围内随机生成。其次，当粒子的当前位置、最优位置及粒子群的最优位置相同而导致该粒子停止更新时，该粒子的位置将在式 (6.49) 定义的取值范围内随机生成。此外，本节的 SPSO 算法和 6.4 节 SPSO 算法不同的其他参数定义如下：

(1) 最大迭代次数：5000；

(2) 粒子群规模：500；

(3) k_{c}：3。

如果求解式 (6.47)~ 式 (6.50) 定义的最优问题得到的条件数仍然较大，则新获得的回归矩阵 $\boldsymbol{\Phi}_n$ 可重新用于优化激励轨迹。然后，用得到的 OET 和当前回归矩阵 $\boldsymbol{\Phi}_n$ 再次计算条件数，若该条件数足够小，则动力学模型优化停止；否则，采用新的 OET 继续优化 K_v。根据上述描述，可以设计如下的动力学模型递归优化算法：

(1) 采用 PDM 和 SPSO 算法优化激励轨迹，获得第 1 条 OET。

(2) 采用当前 OET 优化 $\boldsymbol{K}_{\mathrm{v}}$。

(3) 如果由式 (6.48) 定义的条件数足够小，则动力学模型优化结束，优化动力学模型 (optimized dynamic model，ODM) 由式 (6.46) 和当前的 $\boldsymbol{K}_{\mathrm{v}}$ 给出；否则，采用新的 $\boldsymbol{K}_{\mathrm{v}}$ 和 $\boldsymbol{\Phi}_n$ 来优化激励轨迹，得到新的 OET。

(4) 从当前 OET 和当前回归矩阵 $\boldsymbol{\Phi}_n$ 计算得到新的条件数，若该条件数足够小，则动力学模型优化结束，ODM 仍由式 (6.46) 和当前的 $\boldsymbol{K}_{\mathrm{v}}$ 给出；否则，新的 OET 重新用于优化 $\boldsymbol{K}_{\mathrm{v}}$，从而得到新的 $\boldsymbol{K}_{\mathrm{v}}$、$\boldsymbol{\Phi}_n$ 及 $\boldsymbol{W}_n$，然后转到 (3)。

实验中的动力学模型优化过程表明，上述的递归优化算法对降低相应的观测矩阵条件数非常有效。模型优化过程中观测矩阵条件数的变化趋势如图 6.7 所示。采用上述递归优化算法可获得一系列单调递减的最小条件数。在图 6.7 中，一次迭代表示一次求解式 (6.31)~ 式 (6.34) 定义的优化问题或者一次求解式 (6.47)~ 式 (6.50) 定义的优化问题。采用上述递归优化算法获得的最小条件数为 173.02，该值对本书的动力学模型辨识来说已足够小，因此动力学模型优化过程可停止执行。采用上述递归优化算法获得的 $\boldsymbol{K}_{\mathrm{v}}$ 为

$$\begin{aligned}\boldsymbol{K}_{\mathrm{v}} =&(285.44, 114.99, 129.98, 428.08, 451.84, 147.37,\\&118.25, 648.60, 641.42, 613.24, 87.41, 524.58)\end{aligned} \tag{6.51}$$

最终的激励轨迹 $\mathrm{OET_{ODM}}$ 如图 6.8 所示。

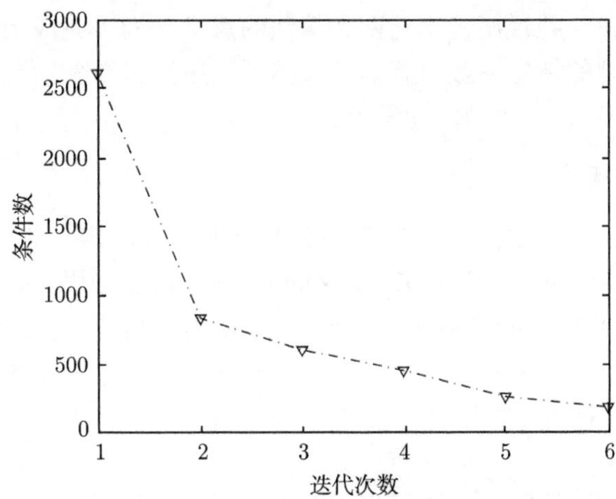

图 6.7 模型优化过程中观测矩阵条件数的变化趋势

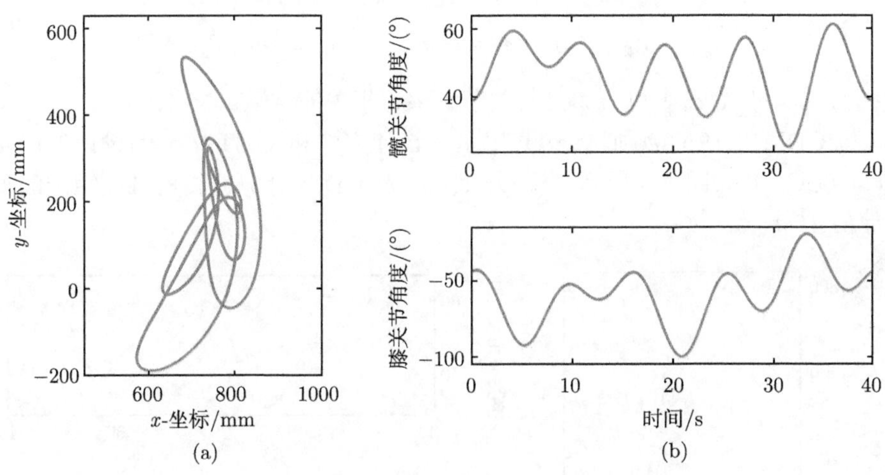

图 6.8 基于 ODM 动力学模型设计的激励轨迹 $\mathrm{OET_{ODM}}$

6.6 实验与讨论

本章设计的动力学模型主要用于估计机械臂的关节扭矩，因此实验将以关节扭矩的估计精度来衡量动力学模型的优劣。首先，要验证采用本书的关节摩擦力建模方法比采用文献中的传统方法获得的关节扭矩值更为准确，以此来说明本书的关节摩擦力建模方法优于文献中的传统方法。其次，要验证采用本章提出的两种模型改进算法能够进一步提高关节扭矩的估计精度。最后，还要对上述两种模型改进算法做比较，并说明提出这两种算法的意义。为了完成上述三项工作，先对各个动力学模型的待定参数进行辨识，然后采用辨识得到的动力学模型估计在执行验证轨迹时 iLeg 各关节的扭矩值。

6.6.1 参数估计实验

实验涉及四种动力学模型，即式 (6.25) 和式 (6.26) 定义的 PDM，式 (6.44) 定义的 SDM，式 (6.46) 和式 (6.51) 定义的 ODM，以及采用文献的传统方法建立的动力学模型 CDM(conventional dynamic model)。其中，动力学模型 CDM 和 PDM 的惯性部分 (即 $p_1 \sim p_6$ 及对应回归矩阵的前 6 列) 完全相同，其摩擦力模型采用文献 [127] 的摩擦力建模方法设计，如下：

$$p_7 = c_{1,1}^f, \quad p_8 = c_{1,2}^f, \quad p_9 = c_{2,1}^f, \quad p_{10} = c_{2,2}^f \tag{6.52}$$

和

$$\begin{cases} \phi_{1,7} = \dot{\theta}_1 k_r, \quad \phi_{1,8} = \mathrm{sign}(\dot{\theta}_1) k_r, \quad \phi_{1,9} = \phi_{1,10} = 0, \\ \phi_{2,7} = \phi_{2,8} = 0, \quad \phi_{2,9} = \dot{\theta}_2, \quad \phi_{2,10} = \mathrm{sign}(\dot{\theta}_2) \end{cases} \tag{6.53}$$

其中，$c_{1,1}^f$、$c_{1,2}^f$、$c_{2,1}^f$ 和 $c_{2,2}^f$ 是与关节摩擦力相关的常数。

与 CDM 对应的激励轨迹 $\mathrm{OET_{CDM}}$ 设计方法和 $\mathrm{OET_{PDM}}$ 的设计方法完全相同。该 OET 如图 6.9 所示。从 $\mathrm{OET_{CDM}}$ 及 CDM 计算获得的观测矩阵的条件数为 51.16。

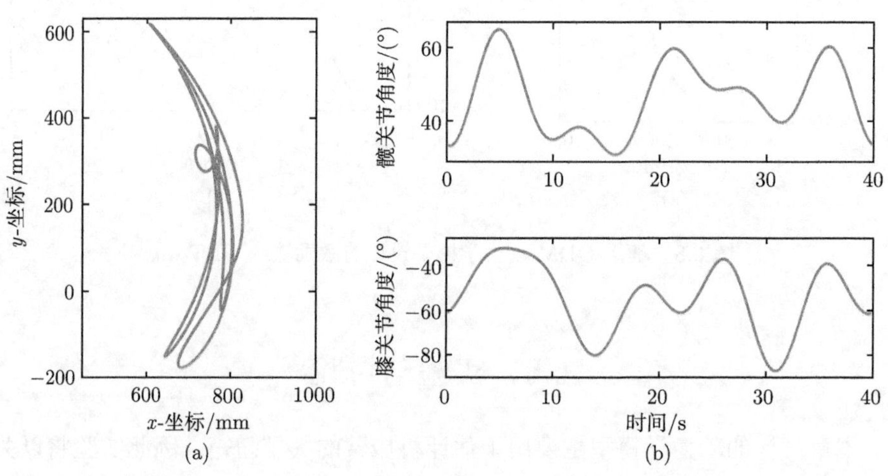

图 6.9 基于 CDM 动力学模型设计的激励轨迹 $\mathrm{OET_{CDM}}$

在辨识实验中，先在 iLeg 上执行对应动力学模型的 OET，并每隔 30ms 定时记录关节角度和扭矩。执行的轨迹周期数为 12。为了减少噪声等因素影响，将第 1 个和第 12 个周期的数据舍去。然后，用式 (6.38) 定义的方法计算角速度和角加速度。在实验中，关节扭矩和关节角加速度的噪声相对较大，因此在参数估计之前需要先对这两类数据做滤波处理，采用的滤波器和 6.5.1 节滤波器完全相同。在得到上述数据之后，采用 LSE 进行参数估计。针对每个动力学模型的辨识实验分别执行 5 次，并对实验数据做统计学分析。

1) PDM 动力学模型的辨识实验

在辨识 PDM 动力学模型时，采用下式估计其动力学参数，即

$$\boldsymbol{P}_{\mathrm{r}} = (\boldsymbol{W}_{\mathrm{r}}^{\mathrm{T}}\boldsymbol{W}_{\mathrm{r}})^{-1}\boldsymbol{W}_{\mathrm{r}}^{\mathrm{T}}\boldsymbol{\Gamma}_{\mathrm{r}} \tag{6.54}$$

最终得到的动力学参数估计值如表 6.1 所示。

表 6.1 用 LSE 估计的 PDM 动力学模型的待定参数

参数	单位	估计值					$\bar{X}$	$\%\sigma$
		1	2	3	4	5		
p_1	kg·m^2	0.6431	0.6231	0.6348	0.6116	0.6432	0.6311	1.9438
p_2	Nm	16.4067	16.3951	16.3896	16.3708	16.3514	16.3827	0.1189
p_3	kg·m^2	0.0865	0.0749	0.0953	0.1073	0.0673	0.0863	16.5121
p_4	kg·m^2	0.9968	0.9966	0.9966	0.9964	0.9967	0.9966	0.0126
p_5	kg·m^2	−0.0217	−0.0197	−0.0220	−0.0195	−0.0207	−0.0207	4.8636
p_6	Nm	−1.5073	−1.5596	−1.5820	−1.6561	−1.7038	−1.6018	4.3656
p_7	Nm	0.4946	0.4954	0.4889	0.4786	0.4760	0.4867	1.6490
p_8	kg·m^2	25.6808	27.1406	24.2324	22.6104	21.4862	24.2301	8.4031
p_9	kg·m^2	22.6712	35.5452	29.9316	21.8666	19.8279	25.9685	22.6397
p_{10}	kg·m^2	9.3171	16.6207	14.1312	9.5487	8.9221	11.7080	26.5045
p_{11}	Nm	0.2869	0.2765	0.2821	0.2718	0.2738	0.2782	1.9981
p_{12}	kg·m^2	3.6000	3.5360	3.4467	3.4166	3.6056	3.5210	2.2020

在表 6.1 中，平均值可以由下式给出：

$$\bar{X} = \frac{1}{5}\sum_{i=1}^{5} X_i \tag{6.55}$$

$\%\sigma$ 为相对标准差 (relative standard deviation，RSD) 定义如下：

$$\%\sigma = \frac{\sqrt{\sum_{i=1}^{5}(X_i - \bar{X})^2}}{5\bar{X}} \times 100\% \tag{6.56}$$

由表 6.1 可见，参数 p_3、p_9 和 p_{10} 的估计值 RSD 较大，这表明这些参数对机械臂系统不可靠因素较为敏感，系统的可靠性有待进一步提高。另外，从 6.5.1 节可

以看出，参数 p_3 和 p_{10} 在关节扭矩中的贡献值相对较小，其估计的偏差对关节扭矩影响不大。得到估计参数后，用第 1 组参数对关节扭矩进行重建，并将重建的关节扭矩数据和测量的关节扭矩数据进行比较。

图 6.10 给出了采用 PDM 动力学模型估计 iLeg 执行 $\mathrm{OET_{PDM}}$ 轨迹时的关节扭矩及其估计误差。图 6.10(a) 为重建的关节扭矩和测量的关节扭矩对比情况。图 6.10(b) 为扭估计误差。表 6.2 给出了关节估计的误差分析。其中，τ_{rmse} 为关节扭矩估计值的均方根误差 (root mean squared error,RMSE)；β_{are} 为关节扭矩估计值的平均相对误差。τ_{rmse} 和 β_{are} 分别由下式给出：

$$\tau_{i,\mathrm{rmse}}=\sqrt{\frac{1}{K_{\mathrm{c}}}\sum_{k=1}^{K_{\mathrm{c}}}(\tau_{\mathrm{e,i,k}}-\tau_{\mathrm{m,i,k}})^2},\quad \forall i=1,2 \tag{6.57}$$

$$\beta_{\mathrm{are}}=\frac{\sqrt{\dfrac{1}{2K_{\mathrm{c}}}\displaystyle\sum_{\substack{i=1,2\\k=1,\cdots,K_{\mathrm{c}}}}(\tau_{\mathrm{e}}^{i,k}-\tau_{\mathrm{m}}^{i,k})^2}}{\sqrt{\dfrac{1}{2K_{\mathrm{c}}}\displaystyle\sum_{\substack{i=1,2\\k=1,\cdots,K_{\mathrm{c}}}}(\tau_{\mathrm{m}}^{i,k})^2}} \tag{6.58}$$

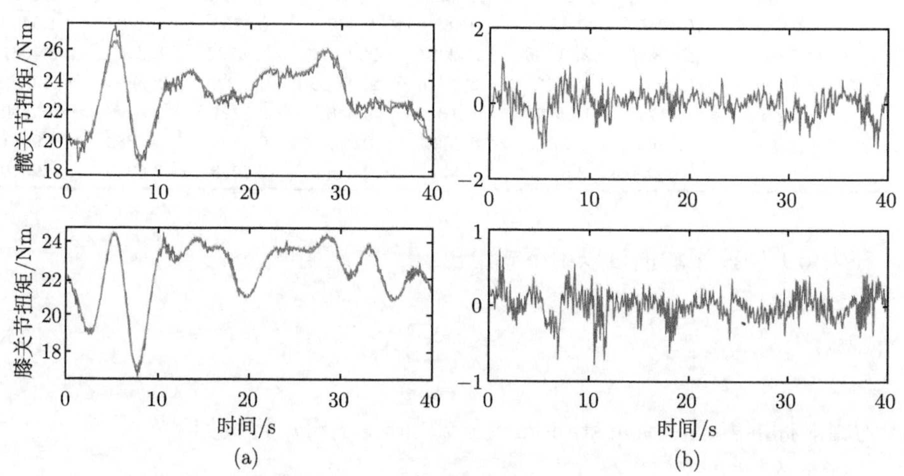

图 6.10　采用 PDM 动力学模型估计 iLeg 执行 $\mathrm{OET_{PDM}}$ 轨迹时的关节扭矩及其估计误差

表 6.2　基于 PDM 模型重建关节扭矩的误差分析

τ_{rmse}/Nm		β_{are}
髋关节	膝关节	
0.3202	0.1853	0.0085

由图 6.10 和表 6.2 可见，采用本章建立的 iLeg 动力学模型估计其 OET 误差较小，因此本章的动力学模型 PDM 能够较好地反映 iLeg 动力学特征。

2) SDM 动力学模型的辨识实验

实验和分析的流程是：首先，在 iLeg 上执行 OET_{SDM}5 次，获得 5 组数据；其次，预处理这些数据，得到 SDM 模型的待定参数的估计值；最后，对估计值做统计学分析。动力学参数的估计结果在表 6.3 中给出。采用该模型对 OET_{SDM} 的关节扭矩进行重建的结果和 6.4 节类似，不再赘述。

表 6.3 用 LSE 估计的 SDM 动力学模型的待定参数

参数	单位	估计值					$\bar{X}$	$\%\sigma$
		1	2	3	4	5		
p_2	Nm	13.8238	14.0202	13.7847	13.8903	13.8968	13.8831	0.5783
p_4	kg·m^2	0.9722	0.9721	0.9725	0.9722	0.9722	0.9722	0.0144
p_5	kg·m^2	0.0120	0.0122	0.0119	0.0120	0.0117	0.0120	1.4498
p_6	Nm	−2.3991	−2.2644	−2.4859	−2.4584	−2.4552	−2.4126	3.2857
p_7	Nm	0.5071	0.4829	0.4715	0.4430	0.4632	0.4735	4.4917
p_8	kg·m^2	43.9145	40.8640	45.6607	38.2915	41.7885	42.1038	6.0180
p_9	kg·m^2	38.6113	31.2062	38.5468	28.1294	33.0645	33.9116	12.1614
p_{11}	Nm	0.2772	0.2668	0.2750	0.2751	0.2739	0.2736	1.3063

3) ODM 动力学模型的辨识实验

该实验的执行过程和 6.4 节实验的执行过程的不同之处在于执行的激励轨迹为 OET_{ODM}，其余方面完全相同。动力学参数的估计结果如表 6.4 所示。

表 6.4 用 LSE 估计的 ODM 动力学模型的待定参数

参数	单位	估计值					$\bar{X}$	$\%\sigma$
		1	2	3	4	5		
p_1	kg·m^2	0.4322	0.4600	0.4593	0.3739	0.4611	0.4373	7.6612
p_2	Nm	15.8453	15.7563	15.7344	15.7856	15.7289	15.7701	0.2698
p_3	kg·m^2	0.0361	0.0311	0.0321	0.0272	0.0192	0.0291	19.6712
p_4	kg·m^2	0.9933	0.9944	0.9940	0.9967	1.0007	0.9958	0.2720
p_5	kg·m^2	−0.0075	−0.0048	−0.0075	−0.0079	−0.0074	−0.0070	15.7202
p_6	Nm	−1.8916	−1.8688	−1.9403	−1.9412	−1.9632	−1.9210	1.8268
p_7	Nm	0.4459	0.3722	0.3763	0.3794	0.3859	0.3919	6.9822
p_8	kg·m^2	15.0972	15.5322	13.6931	16.0899	16.6027	15.4030	6.4563
p_9	kg·m^2	59.0461	60.6864	54.1417	53.8090	55.1412	56.5649	4.9144
p_{10}	kg·m^2	50.1531	50.8213	54.1585	56.4355	55.9057	53.4948	4.8181
p_{11}	Nm	0.3736	0.3454	0.3347	0.3158	0.2735	0.3286	10.1366
p_{12}	kg·m^2	2.6532	2.7890	3.0527	2.7193	2.2763	2.6981	9.2940

4) CDM 动力学模型的辨识实验

辨识该动力学模型的方法与 6.4 节辨识 ODM 的方法类似，不同之处在于将执行轨迹改为 $\mathrm{OET_{CDM}}$。动力学参数的估计结果如表 6.5 所示。

表 6.5　用 LSE 估计的 CDM 动力学模型的待定参数

参数	单位	估计值					$\bar{X}$	$\%\sigma$
		1	2	3	4	5		
p_1	kg·m^2	0.4698	0.6380	0.7183	0.7201	0.6259	0.6344	14.3691
p_2	Nm	13.4866	13.2294	13.1669	13.0309	13.4268	13.2681	1.2653
p_3	kg·m^2	0.1392	0.0979	0.1005	0.0806	0.1003	0.1037	18.5648
p_4	kg·m^2	0.9793	0.9781	0.9785	0.9786	0.9786	0.9787	0.0396
p_5	kg·m^2	0.0080	0.0116	0.0109	0.0100	0.0092	0.0100	12.7144
p_6	Nm	−2.6313	−2.7169	−2.6877	−2.7936	−2.3960	−2.6451	5.1080
p_7	Nm·s	5.5694	3.8242	3.9473	4.1343	4.1780	4.3306	14.6036
p_8	kg·m^2	0.2225	0.2664	0.2594	0.2495	0.2458	0.2487	6.0276
p_9	Nm·s	−0.3190	−0.4594	−0.2931	−0.4115	−0.4110	−0.3788	16.4992
p_{10}	kg·m^2	0.2276	0.2335	0.2164	0.2293	0.2169	0.2247	3.0523

6.6.2　动力学模型 PDM、SDM、ODM 及 CDM 性能的比较实验

验证实验中将比较 6.6.1 节辨识得到的四个动力学模型 PDM、SDM、ODM 及 CDM 对关节扭矩估计的准确性，以验证本书的摩擦力建模方法、动力学模型简化算法和动力学模型优化算法的性能。本节将进行三组对比实验，第一组实验比较 PDM、SDM 与 CDM 的性能，以验证本书关节摩擦力建模方法的性能优于传统的摩擦力建模方法的性能；同时，验证采用本书动力学模型简化算法对扭矩估计精度的改进效果。$\mathrm{OET_{ODM}}$ 和上述三个动力学模型所对应的 OET 均不相同，因此采用该轨迹作为验证轨迹。第二组实验比较 PDM、ODM 与 CDM 的性能，再次验证本书的摩擦力建模方法对传统摩擦力建模方法的改进效果。同时，验证采用本书动力学模型优化算法对扭矩估计精度的改进效果。$\mathrm{OET_{SDM}}$ 和上述三个动力学模型所对应的 OET 均不同，因此采用该轨迹作为验证轨迹。第三组实验比较 SDM 和 ODM 估计关节扭矩的精度，该实验中采用 $\mathrm{OET_{CDM}}$ 作为验证轨迹。

1. CDM、PDM 与 SDM 的性能比较实验

在该实验中，首先在 iLeg 上执行 5 个周期的激励轨迹 $\mathrm{OET_{ODM}}$，执行过程中记录各关节角度和扭矩。接着用式 (6.38) 定义的方法计算关节角速度和角加速度，并用滑动平均滤波器对关节角加速度和关节扭矩进行滤波处理。最后，分别用动力学模型 PDM、SDM 和 ODM 估计关节扭矩。关节扭矩和误差等估计结果如图 6.11 (见彩图) 和表 6.6 所示。

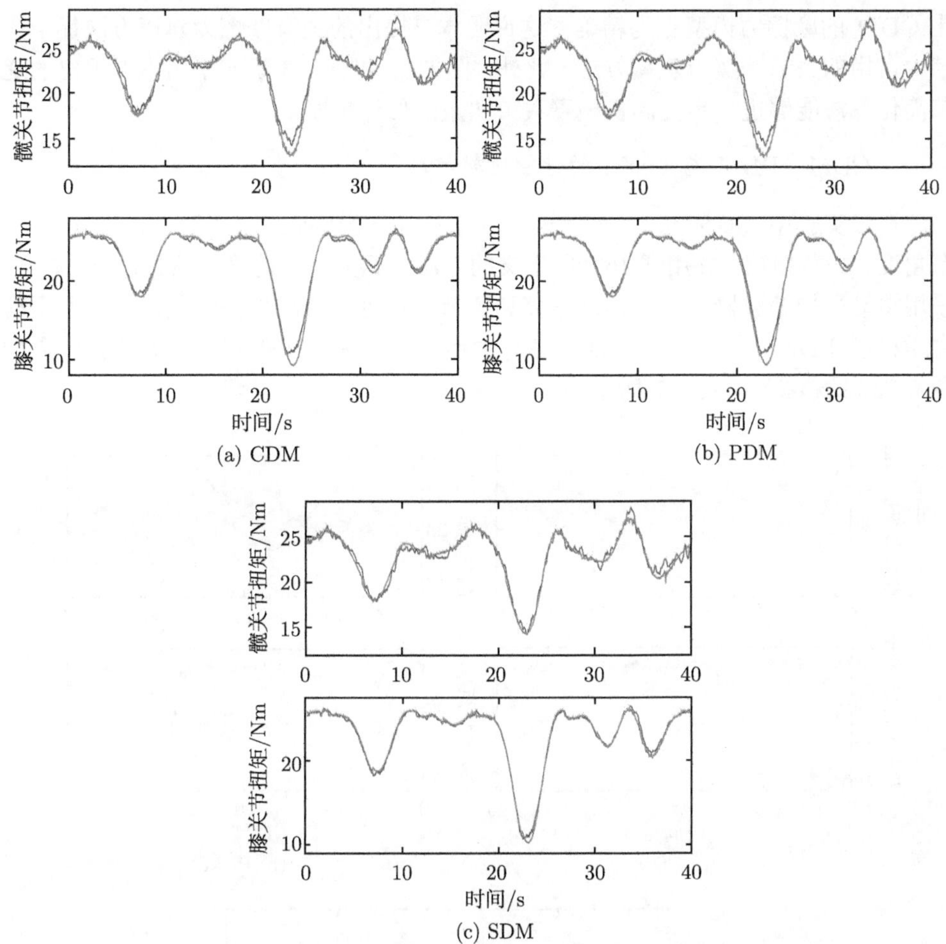

图 6.11 采用不同动力学模型估计关节扭矩的效果比较实验一 (见彩图)

表 6.6 采用 CDM、PDM 和 SDM 模型估计关节扭矩的误差比较

验证轨迹			CDM	PDM	SDM
$\mathrm{OET_{ODM}}$	τ_{rmse}/Nm	髋关节	0.6038	0.5911	0.4846
		膝关节	0.4746	0.429	0.3204
	β_{are}		0.0235	0.0223	0.0178

从图 6.11 和表 6.6 可以看出:采用 PDM 模型来估计关节扭矩比采用 CDM 模型估计关节扭矩的误差更小;采用 SDM 模型估计关节扭矩比采用 PDM 和 CDM 模型估计关节扭矩的误差都要小。事实上,从 PDM 及对应的激励轨迹 $\mathrm{OET_{PDM}}$ 计算获得的条件数比由 CDM 和 $\mathrm{OET_{CDM}}$ 更大 (两者条件数分别为 2604.47 和 51.16)。同时,由于两者的惯性部分模型完全相同,可以推断 PDM 的摩擦力模型

比 CDM 的摩擦力模型更为精确，这说明本书提出的关节摩擦力建模方法优于文献中常用的关节摩擦力建模方法。此外，图 6.11 和表 6.6 说明采用本书提出的递归简化算法能够进一步提高机械臂关节扭矩的估计精度。

2. CDM、PDM 与 ODM 的性能比较实验

在该实验中，首先在 iLeg 上执行 5 个周期的激励轨迹 $\mathrm{OET}_{\mathrm{SDM}}$，记录其关节角度、关节扭矩，并用式 (6.38) 定义的方法计算关节角速度和角加速度。接着，采用滑动平均滤波器对关节角加速度和关节扭矩进行滤波处理。最后，分别用动力学模型 PDM、ODM 和 CDM 估计关节扭矩。关节扭矩和误差等估计结果如图 6.12 (见彩图) 和表 6.7 所示。

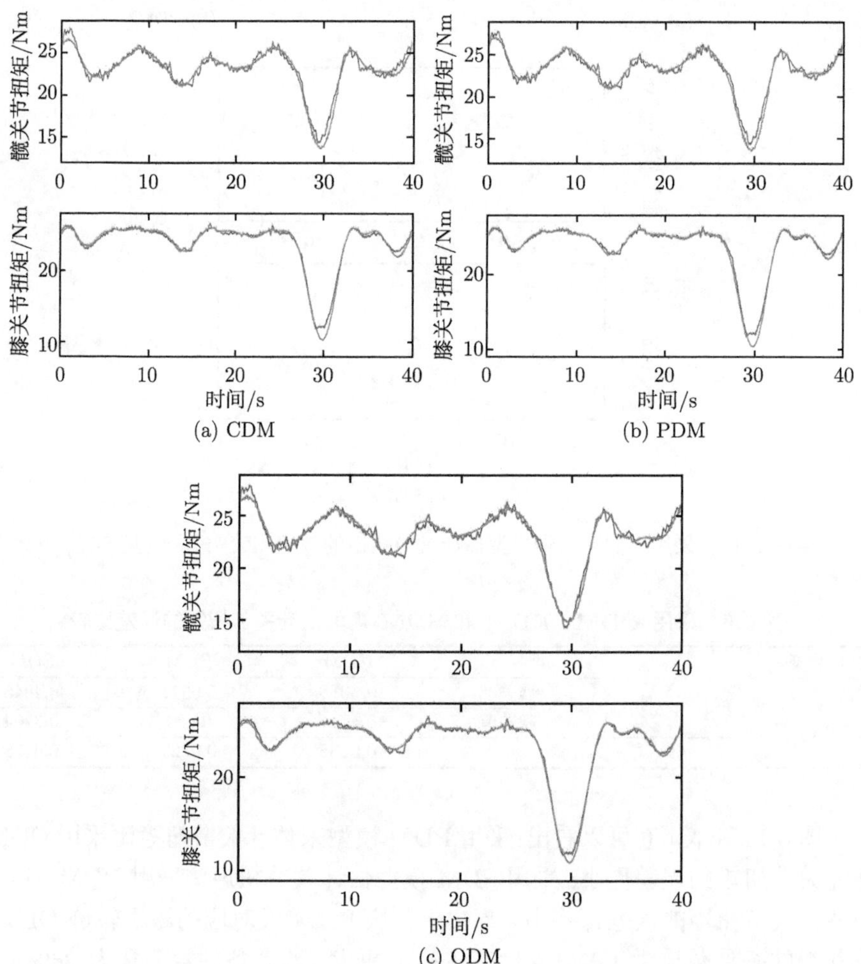

图 6.12 采用不同动力学模型估计关节扭矩的效果比较实验二 (见彩图)

表 6.7 采用 CDM、PDM 和 ODM 模型估计关节扭矩的误差比较

验证轨迹			CDM	PDM	ODM
$\mathrm{OET_{SDM}}$	$\tau_{\mathrm{rmse}}/\mathrm{Nm}$	髋关节	0.6104	0.5963	0.4966
		膝关节	0.4838	0.4307	0.2744
	β_{are}		0.0233	0.022	0.017

由图 6.12 和表 6.7 可见，采用 PDM 模型的扭矩估计误差要小于采用 CDM 模型的扭矩估计误差，再一次验证了本书提出的关节摩擦力建模方法优于文献中常用的摩擦力建模方法。同时，采用 ODM 动力学模型的扭矩估计误差比采用 PDM、CDM 的扭矩估计误差都小，这说明采用本书提出的递归优化算法能够改进 PDM，提高扭矩的估计精度。

3. SDM 与 ODM 的性能比较实验

在该实验中，首先在 iLeg 上执行 5 个周期的激励轨迹 $\mathrm{OET_{CDM}}$，同时记录其关节角度和关节扭矩。接着，用式 (6.38) 定义的方法计算关节角速度和角加速度，并采用滑动平均滤波器对关节角加速度和关节扭矩进行滤波处理。最后，分别用动力学模型 SDM 和 ODM 估计关节扭矩。关节扭矩和误差等估计结果如图 6.13 (见彩图) 和表 6.8 所示。可见，采用 ODM 动力学模型的扭矩估计误差小于采用 SDM 模型的扭矩估计误差，这说明 ODM 模型的性能比 SDM 模型的性能更好。

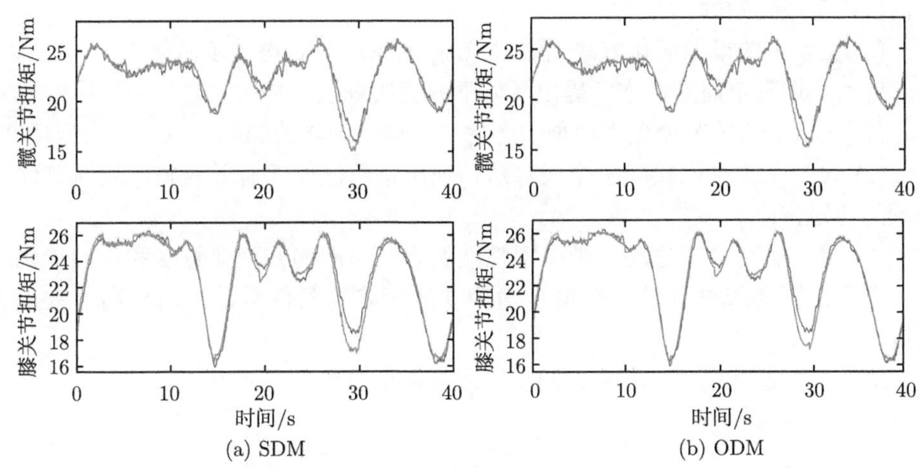

(a) SDM (b) ODM

图 6.13 采用不同动力学模型估计关节扭矩的效果比较实验三 (见彩图)

表 6.8 采用 SDM 和 ODM 模型估计关节扭矩的误差比较

验证轨迹			SDM	ODM
$\mathrm{OET_{CDM}}$	$\tau_{\mathrm{rmse}}/\mathrm{Nm}$	髋关节	0.6229	0.5906
		膝关节	0.5821	0.4663
	β_{are}		0.0266	0.0235

6.6.3 讨论

从以上的对比实验可以看出，本书提出的关节摩擦力建模方法比文献中常用的方法能更真实反映机械臂关节摩擦力的特征。换言之，在机械臂的关节摩擦力建模中考虑关节耦合因素的影响是非常必要的。同时，上述实验验证了本书提出的两种模型改进算法的有效性。对于第一种改进算法 (递归简化算法)，由于舍去了部分动力学参数，不可避免地给动力学模型带来更大的结构性误差；第二种改进算法 (递归优化算法) 能够在保持原有模型结构精度的基础上，提高辨识实验的抗噪能力，因此性能比第一种更好。需要特别指出的是，当机械臂关节数较大时，单独采用第二种算法，会遇到条件数降低有限的问题，此时可以结合第一种算法以有效降低观测矩阵的条件数。

6.7 小 结

本章首先回顾了文献中机械臂动力学模型建模与辨识的相关方法，并针对 iLeg 下肢康复机器人的特点，分析了方法在建立下肢康复机器人动力学模型和辨识待定参数时存在的问题，包括：

(1) 传统的摩擦力建模方法所得到的关节摩擦力模型不够精确；

(2) 传统优化算法的初始化方法难以得到上述下肢康复机器人的激励轨迹优化问题的有效初始解；

(3) 文献中的模型简化方法无法对 iLeg 的 PDM 做进一步简化。

针对上述三个问题，本章提出了如下的解决办法：

(1) 在机械臂关节摩擦力模型中考虑关节耦合因素的影响，以提高模型精度；

(2) 设计了一种间接随机生成算法，使用该算法能够有效获得激励轨迹优化问题的初始解；

(3) 提出了两种改进动力学模型性能的方法，即递归简化算法和递归优化算法，采用这两种算法能够有效降低对应观测矩阵的条件数，从而提高参数辨识精度。

最后，通过几组对比实验，验证了本书所提方法的有效性。

第 7 章 基于生物电信号的人体运动意图识别

7.1 引 言

康复医学的研究表明，康复训练中人体的主动参与能够改善康复效果、加快康复进程[144,145]，为此有必要在系统中集成人体运动意图识别技术。目前，康复系统中为识别患者运动意图采用的传感器主要包括力位传感器、sEMG、脑电 (Electroencephalogram,EEG)、视觉传感器等。例如，瑞士 Hocoma 公司的 Lokomat[146]、美国特拉华大学研制的 ALEX[147] 等下肢康复机器人均采用力位传感器测量人机之间的交互力，进而估计患者的主动作用力。日本筑波大学 Cybernics 实验室研制的 HAL-5 外骨骼机器人系统基于 sEMG 来估计使用者的主动关节力[76]。美国布朗大学等研究机构采用 EEG 信号来识别四肢瘫痪患者的运动意图，实现了机器人辅助的空间够物和移位动作[148]。采用力位信息识别人体运动意图的常用方法是利用力/力矩传感器直接或间接测量患者的肢体关节扭矩，往往需要考虑系统的动力学问题。该问题可以采用前述的康复机器人建模及辨识方法来解决，本章不再赘述。本章主要基于作者课题组的研究工作，对应用 sEMG 和 EEG 识别人体运动意图的方法进行简要阐释。

7.2 sEMG 信号的特点及预处理方法

肌电信号是由肌肉主动收缩产生的动作电势 (action potential) 叠加得到的电信号，其产生机理如图 7.1 所示。肌肉中用于描述神经系统控制肌肉收缩过程的基本功能单元是运动单元 (motion unit)，运动单元由一个 α 运动神经元以及受其支配的、一定数量的、具有相似特性的肌肉纤维构成。

人体主动运动时，神经冲动沿 α 运动神经元传导，这会导致细胞膜内外电势差的快速变化 (从 -80mV 左右变化到 $+30$mV 左右)，产生动作电势。之后，动作电势会沿着肌肉纤维由近及远传导，引起肌肉纤维细胞内部钙离子的释放，进一步引起肌肉细胞收缩单元的缩短，即肌肉的主动收缩。

从上述过程可以看出，神经系统控制肌肉的收缩过程，伴随着动作电势的变化，因此可以通过记录和分析动作电势来了解肌肉的收缩特性。在肌肉收缩过程中，被激活的动作单元内的神经纤维都会产生动作电势，并且在传导过程中彼此叠加在一起，这就是可以测得的肌电信号。动作电势在沿着肌肉纤维传导的同时，也透过肌肉、脂肪和皮肤进行传导，因此可以采用表面电极对其进行测量，测得的信号被称作 sEMG 信号。

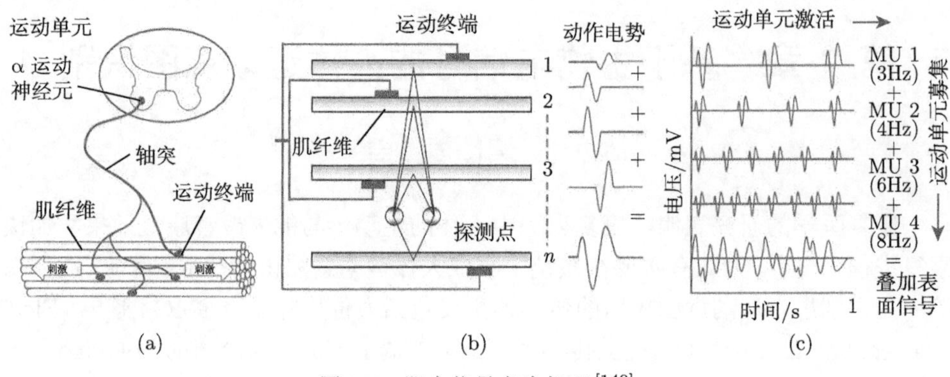

图 7.1　肌电信号产生机理[149]

未经放大的原始肌电信号通常为 50μV 到 20~30mV，极限频率范围通常在 10~500Hz，主要频段集中在 50~150Hz [150,151]。sEMG 信号在幅值上表现出一种随机特性，可以用高斯分布函数来描述。sEMG 信号非常微弱，其在采集过程中很容易受到外界的干扰，而导致信号的质量变差。外界噪声主要来自以下几个方面：① 电子元件及采集设备的内在噪声。所有的电子设备都会产生电气噪声，而且这种噪声频域可能会从 0 到数千 Hz，这种噪声是无法消除的，只能通过使用高质量的电子元件、完美的采集电路设计来减弱这种噪声的影响。② 环境噪声。该类噪声主要来自电磁辐射源，诸如无线电和电视传输、电源线、荧光灯等。实际上，任何电磁设备都会产生噪声，我们本身就处在一个被电磁辐射包围的环境中，这种噪声是无法根本消除的。一般情况下，来自环境的噪声最主要的是 50Hz 的工频干扰，环境噪声的幅值通常比肌电信号本身幅值大 1 到 3 个数量级。③ 运动伪迹。它的来源主要有两个，一个是皮肤和电极贴片接触的位置变化，另一个是电极片和放大器连线的移动，这两种干扰可以通过合理的电路设计从根本上消除。这种噪声主要集中在低频段的 0~20Hz [152,153]。④ 信号内在不稳定。肌电信号的幅值是准随机变化的，这是因为肌肉的运动单元传递频率主要集中在 0~20Hz，这也是表面肌电信号的本质特性，通常需要将该频段的频率看做是噪声，并将它们去除。⑤ 直流基线噪声。通常是由皮肤和电极之间的阻抗差异导致的，使得原始信号幅值增加了一个直流偏移量，适当的皮肤处理和电极放置可减小这种噪声的影响[154]。

利用加拿大 Thought Technology 公司生产的 sEMG 信号采集设备采集的人体前臂桡侧腕伸肌在握拳状态下的 sEMG 信号，波形及频谱分布如图 7.2 所示。该信号已经通过相应的信号处理并进行了模数转换 (analogue-to-digital conversion,

AD)，图 7.2(a) 中波形的直流基线噪声基本为 0，纵坐标单位为 μV。图 7.2(b) 所示为该信号的频谱分布，从该图也可以看出，该信号的主要频率集中在 0~200Hz。

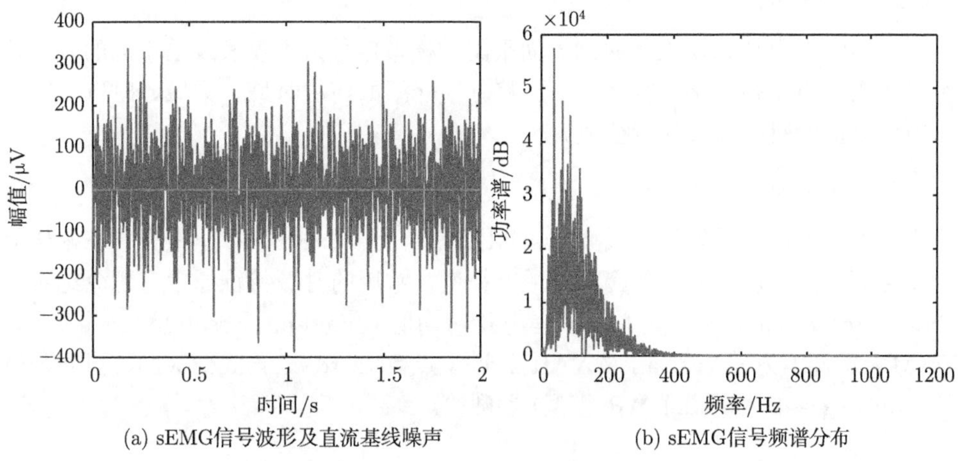

(a) sEMG信号波形及直流基线噪声　　(b) sEMG信号频谱分布

图 7.2 sEMG 信号波形及频谱分布

通常，sEMG 采集分析系统采集到原始的 sEMG 信号之后，需要首先进行差分放大以消除来自直流电源噪声的影响，然后进行带通滤波以消除运动伪迹和高频噪声的干扰，带通滤波器的频率范围根据前面介绍可以设为 20~500Hz。另外，为了消除 50Hz 工频干扰，还需要进行 50Hz 陷波滤波。尽管经过了以上模拟信号处理过程，在进行数字信号分析时，一般仍需要利用数字信号滤波方法进行同样的处理，以确保信号的质量。

7.3 基于 sEMG 模式分类的意图识别

利用 sEMG 信号识别患者的运动意图，并据此来实现对机器人的控制，是一种比较直观的主动训练控制方法。采用这种方式进行主动训练时，通常需要首先确定机器人的运动方式或模态，如髋伸/屈、膝伸/屈、踝伸/屈等，然后根据机器人的运动模态来确定相应的控制方式，例如，可以利用髂腰肌和臀大肌的 sEMG 信号来控制髋关节的伸屈，利用股二头肌和股四头肌的 sEMG 信号来控制膝关节的伸屈，利用胫骨前肌 (tibialis anterior muscle, TA) 和小腿三头肌的表面肌电信号来控制踝关节的伸屈。然而，对于脊髓损伤较重的患者而言，其下肢通常是不能运动的，尤其是对于完全性脊髓损伤的患者而言，其下肢的 sEMG 信号很难获取，通常在微伏级。因此，要实现利用 sEMG 信号对这类患者的主动训练，必须选择患者身体其他部位的肌电信号，而低位脊髓损伤患者的上肢功能通常是正常的，因此，可以考虑利用上肢肌肉来实现对机器人的主动控制。本节将介绍如何利用上肢的 sEMG 信号来识别患者的运动意图。

7.3.1 特征提取

sEMG 信号作为从人体肌肉表面采集的模拟信号，不仅表现出不同的时域特征，也表现出较强的频域特征，下面将分别介绍如何从时域、频域、时频域等三个方面来提取肌电信号的特征值。

1. 时域特征

通过肌电信号采集仪所采集的 sEMG 信号是一个时间序列，根据它在幅值上的变化规律，可以提取出相应的时域特征值，常用的时域特征通常有积分绝对值 (integrated absolute value, IAV)、差分绝对均值 (difference absolute mean value, DAMV)、样本方差 (variance, VAR)、过零点数 (zero crossing, ZC)、自回归模型 (autoregressive model, AR 模型) 参数等。

1) IAV

原始 sEMG 信号的正负幅值通常具有对称特性，IAV 便是将该信号的幅值全部转化为正值以后的特征，它是肌肉收缩力量的最直观反应，IAV 越大，说明肌肉收缩力量也越大。IAV 通常利用滑动窗求均值的方法来获得，其数学表达式可写成

$$\mathrm{IAV}_i = \frac{1}{N}\sum_{j=i}^{i+N-1}|x_j| \tag{7.1}$$

其中，x_j 表示肌电信号的第 j 个时间点的幅值, N 表示滑动窗的长度。

2) DAMV

DAMV 特征值是特定长度的肌电信号时间序列中相邻点的差分绝对值的平均值。该特征值的大小表明了肌电信号的振动特性，值越大说明信号振动得越厉害，值越小，说明振动较微弱。它的数学表达式可表示为

$$\mathrm{DAMV} = \frac{1}{N}\sum_{i=1}^{N-1}|x_{i+1} - x_i| \tag{7.2}$$

3) VAR

VAR 利用肌电信号的能量大小作为特征值。通常，VAR 是利用统计学的特征，将肌电信号时间序列减去肌电信号均值，求平方，再求均值。肌电信号在预处理中已经去除了直流分量，因此肌电信号均值可视为 0，则 VAR 的数学表达式可表示为

$$\mathrm{VAR} = \frac{1}{N-1}\sum_{i=1}^{N}x_i^2 \tag{7.3}$$

4) ZC

ZC 描述的是肌电信号时间序列在幅值的变化过程中，正负值交替变化的次数，或穿过坐标轴的次数，该特征值从时域的角度对信号的频域特征进行了估计，过零点数的数学表达式可表示为

$$\mathrm{ZC}=\sum_{i=1}^{N-1}\operatorname{sgn}(-x_i x_{i+1}) \tag{7.4}$$

其中

$$\operatorname{sgn}(x)=\begin{cases}1, & x>0\\ 0, & \text{其他}\end{cases}$$

5) AR 模型参数

AR 模型是时域内研究随机信号特征的一个重要方法，AR 模型将随机信号 $x(n)$ 看成是白噪声 $w(n)$ 激励某一确定系统的响应，因此，对随机信号特性的研究可以转化为对产生该随机信号的系统的特性上，即利用 AR 模型参数来作为随机信号的特征值。虽然表面肌电信号是一种典型的非平稳随机信号，但是，可将其看成短时平稳随机信号 (信号由零均值白噪声激励线性系统所产生)，其数学表达式可表示为

$$x(n)=-\sum_{k=1}^{p}a_k x(n-k)+w(n) \tag{7.5}$$

其中，p 表示 AR 模型的阶数，a_k 表示模型参数，$w(n)$ 为白噪声。该模型还可以用一个全极点 IIR 滤波器脉冲响应来逼近，全极点滤波器的传递函数具有如下形式：

$$H(z)=\frac{1}{1+a_1 z^{-1}+\cdots+a_p z^{-p}} \tag{7.6}$$

如果将 sEMG 信号的时间序列写成上述 AR 模型的形式，则模型系数 $a=(1,a_1,\cdots,a_p)$ 便可以用作肌电信号的特征值。

2. 频域特征

肌电信号的时域特征可直观展示肌肉力量的变化情况，然而，这些时域特征只是肌肉收缩的一个外在表现，无法反应肌肉收缩时的一些内在特性。例如，人体肌肉通常是由快收缩纤维和慢收缩纤维组成的，人体肌肉收缩速度的快慢及力量大小决定了快收缩纤维和慢收缩纤维参与的比例[155]。这两种纤维在不同的个体甚至不同的肌肉上也表现出不同的比例构成，这些信息通常无法从时域信息获取，然而却可以从频谱上反映出来。另外，当肌肉疲劳时，肌电信号在频谱上也表现出向低频段移动的特性 [156,157]。也有学者通过分析肌肉收缩时肌电信号的中

值频率 (median frequency, MDF) 来进行医学分析 [158,159]。由此可见，肌电信号在频域内的一些特征更能反映肌肉收缩时的本质特性。

常用的肌电信号频域特征有 MDF 和平均频率 (mean frequency, MF)。

1) MDF

Stulen 等[155] 研究了肌肉收缩速度与肌电信号 MDF、MF，以及低频成分与高频成分的比例等之间的关系，研究结果发现，中值频率与肌肉收缩速度有较大关系。MDF 是将信号的功率谱平均分成两部分的中间频率，其数学表达式为

$$\int_0^{\mathrm{MDF}} S(f)\mathrm{d}f = \int_{\mathrm{MDF}}^{\infty} S(f)\mathrm{d}f \tag{7.7}$$

其中，$S(f)$ 表示肌电信号的功率谱密度，f 表示信号频率。

对于离散随机序列 $x(n)$，其自功率谱密度 $S_x(f)$ 可表示为

$$S_x(f) = \sum_{m=-\infty}^{+\infty} R_x(m)\mathrm{e}^{-\mathrm{j}2\pi f m T_{\mathrm{s}}}, \tag{7.8}$$

其中，T_{s} 为采样时间间隔，$R_x(m)$ 为信号 $x(n)$ 的自相关函数，并由下式给出：

$$R_x(m) = E[x(n)x(n+m)] = \lim_{N\to+\infty} \frac{1}{N}\sum_{n=0}^{N-1} x(n)x(n+m) \tag{7.9}$$

以上求取信号功率谱密度的方法较为复杂。为此，可以利用周期图法将信号的采样数据 $x(n)$ 进行傅里叶变换求取功率谱密度估计。假定有限长的随机信号序列为 $x(n)$，它的傅里叶变换和功率谱密度估计 $\hat{S}_x(f)$ 存在如下关系：

$$\hat{S}_x(f) = \frac{1}{N}|x(f)|^2 \tag{7.10}$$

其中，N 为随机信号序列 $x(n)$ 的长度，$x(f)$ 为信号的傅里叶变换。

2) MF

信号的 MF 可表示为

$$\mathrm{MF} = \int_0^{\infty} fS(f)\mathrm{d}f \Big/ \int_0^{\infty} S(f)\mathrm{d}f \tag{7.11}$$

3. 时频域特征

传统的傅里叶分析是将信号完全在频域内展开，不包含任何时域的信息，这对于某些应用来说是恰当的，例如，需要确定某信号的主要频率成分。但是其丢弃的时域信息对某些应用来说，可能非常重要，例如，当需要检测信号的奇异性或突变点的时候，传统傅里叶变换就变得无能为力。于是学者在傅里叶分析的基

础上，提出了短时傅里叶变换，其基本假定是：在一定时间窗内的信号是平稳的，然后通过分割时间窗，在每个时间窗内把信号展开到频域，就得到了局部的频域信息。该方法的时域区分度只能依赖于大小不变的时间窗，这对某些瞬态信号来说还是分辨率太低，精度不够。

小波变换则克服了短时傅里叶变换在单分辨率上的缺陷，能够在时域的全局范围内对频域成分进行分析，时间窗和频率窗都可以根据信号的具体形态进行动态调整，通常，在低频部分可以用较低的时间分辨率，而提高频率的分辨率；而在高频部分可以用较低的频率分辨率来换取精确的时间定位。正是由于这些原因，小波分析可以用来检测信号的瞬间特征。

小波变换的基本方法是，首先选择满足时域内积分为 0 的函数作为基波或母波，然后通过尺度变换和平移产生一组子波，将待分析的信号在基波和子波上进行分解，便可得到信号的时间–尺度表达。著名小波学者 Ingrid Daubechies 提出的 Daubechies 小波系列 (简称 db 小波)，被国内外很多学者用来分析 sEMG 信号的特征 [160,161]。图 7.3 所示为常用 db 小波 (db5 和 db6) 的波形及中心频率。

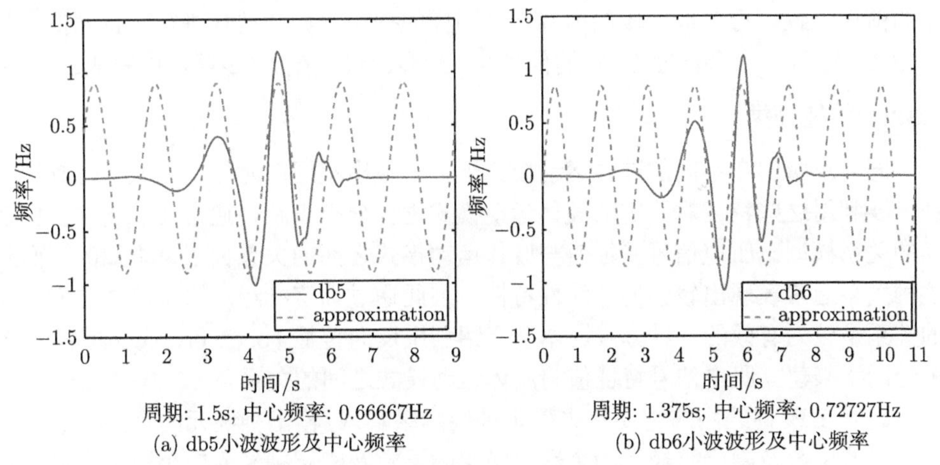

(a) db5小波波形及中心频率　(b) db6小波波形及中心频率

图 7.3　db 小波族部分小波波形及中心频率

假设 $\psi(t)$ 为所选的基波，那么由该基波产生的小波族的数学表达式可写为

$$\psi_{a,\tau}(t) = \frac{1}{\sqrt{a}}\psi\left(\frac{t-\tau}{a}\right) \tag{7.12}$$

其中，$a > 0$ 表示尺度参数，τ 表示平移参数。当 a 增大时，函数 $\psi_{a,\tau}$ 相当于在原来的基础上进行了一个拉伸变化，此时对应于信号的低频特性；当 a 缩小时，则对应于信号的高频特性。τ 的大小表示函数 $\psi_{a,\tau}$ 在时间轴上的平移量。

通常，在利用小波变换进行信号处理的时候，采样数据都是离散的，由此便产生了离散小波变换 (discrete wavelet transformation, DWT)，离散小波族的数学表达式为

$$\psi_{jk}(t) = \frac{1}{\sqrt{2^j}}\psi\left(\frac{t-k2^j}{2^j}\right) \tag{7.13}$$

其中，j 表示尺度大小，k 表示平移大小，相对于式 (7.12) 来说，离散小波只是将尺度参数和平移参数都进行离散化。

假设 $x(t)$ 为输入信号，则它的 DWT 可表述为

$$C_{j,k} = \langle x(t), \psi_{jk}(t)\rangle = \frac{1}{\sqrt{2^j}}\int_{-\infty}^{+\infty} x(t)\psi\left(\frac{t-k2^j}{2^j}\right)\mathrm{d}t \tag{7.14}$$

其中，$C_{j,k}$ 是 $x(t)$ 经小波变换后的时间–尺度信息。

sEMG 信号作为时间序列，属于一维信号，可以通过一维 DWT 来实现，一维 DWT 的实现算法通常采用 Mallat 算法。该算法是将给定的离散信号分别进行互补的低通滤波和高通滤波[162,163]，对滤波后的信号进行欠采样以保证信号长度的前后一致，再对低频段的内容重复同样的操作，如此迭代进行，直到信号长度为 1。通常，一个长度为 N 的信号 s，最多经过 $\log_2 N$ 步就可以完成。

7.3.2　特征分类

同一块肌肉在不同的肢体运动模式下会表现出不同的时域、频域或时频域特征，要利用这些特征对给定的肢体运动模式进行分类识别，通常还需建立它们之间的关系模型。肌电信号特征值与肢体运动模式之间的关系模型是未知的，而且这种关系通常表现出较强的非线性特性，因此通过训练神经网络来建立它们之间的关系是较为有效的一种方式。本节介绍利用反向传播 (back propagation，BP) 神经网络来建立肌电信号特征值与肢体运动模式之间的关系。

建立 BP 神经网络需要首先确定神经网络输入/输出神经元的个数，然后确定隐层的层数及隐层神经元的个数。隐层的层数及隐层神经元的个数将直接影响网络的逼近性能或分类情况，通常需要根据实际情况确定。确定了网络的结构之后，还需要足够的先验数据对网络的权值或阈值进行训练才能最终确定模型的参数。BP 神经网络的算法有很多种，其中较为常用的是最速下降 BP 算法。它的缺点是在网络的训练过程中，学习率为常值，因此网络参数的优化过程容易受学习率选择的影响。学习率选择不当通常会导致两个问题：一方面，如果学习率过大，会导致网络的振荡和不稳定；另一方面，如果学习率过小，会导致网络的训练时间过长，收敛速度慢[164]。实际上，任何一个网络都没有一个固定的最优学习速率，因为最优学习率是随着网络迭代次数改变的。针对上述不足，学者提出了一些改进算法。本节将使用变学习率动量梯度下降算法来训练设计的网络。

变学习率动量梯度下降算法的数学表达形式如下式所示：

$$\begin{cases}\Delta x(k+1)=\eta\Delta x(k)+\alpha(k+1)(1-\eta)\dfrac{\partial E(k)}{\partial x(k)}\\ x(k+1)=x(k)+\Delta x(k+1)\end{cases} \tag{7.15}$$

其中

$$\alpha(k+1)=\begin{cases}k_{\text{inc}}\alpha(k), & E(k+1)<E(k)\\ k_{\text{dec}}\alpha(k), & E(k+1)>E(k)\end{cases} \tag{7.16}$$

在式 (7.15) 和式 (7.16) 中，$x(k)$ 表示第 k 次训练后的网络权值和阈值所构成的向量；$E(k)$ 表示第 k 次训练后的误差函数，一般用实际输出与期望输出的 RMSE 来表示；η 表示动量项，满足 $0<\eta<1$；$\alpha(k)$ 表示第 k 次训练时的学习率；$k_{\text{inc}}>1$ 和 $k_{\text{dec}}<1$ 分别表示变学习率的增长因子和递减因子。

从式 (7.15) 和式 (7.16) 可以看出，变学习率动量梯度下降算法可以从两个方面改善网络的收敛速度。首先，增加了动量项因子 η，可以保证如果上一次对权值和阈值的修正过大，则式 (7.15) 中第一式的第二项将和上一次迭代值符号相反，因此，当前的修正量会减小；反之，如果上一次对权值和阈值的修正过小，则式 (7.15) 中第一式的第二项将和上一次迭代值符号相同，当前的修正量会继续增加。可见动量项总是试图在梯度一致的方向上增加修正量。其次，变学习率 $\alpha(k)$ 总是在保证稳定的前提下，使调节步长尽可能大，以提高网络训练速度。如果误差函数随着迭代次数减小，则说明权值或阈值的调整方向是正确的，此时可以将调节步长加大，反之，如果误差函数随迭代次数增加，则说明权值或阈值的调整方向有误，需要减小步长。

利用 sEMG 信号进行肢体动作类型识别的流程图如图 7.4 所示。

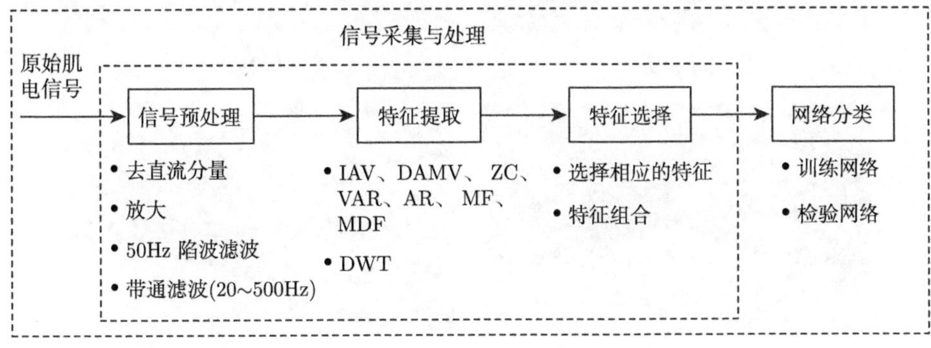

图 7.4 sEMG 信号肢体动作类型识别流程图

7.3.3　实验结果与分析

为了检验 sEMG 信号识别肢体动作类型的效果，招募了 4 名健康被试 (4 名男性，平均年龄 27 岁) 进行实验，选择的肌肉为上肢桡侧腕屈肌 (flexor carpi radialis muscle, FCR)、尺侧腕伸肌 (extensor carpi ulnaris muscle, ECU)、拇短伸肌 (extensor pollicis brevis muscle, EPB) 和指浅屈肌 (flexor digitorum superficialis muscle, FDS) 共 4 块肌肉，每名被试分别要求做握拳、展拳、腕屈、腕伸、手掌外展、手掌内收等 6 个动作，肌电信号采集位置和动作类型如图 7.5 所示。

实验中使用的肌电信号采集设备为加拿大 Thought Technology 公司生产的 FlexComp 采集系统，该系统最多可以同时采集 10 通道的肌电信号，每个通道的采样频率最高可达 2048Hz。在进行信号采集之前，需要做好准备工作，如刮掉所采集肌肉皮肤表面的毛发并用酒精清洗，这样可以减少输入阻抗和外部干扰，提高信号的采集质量。

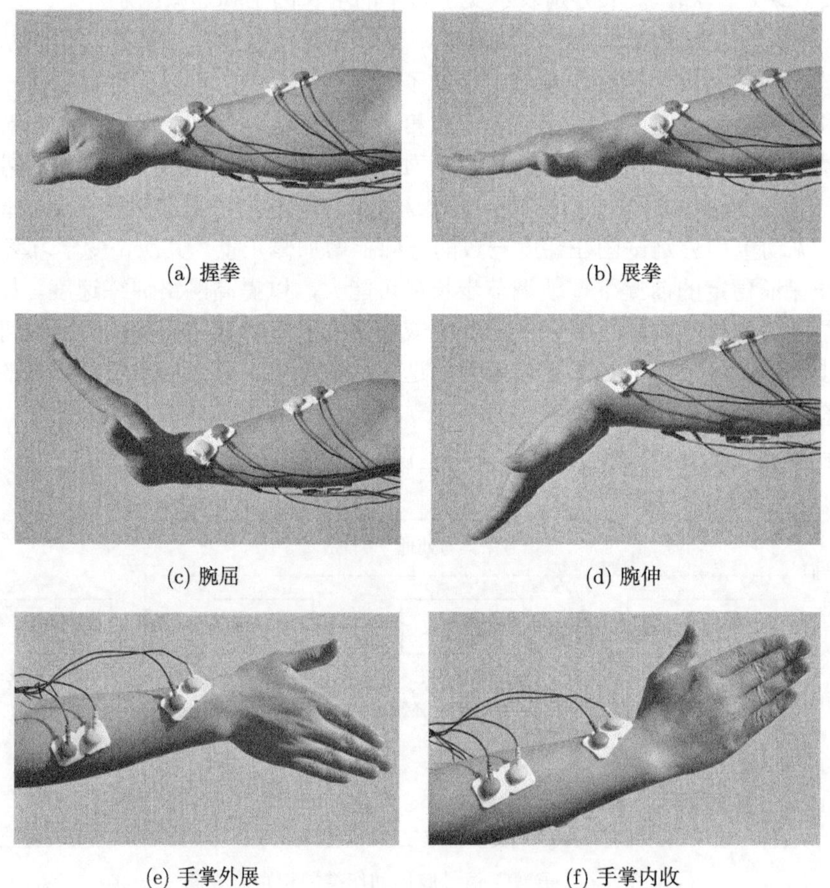

(a) 握拳　(b) 展拳

(c) 腕屈　(d) 腕伸

(e) 手掌外展　(f) 手掌内收

图 7.5　肌电信号采集位置与动作类型

每个肢体动作通常可以分为三个阶段，即放松阶段、动作阶段和动作保持阶段，肌电信号幅值在放松阶段基本为 0，在动作阶段有一个较明显的上升，在动作保持阶段表现出平稳的幅值特性。实验中提取的肌电信号为动作保持阶段，这样做有利于提高动作的识别精度，避免肢体假性动作造成的负面影响，采集时间为 2s，每个通道有 4096 个采样点。握拳保持状态下 4 块肌肉的肌电信号波形如图 7.6 所示，纵坐标单位为 mV。

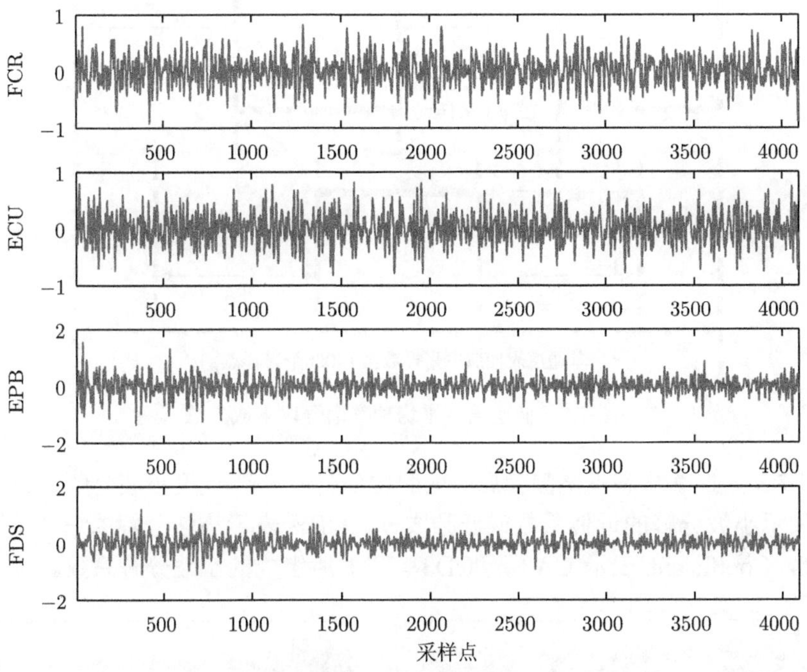

图 7.6 握拳保持阶段各通道肌电信号波形

按照前面介绍的时域特征提取方法，分别对 IAV、DAMV、ZC、VAR 等进行特征提取。同时，利用 4 阶 AR 模型对每个通道的肌电信号进行建模，并提取了 AR 模型的参数特征。为了提取信号的频域特征，如 MDF 和 MF，需首先利用快速傅里叶变换计算每个通道的功率谱。在求取功率谱时，为了减小功率谱估计产生的误差，本节采用肌电信号平均功率谱分段求取方法，如图 7.7 所示。将每个通道的 4096 个采样点分成了 7 段，分别表示为 $\{S1, S2, S3, \cdots, S7\}$，每段长度为 1024 个采样点，其中 S2、S4、S6 分别与 $(S1, S3)$、$(S3, S5)$、$(S5, S7)$ 有 50% 的重叠。当求取了每个通道的功率谱之后，可以根据式 (7.7) 和式 (7.11) 分别求取每个通道的 MDF 和平均频率。

在利用 DWT 提取时频域特征时，选择了 db5 小波作为基波 (如图 7.3(a) 所示)。它的中心频率为 0.66667Hz。根据傅里叶变换过程中对每个通道功率谱的观察，发现所选 4 个通道的肌电信号的频率主要集中在 5~170Hz。因此，实验中提取该频段的信息作为时频域的特征。对原始信号进行尺度为 3 的 DWT，就可以提取出该频段的信息。

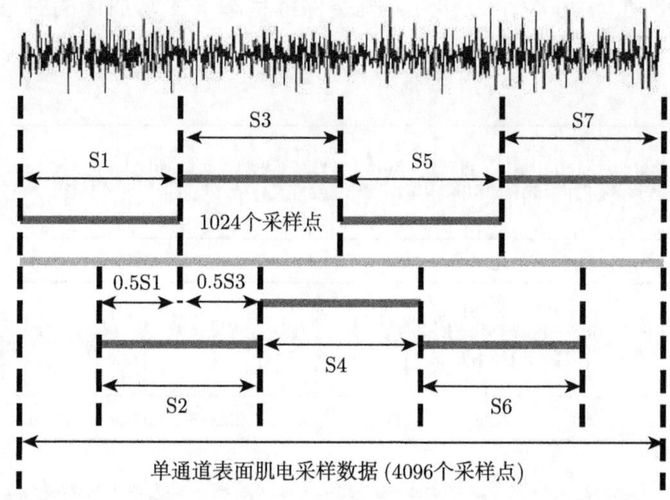

图 7.7 肌电信号平均功率谱分段求取方法

图 7.8 为握拳状态下挠侧腕屈肌的肌电信号及其 3 尺度小波分解系数，其中，CAn 表示小波分解的近似系数或低频成分，CDn 表示小波分解的细节系数或高频成分，Coefficient 表示 CA3 及 CD3~CD1 所组成的小波分解系数。

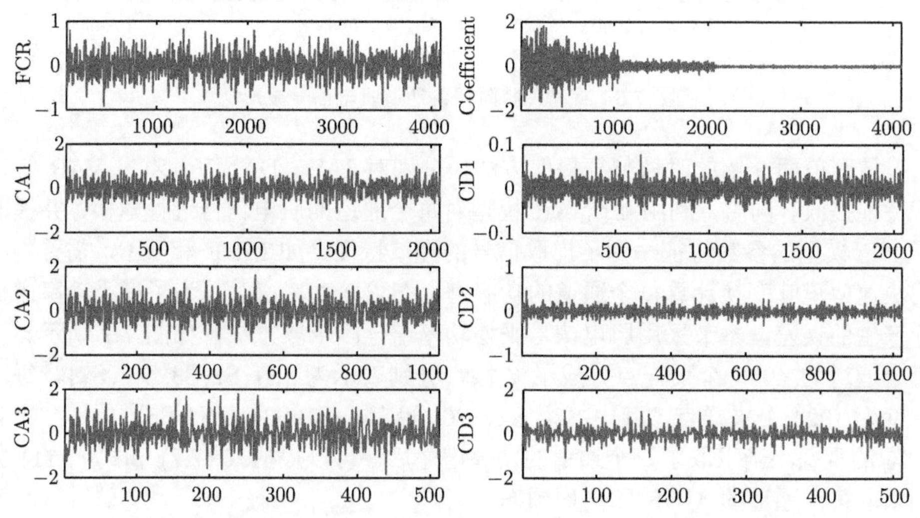

图 7.8 握拳状态下挠侧腕屈肌的肌电信号及其 3 尺度小波分解系数

通过以上方法提取了肌电信号特征以后，还需要训练网络的权值和阈值，并对网络的性能进行验证。为此，实验中要求被试执行每组动作各 50 次，每 10 组动作之间休息 5min，这样每位被试可获得 300 个样本，其中 210 个样本用来训练网络，其余 90 个用于验证。另外，为了测试网络的鲁棒性，在执行每组动作时，没有力量大小的限制。本实验设计的网络结构包括三层，即输入层、中间层和输出层。输入层神经元的个数由信号特征类别数目决定，例如，每个通道单独使用 IAV、DAMV、ZC、VAR、MDF、MF 等特征作为输入时，网络的输入神经元个数为 4；而当使用 4 阶 AR 模型参数作为网络输入时，网络的输入神经元个数为 16。中间层神经元的数目根据网络的收敛情况进行调节。输出层神经元的数目始终为 6，且输出值的大小在 0 和 1 之间，用以区分 6 个动作。握拳、展拳、腕屈、腕伸、手掌内收、手掌外展可以用 6 个二进制码来表示，如表 7.1 所示。利用不同特征或特征组合对 6 个前臂动作的识别情况分别如图 7.9~ 图 7.11 所示。其中，各个特征分别为：IAV、DAMV、VAR、ZC、AR、MDF、MF。

表 7.1 前臂 6 个动作二进制识别码

动作类型	二进制码	动作类型	二进制码
握拳	100000	展拳	010000
腕屈	001000	腕伸	000100
手掌内收	000010	手掌外展	000001

图 7.9 所示为利用时域、频域的单个肌电信号特征对 6 组动作的平均识别率 (见彩图)。从中可以看出，IAV、DAMV、VAR、AR 模型参数表现出了较好的动作区分特性，识别准确率都超过了 85%；MDF 和 MF 识别效果一般，但准确率也在 70% ~ 83%;ZC 的识别效率最低,基本在 50% 以下。图 7.10 所示 (见彩图) 为

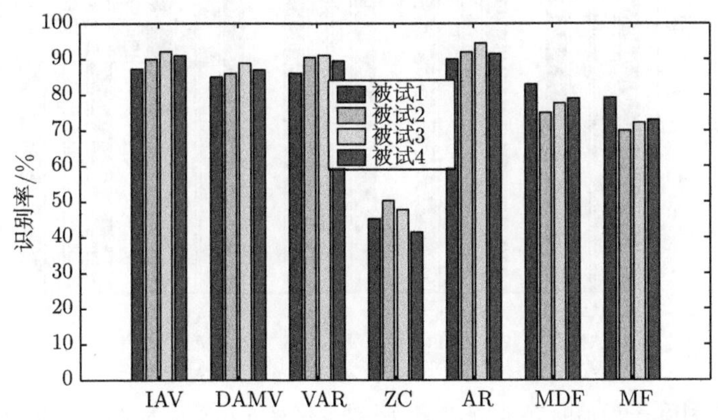

图 7.9 利用一个肌电信号特征对 6 组动作的平均识别率 (见彩图)

同时利用时域和频域的两个肌电信号特征对 6 组动作的平均识别率，从该图可以看出，对 6 组动作的识别效率大大提高，识别准确率在 90% 以上。图 7.11 所示 (见彩图) 为同时利用时域和频域的三个肌电信号特征对 6 组动作进行识别的平均识别率。从该图可以看出，对 6 组动作的识别率进一步提高，识别准确率在 95% 以上。另外，实验中利用 DWT 之后的特征对 6 组动作的识别率也都超过了 95%。可见，要提高基于 sEMG 信号的肢体动作或运动意图识别率可以从两个方面来考虑：第一是增加特征信息，通常特征信息越多，区分度越好；第二是选择合适的信号特征，合适的信号特征不仅可以提高识别准确率，还可以减少网络的复杂度，提高计算速度。

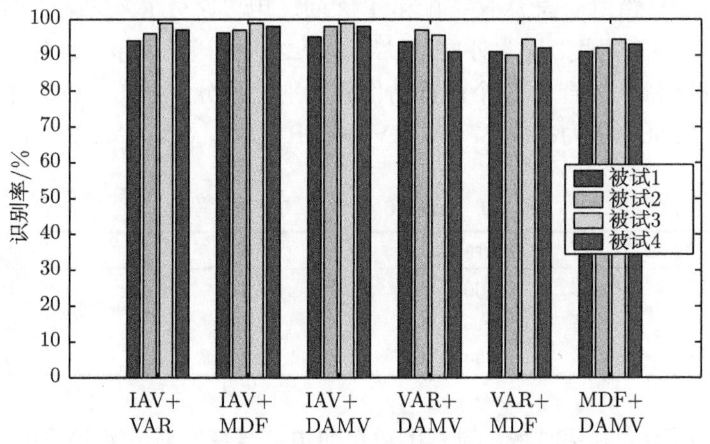

图 7.10　利用两个肌电信号特征对 6 组动作的平均识别率 (见彩图)

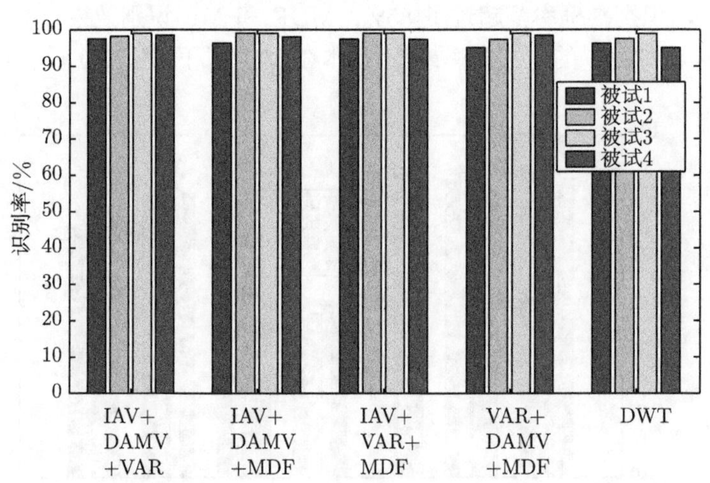

图 7.11　利用三个肌电信号特征及离散小波变化对 6 组动作的平均识别率 (见彩图)

7.4 基于 sEMG 估计肢体关节角度

7.3 节介绍了采用 sEMG 信号进行肢体动作类型识别的方法。基于上述方法可以利用脊髓损伤或脑卒中患者上肢肌肉的肌电信号实现对康复机器人的控制，实现肢体的主动康复训练。虽然这种方法能够在一定程度上激发患者的主动参与能力，但是由于其瞬态特性，sEMG 信号只是用作对机器人动作的开关控制。同时，这种方式也只能对特定的几种动作进行控制，当需要识别的动作类型较多时，识别率会随之下降。而如果能建立肌电信号与肢体关节角度之间的关系模型，则可以实现对机器人随意连续的控制，实现更加自然的主动训练。

考虑到脑卒中患者多为偏瘫，其肢体运动功能通常表现为一侧正常、另一侧瘫痪，因此如果能利用健侧肢体来控制患侧肢体运动，实现患侧肢体对健侧肢体的连续跟随动作，不仅可以很大程度上激发患者主动参与训练的积极性，而且通过这种连续的主动训练刺激，有助于患者神经系统功能的康复。本节将建立下肢 sEMG 信号与肢体关节角度之间的关系模型，实现利用 sEMG 信号对肢体关节角度的估计。

7.4.1 基于 sEMG 估计肢体关节角度的非线性模型

当人体肢体关节角度发生主动变化时，相应肌肉的肌电信号在幅值上也会随之表现出增加或衰减的特性，因此，在 sEMG 信号的动态变化过程中也包含着关节角度的变化信息。本节采用 sEMG 信号的 m 阶非线性模型来描述肢体在运动过程中的关节角度，即

$$\tilde{\theta}_i = f(a_{1,i},\cdots,a_{1,i-m+1};a_{2,i},\cdots,a_{2,i-m+1};\cdots;a_{k,i},\cdots,a_{k,i-m+1}),\quad i \geqslant m \tag{7.17}$$

其中,$a_{k,i}$ 为第 k 块肌肉 i 时刻的 sEMG 信号幅值；$\tilde{\theta}_i$ 为对 i 时刻肢体关节角度的估计值；m 为模型的阶数；函数 f 为非线性函数。

本节采用三层 BP 神经网络来对上述非线性模型进行估计。三层 BP 神经网络的结构如图 7.12 所示，为了实现肌电信号幅值到肢体关节角度的非线性映射，选择非线性 tansig 函数和线性 purelin 函数分别作为网络的中间层传输函数和输出层传输函数。

图 7.12 所示的网络输出可表示为

$$\tilde{\boldsymbol{\theta}} = W_{\text{out}}\left[\frac{2}{1+\mathrm{e}^{-2(W_{\text{in}}\boldsymbol{p}+\boldsymbol{b}_{\text{in}})}}-1\right]+\boldsymbol{b}_{\text{out}} \tag{7.18}$$

其中，$\boldsymbol{p}=(p_1,p_2,\cdots,p_l)$ 为网络的输入向量；$\boldsymbol{b}_{\text{in}}$ 和 $\boldsymbol{b}_{\text{out}}$ 分别为网络中间层阈值向量和输出层阈值向量；W_{in} 和 W_{out} 分别表示网络的输入层权值矩阵和输出层

权值矩阵；$\tilde{\boldsymbol{\theta}} = (\tilde{\theta}_{\text{ankle}}, \tilde{\theta}_{\text{knee}}, \tilde{\theta}_{\text{hip}})$ 表示对肢体髋膝踝关节角度的估计。肢体关节角度的估计精度可以用 RMSE 来表示，即

$$\text{RMSE} = \sqrt{\frac{\sum_{i=1}^{N}(\tilde{\theta}_i - \theta_i)^2}{N}} \tag{7.19}$$

其中，θ_i 表示实际关节角度，N 表示信号长度。

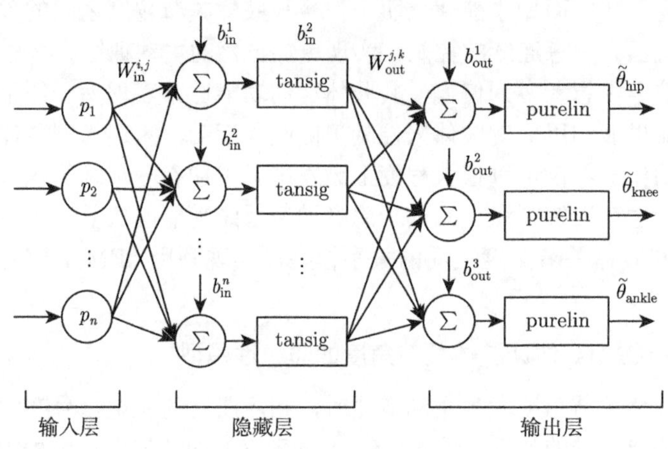

图 7.12　三层 BP 神经网络结构

从图 7.12 和式 (7.18) 可以看出，输入神经元的个数 l 不仅取决于肌电信号通道的个数，还取决于模型的阶数。如果模型的阶数为 m，同时肌电信号的通道个数为 k，则输入神经元的个数应该为 $l = km$。输出层神经元的个数为 3，分别表示髋膝踝的关节角度。中间层神经元的个数 n 是不确定的，需要根据输入神经元的数量及网络的性能进行调节，下面将介绍如何确定模型的阶数，以及中间层神经元的个数。

7.4.2　数据采集与处理方法

为了验证以上模型的准确性，实验中采集了人体下肢运动时的 sEMG 信号和髋膝踝关节的角度数据。考虑到踏车运动和蹬踏运动是临床上脊髓损伤患者或脑卒中患者常用的康复训练形式，实验中选择 6 名健康被试 (5 名男性、1 名女性，年龄为 28 ± 4 岁，身高为 170 ± 7cm) 执行踏车运动和蹬踏运动，4 名脊髓损伤患者 (3 名男性、1 名女性，年龄为 43 ± 3 岁，身高为 167 ± 5cm) 执行踏车运动。其中，第 1 位患者住院两个月，颈 4 不完全脊髓损伤，双侧肢体均失去运动功能；第 2 位患者新近住院，颈 1 不完全脊髓损伤；第 3 位患者住院一年多，胸 10 不

完全脊髓损伤，单侧肢体肌肉萎缩严重，对侧肢体有 3 级肌力；第 4 位患者住院两个月，马尾神经损伤，双侧肢体均受损并伴有下肢肌肉痉挛。每位受试者采集的数据包括下肢 7 块肌肉的 sEMG 信号与髋膝踝关节的角度，7 块肌肉分别为股直肌 (vastus rectus muscle, VR)、股外侧肌 (vastus lateralis muscle, VL)、半腱肌 (semitendinosus muscle, SM)、大腿二头肌 (biceps muscle of thigh, BM)、胫骨前肌、拇长伸肌 (extensor pollicis longus, EP)、腓肠肌 (gastrocnemius muscle, GM)。

6 名健康被试的所有数据都在健身场馆里采集。在进行数据采集之前，首先确定每位被试在踏车和蹬踏运动时的最大肌肉收缩 (maximum voluntary contractile, MVC) 力。同时，为了使采集的数据更加科学，实验中考虑了肌肉收缩力量大小与肢体运动速度快慢对模型的影响。例如，在采集踏车运动的数据时，将踏车运动分为 4 种形式：低速低负载 (周期为 2.5s，10%MVC)、快速低负载 (周期为 1s，10%MVC)、低速大负载 (周期为 2.5s，40%MVC)、快速大负载 (周期为 1s，40%MVC)。同样，蹬踏运动也分为 4 种形式：低速低负载 (周期为 3.5s，10%MVC)、快速低负载 (周期为 2.5s，10%MVC)、低速大负载 (周期为 3.5s，40%MVC)、快速大负载 (周期为 2.5s，40%MVC)。脊髓损伤患者的数据在中国康复研究中心脊柱脊髓外科采集。由于参加实验的脊髓损伤患者无法自主完成踏车运动，脊髓损伤患者的数据是在康复踏车的辅助下完成主动踏车运动，而且数据采集过程均在康复治疗师的指导下进行。图 7.13 所示为踏车运动实验中使用的传感器。

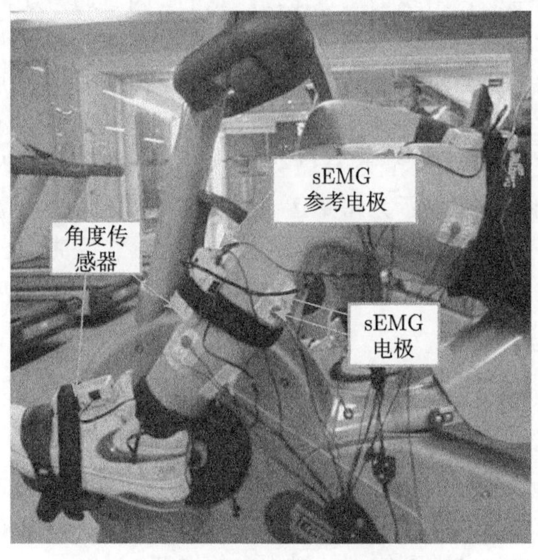

图 7.13 踏车运动实验中使用的传感器

肌电信号采集设备仍然采用加拿大 Thought Thechnology 公司的 Flex-Comp 采集系统，单通道采集频率可达 2048Hz，关节角度测量采用该公司生产的 Inclino-Trac 角度传感器。由于关节角度的变化频率较低，实际采集频率为 128Hz 即可满足要求。同样，在采集肌电信号之前，需要对皮肤表面进行适当的清理，以减小系统的输入阻抗和外部干扰。肌电信号电极贴片采用的是一次性 Ag/AgCl 心电电极片，可以很容易地粘贴到皮肤表面。肌电信号采取差分输入形式，每个通道的肌电信号需要两个电极片，电极片的间隔通常为 2cm [150,151,165]。

以上所采集的数据还需要进行前期处理才能输入到神经网络模型中。首先，需要对采集的 sEMG 信号进行预处理，然后还需进行全波整流、欠采样和线性平滑三个过程。其中，全波整流是为了将肌电信号在负半平面的值全部转化到正半平面内，其表达形式可写为

$$\mathrm{EMG}_{\mathrm{rec}}(n) = |\mathrm{EMG}(n)| \tag{7.20}$$

其中，$\mathrm{EMG}(n)$ 表示离散肌电信号第 n 个采样点的数值；$\mathrm{EMG}_{\mathrm{rec}}(n)$ 表示全波整流后的肌电信号数值。欠采样的目的是将肌电信号的采样频率与关节角度的采样频率保持一致，同时可以提高计算速度。欠采样的过程可以用下式表示，即

$$\mathrm{EMG}_{\mathrm{ss}}(n) = \frac{1}{R}\sum_{i=nR-R+1}^{nR} |\mathrm{EMG}(i)| \tag{7.21}$$

其中，R 表示欠采样的个数；$\mathrm{EMG}_{\mathrm{ss}}(n)$ 表示欠采样后的肌电信号时间序列。经过以上处理的肌电信号的包络线仍然是振荡严重的，因此通常还需要进行低通滤波，常采用巴特沃斯低通滤波器或贝塞尔低通滤波器。事实上，肌电信号的幅值只是对肌肉收缩水平的一个测量，而肌肉收缩的外在表现如关节角度变化表现出强烈的低频特性，因此实验中利用 1 阶巴特沃斯低通滤波器 (截止频率为 5Hz) 来对欠采样后的信号进行滤波。尽管这样做会导致几毫秒的信号延迟[166]，但是可以提高信号的平滑性。图 7.14 所示为蹬踏运动时各肌肉的肌电信号波形及处理后的波形 (见彩图)，图中蓝色曲线表示肌电信号原始波形，红色曲线表示经过全波整流、欠采样和低通滤波后的波形；肌电信号的单位为 MV，关节角度单位为度 (°)。

7.4.3 实验结果与分析

尽管数据采集过程中采集了 7 块下肢肌肉的 sEMG 信号，但是并非所有通道的肌电信号都包含了足够的信息。实际应用时，依据图 7.14 采用股直肌、股外侧肌和拇长伸肌三块肌肉的肌电信号来设计本节的关节角度预测模型。该方法一方面有利于减少输入层神经元的个数及模型的复杂度，另一方面，也有利于减少无用信息或干扰信息导致的网络训练过程中的振荡。

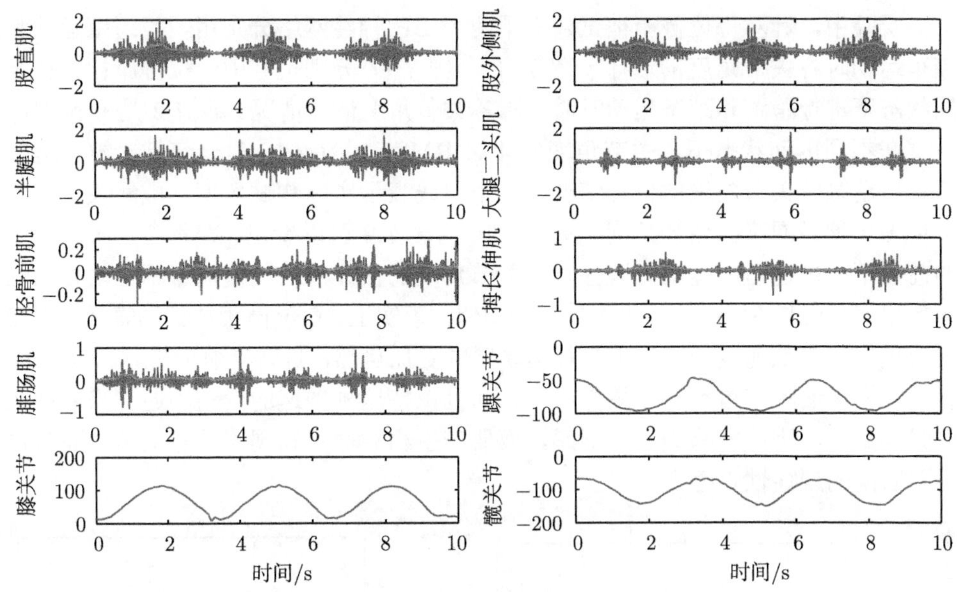

图 7.14　蹬踏运动时原始肌电信号波形与处理后的波形 (见彩图)

模型的阶数和隐层神经元的个数对模型精度的影响如图 7.15 所示。从图 7.15(a) 可以看出，当模型阶数为 20 时，隐层神经元的最佳个数为 20，此时输入向量的长度为 60。模型的阶数表示肌电信号动态信息量的多少，但是动态信息并非越多越好。从图 7.15(b) 可以看出，当固定隐层神经元的个数为 20 时，模型的最佳阶数为 20，这意味着冗余的肌电信号动态信息会导致模型性能的下降。

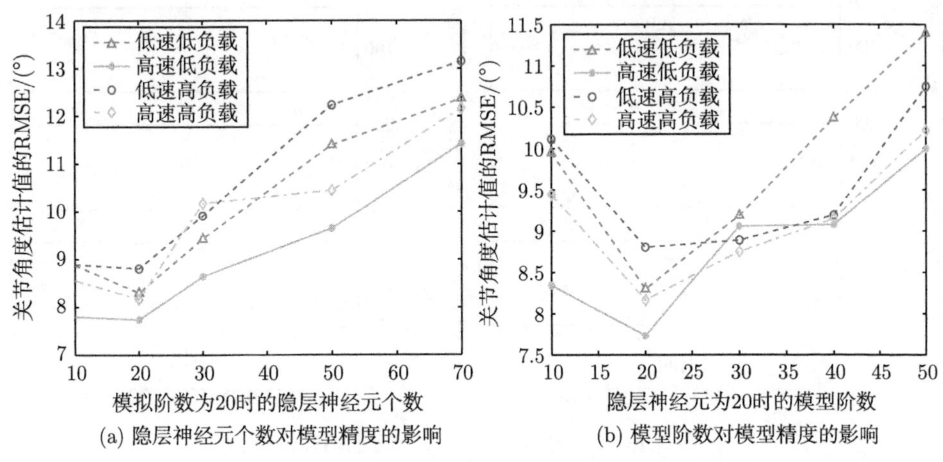

(a) 隐层神经元个数对模型精度的影响　(b) 模型阶数对模型精度的影响

图 7.15　模型阶数及隐层神经元个数对模型精度的影响

实验中，针对每位健康被试建立了两个 BP 神经网络分别用于对蹬踏运动和踏车运动时各关节角度的估计。图 7.16 和图 7.17 分别是其中一位健康被试在不同状态下进行蹬踏和踏车运动时髋膝踝各关节角度估计情况。表 7.2 是 6 位健康被试在不同运动状态下各关节角度估计的 RMSE。图 7.16 是一名健康被试进行蹬踏运动时各关节角度的估计情况，其中实线表示实际测试角度，虚线表示基于上述 BP 神经网络的估计角度。从图 7.16 与表 7.2 可以看出，在不考虑负载大小的前提下，快速蹬踏运动时髋膝踝各关节角度的估计效果比慢速蹬踏运动时的估计效果好，这与 Shrirao 等[167] 的结论相似。事实上，6 位健康被试均表示，在相对快速接近自然速度的情况下进行运动感觉更加自然，肌肉收缩也相对比较自如，相反，慢速的蹬踏运动比较枯燥乏味，而且保持这种慢速的运动，通常需要持久的肌肉耐力，因此容易失去节奏感，而要产生相对稳定和规律的肌电信号通常也需要肌肉的规律性收缩。

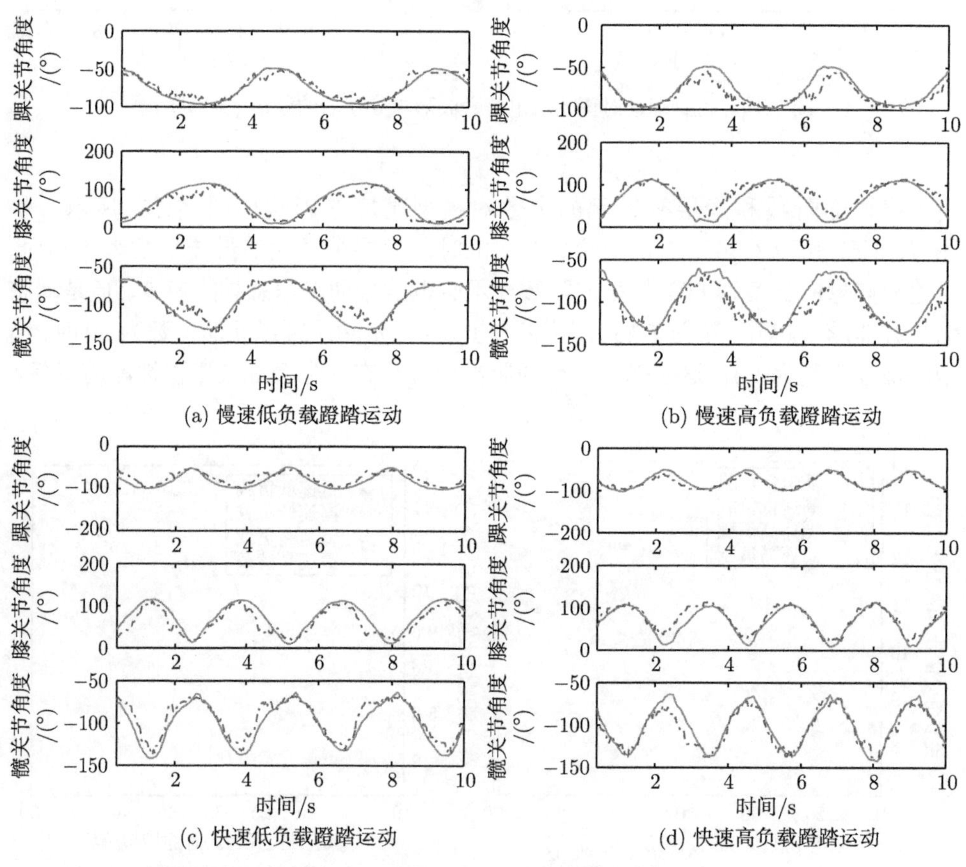

(a) 慢速低负载蹬踏运动

(b) 慢速高负载蹬踏运动

(c) 快速低负载蹬踏运动

(d) 快速高负载蹬踏运动

图 7.16 蹬踏运动时各关节角度的估计情况

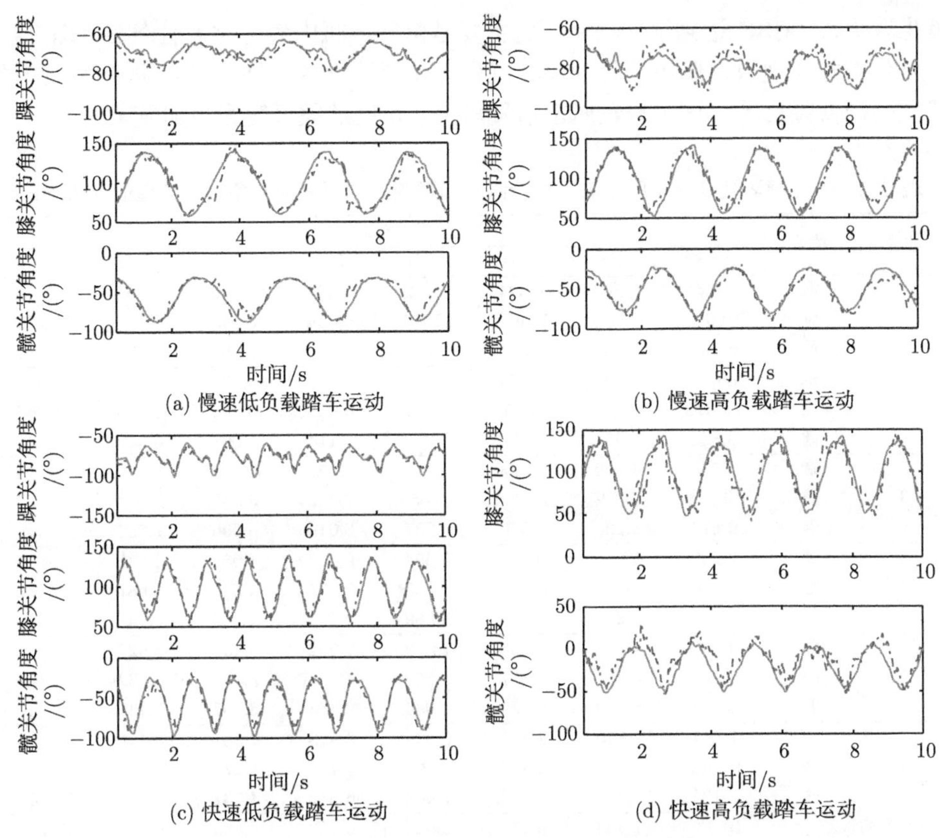

图 7.17 踏车运动时各关节角度的估计情况

图 7.17 为一名健康被试进行踏车运动时各关节角度的估计情况。图中实线表示实际测试角度，虚线表示采用本节 BP 神经网络估计的角度，结果与图 7.16 相似，同样表明在快速模式下，各关节角度的估计值更加准确。从图 7.17(c) 与表 7.2 中可以看出，快速踏车运动时利用肌电信号能够较准确地估计出髋膝踝各关节的角度，6 位健康被试的平均关节角度 RMSE 小于 5°。而从图 7.17(a) 与图 7.18(b) 可以看出，踝关节角度的估计不如膝关节和髋关节那样准确。在进行踏车运动时，踝关节的运动轨迹不像髋膝关节那么有规律。事实上，踏车运动时的末端轨迹 (踝关节) 取决于髋关节和膝关节的运动情况，踝关节的角度变化并不影响踏车运动的末端轨迹。而且，踝关节角度的抖动变化情况也难以通过股直肌、股外侧肌和拇长伸肌的 sEMG 信号表现出来。图 7.17(d) 是在肌肉疲劳状态下进行踏车运动时利用肌电信号对各关节角度的估计情况。该图只给出了髋关节和膝关节的角度估计情况，而实际上实验中踝关节角度的估计误差过大在该图中未作考虑。同时，由图 7.17(d) 也可以看出，在疲劳状态下，对髋膝关节角度的估计误

差也较大，RMSE 达到了 12.78°。这主要是由于当肌肉疲劳时，肌肉在收缩过程中常伴有颤抖现象，肌电信号的募集过程会变得缺乏规律性，而且肌电信号的频段也会向低频移动，这也导致肌电信号与关节角度的关系变得更加复杂。

表 7.2 6 名健康被试在不同状态下执行踏车和蹬踏运动时各关节角度估计值的 RMSE

编号	关节	RMSE/(°)							
		LSS	LFS	LSB	LFB	TSS	TFS	TSB	TF
1	踝	7.823	7.697	6.324	8.182	4.023	2.956	4.067	–
	膝	10.965	9.502	12.422	10.275	6.854	5.543	7.732	12.722
	髋	6.106	6.001	7.661	6.031	6.251	6.405	7.036	12.670
2	踝	8.035	6.392	6.323	6.003	5.062	3.233	5.354	–
	膝	14.372	10.833	10.357	8.151	6.653	6.345	8.156	11.387
	髋	8.365	6.354	8.125	9.357	6.114	6.001	6.932	15.637
3	踝	8.856	4.110	10.350	8.070	4.751	2.332	4.187	–
	膝	13.378	7.852	11.323	10.386	7.432	6.347	7.073	13.223
	髋	9.674	5.223	9.856	9.287	6.010	5.096	7.354	12.543
4	踝	9.293	5.870	9.330	5.354	6.058	1.954	3.432	–
	膝	12.821	10.312	12.257	8.123	8.351	4.386	5.687	15.521
	髋	10.393	7.220	9.126	5.089	9.443	4.954	6.046	14.438
5	踝	10.151	4.563	7.256	7.079	7.932	3.151	5.427	–
	膝	14.363	8.662	9.357	8.359	10.128	8.384	8.032	12.157
	髋	9.878	5.350	7.050	9.084	9.353	8.157	7.431	11.252
6	踝	7.251	7.810	8.357	6.394	3.923	1.987	3.432	–
	膝	10.352	12.435	13.657	11.354	7.436	5.273	5.253	11.211
	髋	8.131	7.872	10.282	7.408	6.532	4.732	6.374	10.757
平均误差		10.033	7.433	9.416	8.022	6.783	4.850	6.055	12.783

实验中，四位脊髓损伤患者完成了踏车运动训练任务，本节基于上述 BP 神经网络方法为每位患者建立了肌电信号–关节角度预测模型。利用脊髓损伤患者下肢的 sEMG 信号估计髋膝踝关节角度如图 7.18 所示。其各关节的估计值的 RMSE 见表 7.3，可以看出，上述 BP 神经网络模型同样也适用于脊髓损伤患者。图 7.18 中实线表示实际测量的关节角度，虚线表示利用神经网络估计的关节角度。从该图可以看出，患者 1、患者 3 和患者 4 的踝关节角度在踏车运动过程中抖动较为严重，这主要是由于受脊髓损伤的影响，这三位患者难以较好控制其下肢的运动，尤其是踝关节的运动，这一问题也发生在患者 3 的髋关节上。通过比较四位脊髓损伤患者的关节角度估计情况可以看出，患者 2 的关节角度估计效果最好，RMSE 为 2.63°，这可能与该患者的损伤程度较轻有关。

比较表 7.2 和表 7.3 可以看出，脊髓损伤患者的关节角度估计值的 RMSE 比健康被试要小。健康被试蹬踏运动时的关节角度估计值的 RMSE 大约为 8.7°，踏车运动时的 RMSE 大约为 5.9° (不考虑疲劳模式下的数据)；而脊髓损伤患者踏车运动时的关节角度估计 RMES 大约为 4.4°。这主要是两组被试的运动范围不同导致的。事实上，实验中健康被试的运动范围比脊髓损伤患者的运动范围要大，这从图 7.16~ 图 7.18 中也可以看出。

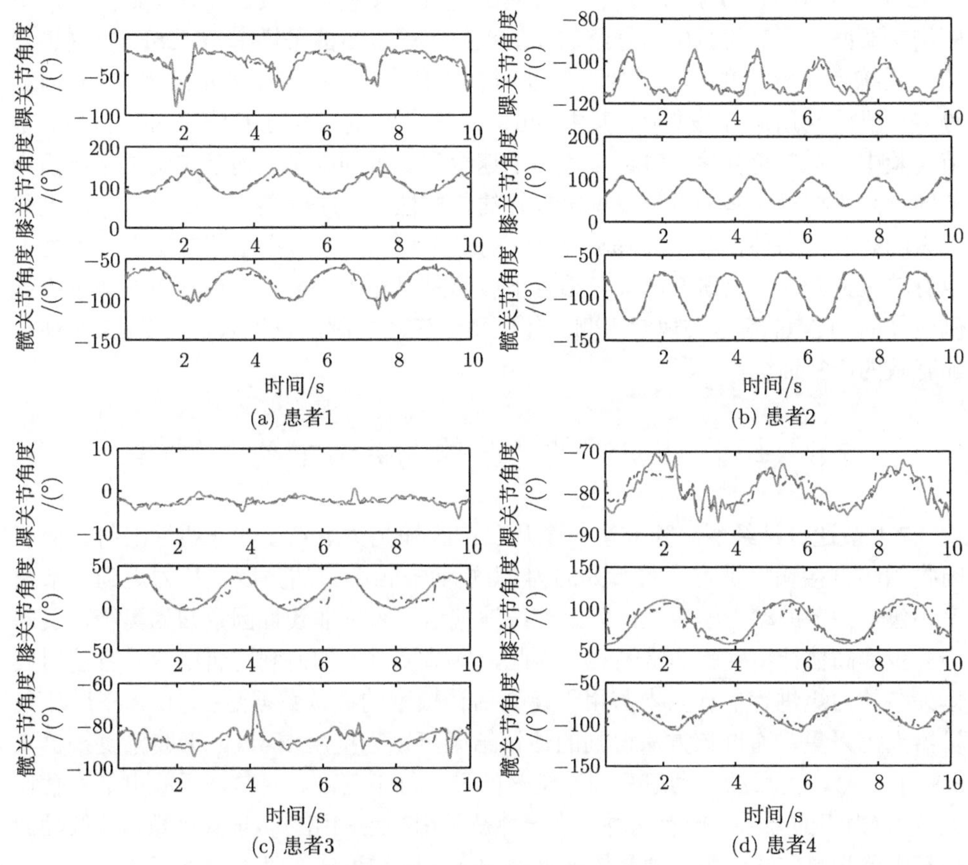

图 7.18 患者踏车运动时各关节角度估计情况

表 7.3 4 名脊髓损伤患者踏车运动时各关节角度估计值的 RMSE

关节	RMSE/(°)			
	患者 1	患者 2	患者 3	患者 4
踝	9.314	1.952	0.815	2.339
膝	7.229	3.261	6.302	7.521
髋	5.054	2.665	2.464	4.703

实验结果表明，本节所提出的描述肌电信号与关节角度关系的 m 阶非线性模型不仅适用于健康个体，也适用于脊髓损伤偏瘫患者。与传统的利用 sEMG 信号估计关节角度的方法相比，本节所提出的方法在很多方面都有提升，如估计精

度、实时性、动态特性、平滑性及鲁棒性。健康被试蹬踏运动时各关节 RMSE 小于 9°，踏车运动时 RMSE 小于 6°，脊髓损伤患者由于运动范围较小，各关节 RMSE 更小 (小于 5°)，所有这些结果在关节角度估计精度上都比文献 [168] 中的结果要好。本节的肌电信号经过预处理并欠采样后的采样率为 128Hz，这也意味着系统有 7.8ms 的延迟，因此在实时性上比 Shrirao、Masahiro 和 Christian 等[167,169~171] 所用方法要好，其中 Shrirao 等 [167] 的时间延迟是 50ms。同时，本节实验中在关节角度估计时综合考虑了速度和负载的影响，而且实验结果显示本节的预测模型对这些参数也表现出较好的鲁棒性，Reddy 等[172] 则没有考虑这些因素的影响。另外，与 Shrirao 等[167] 的工作相比，本节提出的方法在平滑性上也有较大提升。以上研究结果可结合下肢康复机器人平台，实现利用偏瘫患者健侧肢体的 sEMG 信号实现对患侧肢体的主动运动控制，也可以结合 FES 实现更加有效的康复训练。

7.5 基于 sEMG 估计肢体的关节主动力/力矩

7.4 节通过神经网络建立了一个从肌肉收缩到关节角度的非线性映射。而肌肉收缩的直接输出是对应关节处的力/力矩而非该关节的角度。从力矩到关节角度还包含关节的动力学特性，如果笼统地把这一系列非线性因素归为黑箱，要想进一步提高估计精度就非常困难。因此，本节将讨论如何利用肌电信号直接对肢体关节的力矩进行估计。本节用于建立估计模型的被试数据是在 iLeg 下肢康复机器人上采集，通过该方法得到的估计结果可以直接用作 iLeg 下肢康复机器人的控制信号，为后续主动康复训练策略的设计打下基础。目前基于肌电信号估计关节力/力矩的方法主要有两种：第一种是采用神经网络、多项式函数、非线性回归等机器学习方法；第二种是依据解剖学等先验知识建立肌肉骨骼模型。

上述第一种方法将肌电信号与关节力矩之间的相互关系视为黑箱，通过机器学习方法来建立输入与输出之间的非线性关系，之后便可以根据检测到的肌电信号来计算得到关节力矩输出值。该方法的优点是建模过程相对简单，但是需要基于大样本数据来训练模型以提高模型估计精度，难以预测肌肉力的变化行为，难以分析各块肌肉对关节力矩的贡献，以及不同动作模式下各块肌肉之间的协调机理。

上述第二种方法可以预测肌肉力的变化，在实际应用中，主要利用实验手段获取运动状态参数，并据此建立肌肉骨骼系统的生物力学模型，然后采用适当的优化算法对模型未知参数进行标定，进而利用标定后的模型获得运动过程中肌肉力和力矩的变化情况。肌肉骨骼模型更为贴近人体结构，对运动过程的建模和分析更符合人体实际运动状态。由于人体的运动过程非常复杂，往往要根据实际问题的需求来建立适用于不同情况的模型。

本节将对基于 BP 神经网络和肌肉骨骼模型估计关节力/力矩的方法分别进行介绍。

7.5.1 基于 BP 神经网络的主动力估计

1. 数据的采集和处理

1) 下肢肌肉的选择

人体每个动作的实现都不是单块肌肉作用的结果，而是由若干块主动肌 (agonist)、拮抗肌 (antagonist) 协同完成的。不同的肌肉对同一动作的贡献不同，而同一肌肉在不同动作中发挥的作用也不相同。同时，sEMG 信号主要反映的是浅层肌肉的电活动特性，而深层肌肉产生的电信号经过人体组织的衰减作用会变得非常微弱。因此，本节选择与下肢髋、膝关节运动密切相关的 8 块浅层肌肉进行 sEMG 信号的采集。表 7.4 列出了选取的下肢肌肉及其主要功能，康复训练时，iLeg 机器人带动患者腿部在矢状面进行运动，因此只列出了肌肉在矢状面的功能。

表 7.4 选取的下肢浅层肌肉及其主要功能

序号	肌肉名称	功能 (矢状面)
1	臀大肌	髋关节伸肌，伸大腿
2	髂腰肌	髋关节屈肌，屈大腿
3	股直肌	髋关节屈肌，屈大腿 膝关节伸肌，伸小腿
4	股外侧肌	膝关节伸肌，伸小腿
5	股内侧肌	膝关节伸肌，伸小腿
6	股二头肌	髋关节伸肌，伸大腿 膝关节屈肌，屈小腿
7	半腱肌	髋关节伸肌，伸大腿 膝关节屈肌，屈小腿
8	腓肠肌	膝关节屈肌，屈小腿

采集系统的每一通道配备有三个电极：两个测量电极、一个参考电极。在每块受试肌肉的肌腹位置，将三个电极摆放为差分配置的形式，电极中心彼此相距 20mm，其中两个测量电极平行于肌纤维的方向，以增强采集信号的幅值 [173]。实验中采用 Ag/AgCl 一次性心电电极片，电极安放位置如图 7.19 所示。图中，黑色圆圈表示测量电极，白色圆圈表示参考电极。

2) 数据采集

踏车运动在笛卡儿坐标系下的参数化表示如图 7.20 所示。实验中，人体下肢的运动轨迹采用踏车训练轨迹。机器人辅助患者完成踏车训练时，踝关节处的末

端轨迹为圆。本节实验中，踝关节运动轨迹的参数化方程为

$$\begin{cases} x = x_0 + r\cos(\omega t) \\ y = y_0 - r\sin(\omega t) \end{cases} \tag{7.22}$$

其中，圆心坐标 (x_0, y_0) 为 $(0.62, 0)$；半径 r 为 0.1m；运动周期为 10s。

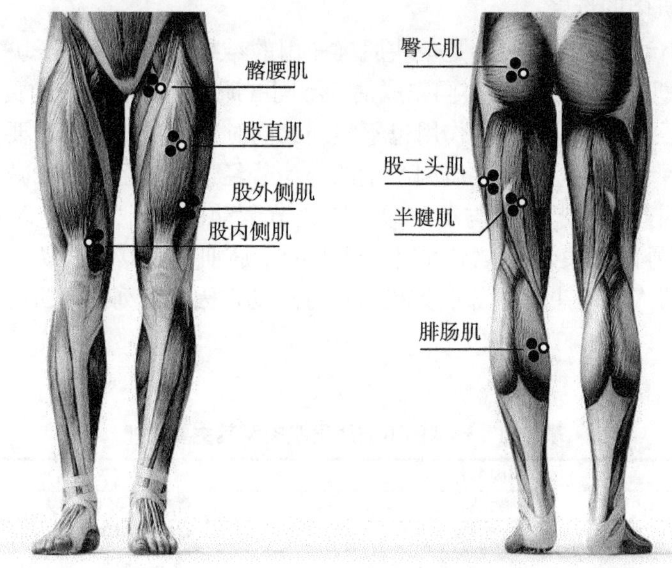

图 7.19　肌电采集电极安放位置示意图

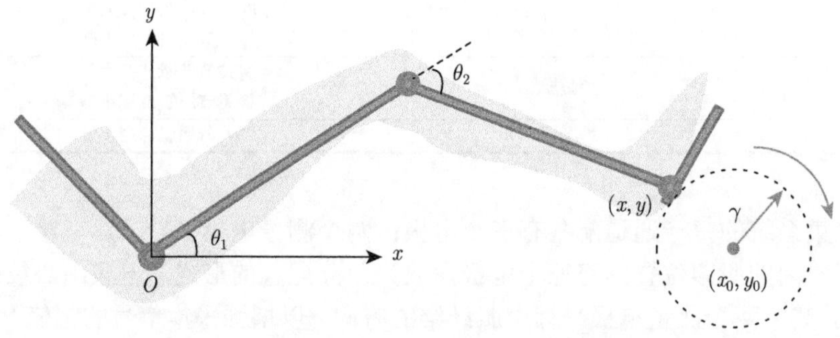

图 7.20　踏车运动在笛卡儿坐标系中的参数化表示

一般在采集 sEMG 信号之前，需要对被试肌肉的皮肤表面进行适当的清理，例如，去除毛发并用细砂纸清除皮肤角质、用医用酒精棉球清除油脂、涂导电胶增强信号传导性能等，以减小系统的输入阻抗和外部干扰 [174,175]。尽管上述准备

工作有利于信号的采集，但过程烦琐，不利于临床应用。因此，出于实用性的考虑，实验中在采集肌电信号之前，只是将皮肤表面擦拭干净后将电极直接粘贴到受试肌肉的皮肤表面，而没有采取其他处理步骤。

如图 7.21 所示，一名健康男性被试参与了数据采集和后续的运动意图识别实验。首先，利用肌电信号采集设备记录下该被试每块肌肉的静息 (resting state) 肌电值和 MVC 肌电值。MVC 肌电值是在不引起疼痛或不适的情况下肌肉所能产生的最大程度收缩时对应的肌电信号测量值。然后，该被试在康复机器人 iLeg 的带动下进行踏车运动。其间，被试下肢肌肉随意收缩产生主动力矩，记录下被试右腿运动过程中的肌电信号、关节角度信息和计算得到的主动力矩值。

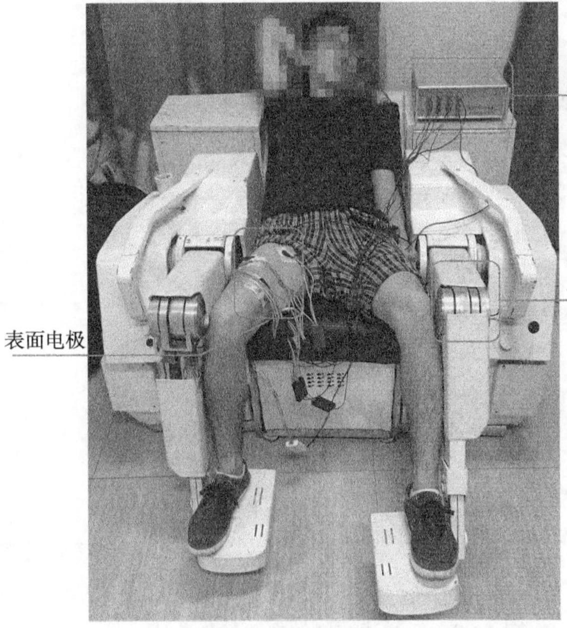

图 7.21　被试进行数据采集实验

被试共进行 4 次踏车运动实验，每次实验持续 1min 左右。实验之间是否休息以及休息时间的长短，由被试自己掌握，尽量减少肌肉疲劳。

3) 肌电信号预处理

肌电信号采集设备中包含了截止频率为 200Hz 的低通滤波、截止频率为 20Hz 的高通滤波，以及 50Hz 的陷波滤波电路，移除了大部分信号噪声和信号伪迹 (artifacts)。这里的预处理主要包括全波整流、欠采样、低通滤波、归一化处理四个步骤。

实验中肌电信号的单通道采样频率设定为 1280Hz，而关节角度信息和力矩

值的采样频率为 50Hz，因此需要对肌电信号进行欠采样。此处采用的是均值平滑的方法，其表达式为

$$\mathrm{EMG}_{\mathrm{sampling}}(n)=\frac{1}{R}\sum_{i=nR-R+1}^{nR}\mathrm{EMG}_{\mathrm{rec}}(i) \tag{7.23}$$

其中，欠采样的长度 R 设定为 256。

然后，采用截止频率为 3Hz 的 2 阶巴特沃斯低通滤波器，其幅频特性曲线如图 7.22 所示。对欠采样后的肌电信号进行滤波，从而得到肌电信号波形的线性包络。最后利用静息肌电值和 MVC 肌电值对线性包络进行归一化处理，其表达式为

$$\mathrm{EMG}_{\mathrm{norm}}(n)=\frac{\mathrm{EMG}_{\mathrm{sampling}}(n)-\mathrm{EMG}_{\mathrm{rest}}}{\mathrm{EMG}_{\mathrm{MVC}}-\mathrm{EMG}_{\mathrm{rest}}} \tag{7.24}$$

其中，$\mathrm{EMG}_{\mathrm{rest}}$ 表示静息肌电值，$\mathrm{EMG}_{\mathrm{MVC}}$ 表示 MVC 肌电值。图 7.23 列出了部分肌肉的肌电信号在预处理之前和预处理之后的波形曲线。

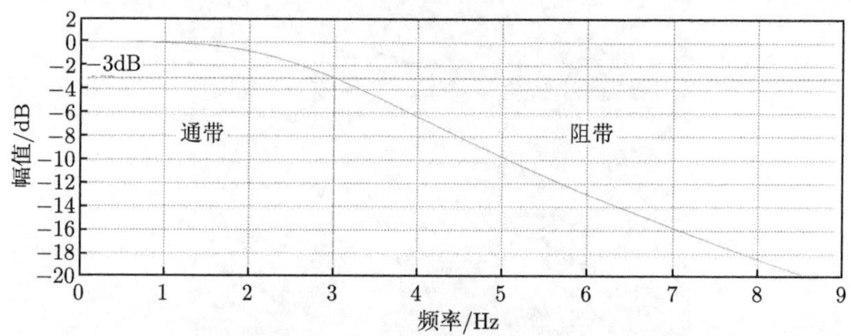

图 7.22 低通滤波器的幅频特性曲线

如图 7.23 所示，肌电信号的线性包络相比于原始信号更加平滑，更重要的是，它可以反映出肌肉的激活水平以及肢体运动的方向。下面将采用线性包络作为肌电信号的表征，输入到神经网络模型中来估计肌肉力矩。

2. 基于 BP 神经网络的主动力矩估计

1) 建立 BP 神经网络模型

本节将搭建和训练 BP 神经网络模型。表 7.4 已经列出了 8 块肌肉在矢状面的功能，在此基础上，图 7.24 是这 8 块肌肉的起止点及附着位置。

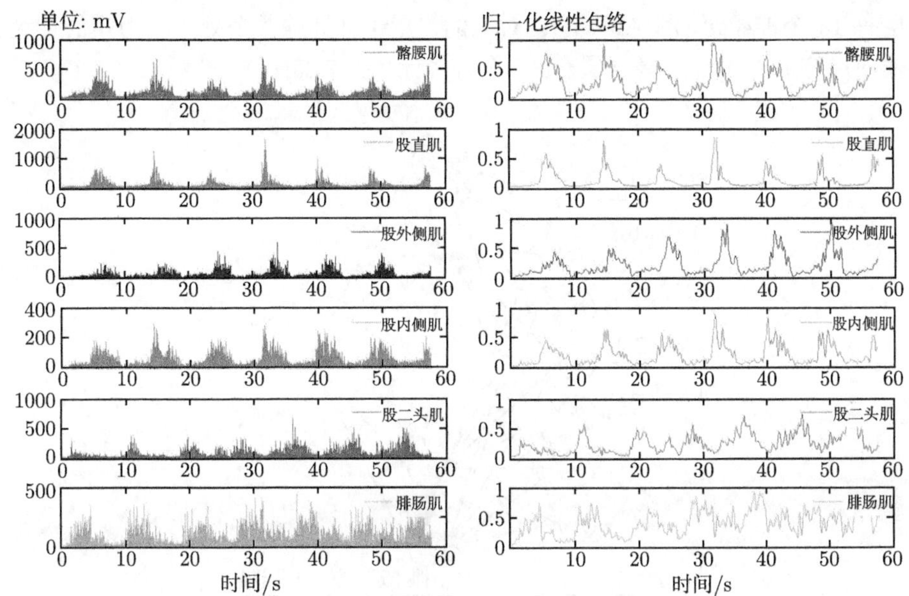

图 7.23 肌电信号预处理前后的波形曲线

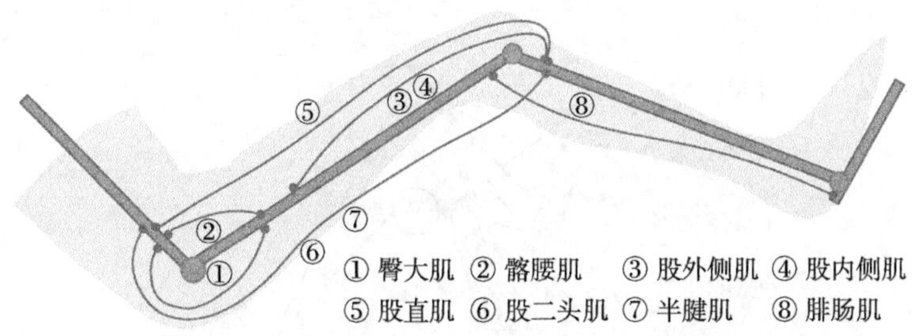

图 7.24 8 块肌肉的起止点及附着位置示意图

结合图 7.24 和表 7.4 可以看出，作用于髋关节屈伸运动的肌肉有：臀大肌、髂腰肌、股直肌、股二头肌、半腱肌；作用于膝关节屈伸运动的肌肉有：股直肌、股外侧肌、股内侧肌、股二头肌、半腱肌、腓肠肌。本节为髋关节、膝关节分别建立神经网络模型来估计髋、膝关节处的主动力矩。同时，由于关节角度和关节角速度也能够影响肌肉收缩动力学，本节实验中将它们也作为神经网络模型的输入提高模型精度。由此，可建立以主动肌激活水平、拮抗肌激活水平、关节角度、关节角速度为输入，髋、膝关节处的主动力矩为输出的两个神经网络模型，其结构如图 7.25 所示。

根据经验法则，隐含层神经元的数目选择为 $2n+1$ 个，其中 n 表示输入层节点的数目。因此，用于估计髋关节处主动力矩的神经网络输入层有 7 个节点，隐含层有 15 个神经元 (图 7.25(a))；对应的，用于估计膝关节处主动力矩的神经网络输入层有 8 个节点，隐含层有 17 个神经元 (图 7.25(b))。

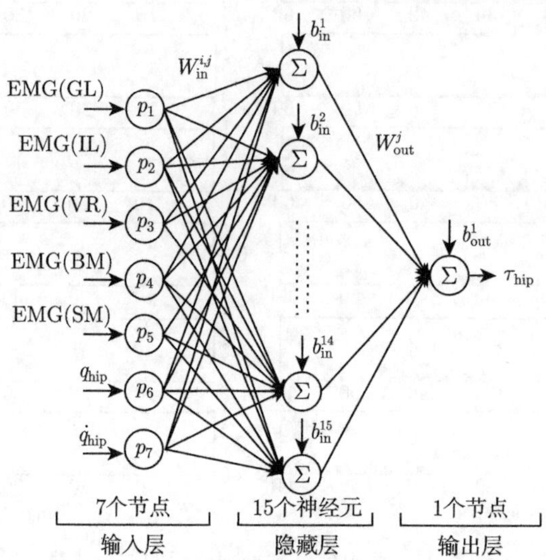

(a) 用于估计髋关节处主动力矩的神经网络结构

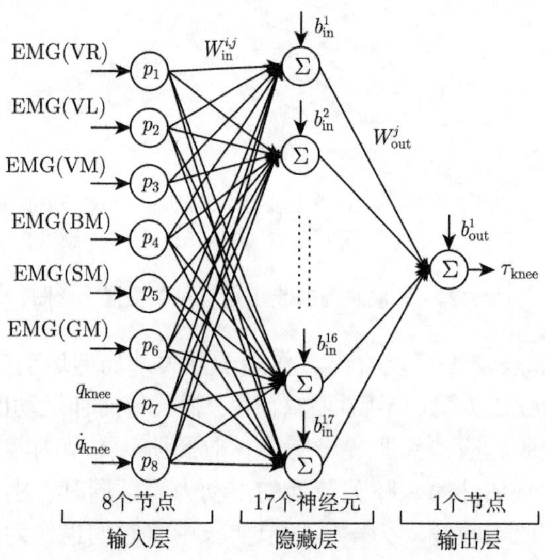

(b) 用于估计膝关节处主动力矩的神经网络结构

图 7.25 BP 神经网络结构

BP 神经网络的性能对学习率非常敏感，通过反复尝试和对比，最终确定自适应学习率加动量因子的梯度下降法作为学习算法，非线性 tansig 函数和线性

purelin 函数分别作为神经网络的隐含层和输出层的传输函数，以实现从输入到输出的复杂非线性函数关系。tansig 函数为双曲正切函数，其表达式为

$$f(v)=\frac{2}{1+\mathrm{e}^{-v}}-1 \tag{7.25}$$

由此可以将神经网络的输出表示为

$$\tilde{\tau}=\boldsymbol{W}_{\text{out}}\left[\frac{2}{1+\mathrm{e}^{-2(\boldsymbol{W}_{\text{in}}\boldsymbol{p}+\boldsymbol{b}_{\text{in}})}}-1\right]+b_{\text{out}} \tag{7.26}$$

其中，$\boldsymbol{p}$ 表示 $n\times1$ 维的输入向量 (n 表示输入层节点的数目)，$\boldsymbol{W}_{\text{in}}$ 表示 $(2n+1)\times n$ 维的输入层与隐含层之间的权值矩阵，$\boldsymbol{b}_{\text{in}}$ 表示 $(2n+1)\times1$ 维的隐含层阈值向量，$\boldsymbol{W}_{\text{out}}$ 表示 $1\times(2n+1)$ 维的隐含层与输出层之间的权值向量，b_{out} 表示输出层阈值，$\tilde{\tau}$ 表示神经网络对主动力矩的估计值。

2) 模型训练与估计结果

在训练神经网络模型时，借鉴留一法交叉验证的思想，将实验过程中采集的 4 组数据样本依次留下其中一组作为测试样本，而将剩下的其他 3 组作为训练样本。神经网络估计结果的评价指标为 RMSE。

表 7.5 列出了各次交叉验证的力矩估计结果，最终得到髋关节处主动力矩估计的 RMSE 均值为 3.93Nm，膝关节处主动力矩估计的 RMSE 均值为 2.17Nm。4 组采集数据的交叉验证结果相差不大，表明经过训练之后的神经网络具有良好的泛化能力。

表 7.5 各次交叉验证得到的主动力矩估计结果

序号	训练误差/Nm		测试误差/Nm	
	髋关节力矩	膝关节力矩	髋关节力矩	膝关节力矩
1	3.84	2.20	3.05	2.15
2	3.01	1.95	5.89	2.70
3	3.63	1.91	3.00	2.10
4	3.70	2.12	3.76	1.74
均值	3.55 ± 0.37	2.05 ± 0.14	3.93 ± 1.36	2.17 ± 0.40

图 7.26 所示为其中一组数据作为测试数据的主动扭矩估计情况。可以看出，被试的下肢肌肉随意收缩，产生了随时间变化的主动力矩，经过训练之后的神经网络可以估计出这一力矩值，从而实现对人体运动意图实时、准确的预测。其中实线表示主动力矩的实测值，虚线表示神经网络的估计值。髋关节主动力矩估计的均方根误差为 3.05Nm，膝关节主动力矩估计的 RMSE 为 2.15Nm。

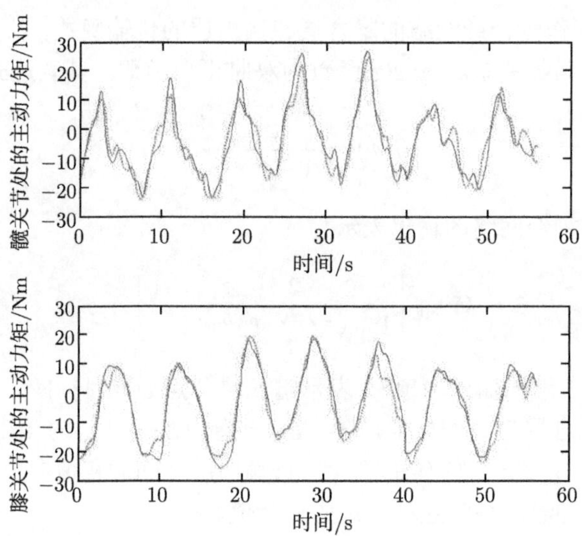

图 7.26 其中一组数据作为测试数据的主动扭矩估计情况

7.5.2 基于肌肉骨骼模型的主动力矩估计

图 7.27 是参照人体生物力学的肌肉骨骼模型建模过程，可以看出，从神经冲动到产生关节力矩的生理过程主要涉及三个关键步骤：肌肉激活、肌肉收缩、骨骼运动。建模时，肌肉激活动力学是根据肌电信号得到肌肉激活度的动态过程；肌肉收缩动力学用于模拟肌肉收缩时的力学性能，主要根据肌肉的力–长度关系以及力–速度关系求解肌肉力；肌肉骨骼几何学则用于计算多块肌肉在关节处共同作用产生的力矩。

目前的肌肉模型通常是基于 Hill 提出的三元素模型[176,177] 来建立, 如图 7.28 所示。Hill 三元素模型是在生理学和解剖学的基础上提出的，依据肌肉的工作原理，将肌肉的功能组成概括为三个结构单元，分别是串联弹性元件 (series elastic element，SE)、并联弹性元件 (parallel elastic element，PE) 和收缩元件 (contractile element, CE)。其中，CE 表示肌纤维，当其受到神经信号的刺激时会兴奋收缩产生肌力。PE 主要包含肌纤维周围的弹性组织，由于这类组织均能产生一些弹性收缩，在肌肉发生拉伸变化时表现为黏弹性。SE 主要由肌腱构成，它在肌肉收缩时展现的弹性远强于阻尼性。Hill 模型从生物力学角度描述了肌电信号与肌肉力之间的非线性关系，可以用来解释人体运动过程中肌肉力与关节力矩的动态变化。

肌肉骨骼模型虽然可以较准确地对肌肉力和力矩进行动态分析，但建模过程相对复杂，模型中需要标定的参数比较多，这一优化过程往往消耗过多时间，使其在实际应用时受到限制，因此，本节将对肌肉骨骼系统进行简化，用以模拟和预测膝关节运动。

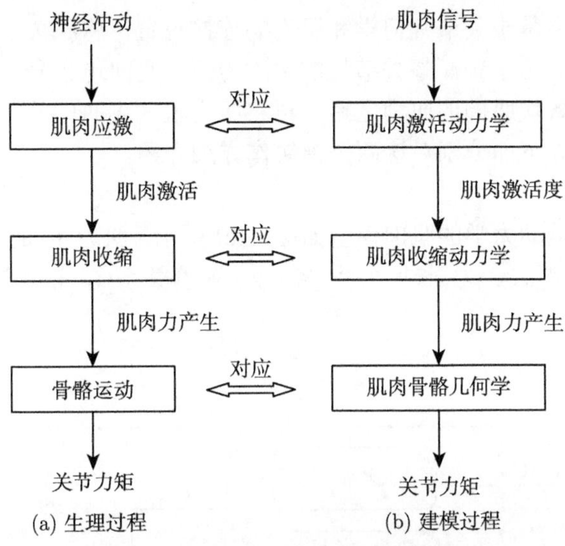

图 7.27 肌肉骨骼模型的一般建模过程

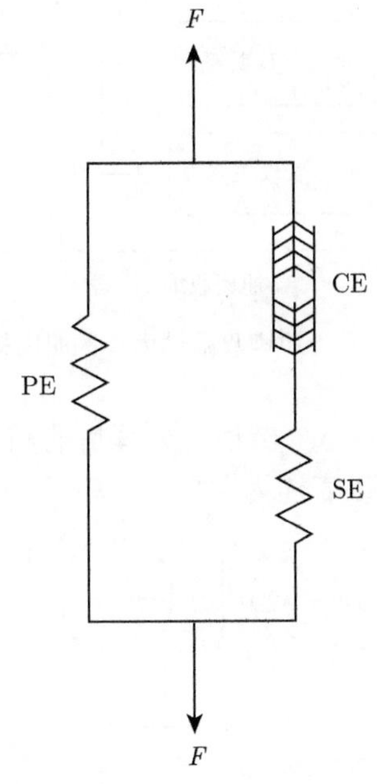

图 7.28 Hill 三元素肌肉模型

1. EMG 驱动的肌肉骨骼模型总体介绍

EMG 驱动模型包括两个主要模块：肌肉模型和肌肉骨骼模型。肌肉模型的建立基于现有的 Hill 三元素肌肉模型，采用肌肉收缩动力学来计算各块肌肉的肌力；肌肉骨骼模型基于关节几何学和肌肉的连接位置，将膝关节简化为沿转轴旋转的单铰链关节，用于预测膝关节处的主动力矩。将肌电信号、运动学信息输入到肌肉模型得出各块肌肉的肌力之后，再将肌力输入到肌肉骨骼模型来预测膝关节处的主动力矩。下面分别对这两个模块作详细介绍。

1) 肌肉模型

基于肌肉收缩动力学的肌肉模型如图 7.29 所示。肌力 F 是肌肉激活度 A_{act}、最大等长肌肉力 $F_{\max}$、力–长度关系 f_{fl}、力–速度关系 f_{fv} 的函数，即

$$F = A_{\mathrm{act}} F_{\max} f_{\mathrm{fl}} f_{\mathrm{fv}} \tag{7.27}$$

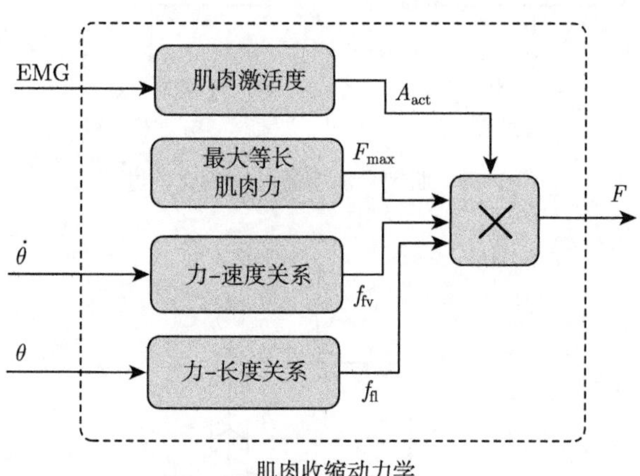

图 7.29　基于肌肉收缩动力学的肌肉模型[178]

其中，A_{act} 是肌电信号经过 7.5.1 节信号处理后的归一化水平，反映了肌肉的激活程度。力–长度关系 f_{fl} 可以表述为[179]

$$f_{\mathrm{fl}} = \exp\left[-\left(\frac{\bar{l}-1}{\varepsilon}\right)^2\right] \tag{7.28}$$

$$\bar{l} = \frac{l}{l_{\mathrm{opt}}} \tag{7.29}$$

其中，l_{opt} 表示最优肌肉长度，定义为肌肉能够产生最大肌力时的肌肉长度，则 $\bar{l}$ 表示肌肉长度 l 的归一化值；ε 表示力–长度关系的形状系数 (shape factor)。肌肉 i 的长度 l_i 由其所在关节 j 的角度 θ_j 确定[179], 即

$$l_i = C_i + \sum_j \int_{\theta_j} \varphi_i(\theta_j)\,\mathrm{d}\theta_j \tag{7.30}$$

其中，C_i 表示肌肉长度常数，φ_i 表示肌肉 i 关于 θ_j 的函数。

力–速度关系 f_{fv} 可以表述为[180]

$$f_{\text{fv}} = 0.54\arctan(5.69\bar{v} + 0.51) + 0.745 \tag{7.31}$$

$$\bar{v} = \frac{v}{v_{\text{m}}} \tag{7.32}$$

其中，v_{m} 表示最大收缩速度；$\bar{v}$ 表示肌肉速度 v 的归一化值。由 $v = \mathrm{d}l/\mathrm{d}t$ 并结合式 (7.30)可得肌肉 i 的速度 v_i，即

$$v_i = \sum_j \dot{\theta}_j \varphi_i(\theta_j) \tag{7.33}$$

当肌肉收缩时，$v_i < 0$。

2) 肌肉骨骼模型

人体运动系统主要由骨骼、关节和骨骼肌三部分组成。在运动过程中，骨骼作为支撑机构，主要起杠杆作用；关节作为连接机构，保证动作的连贯性及平滑过渡；骨骼肌依附于骨骼之上，在神经冲动下收缩来牵拉骨骼产生相对运动，是运动系统的动力装置和主要执行部件。

引起膝关节运动的肌群主要包括：股四头肌 (quadriceps femoris, QF)，引起膝关节伸展；腘绳肌 (hamstrings, HA) 和腓肠肌，引起膝关节屈曲。本节提出的肌肉骨骼模型如图 7.30 所示，其采用了简化的肌肉和骨骼结构，将膝关节近似为一个沿转轴旋转的单铰链关节。

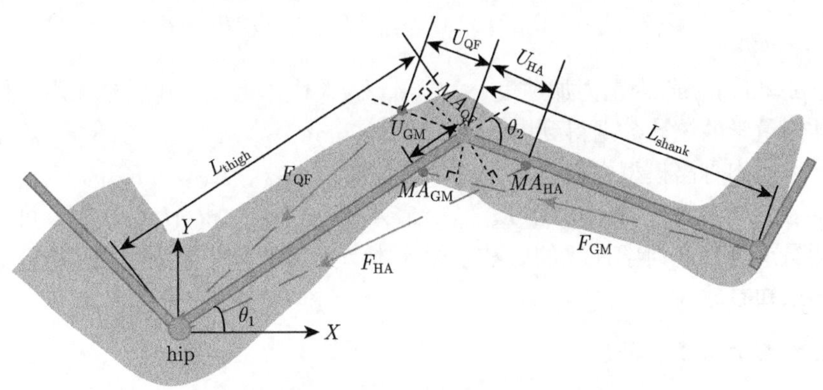

图 7.30 膝关节的肌肉骨骼模型 (矢状面)

L_{thigh} 和 L_{shank} 分别表示大腿长度和小腿长度，θ_1 和 θ_2 分别表示髋关节和膝关节角度。大腿骨和小腿骨 (即胫骨和腓骨) 表示为灰色的二连杆结构，三个相关肌肉群以虚线表示，股四头肌和腘绳肌的一端共同连接到大腿骨靠近髋关节的

位置，另一端分别以 U_{QF} 和 U_{HA} 的距离连接到转轴的两侧。相似的，腓肠肌的一端连接到小腿骨靠近踝关节的位置，另一端以 U_{GM} 的距离连接到大腿骨靠近膝关节的位置。可见 U_{QF}、U_{HA} 和 U_{GM} 分别为三个肌肉群的附着点与转轴之间的距离。向量 F_{QF}、F_{HA} 和 F_{GM} 分别表示三个肌群产生的肌力。三个肌群在转轴处的力臂标记为 MA_{QF}、MA_{HA} 和 MA_{GM}，可以通过其他参数计算得到：

$$\begin{cases} MA_{\mathrm{QF}} = \dfrac{L_{\mathrm{thigh}} U_{\mathrm{QF}} \sin\theta_2}{\sqrt{L_{\mathrm{thigh}}^2 + U_{\mathrm{QF}}^2 - 2L_{\mathrm{thigh}} U_{\mathrm{QF}} \cos\theta_2}} \\ MA_{\mathrm{HA}} = \dfrac{L_{\mathrm{thigh}} U_{\mathrm{HA}} \sin\theta_2}{\sqrt{L_{\mathrm{thigh}}^2 + U_{\mathrm{HA}}^2 + 2L_{\mathrm{thigh}} U_{\mathrm{HA}} \cos\theta_2}} \\ MA_{\mathrm{GM}} = \dfrac{L_{\mathrm{shank}} U_{\mathrm{GM}} \sin\theta_2}{\sqrt{L_{\mathrm{shank}}^2 + U_{\mathrm{GM}}^2 + 2L_{\mathrm{shank}} U_{\mathrm{GM}} \cos\theta_2}} \end{cases} \tag{7.34}$$

将膝关节屈曲 (顺时针运动) 作为正方向，则膝关节处的主动力矩可写为

$$\begin{aligned} T_{\mathrm{act}} = \; & K_{\mathrm{HA}} F_{\mathrm{HA}} MA_{\mathrm{HA}} + K_{\mathrm{GM}} F_{\mathrm{GM}} MA_{\mathrm{GM}} \\ & - K_{\mathrm{QF}} F_{\mathrm{QF}} MA_{\mathrm{QF}} + \varPhi(\theta_1, \theta_2) \end{aligned} \tag{7.35}$$

其中，K_{HA}、K_{GM} 和 K_{QF} 是考虑到简化模型的不准确性而引入的修正常数；$\varPhi(\cdot)$ 是与关节角度有关的修正函数，用于减小模型误差。小腿在膝关节处产生的重力矩是关节角度 θ_1、θ_2 的函数，本书采用该重力矩来作为修正函数即

$$\varPhi(\theta_1, \theta_2) = 0.02134 M_{\mathrm{weight}} g L_{\mathrm{shank}} \cos(\theta_1 + \theta_2) \tag{7.36}$$

其中，$g = 9.8\mathrm{m/s^2}$ 为重力加速度；M_{weight} 为人体体重；小腿质量和质心位置根据人体测量学的统计数据得到[112]。

上述肌肉骨骼模型中需要标定的参数包括：K_{HA}、K_{GM}、K_{QF}、U_{HA}、U_{GM} 和 U_{QF}。其他参数，如 L_{thigh}、L_{shank}、MA_{QF}、MA_{HA} 和 MA_{GM} 等，可以通过人体测量或者是几何学计算的方法获得。本节后续部分将介绍采用 DPGA 来标定上述未知参数。

2. 数据的采集和处理

特定的肌肉在完成不同的动作过程中，其参与程度是不同的，每种动作模式都具有相应的肌肉协调方式。只采用某一种运动模式进行标定的模型用于预测其他运动模式的关节力矩，会带来一定程度的误差[181]。为了提高模型的精度和鲁棒性，本节采集了两种不同的动作模式下的数据来对肌肉骨骼模型中的未知参数进行标定。

第一种动作模式仍然为踏车运动，末端轨迹为圆 (见图 7.20，其中圆心坐标 (x_0, y_0) 设定为 $(0.62, 0)$，半径 r 为 0.1m)，运动周期 T 为 10s。第二种动作模式为蹬踏运动，其末端轨迹为一条直线路径，可参数化表示为

$$\begin{cases} x = x_0 - 0.1\cos(\omega t) \\ y = y_0 - 0.05\cos(\omega t) \end{cases} \tag{7.37}$$

其中，直线的中心坐标 (x_0, y_0) 设定为 $(0.62, 0.1)$，起始点位于 $(0.52, 0.05)$；运动周期 T 设定为 10s。

由于股四头肌肌群由股直肌、股中间肌、股外侧肌和股内侧肌组成，腘绳肌肌群由半腱肌、半膜肌、股二头肌组成，腓肠肌则包括内侧头、外侧头两部分，采集全部涉及肌肉的肌电信号进行初步分析后，发现股外侧肌、股二头肌、腓肠肌内侧头可以很好地表征这三个肌群的特征，因此实验中主要考虑这块肌肉。三名健康男性被试参与了数据采集和后续的主动康复训练实验，这三名被试的人体参数信息如表 7.6 所示。

表 7.6 被试的人体参数信息

被试	年龄	体重/kg	大腿长度/m	小腿长度/m
1	28	65	0.409	0.392
2	26	68	0.415	0.394
3	28	67	0.410	0.392

考虑到个体间差异，每位被试首先进行自身动力学参数的辨识，以获取运动过程中的主动力矩。然后进行数据采集实验，实验现场如图 7.31 所示。将被试肌肉的皮肤表面擦拭干净后将肌电电极粘贴到肌腹位置，电极中心彼此相距 20mm，其中两个测量电极平行于肌纤维的方向，电极安放位置如图 7.19 所示。先记录下该被试每块肌肉的静息肌电值和最大自主收缩肌电值，用于对肌电信号进行归一化处理，得到归一化包络。然后，要求被试在康复机器人 iLeg 的带动下进行踏车和蹬踏两种模式的康复运动，下肢肌肉随意收缩、产生主动力矩，记录下被试右腿运动过程中的肌电信号、关节角度信息和计算得到的主动力矩。

每位被试分别进行了 3 次踏车运动实验和 1 次蹬踏运动实验，每次实验均持续 1min 左右。实验之间是否休息以及休息时间的长短，由被试自己掌握。需要指出的是，记录的肌电信号是经过预处理后的数据 (该预处理在机器人 iLeg 的上位机软件中完成)，克服了离线预处理后建立的模型在线使用时的不利影响，可以保证数据的前后一致性。

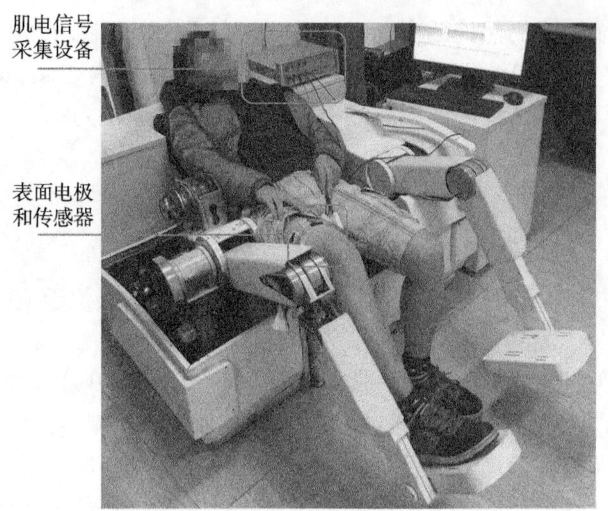

图 7.31 被试进行数据采集实验

3. 模型标定

本节采用双种群遗传算法 (dual population genetic algorithm, DPGA) 来标定肌肉骨骼模型 (即 EMG 驱动模型) 中的 6 个未知参数，模型的建立及其标定过程如图 7.32 所示。

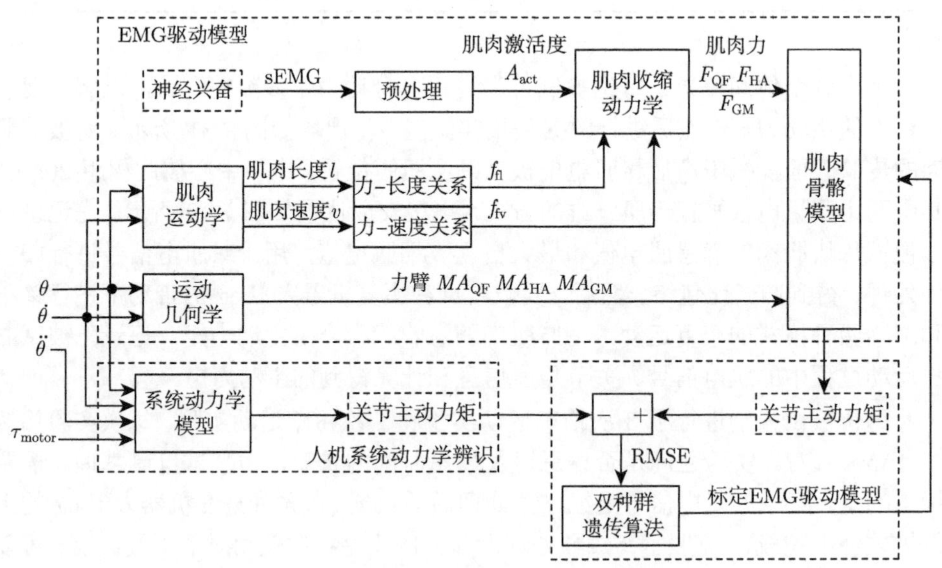

图 7.32 EMG 驱动模型的建立及其标定过程示意图

模型标定时，将力矩实测值与 EMG 驱动模型输出的力矩估计值进行比较，其 RMSE 作为 DPGA 的适应度函数，在逐代进化中不断减小 EMG 驱动模型的估计误差，最终获得模型参数的最优解。

1) 优化算法：DPGA

经典遗传算法 (以下简称遗传算法) 是一种通过模拟自然进化过程搜索最优解的方法。遗传算法的初代种群是一个可能潜在的解集，在每一代，根据个体的适应度大小选择个体，并进行组合交叉和变异，产生出代表新的解集的种群。进而按照适者生存和优胜劣汰的原理，逐代演化产生出越来越好的近似解，末代种群中的最优个体可以作为问题的近似最优解。可见，遗传算法是一种具有“更新 + 筛选”迭代过程的搜索算法。遗传算法虽然简单易行，但搜索空间有限，而且极易陷入局部最优解。

DPGA 是对遗传算法的改进，其优点在于：两个子种群独立进化保证了种群的多样性，而子种群间优秀个体的交换保证了可行解收敛的速度，减小陷入局部最优的风险。图 7.33 为 DPGA 的流程图。

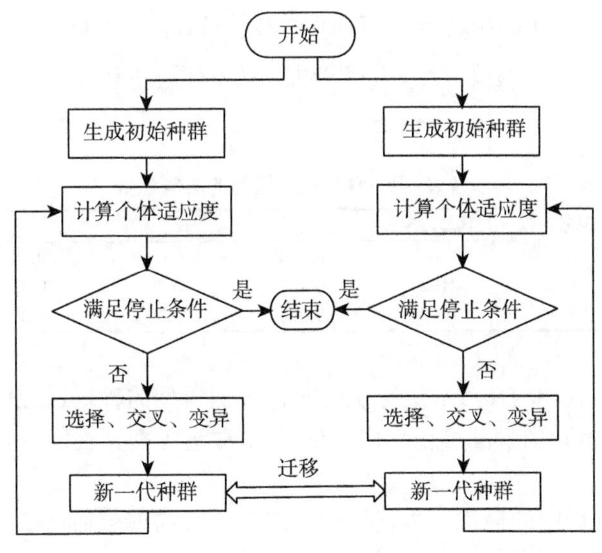

图 7.33 DPGA 流程图

算法的基本思想是：两个子种群按照不同的进化策略进化，其中第一个子种群的交叉概率 P_{c} 和变异概率 P_{m} 较大，用于在整体的进化过程中不断提供新的可行域，克服过早收敛，使算法一直保持较高的搜索效率，因此第一个子种群用作探测子种群；第二个子种群的交叉概率 P_{c} 和变异概率 P_{m} 较小，用于局部范围内寻找优秀个体，并将其保持下来，因此第二个子种群用作开发子种群。两个子种群各自独立进化，只是在得到新一代种群后进行“迁移”操作，把当前各自的最优个体分散到对方子种群中去，以促进各个子种群的进化，加快寻优搜索速度。“迁移”操作的具体方式如下：将两个子种群中的当前最优个体连同随机选取的 N 个个体进行互换，进入对方种群后增加了种群的多样性，减小陷入局部最优解的风险。

算法中所采用的参数给定为

(1) 子种群规模：100 个个体；

(2) 个体选择方式：随机遍历抽样；

(3) 交叉、变异概率：探测子种群 ($P_{\mathrm{c}} = 0.8$, $P_{\mathrm{m}} = 0.010$)，开发子种群 ($P_{\mathrm{c}} = 0.5$, $P_{\mathrm{m}} = 0.006$)；

(4) “迁移”操作中随机选取的个体数：$N = 20$；

(5) 最大遗传代数：100。

2) 参数标定

EMG 驱动模型中的肌肉参数[178] 见表 7.7 及式(7.38)，其中 θ_{K} 表示膝关节角度。

$$\begin{cases}\varphi_1(\theta_{\mathrm{K}}) = 0.07\exp(-2\theta_{\mathrm{K}}^2)\sin\theta_{\mathrm{K}} + 0.025\\ \varphi_2(\theta_{\mathrm{K}}) = -0.0098\theta_{\mathrm{K}}^2 + 0.021\theta_{\mathrm{K}} + 0.028\\ \varphi_3(\theta_{\mathrm{K}}) = 0.018\end{cases} \tag{7.38}$$

表 7.7　EMG 驱动模型的肌肉参数

名称	编号	$F_{\max}$/N	l_{opt}/m	C_i/m	ε	v_{m}/(m/s)
股外侧肌	1	1295	0.086	0.04	0.45	0.48
股二头肌	2	2190	0.121	0.09	0.40	0.48
腓肠肌	3	1600	0.054	0.06	0.30	0.32

分别采用 GA 和 DPGA 进行优化时，一次典型的种群适应度函数均值的变化如图 7.34 所示。由该图可以看出，DPGA 改进了搜索性能，减小了陷入局部最优解的风险。

将末代子种群中的最优个体作为模型未知参数的理想估计值，最终得到各被试的 EMG 驱动模型参数辨识结果如表 7.8 所示。

3) 模型验证

实验中采集了两种不同动作模式下的数据来对 EMG 驱动模型中的未知参数进行标定。同时，将每次实验采集的前半部分数据用于模型标定，而将后半部分数据中的肌电信号和关节运动学信息用于模型验证。可以采用此种验证方法的原因在于，每次实验中被试都是随意施加主动力矩，即使同组实验获得的数据也会具有差异性。表 7.9 给出了每位被试的力矩预测 RMSE。

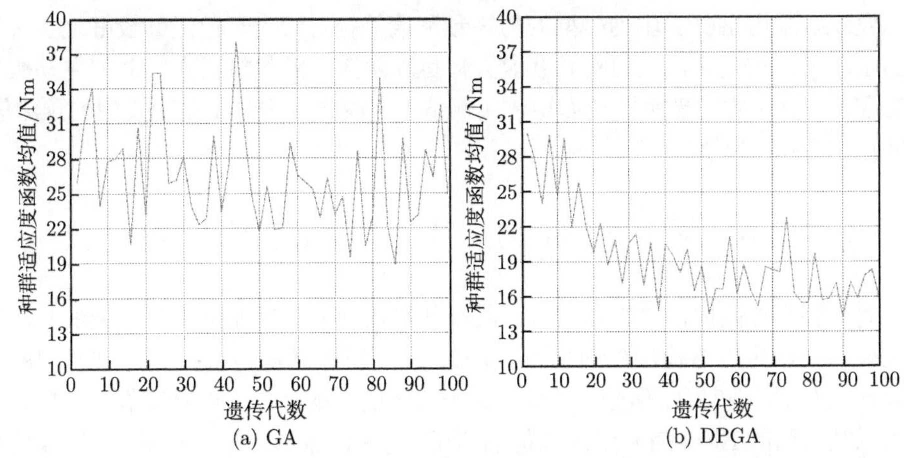

图 7.34 GA 和 DPGA 在优化过程中的性能对比

表 7.8 EMG 驱动模型的参数辨识结果

被试	U_{QF}/m	U_{HA}/m	U_{GM}/m	K_{QF}	K_{HA}	K_{GM}
1	0.0264	0.0238	0.0063	0.8959	0.7374	0.9086
2	0.0281	0.0180	0.0069	0.8303	0.9829	0.9694
3	0.0213	0.0193	0.0076	1.1940	0.8079	0.9555

表 7.9 每位被试的力矩预测 RMSE

被试	踏车 1	踏车 2	踏车 3	蹬踏	均值 (Mean±SD)
1	4.19	6.08	6.85	3.60	5.18 ± 1.54
2	6.61	5.40	5.90	4.63	5.64 ± 0.83
3	5.90	7.31	6.08	4.90	6.05 ± 0.99

图 7.35 给出了一名被试在踏车运动中主动关节扭矩的预测情况。结合表 7.9

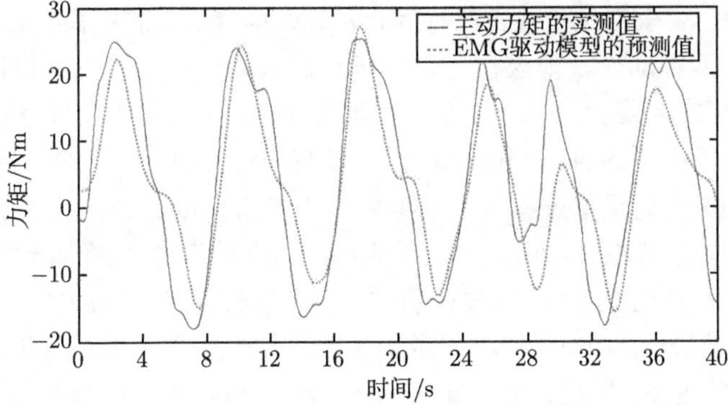

图 7.35 一名被试在踏车运动中主动关节扭矩的预测情况

可以发现，采用 EMG 驱动模型的力矩预测误差相对较大，但能够较好地实时预测出主动力矩的变化，从而实时获取人体运动意图，满足机器人辅助的主动康复训练需求。其中实线表示主动力矩的实测值，虚线表示 EMG 驱动模型的预测值，预测值的 RMSE 为 7.10Nm。

7.6 基于 EEG 的人体运动意图识别方法

对于完全脊髓损伤的患者而言，其肢体运动功能已经完全丧失，无法与机构相互作用以产生能够检测到的主动力/力矩，同时也无法主动控制肢体肌肉的收缩以产生有效的 sEMG 信号。然而，这类患者的大脑功能一般是完好无损的，因此可以从大脑的 EEG 信号中提取他们的运动意图。本节介绍一种基于 EEG 信号的日常生活活动 (activities of daily living,ADL) 分类方法，该方法首先使用编码方法将连续的 EEG 信号转换成 0-1 脉冲信号，再使用基于脉冲神经网络 (spiking neuron networks,SNN) 的信号池对脉冲信号进行处理，最后使用 SNN 分类器对信号池的输出进行分类。

7.6.1 实验设计和 EEG 信号的采集

在本研究中，使用的 EEG 数据采集设备为 Emotiv，它的成本较低，穿戴和使用都很方便，但是，其通道数只有 14 个，采样频率只有 128Hz，即每个通道每秒钟能记录的数据点只有 128 个。此外，该设备的抗干扰性较低，即使轻微的身体或面部动作 (如眼动) 也会影响信号质量，因此，采集到的 EEG 信号通常含有较大的噪声。鉴于存在 Emotiv 通道数少、采样频率低和采集到的信号噪声大等不足，想要取得满意的分类结果具有较大挑战。

参与本次 EEG 数据采集的是一位健康的男性被试。实验中，要求被试使用上肢完成三种不同的日常生活活动，即空闲、进食和提裤动作，如图 7.36 所示。在空闲状态时，要求被试放松，保持静止不动，尽量让大脑空白，如图 7.36(a) 所示；对于另外两种动作，要求被试以空闲状态为动作起始，分别以图 7.36(b) 和 (c) 中所示的姿态为终止。在进行上述三类活动时，被试始终保持身体直立、闭眼，同时尽量减少不必要的身体和面部动作，以减少对 EEG 信号的干扰。

整个 EEG 数据采集过程中，需要有一人在旁协助，该名人员无须受过专业的医疗培训。协助者在开始时，发出声音提示“开始”，被试在听到提示后启动相应的肢体活动，并在 1s 之内完成该动作。在上述过程中，协助者启动 EEG 数据的采集 (记录的长度为 1s)，并将记录下的数据作为一个样本。因此，每个样本包含 14 个通道的 EEG 数据，每个通道包含 128 个数据点。在数据采集开始前，被试可以先练习指定的上肢动作，直至他觉得自己已经准备好。之后，被试重复执行指定动作 10 次，即针对上述每一类动作，均采集了 10 组样本。全部 10 组样本被分为两部分，其中 5 组用于 SNN 和分类器的训练，另外 5 组用来对分类方法进行验证。

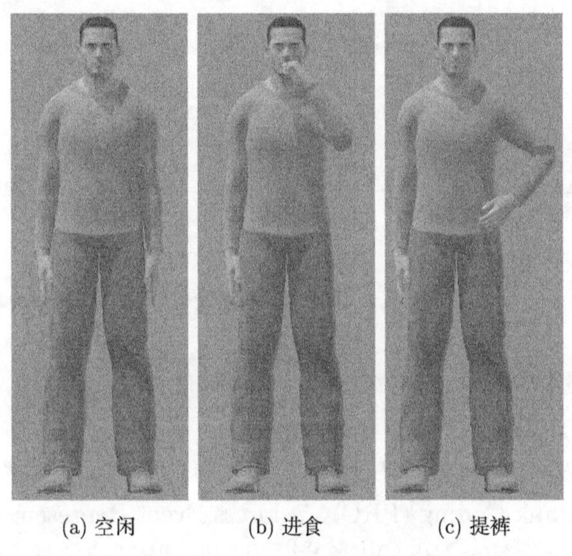

(a) 空闲 (b) 进食 (c) 提裤

图 7.36 EEG 信号采集的上肢动作设计

7.6.2 基于 EEG 的 ADL 分类

本节采用的基于 EEG 的主动康复训练策略的原理框图如图 7.37 所示。该方法采用基于 SNN 的信号池和分类器对 EEG 进行处理和分类，同时实现了脑部活动的可视化。原始 EEG 信号的值是连续的，为了将该模拟信号转换成脉冲序列，需要对 EEG 进行编码。然后，将编码产生的脉冲序列依次输入一个 3D 的信号池：NeuCube，该信号池本质上是一个形如大脑的大尺度 SNN，其神经元与大脑中的神经元一一对应。最后，将 NeuCube 的输出脉冲输入基于 SNN 的分类器，对 ADL 进行分类。分类结果可进一步用作康复机器人的控制指令，进而实现机器人辅助的主动康复训练。

上述方法有以下要点需要注意：选择合适的编码方法，整定相关参数，以得到密度较为合适的脉冲序列，同时确保可以使用脉冲序列对 EEG 信号进行较好的重构。在使用该方法对 ADL 实施分类前，需要对基于 SNN 的信号池和分类器依次进行训练。具体的训练分为两次进行，分别采用不同的学习算法，具体步骤如下：采用一种非监督的学习算法对 NeuCube 进行训练，输入信号是由 EEG 转换得到的脉冲序列；以训练后 NeuCube 的输出脉冲序列为输入信号，采用有监督的学习算法对分类器进行训练。

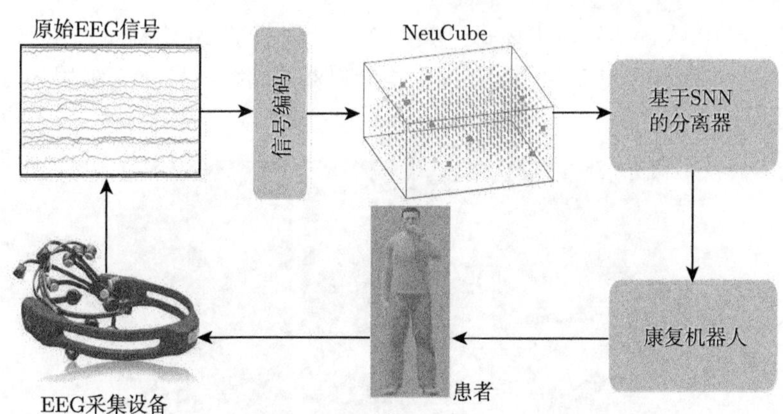

图 7.37 基于 EEG 的康复机器人主动康复训练策略的原理框图

1. EEG 信号的编码

原始的 EEG 信号是一个模拟量，而 SNN 只能处理脉冲序列，因此，需要对 EEG 进行编码，将其转换成 SNN 能处理的脉冲序列。常用编码方法有以下三种：Population Rank Coding (PRC)、Address Event Representation (AER)，以及 Ben's Spike Algorithm (BSA)[182~184]。其中，PRC 方法使用多个通道的脉冲信号来表征单个通道的模拟信号，脉冲信号通道和模拟信号通道不存在一一对应的关系，该方法对本节的问题并不适用；而相较于 AER 方法，使用 BSA 算法得到的脉冲序列能较好地保留原始信号中的特征，即从脉冲序列反变换得到的模拟量与原始信号有较高的一致性。因此，在本研究中将采用 BSA 算法对 EEG 进行编码。

首先对 EEG 进行归一化处理，将原始信号线性映射到 $[0,1]$，即

$$\bar{s}(t)=\frac{s(t)-\min(\boldsymbol{s})}{\max(\boldsymbol{s})-\min(\boldsymbol{s})} \tag{7.39}$$

其中，$\boldsymbol{s}$ 表示单个样本中单个通道的所有原始 EEG 信号按时间顺序排成的列向量；$s(t)$ 表示 $\boldsymbol{s}$ 中对应于 t 时刻的元素；$\bar{s}(t)$ 是对 $s(t)$ 进行归一化后的值。

BSA 编码方法的基本思想是原始模拟信号可由脉冲序列经过线性低通滤波进行估计，估计值 $\hat{\bar{s}}(t)$ 可表示为

$$\hat{\bar{s}}(t)=(h*p)(t)=\int_{-\infty}^{\infty}p(t-\tau)h(\tau)\mathrm{d}\tau=\sum_{k=1}^{N}h(t-t_k) \tag{7.40}$$

其中，$p(t)=\sum\limits_{k=1}^{N}\delta(t-t_k)$ 是脉冲序列，它输入到后续的脉冲神经元；t_k 表示脉冲发生的时刻；$h(t)$ 表示线性滤波器的单位脉冲响应。BSA 算法要求线性滤波器

具备有限脉冲响应 (finite impulse response，FIR)。在离散情况下，原始模拟信号的估计可重写为

$$\hat{\hat{s}}(t) = (h * p)(t) = \sum_{k=0}^{M} p(t-k)h(k) \tag{7.41}$$

其中，M 表示 FIR 数字滤波器的阶数。

BSA 算法的伪代码如下：

```
for(i=0;i<inputsize;i++)
{
    double err1=0,err2=0;
    for(j=0;j<filtersize;j++)
        if(i+j<inputsize)
        {
            err1+=abs(input[i+j]-filter[j]);
            err2+=abs(input[i+j]);
        }
    if(err1<=err2-threshold)
    {
        output[i]=1;
        for(j=0;j<filtersize;j++)
            if(i+j<inputsize)
                input[i+j]-=filter[j];
    }
    else
        output[i]=0;
}
```

在每个时刻 t，计算两个误差度量，$e_1(t) = \sum_{k=0}^{M} |s(t+k) - h(k)|$ 和 $e_2(t) = \sum_{k=0}^{M} |s(t+k)|$；当 $e_2(t)$ 减去 $e_1(t)$ 的差大于设定的阈值，就会在该时刻产生一个脉冲信号，同时从 $t \sim t+M$ 时刻的输入信号中减去相应的滤波器系数。

在使用 BSA 对模拟信号进行脉冲编码时，FIR 滤波器以及两个误差度量之间的阈值起到最为关键的作用，因此需要对二者进行优化。线性 FIR 数字低通滤波器可由阶数 ω_{BSA} 和截止频率 ϵ_{BSA} 来确定，因此待优化的参数包括滤波器阶数、截止频率和阈值。该优化问题有以下难点：① 滤波器阶数是一个整数，而另外两个参数是实数，因此这是一个整数和实数的混合优化问题；② BSA 编码算法是一个非线性过程。

这里采用分层的方法，在不同的层级分别处理整数和实数优化问题。首先在上层采用遍历的方法在指定范围内确定一个滤波器阶数，然后在下层采用 PSO 算法搜寻最优的截止频率和阈值，最后综合所有阶数下的优化结果，得到全局最优解。

在使用 BSA 算法对归一化的 EEG 信号进行编码时，采用最小化原始 EEG 和还原信号之间的相对误差 e_{BSA} 为代价函数。e_{BSA} 定义为

$$e_{\mathrm{BSA}} = \frac{\sum |s(t) - \hat{s}(t)|}{\sum s(t)} \tag{7.42}$$

其中，$\hat{s}(t) = \hat{\bar{s}}(t)\,(\max(\boldsymbol{s}) - \min(\boldsymbol{s})) + \min(\boldsymbol{s})$，表示从脉冲序列还原得到的 t 时刻的 EEG 信号。在本节的实验中，采用遍历的方法在训练样本集上优化 FIR 滤波器的阶数和 BSA 算法的阈值，优化后，相对误差 e_{BSA} 降至 0.16%，相应的滤波器阶数为 6，阈值为 0.679。其中，FIR 滤波器的设计采用能够返回一个归一化 (所有系数之和为 1) 的 FIR 低通滤波器，优化后得到的线性 FIR 滤波器的系数曲线如图 7.38 所示。

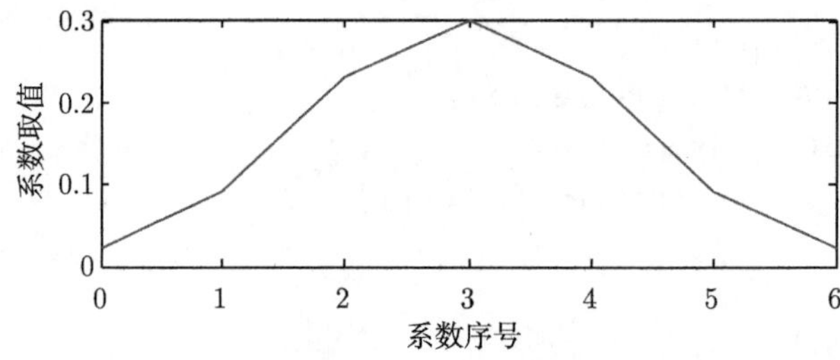

图 7.38　线性 FIR 滤波器的系数曲线

在上述 FIR 滤波器和阈值的基础上，BSA 对归一化的 EEG 样本进行编码，将模拟量转换成脉冲序列。解码结果如图 7.39 所示。图 7.39(a) 将原始 EEG 和从脉冲序列还原的信号进行了对比，可以看出二者具有较高的一致性。相应的脉冲序列如图 7.39(b) 所示，结果显示序列中的脉冲密度较为合适。图 7.39(a) 中虚线表示从脉冲序列重构得到的 EEG 信号，实线表示原始 EEG 信号；图 7.39(b) 中每一条竖线表示该通道在对应时刻输出了一个脉冲信号。

2. 基于 SNN 的信号池——NeuCube

NeuCube 是一个分布在 3D 空间内的 SNN 信号池，主要用于处理 EEG、脑影像等数据[185]。NeuCube 是对人类大脑的近似映射，其内部的脉冲神经元在 3D 空间中的位置分布由大脑坐标系来确定，典型的如 Talairach 坐标系和 Montreal

Neurological Institute(MNI) 坐标系等。因此，从结构上看，NeuCube 具备大脑形态；从功能上看，依据位置坐标可以将内部的神经元划分至不同的大脑功能区。此外，NeuCube 还可以在数据处理过程中可视化呈现大脑的活动，包括：脉冲信号在大脑内部的传递方式、大脑各功能区的激活程度、神经元之间连接强度的调整，以及训练过程中神经元的活动和连接从随机的初始状态到稳定模式的变化等。

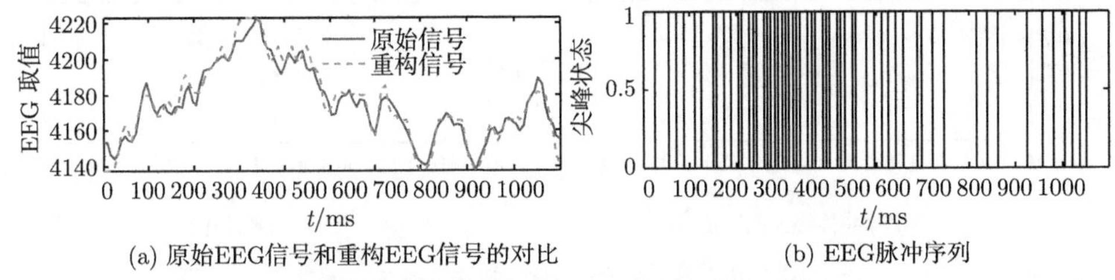

(a) 原始EEG信号和重构EEG信号的对比 (b) EEG脉冲序列

图 7.39 BSA 算法对 EEG 信号的编码结果

在 SNN 中，常用的脉冲神经元模型有两种：leaky integrate and fire (LIF) 模型和概率模型。虽然概率模型更加接近真实的大脑神经元，实际应用也证明，使用概率模型有时能取得更好的效果，但是由于该模型的参数较多，难以整定。因此，本研究采用 LIF 脉冲神经元模型，神经元 i 在 t 时刻总的突触后电位 (PSP)$u_i(t)$ 的计算方法为

$$u_i(t)=\begin{cases}0, & t<t_{\mathrm{s}}(i)+t_{\mathrm{r}}\\ \max\left(0,u_i(t-t_{\mathrm{u}})+\sum\limits_{j=1}^{n_{\mathrm{i}}}e_j(t)w_{ji}(t)-u_{\mathrm{leak}}\right), & \text{其他}\end{cases} \tag{7.43}$$

其中，n_{i} 表示神经元的输入通道数；$t_{\mathrm{s}}(i)$ 表示第 i 个神经元最近一个脉冲的激发时刻；t_{r} 表示神经元在激发一个脉冲后的不响应时间；t_{u} 表示一个时间单元；$e_j(t)$ 是一个脉冲指示量，当在 t 时刻第 j 个突触接收到一个脉冲，$e_j(t)=1$，否则 $e_j(t)=0$；$w_{ji}(t)$ 表示在 t 时刻从第 j 个神经元到第 i 个神经元的连接权重，即在 (j,i) 处的突触连接权重；u_{leak} 表示单位时间内泄漏的电位。脉冲神经元模型的输入输出关系如图 7.40 所示。神经元每接收到一个输入脉冲，其 PSP 会增加一个相应的连接权重；同时 PSP 以每单位时间 u_{leak} 的速度在泄漏，当 PSP 达到设定的阈值时，该神经元将会发出一个脉冲信号，相应的 PSP 被复位到初始值 (本研究中设置为 0)，并在 t_{r} 时间内不对任何输入作响应。图 7.40(a) 中每一条竖线表示该神经元在对应时刻接收到了一个脉冲信号，其中虚线表示该脉冲的发生时刻处于神经元的不响应时间段内；图 7.40(c) 中每一条竖线表示该神经元在对应时刻输出了一个脉冲信号。

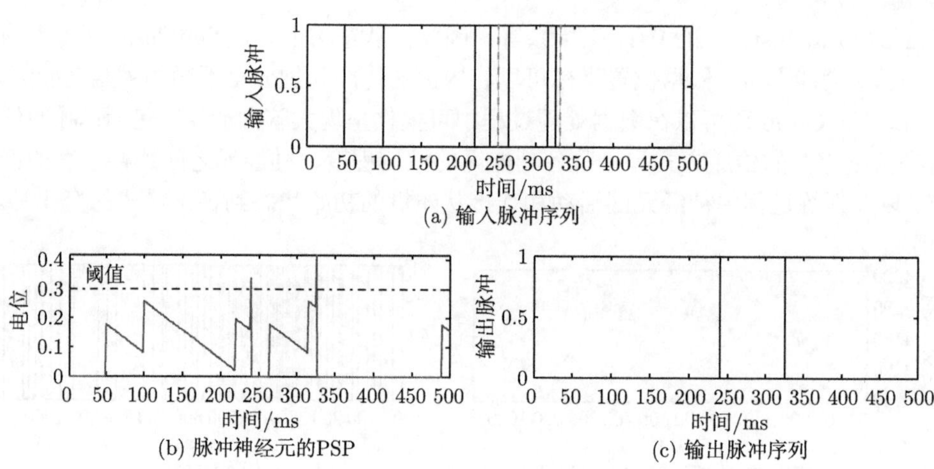

图 7.40　脉冲神经元模型的输入输出关系

NeuCube 的 3-D 结构和对脑部活动的可视化呈现如图 7.41 所示，总共有 1471 个神经元，它们的空间位置分布遵照 Talairach 坐标系进行设置。其中的 14 个神经元为输入节点，它们的坐标对应于 Emotiv 设备 14 个通道的电极在头皮上的位置分布，如图 7.41 中的方块标记所示 (见彩图)。输入神经元包含两个状态，即激发和非激发状态，直接取决于来自对 EEG 编码产生的输入脉冲序列，在图 7.41 中分别由洋红色和黄色表示。剩余的 1457 个神经元为中间节点，如图 7.41 中的点标记所示，它们同样有激发和非激发两种状态，这取决于它们的 PSP 是否达到阈值，分别用红色和蓝色表示。

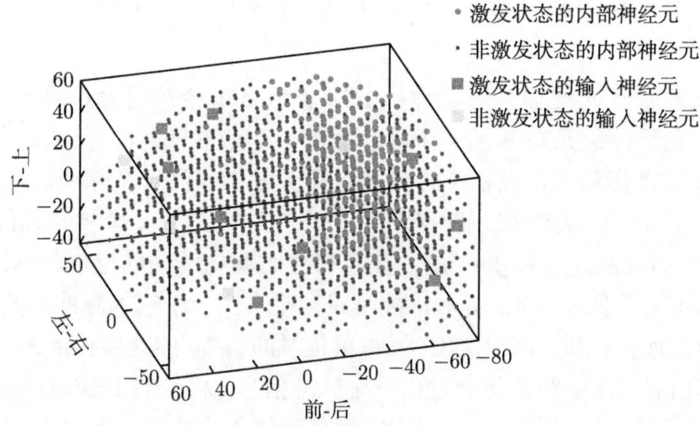

图 7.41　NeuCube 的 3-D 结构及对脑部活动的可视化 (见彩图)

NeuCube 中神经元之间的初始连接权重是在遵照小世界连接 (small world connection,SWC) 原则[186] 的基础上加入随机因子生成的，即

$$w_{ij}(0) = c_{ij}s_{ij}\alpha_{ij}\mathrm{e}^{-d_{ij}}, \quad \forall i, j = 1, \cdots, 1471 \tag{7.44}$$

其中，c_{ij} 是一个连接指示量，如果从第 i 个到第 j 个神经元有连接，$c_{ij} = 1$，否则 $c_{ij} = 0$；s_{ij} 是连接类型的指示量，如果从第 i 个到第 j 个神经元的连接是兴奋型的，则 $s_{ij} = 1$，如果连接是抑制型的，则 $s_{ij} = -1$；α_{ij} 是一个随机因子，服从 $[0, 1]$ 的均匀分布；d_{ij} 表示第 i 个和第 j 个神经元之间的欧几里得距离。NeuCube 神经元之间的初始化连接满足以下约束：

(1) 神经元之间的连接是随机建立的，服从均匀分布；

(2) 当两个神经元之间的欧几里得距离大于设定的阈值 d_{th}(本节将其设置为 NeuCube 中神经元之间最大距离的 1/6) 时，它们之间没有连接，即

$$c_{ij} = 0, \quad d_{ij} > d_{\mathrm{th}}, \quad \forall i, j = 1, \cdots, 1471$$

(3) 禁止指向输入神经元的连接，即

$$c_{ij} = 0, \quad \forall i = 1, \cdots, 1471, \quad j = 1, \cdots, 14$$

(4) 禁止神经元指向自身的连接，即

$$c_{ii} = 0, \quad \forall i = 1, \cdots, 1471$$

(5) 只允许神经元之间的单向连接，即

$$c_{ij}c_{ji} = 0, \quad \forall i = 2, \cdots, 1471, \quad j = 1, \cdots, i-1$$

(6) 从输入神经元到内部神经元的连接都是兴奋型连接，连接权值为正，即

$$s_{ij} = 1, \quad \forall i = 1, \cdots, 1471, \quad j = 1, \cdots, 14$$

(7) 内部神经元之间的连接中，有 80% 为兴奋型，连接权值为正，有 20% 为抑制型，连接权值为负。

由式(7.44)可知，距离较近的神经元之间更有机会获得较大权重的连接，这与 SWC 原则的基本思想相符合。

本节中采用脉冲时间依赖的突触可塑性 (spike timing dependant plasticity, STDP) 算法对 NeuCube 进行训练。STDP 是一种基于 Hebbian 理论中长时程增强 (long term potentiation, LTP) 和长时程抑制 (long term depression, LTD) 的学习算法[187]。STDP 对神经元之间连接权重的调节方法为

$$\Delta w = \mathrm{sgn}(\Delta t) A \mathrm{e}^{-|\Delta t|/\tau} \tag{7.45}$$

其中，Δw 是对连接权重的调整量；$\Delta t = t_{\text{post}} - t_{\text{pre}}$ 表示突触后和突触前神经元最近一次激发的时间差；A 为比例因子；τ 为时间常数。

STDP 算法的学习曲线如图 7.42 所示，依据突触前后神经元激发的时间关系，它们之间的连接将被加强或削弱。应用 STDP 算法后，NeuCube 将会从样本数据中学习神经元激发的时间联系，以调整有连接神经元之间的连接权重。当突触后神经元后于突触前神经元激发，即 $\Delta t > 0$，连接权重增加，完成一次 LTP；反之，连接权重减小，完成一次 LTD。

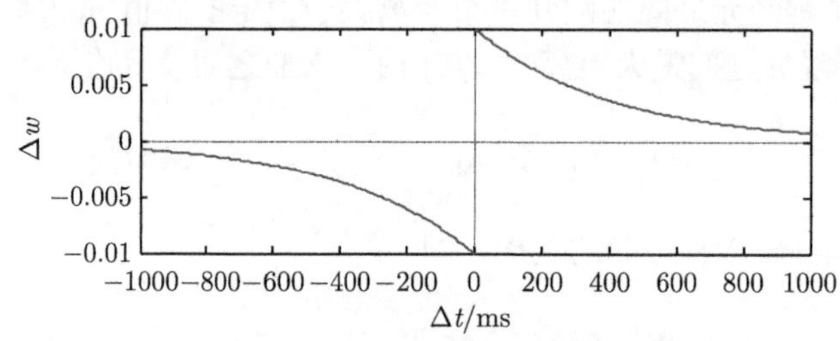

图 7.42　STDP 算法的学习曲线

3. 分类器的设计

NeuCube 的输出是脉冲序列，可以直接作为 SNN 的输入，因此本研究可采用基于 SNN 的分类器。可用于分类操作的 SNN 主要有三种：evolving spiking neuron networks (eSNN)、dynamic evolving spiking neuron networks (deSNN)[188] 及 spike pattern association neuron (SPAN)[189]。通过实验尝试和对比，本研究将采用 deSNN 的一种，即 deSNNs，作为分类器。

首先，deSNNs 将根据输入的训练样本构造一个神经元，该神经元与 NeuCube 的连接权重按照排序法 (rank order, RO) 进行初始化：

$$\omega_{ji}(t_0) = \alpha \ \text{mod}^{\text{order}_{ji}} \tag{7.46}$$

其中，$\omega_{ji}(t)$ 表示 t 时刻从分类器的第 j 个输入通道到第 i 个神经元的连接权重；t_0 表示第 j 个输入通道的第一个脉冲发生的时刻；α 是一个学习参数；order_{ji} 表示第 j 通道的第一个脉冲在所有已到达第 i 个神经元处的脉冲中的排序；mod 是一个调制系数，它定义了第一个脉冲所占排序的重要性。对于第一个到达第 i 个神经元处的脉冲，它的排序为零，即 $\text{order}_{ji} = 0$；之后每到达一个脉冲，排序加 1。

其次，deSNNs 采用脉冲驱动的突触可塑性 (spike driven synaptic plasticity,SDSP) 算法对权重进行调节：

$$\omega_{ji}(t) = \omega_{ji}(t - t_u) + f_j(t)D, \quad \forall t = t_0 + t_u, \cdots, T \tag{7.47}$$

其中，$f_j(t)$ 是脉冲指示量，当 t 时刻 deSNNs 的第 j 个输入通道有后续 (非第一个) 脉冲，$f_j(t) = 1$，否则，$f_j(t) = -1$；D 是一个漂移参数；T 表示单组样本的时间长度。在权值向量最终确定之后，还有一个可选的操作步骤：如果新增神经元对应的权值向量与同类别中的一个现有神经元的权值向量之间的距离小于设定的阈值时，将二者合二为一。这里的权值比较通常会涉及权重初值 $\boldsymbol{\omega}(t_0)$ 和终值 $\boldsymbol{\omega}(T)$，而合并而成的神经元的权值向量通常取二者的平均。上述可选操作在本节中并未使用。

在测试阶段，针对每一个待分类的输入样本，同样会在 deSNNs 中添加一个新的脉冲神经元。NeuCube 到该神经元的连接权重初始化和后续的调整方法与训练阶段一致。新创建神经元的权值向量将与现有神经元的权值向量一一进行比较，输入样本将会被分类至距离最近的神经元所表示的类别。在分类完成后，将新创建的神经元移除。由于突触的连接权重是随时间变化的，权值比较通常会涉及权重初值 $\boldsymbol{\omega}(t_0)$ 和终值 $\boldsymbol{\omega}(T)$，但在本节中只计算了权重终值之间的距离。

7.6.3 分类结果及讨论

本节实验分别使用了 NeuCube + deSNNs 和 deSNNs 两种方法对采集到的 EEG 信号进行了分类。对比两种方法的分类结果可以看出 3D 信号池 NeuCube 对分类精度的影响。表 7.10 是两种分类方法在不同数据集上的分类精度。其中，“Overall”表示整个样本集；“Training”表示训练样本集；“Test”表示测试样本集；“类别 1”“类别 2”“类别 3”分别表示测试样本集上空闲、进食、提裤所对应的数据集。当使用 NeuCube 对 EEG 进行处理时，测试集上的分类精度达到了 86.67%。

表 7.10 在不同数据集上的分类精度

NeuCube	Overall	Training	Test	类别 1	类别 2	类别 3
有	93.33%	100%	86.67%	80%	100%	80%
无	86.67%	100%	73.33%	80%	100%	40%

两种分类方法在测试样本集上的混淆矩阵如表 7.11 所示。当采用 NeuCube 时，仅有 2 个样本被误分类。其中，类 1 中的 1 个样本被误分类为类 3；类 3 中的 1 个样本被误分类为类 2。当不采用 NeuCube 而直接采用 deSNNs 分类时，有 4 个测试样本被误分类。其中，类 1 中的 1 个样本被误分类为类 3；类 3 中的 3 个样本被误分类为类 2。因此，使用 NeuCube 带来的分类性能上的改善主要体现在第 3 类样本集上 (表 7.10 的最后一行也可以看出)。

表 7.11　在测试样本上的混淆矩阵

实际类别	预测类别					
	有 NeuCube			无 NeuCube		
	类别 1	类别 2	类别 3	类别 1	类别 2	类别 3
类别 1	4	0	1	4	0	1
类别 2	0	5	0	0	5	0
类别 3	0	1	4	0	3	2

两种分类方法在不同数据集上分类精度的对比如图 7.43 所示，其中，深浅两种色条分别表示 NeuCube+deSNNs 和 deSNNs 的分类精度，可以明显看出，NeuCube 的加入提高了 ADL 的分类精度。NeuCube 将 14 通道的脉冲序列映射到含有 1471 个神经元的大尺度 SNN，这不仅通过有限的 EEG 数据模拟出并可视化了大脑活动，而且产生了更具分辨性的 EEG 数据的特征。

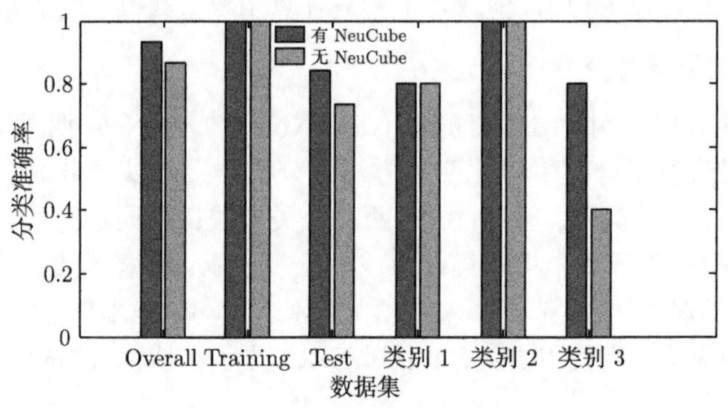

图 7.43　在不同数据集上的分类精度

需要指出的是，上述研究只是为完全脊髓损伤患者的主动训练提供一种潜在的方案，为了能够将 EEG 分类技术用于实时的主动康复训练，还有几个关键问题需要解决。首先，为了进一步提高分类精度，我们可使用高性能的 EEG 采集设备，提高 EEG 的通道数、采样频率和信噪比，以得到更好的分类结果。其次，本节实验中在采集 EEG 样本时，被试完成了指定动作；但是完全脊髓损伤患者是无法完成实际动作的，他们只能通过想象相应的肢体动作来产生 EEG 信号；因此，在实际应用前还需验证该技术对运动想象 EEG 信号的分类效果，相关研究可参考文献 [190]、[191]。最后，本节研究中探讨的是上肢的 ADL 分类，后续还需要验证该方法在下肢 ADL 分类中的效果。

7.7 小　结

本章紧密结合应用介绍了基于 sEMG、EEG 的人体运动意图识别技术，这里的运动意图主要包括人体想要完成的动作模式、肢体关节运动量，如关节角度和角速度、关节扭矩等。基于 sEMG 的运动意图识别技术研究相对比较充分，在动作模式分类、关节角度和角速度估计、关节扭矩估计等方面具有较多的研究成果，但是在估计的准确性、可靠性研究方面还有待进一步深入。基于 EEG 的运动意图识别技术，目前主要用于动作意图的模式分类领域，离满足康复临床的实际需求还有较大距离。本章对基于生物电信号的阐述还是非常有限的，仅限于课题组近几年的相关研究。实际上，在康复机器人领域，运动意图的识别研究已经非常广泛和深入。例如，多模态信息融合的意图识别研究已有一些成果，如何提高生物电信号识别的可靠性也有很多新成果和新发现，等等。当然，考虑到康复机器人系统中人机紧密耦合的特殊属性，如何实现精准、实时、可靠的人体运动意图识别仍然是康复机器人研究领域需要突破的关键技术之一。

第 8 章　人机交互控制与康复训练方法

8.1　引　　言

康复机器人是典型的人机一体化系统，系统中人与机器人之间发生动力、控制、信息等多方面的紧密交互。人机交互性能是制约康复机器人临床效果的重要因素之一，已成为康复机器人研究中具有挑战性的热点问题。目前，康复机器人的人机交互研究主要涉及人体运动意图识别与人机交互控制两个方面。其中，人体意图识别在本书前几章做了阐述，本章将对人机交互控制方法进行详细说明。

康复训练方法主要研究临床康复中的训练策略，其目标是激发患者参与训练的兴趣，促进中枢神经和骨骼肌肉的正确协同参与，并提高其生理和心理层面的参与水平，提高康复效果。康复训练方法的设计需要在临床康复医师的指导下完成，同时依赖康复机器人的人机交互与控制系统性能，因此，康复训练方法与人机交互策略是康复机器人研究中紧密结合的两个方面。本章针对康复训练与人机交互的阐述将充分考虑两者的关联性。

根据训练中是否有患者意图的主动参与，可以将康复机器人辅助的训练方法大致分为主动训练和被动训练两大类 (也有文献根据主动训练中机器人的辅助水平将主动训练进一步细分为助力训练、主动训练及抗阻训练)。本章主要基于 iLeg 下肢康复机器人平台对康复机器人的控制策略及相关康复训练方法进行阐述。

8.2　被动训练中的控制策略

被动训练是指患者肢体在机器人的带动下进行康复运动，整个过程由机器人完成，不需要患者意图的主动参与。相应的控制方法需要解决以下几个问题：第一，对指定运动轨迹的跟踪，该内容将在本节进行介绍；第二，肢体异常肌肉收缩活动 (如痉挛、颤抖等) 的检测，可采用力、力矩、sEMG 等信号；第三，检测到肌肉收缩力/力矩时，如何对机器人进行控制使其表现出柔顺性，避免肢体和机构之间的过度对抗，从而保护患者不受损伤；第四，异常的肌肉收缩消失后，如何恢复到被动训练。

8.2.1 位置控制策略

在被动训练时，康复机器人的主要任务是带动患肢完成预定轨迹的运动训练，其控制方法首先要能够实现对指定运动轨迹 (尤其是位置) 的精确跟踪，下面结合 iLeg 下肢康复机器人说明位置控制问题。

1. 带前馈补偿的 PD 控制

为实现位置控制的目标，本书采用基于人机混合系统动力学模型并带前馈补偿项的 PD 控制算法，其结构如图 8.1 所示。其中，$\boldsymbol{X}_{\rm r}$、$\dot{\boldsymbol{X}}_{\rm r}$ 和 $\ddot{\boldsymbol{X}}_{\rm r}$ 分别表示预定的末端运动位置、速度和加速度，可使用逆向运动学方程将末端的参考运动信息转换到关节空间，得到关节空间的角度 $\boldsymbol{q}_{\rm r}$、角速度 $\dot{\boldsymbol{q}}_{\rm r}$ 和角加速度 $\ddot{\boldsymbol{q}}_{\rm r}$。

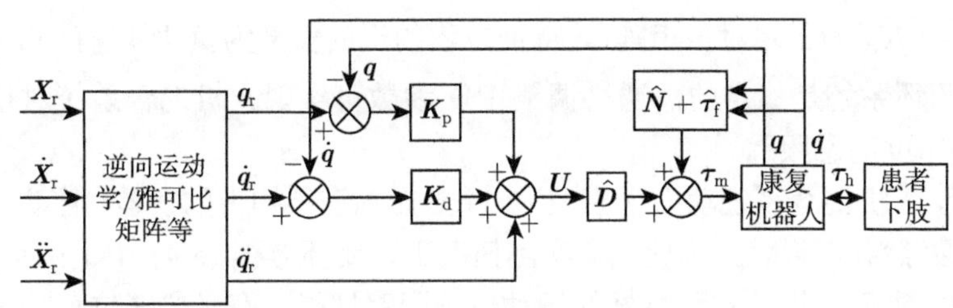

图 8.1 带前馈补偿的 PD 位置控制结构

在该人机混合系统中，关节空间的合力矩主要由三部分组成，分别是电机的输出力矩、摩擦力矩和下肢肌肉收缩所产生的力矩，因此，动力学模型可写为

$$\boldsymbol{D}(\boldsymbol{q})\ddot{\boldsymbol{q}}+\boldsymbol{N}(\boldsymbol{q},\dot{\boldsymbol{q}})+\boldsymbol{\tau}_{\rm f}=\boldsymbol{\tau}_{\rm m}+\boldsymbol{\tau}_{\rm h} \tag{8.1}$$

其中，$\boldsymbol{N}(\boldsymbol{q},\dot{\boldsymbol{q}})$ 是非线性项，定义为 $\boldsymbol{N}(\boldsymbol{q},\dot{\boldsymbol{q}})=\boldsymbol{C}(\boldsymbol{q},\dot{\boldsymbol{q}})\dot{\boldsymbol{q}}+\boldsymbol{g}(\boldsymbol{q})$；$\boldsymbol{\tau}_{\rm f}$ 是 2×1 的关节摩擦力矩列向量；$\boldsymbol{\tau}_{\rm m}$ 是由伺服电机产生的关节驱动力矩；$\boldsymbol{\tau}_{\rm h}$ 是由下肢的肌肉收缩所产生的关节力矩。

伺服电机输出力矩由下式给出，即

$$\boldsymbol{\tau}_{\rm m}=\hat{\boldsymbol{D}}\boldsymbol{U}+\hat{\boldsymbol{N}}+\hat{\boldsymbol{\tau}}_{\rm f} \tag{8.2}$$

其中，$\hat{\boldsymbol{N}}+\hat{\boldsymbol{\tau}}_{\rm f}$ 是基于动力学模型的前馈项，$\hat{\boldsymbol{N}}$ 和 $\hat{\boldsymbol{\tau}}_{\rm f}$ 分别表示 $\boldsymbol{N}$ 和 $\boldsymbol{\tau}_{\rm f}$ 的估计值；$\hat{\boldsymbol{D}}\boldsymbol{U}$ 是基于 PD 算法的反馈项，$\hat{\boldsymbol{D}}$ 表示 $\boldsymbol{D}$ 的估计值，$\boldsymbol{U}$ 是反馈项的输入信号，由下式计算得到，即

$$\boldsymbol{U}=\ddot{\boldsymbol{q}}_{\rm r}-\boldsymbol{K}_{\rm d}\dot{\boldsymbol{e}}-\boldsymbol{K}_{\rm p}\boldsymbol{e} \tag{8.3}$$

其中，误差信号定义为 $\boldsymbol{e}=\boldsymbol{q}-\boldsymbol{q}_{\rm r}$；$\boldsymbol{K}_{\rm p}$ 和 $\boldsymbol{K}_{\rm d}$ 分别表示比例项和微分项的系数矩阵，均为 2×2 的正定对角矩阵。

由式 (8.1)、式 (8.2) 及式 (8.3) 可以推导出闭环系统的动态方程为

$$\ddot{\boldsymbol{e}}+\boldsymbol{K}_{\mathrm{d}}\dot{\boldsymbol{e}}+\boldsymbol{K}_{\mathrm{p}}\boldsymbol{e}=\boldsymbol{\Psi} \tag{8.4}$$

其中，人机混合系统动力学模型中的不确定项 $\boldsymbol{\Psi}=\hat{\boldsymbol{D}}^{-1}(\tilde{\boldsymbol{D}}\ddot{\boldsymbol{q}}+\tilde{\boldsymbol{N}}+\tilde{\boldsymbol{\tau}}_{\mathrm{f}}+\boldsymbol{\tau}_{\mathrm{h}})$；惯性项、非线性项及摩擦力项的偏差分别定义为 $\tilde{\boldsymbol{D}}=\hat{\boldsymbol{D}}-\boldsymbol{D}$、$\tilde{\boldsymbol{N}}=\hat{\boldsymbol{N}}-\boldsymbol{N}$ 及 $\tilde{\boldsymbol{\tau}}_{\mathrm{f}}=\hat{\boldsymbol{\tau}}_{\mathrm{f}}-\boldsymbol{\tau}_{\mathrm{f}}$。

在理想情况下，上述各个偏差项和下肢肌肉收缩力矩为零，即 $\tilde{\boldsymbol{D}}=0$、$\tilde{\boldsymbol{N}}=0$、$\tilde{\boldsymbol{\tau}}_{\mathrm{f}}=0$ 和 $\boldsymbol{\tau}_{\mathrm{h}}=0$。此时，不确定项被消除，即 $\boldsymbol{\Psi}=0$。式 (8.4) 变为一个理想的二阶常系数齐次线性微分方程，即

$$\ddot{\boldsymbol{e}}+\boldsymbol{K}_{\mathrm{d}}\dot{\boldsymbol{e}}+\boldsymbol{K}_{\mathrm{p}}\boldsymbol{e}=0 \tag{8.5}$$

由于 $\boldsymbol{K}_{\mathrm{p}}$ 和 $\boldsymbol{K}_{\mathrm{d}}$ 为正定对角矩阵，其特征方程的根的实部为负，所以有 $\lim\limits_{t\to+\infty}\boldsymbol{e}(t)=\boldsymbol{0}$，即该闭环系统是稳定的，通过调整 PD 参数可实现人机混合系统对指定运动轨迹的高精度动态跟踪。

然而，人机混合系统动力学模型 (8.1) 必然存在结构上的误差，且动力学参数的估计也必然存在误差，因此，在实际情况下，闭环方程 (8.4) 中不确定项 $\boldsymbol{\Psi}$ 总是存在的。进而，为了实现良好的运动轨迹跟踪性能，有必要在位置控制算法中加入对不确定项的补偿。考虑到 BP 神经网络对非线性函数的良好拟合性能，这里采用 BP 神经网络对不确定项进行补偿。

2. BP 神经网络

典型的 BP 神经网络结构如图 8.2 所示，它包含三层，分别为输入层、隐层和输出层[192]。其中，u_i 表示 BP 神经网络的第 i 个输入信号；n_{i} 表示输入层神经元的数量；$\boldsymbol{V}$ 表示输入层和隐层之间的广义权矩阵，维数为 $(n_{\mathrm{i}}+1)\times n_{\mathrm{h}}$，其最后一行是隐层神经元的偏置向量，隐层神经元的数量为 n_{h}；$\Phi(\cdot)$ 表示隐层神经元的激励函数；$\boldsymbol{W}$ 表示隐层与输出层之间的广义权矩阵，维数为 $(n_{\mathrm{h}}+1)\times n_{\mathrm{o}}$，其最后一行是输出层神经元的偏置向量，$n_{\mathrm{o}}$ 是输出层神经元的数量；$\hat{\Psi}_i$ 表示 BP 神经网络的第 i 个输出量，相应的期望输出表示为 Ψ_i。

上述 BP 神经网络可采用以下矩阵方程表示，即

$$\hat{\boldsymbol{\Psi}}(\boldsymbol{u})=\boldsymbol{W}^{\mathrm{T}}\boldsymbol{\Phi}(\boldsymbol{V}^{\mathrm{T}}\boldsymbol{u}) \tag{8.6}$$

其中，$\hat{\boldsymbol{\Psi}}$ 是 $n_{\mathrm{o}}\times 1$ 的输出列向量，$\hat{\boldsymbol{\Psi}}=[\hat{\Psi}_1\ \hat{\Psi}_2\ \cdots\ \hat{\Psi}_{n_{\mathrm{o}}}]^{\mathrm{T}}$，相应的期望输出列向量为 $\boldsymbol{\Psi}=[\Psi_1\ \Psi_2\ \cdots\ \Psi_{n_{\mathrm{o}}}]^{\mathrm{T}}$；$\boldsymbol{u}$ 是 $(n_i+1)\times 1$ 的广义输入列向量，$\boldsymbol{u}=[u_1u_2\ \cdots\ u_{n_i}\ 1]^{\mathrm{T}}$；$\boldsymbol{\Phi}(\boldsymbol{V}^{\mathrm{T}}\boldsymbol{u})=[\Phi(\boldsymbol{v}_1^{\mathrm{T}}\boldsymbol{u})\ \Phi(\boldsymbol{v}_2^{\mathrm{T}}\boldsymbol{u})\ \cdots\ \Phi(\boldsymbol{v}_{n_{\mathrm{h}}}^{\mathrm{T}}\boldsymbol{u})\ 1]^{\mathrm{T}}$ 表示广义的隐层输出，是 $(n_{\mathrm{h}}+1)\times 1$ 的列向量，$\boldsymbol{v}_i$ 是权矩阵 $\boldsymbol{V}$ 的第 i 列。

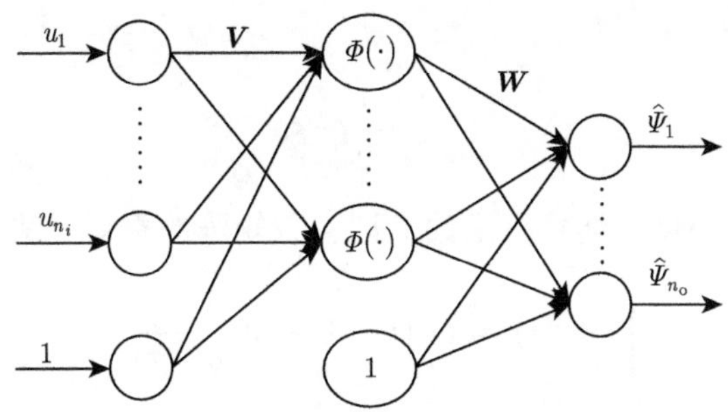

图 8.2 典型 BP 神经网络的结构

隐层神经元的激励函数有许多种，其中最为常用的是两类 sigmoid 函数，一类是 logistic 函数，即 $\phi(a\nu) = 1/(1+\exp(-a\nu))$；另一类是双曲正切函数，即 $\phi(a\nu) = (\exp(a\nu)-\exp(-a\nu))/(\exp(a\nu)+\exp(-a\nu))$；其中，$a > 0$ 表示 sigmoid 函数的斜率参数；$\exp(\cdot)$ 表示以 e 为底的指数函数；隐层的第 i 个神经元的输入为 $\nu = \boldsymbol{v}_i^{\mathrm{T}}\boldsymbol{u}$。这两个函数有三个共同点：严格单调递增性、非线性和连续可微性；它们的不同点在于：logistic 函数的值域为 $[0,1]$，而双曲正切函数的值域为 $[-1,1]$。不同斜率参数下的 sigmoid 激励函数如图 8.3 所示（见彩图），其中，蓝色的曲线对应于 $a=0.5$，绿色的曲线对应于 $a=1$，红色的曲线对应于 $a=2$。可以看出，随着 a 的增大，sigmoid 函数在原点附近的斜率增大。此外，sigmoid 函数可以在原点附近有良好的线性度，而远离原点处则呈现出较强的非线性，因此，sigmoid 函数在线性和非线性之间取得平衡。

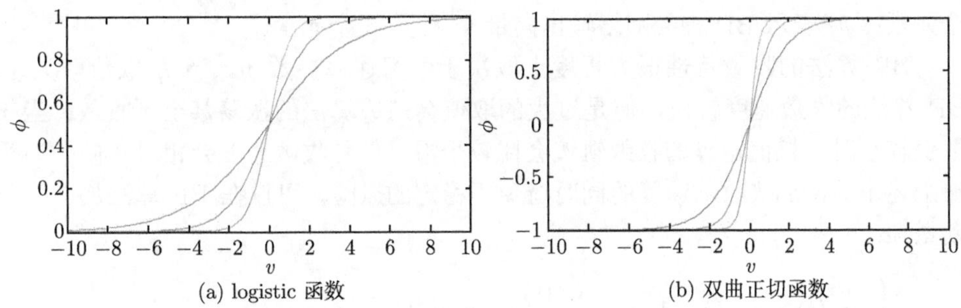

图 8.3 sigmoid 激励函数（见彩图）

BP 神经网络的期望输出和实际输出之间的误差可表示为

$$\boldsymbol{\xi} = \boldsymbol{\Psi} - \hat{\boldsymbol{\Psi}} \tag{8.7}$$

为了使 BP 神经网络的输出尽量接近期望输出，应该让 $\boldsymbol{\xi}$ 尽量接近于零向量，因

此定义目标函数为

$$\delta = \frac{1}{2}\boldsymbol{\xi}^{\mathrm{T}}\boldsymbol{\xi} \tag{8.8}$$

采用 BP 算法来最小化上述目标函数 δ 时，权矩阵的更新方法如下：

$$\begin{cases} v_{ij}(t) = v_{ij}(t-1) - \eta\dfrac{\partial\delta(t)}{\partial v_{ij}(t)} \\ w_{ij}(t) = w_{ij}(t-1) - \eta\dfrac{\partial\delta(t)}{\partial w_{ij}(t)} \end{cases} \tag{8.9}$$

其中，$v_{ij}(t)$ 和 $w_{ij}(t)$ 分别表示 t 时刻权矩阵 $\boldsymbol{V}$ 和 $\boldsymbol{W}$ 第 i 行第 j 列的元素的值，η 是 BP 算法的学习速率参数。

目标函数相对于两个权矩阵中的元素的偏导数分别为

$$\frac{\partial\delta(t)}{\partial v_{ij}(t)} = \frac{\partial\delta(t)}{\partial\boldsymbol{\xi}^{\mathrm{T}}(t)}\frac{-\partial\hat{\boldsymbol{\Psi}}(t)}{\partial\phi_j(t)}\frac{\partial\phi_j(t)}{\partial v_{ij}(t)} = -\boldsymbol{\xi}^{\mathrm{T}}(t)\boldsymbol{w}_j\phi_j'(t)u_i(t) \tag{8.10}$$

$$\frac{\partial\delta(t)}{\partial w_{ij}(t)} = \frac{\partial\delta(t)}{\partial\xi_j(t)}\frac{-\partial\hat{\psi}_j(t)}{\partial w_{ij}(t)} = -\xi_j(t)\phi_i(t) \tag{8.11}$$

其中，$\boldsymbol{w}_j = [w_{1j} \quad w_{2j} \cdots w_{(n_h+1)j}]$；$\phi_j$ 表示隐层输出向量 $\boldsymbol{\Phi}$ 的第 j 个元素，它的导数定义为 $\phi_j' = \mathrm{d}\phi(\nu)/\mathrm{d}\nu|_{\nu=\boldsymbol{v}_j^{\mathrm{T}}\boldsymbol{u}}$；对于 logistic 函数，$\phi_j' = a\phi(\boldsymbol{v}_j^{\mathrm{T}}\boldsymbol{u})(1-\phi(\boldsymbol{v}_j^{\mathrm{T}}\boldsymbol{u}))$；对于双曲正切函数，$\phi_j' = a(1+\phi(\boldsymbol{v}_j^{\mathrm{T}}\boldsymbol{u}))(1-\phi(\boldsymbol{v}_j^{\mathrm{T}}\boldsymbol{u}))$；$\xi_j$ 表示误差向量 $\boldsymbol{\xi}$ 的第 j 个元素；$\hat{\psi}_j$ 表示 BP 神经网络输出向量 $\hat{\boldsymbol{\Psi}}$ 的第 j 个元素。

BP 算法的收敛特性很大程度上取决于学习速率参数 η。当 η 取值较大时，BP 算法的收敛速度较快，但是过大的取值会造成算法的振荡甚至不收敛；当 η 取值较小时，权值矩阵的收敛轨迹会比较平滑，但是收敛速度会相对较慢。为解决上述矛盾，加快收敛速度的同时避免不稳定的风险，可以在 BP 算法加入一个动量项：

$$\begin{cases} v_{ij}(t) = v_{ij}(t-1) - \eta\dfrac{\partial\delta(t)}{\partial v_{ij}(t)} + \alpha(v_{ij}(t-1) - v_{ij}(t-2)) \\ w_{ij}(t) = w_{ij}(t-1) - \eta\dfrac{\partial\delta(t)}{\partial w_{ij}(t)} + \alpha(w_{ij}(t-1) - w_{ij}(t-2)) \end{cases} \tag{8.12}$$

其中，α 表示动量项因子。

3. 带 BP 神经网络补偿的位置控制

带 BP 神经网络补偿的位置控制结构如图 8.4 所示，为了抵消式 (8.4) 中的不确定项 $\boldsymbol{\Psi}$，在控制输入信号中加入了 BP 神经网络的补偿项，即

$$\boldsymbol{U}=\ddot{\boldsymbol{q}}_{\mathrm{r}}-\boldsymbol{K}_{\mathrm{d}}\dot{\boldsymbol{e}}-\boldsymbol{K}_{\mathrm{p}}\boldsymbol{e}-\hat{\boldsymbol{\Psi}} \tag{8.13}$$

其中，$\hat{\boldsymbol{\Psi}}$ 表示 BP 神经网络的输出，是一个 2×1 的列向量。该 BP 神经网络的结构如图 8.2 所示，表达式如式 (8.6) 所示，其中：输入层神经元的数量为 6，即 $n_{\mathrm{i}}=6$；输出层神经元的数量为 2，即 $n_{\mathrm{o}}=2$；采用关节空间的加速度、速度和位置作为 BP 神经网络的输入，广义输入列向量为 $\boldsymbol{u}=[\ddot{\boldsymbol{q}}^{\mathrm{T}}\ \dot{\boldsymbol{q}}^{\mathrm{T}}\ \boldsymbol{q}^{\mathrm{T}}\ 1]^{\mathrm{T}}$；隐层神经元的激励函数采用 logistic 函数。

由式 (8.1)、式 (8.2) 和式 (8.13) 可推导出闭环系统方程为

$$\ddot{\boldsymbol{e}}+\boldsymbol{K}_{\mathrm{d}}\dot{\boldsymbol{e}}+\boldsymbol{K}_{\mathrm{p}}\boldsymbol{e}=\boldsymbol{\Psi}-\hat{\boldsymbol{\Psi}} \tag{8.14}$$

由于不确定项 $\boldsymbol{\Psi}$ 的真实值难以得到，无法使用式 (8.7) 得到误差信号向量。为了尽量抵消不确定项的影响，可以利用以下误差信号 $\boldsymbol{\xi}$ 来对 BP 神经网络进行训练，即

$$\boldsymbol{\xi}=\ddot{\boldsymbol{e}}+\boldsymbol{K}_{\mathrm{d}}\dot{\boldsymbol{e}}+\boldsymbol{K}_{\mathrm{p}}\boldsymbol{e} \tag{8.15}$$

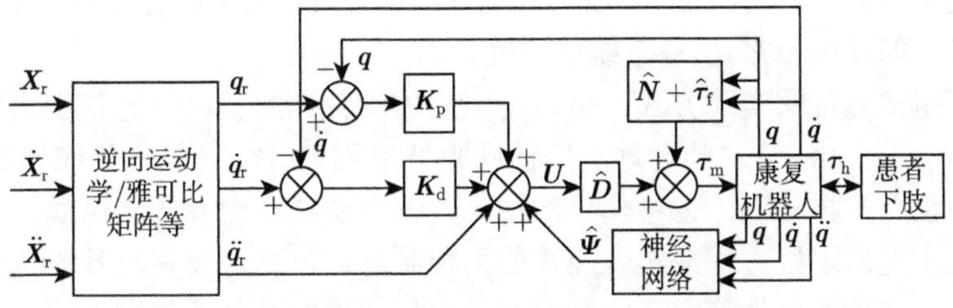

图 8.4 带 BP 神经网络补偿的位置控制结构

当 $\boldsymbol{\xi}=0$ 时，BP 神经网络能完全补偿不确定项 $\boldsymbol{\Psi}-\hat{\boldsymbol{\Psi}}=0$，同时理想的闭环方程 (8.5) 得以实现。为了逼近这一理想状态，BP 神经网络学习的目标函数如式 (8.8) 所示。结合式 (8.10)～ 式 (8.12)，将包含动量项的 BP 算法重新组织为矩阵方程的形式，其权矩阵的更新方法如下：

$$\begin{cases}\Delta\boldsymbol{V}(t)=\eta\boldsymbol{u}{\boldsymbol{\Phi}'_{\mathrm{s}}}^{\mathrm{T}}\mathrm{diag}(\boldsymbol{W}_{\mathrm{s}}\boldsymbol{\xi})+\alpha\Delta\boldsymbol{V}(t-1)\\ \Delta\boldsymbol{W}(t)=\eta\boldsymbol{\Phi}\boldsymbol{\xi}^{\mathrm{T}}+\alpha\Delta\boldsymbol{W}(t-1)\\ \boldsymbol{V}(t)=\boldsymbol{V}(t-1)+\Delta\boldsymbol{V}(t)\\ \boldsymbol{W}(t)=\boldsymbol{W}(t-1)+\Delta\boldsymbol{W}(t)\end{cases} \tag{8.16}$$

其中，$\Delta\boldsymbol{V}(t)$ 和 $\Delta\boldsymbol{W}(t)$ 分别表示权矩阵 $\boldsymbol{V}$ 和 $\boldsymbol{W}$ 在 t 时刻的增量；diag(·) 表示将向量对角化的算子；$\boldsymbol{W}_{\rm s}$ 是输入层与隐层之间的狭义权矩阵，即将广义权矩阵中的最后一行（神经元的偏置）删除后得到的矩阵，表示为 $\boldsymbol{W}_{\rm s}=[\boldsymbol{I}_{n_{\rm h}} \mid \boldsymbol{o}_{n_{\rm h}\times 1}]\boldsymbol{W}$；$\boldsymbol{I}_{n_{\rm h}}$ 是 $n_{\rm h}$ 阶的单位矩阵；$\boldsymbol{o}_{n_{\rm h}\times 1}$ 是 $n_{\rm h}\times 1$ 的零列向量；$\boldsymbol{\Phi}'_{\rm s}$ 是狭义隐层输出向量的一阶导数，表示为 $\boldsymbol{\Phi}'_{\rm s}=[\phi'_1\ \phi'_2\ \cdots\ \phi'_{n_{\rm h}}]^{\rm T}$。

8.2.2 主动柔顺控制

虽然上述位置控制具备很好的运动轨迹跟踪性能，但同时也意味着该方法的控制效果有很强的刚性。当下肢发生肌肉收缩而与机器人下肢机构产生对抗时，下肢机构需要体现出一定的主动柔顺性，以确保训练过程安全、舒适和自然。要实现上述目的，可采用阻抗控制方法。

1. 基于位置的阻抗控制

对于被动训练，阻抗控制的目标是实现康复机器人的主动柔顺性，使得人机交互力与运动轨迹偏差满足以下阻抗关系，即

$$\boldsymbol{\tau}_{\rm h}=\boldsymbol{M}\ddot{\boldsymbol{e}}+\boldsymbol{B}\dot{\boldsymbol{e}}+\boldsymbol{K}\boldsymbol{e} \tag{8.17}$$

上述质量-阻尼-弹簧模型被称为阻抗方程，其中，$\boldsymbol{M}$、$\boldsymbol{B}$ 和 $\boldsymbol{K}$ 分别表示惯性、阻尼和刚度系数矩阵，均为 2×2 的正定对角矩阵；$\boldsymbol{M}$ 反映系统响应的平滑性，$\boldsymbol{B}$ 反映系统的能耗性，$\boldsymbol{K}$ 反映系统的刚性。

根据阻抗方程的实现方式，可以将阻抗控制分为两类：一是基于力矩的阻抗控制，该方法在控制环内隐含地利用前向阻抗方程 (8.17) 计算出相应的控制力矩；二是基于位置阻抗控制，也称作导纳控制，该方法通常由双闭环组成，即位置控制内环及由逆向阻抗方程来实现反馈的力控制外环。相对而言，基于位置的方法更加成熟，其性能更加稳定，同时，在已有位置伺服控制的基础上，实现起来也更加简便 [193,194]。因此，本书采用基于位置的阻抗控制方法来实现 iLeg 在被动训练过程中的主动柔顺性。

本章采用的基于位置的阻抗控制是一个典型的双闭环结构，如图 8.5 所示。为了调节人体下肢与下肢机构之间的相互作用力，阻抗控制外环根据 $\boldsymbol{\tau}_{\rm h}$ 对参考运动轨迹进行调整，调整量通过以下阻抗方程产生，即

$$\boldsymbol{\tau}_{\rm h}=\boldsymbol{M}\ddot{\boldsymbol{q}}_{\rm a}+\boldsymbol{B}\dot{\boldsymbol{q}}_{\rm a}+\boldsymbol{K}\boldsymbol{q}_{\rm a} \tag{8.18}$$

其中，$\boldsymbol{q}_{\rm a}$、$\dot{\boldsymbol{q}}_{\rm a}$ 和 $\ddot{\boldsymbol{q}}_{\rm a}$ 分别表示对关节空间参考位置、速度和加速度的调整量。

由式 (8.18) 可以得到逆向阻抗方程，由拉普拉斯变换可得其频域表达式：$\boldsymbol{q}_{\rm a}(s)=(\boldsymbol{M}s^2+\boldsymbol{B}s+\boldsymbol{K})^{-1}\boldsymbol{\tau}_{\rm h}(s)$，其中 s 表示拉普拉斯变换中使用的复变量。

利用上述逆向阻抗方程可以根据 $\boldsymbol{\tau}_{\mathrm{h}}$ 求得运动轨迹的调整量，用来对参考运动轨迹进行修正，从而得到新的运动轨迹指令，并将其作为内环位置伺服控制的参考信号，即

$$\begin{cases} \boldsymbol{q}_{\mathrm{c}} = \boldsymbol{q}_{\mathrm{r}} + \boldsymbol{q}_{\mathrm{a}} \\ \dot{\boldsymbol{q}}_{\mathrm{c}} = \dot{\boldsymbol{q}}_{\mathrm{r}} + \dot{\boldsymbol{q}}_{\mathrm{a}} \\ \ddot{\boldsymbol{q}}_{\mathrm{c}} = \ddot{\boldsymbol{q}}_{\mathrm{r}} + \ddot{\boldsymbol{q}}_{\mathrm{a}} \end{cases} \tag{8.19}$$

其中，$\boldsymbol{q}_{\mathrm{c}}$、$\dot{\boldsymbol{q}}_{\mathrm{c}}$ 和 $\ddot{\boldsymbol{q}}_{\mathrm{c}}$ 分别表示关节空间内位置、速度和加速度指令，均为 2×1 的列向量。

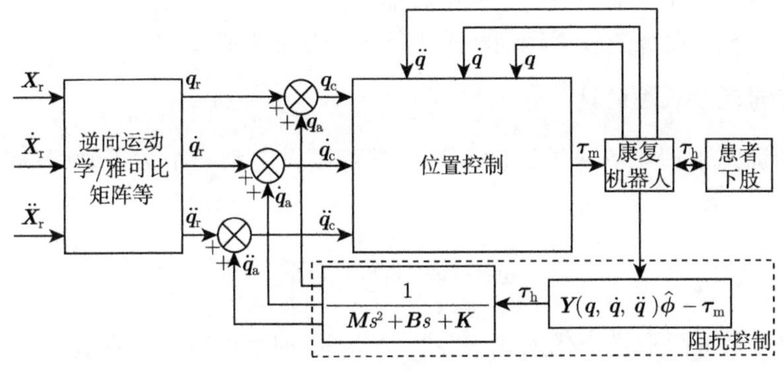

图 8.5 基于位置的阻抗控制结构

位置控制内环的实现方式与 8.2.1 节类似，只不过此处需要跟踪的是经过修正的运动轨迹，所以控制输入信号改写为

$$\boldsymbol{U} = \ddot{\boldsymbol{q}}_{\mathrm{c}} + \boldsymbol{K}_{\mathrm{d}}(\dot{\boldsymbol{q}}_{\mathrm{c}} - \dot{\boldsymbol{q}}) + \boldsymbol{K}_{\mathrm{p}}(\boldsymbol{q}_{\mathrm{c}} - \boldsymbol{q}) - \hat{\boldsymbol{\varPsi}} \tag{8.20}$$

其中，比例项和微分项的系数矩阵的取值分别为 $\boldsymbol{K}_{\mathrm{d}} = \boldsymbol{M}^{-1}\boldsymbol{B}$，$\boldsymbol{K}_{\mathrm{p}} = \boldsymbol{M}^{-1}\boldsymbol{K}$。

由式 (8.1)、式 (8.2)、式 (8.18)、式 (8.19) 与式 (8.20) 可以推导出新的闭环系统方程为

$$\ddot{\boldsymbol{e}} + \boldsymbol{M}^{-1}(\boldsymbol{B}\dot{\boldsymbol{e}} + \boldsymbol{K}\boldsymbol{e} - \boldsymbol{\tau}_{\mathrm{h}}) = \boldsymbol{\varPsi} - \hat{\boldsymbol{\varPsi}} \tag{8.21}$$

为了尽量抵消不确定项 $\boldsymbol{\varPsi}$ 的影响，取式 (8.21) 的左侧作为误差信号对 BP 神经网络 $\hat{\boldsymbol{\varPsi}}$ 进行训练，即

$$\boldsymbol{\xi} = \ddot{\boldsymbol{e}} + \boldsymbol{M}^{-1}(\boldsymbol{B}\dot{\boldsymbol{e}} + \boldsymbol{K}\boldsymbol{e} - \boldsymbol{\tau}_{\mathrm{h}}) \tag{8.22}$$

当 $\boldsymbol{\xi} = 0$ 时，BP 神经网络完全补偿不确定项，理想的阻抗方程 (8.17) 得以满足。BP 神经网络的学习算法与 8.2.1 节一致，此处不再赘述。

如图 8.5 所示，阻抗控制的参考关节位置、速度和加速度始终来自指定的运动轨迹，这会产生以下几个问题。

(1) 在人体下肢产生主动力矩时，运动指令只能在指定轨迹的基础上产生偏离，而非完全顺应下肢力矩进行运动。从时间上看，参考信号始终随着指定轨迹向前行进；从空间上看，参考信号始终被约束在固定的路径上。因此，得到的主动柔顺性是有限的。

(2) 在下肢力矩消失后，人机混合系统的运动会追赶先前的指定轨迹，而不会根据当前位置重置指定轨迹。在偏离量较大的情况下，这种“追赶”可能会造成较大的运动速度和加速度，甚至引起振荡，不利于保证被动训练过程中的安全、自然和舒适。因此，根据下肢的肌肉收缩力矩及人机混合系统的运动偏差，在阻抗控制下对被动训练的参考运动轨迹进行设计是非常必要的。

2. 参考运动轨迹的设计

被动训练下理想的末端运动轨迹通常可以设定为一个关于时间的参数化方程，即

$$\boldsymbol{x}_{\mathrm{d}}(t) = [x(t) \;\; y(t)]^{\mathrm{T}} \tag{8.23}$$

对时间进行等间隔取样，代入式 (8.23)，得到等时间间隔的末端位置点组成的序列。再利用逆向运动学计算得到关节空间的位置序列为

$$\boldsymbol{Q}_{\mathrm{s}} : \{\boldsymbol{q}_i = [q_{i,1} \;\; q_{i,2}]^{\mathrm{T}} \,|i = 1, \cdots, L\} \tag{8.24}$$

其中，$\boldsymbol{q}_i$ 表示 $\boldsymbol{Q}_{\mathrm{s}}$ 的第 i 个元素；$q_{i,j}$ 表示 $\boldsymbol{q}_i$ 的第 j 个元素；L 是 $\boldsymbol{Q}_{\mathrm{s}}$ 中元素的个数。

假设用以表示指定路径的关节位置序列是由一阶可导的光滑曲线离散化得到的，并且序列中的所有元素都是唯一的，为了保证序列元素的唯一性，当训练任务是一个循环运动时，取样时段将被设定在一个运动周期内；当训练任务是一个往返运动时，取样时段将被设定在半个运动周期内。

训练过程中各个时刻的参考位置取决于指定的任务路径及系统的实时位置。首先，找到位置序列中距离当前位置最近的点 $\boldsymbol{q}_i^*$，即

$$i^* = \arg \min_{i=1,\cdots,L-1} \|\boldsymbol{q}_i - \boldsymbol{q}\| \tag{8.25}$$

其中，i^* 表示最近点的序列号。

根据下肢产生的力矩及关节空间的位置偏差，可以将阻抗控制下的被动训练运动过程分为三个状态：跟踪、主动柔顺和接近。

(1) 跟踪。当下肢没有产生肌肉收缩并且当前位置与给定轨迹之间距离小于阈值时，人机混合系统跟踪给定的轨迹进行运动，关节参考位置 $\boldsymbol{q}_{\mathrm{r}}$ 设置如下，即

$$\boldsymbol{q}_{\mathrm{r}}=\begin{cases}\boldsymbol{q}_{i^{-}+1}, & \boldsymbol{q}_{i^{-}}\text{存在}\\ \boldsymbol{q}_{i^{*}}, & \boldsymbol{q}_{i^{-}}\text{不存在}\end{cases},\quad \boldsymbol{\tau}_{\mathrm{h}}=0\text{且}\ \|\boldsymbol{q}_{i^{*}}-\boldsymbol{q}\|<q_{\mathrm{th}} \tag{8.26}$$

其中，$\boldsymbol{q}_{i^{-}}$ 是上一时刻的参考位置，i^{-} 表示其在位置序列中的序号，即 $i^{-}=\underset{i=1,\cdots,L}{\arg}\ (\boldsymbol{q}_i=\boldsymbol{q}_{\mathrm{r}}(t-1))$；$q_{\mathrm{th}}$ 是一个关节空间的距离阈值。

相应的参考速度和加速度可分别由以下两式计算获得，即

$$\dot{\boldsymbol{q}}=\boldsymbol{J}^{-1}\dot{\boldsymbol{x}} \tag{8.27}$$

$$\ddot{\boldsymbol{q}}=\boldsymbol{J}^{-1}\ddot{\boldsymbol{x}}-\boldsymbol{J}^{-1}\dot{\boldsymbol{J}}\boldsymbol{J}^{-1}\dot{\boldsymbol{x}} \tag{8.28}$$

(2) 主动柔顺。当检测到下肢的肌肉收缩力矩时，人机混合系统将会沿着力矩方向偏离理想轨迹，实现主动柔顺性。关节参考位置可表示为

$$\boldsymbol{q}_{\mathrm{r}}=\boldsymbol{q},\quad \boldsymbol{\tau}_{\mathrm{h}}\neq 0 \tag{8.29}$$

相应的，参考速度和加速度都设置为 0，即 $\dot{\boldsymbol{q}}_{\mathrm{r}}=0$ 和 $\ddot{\boldsymbol{q}}_{\mathrm{r}}=0$，综合式 (8.19) 可知，下肢机构的运动取决于患者下肢产生的力矩。

(3) 接近。当下肢力矩消失并且当前位置与给定轨迹之间的距离大于阈值时，人机混合系统向设定的轨迹靠近。关节参考位置由下式确定：

$$\boldsymbol{q}_{\mathrm{r}}=\boldsymbol{q}_{i^{*}+1},\quad \boldsymbol{\tau}_{\mathrm{h}}=0\text{且}\ \|\boldsymbol{q}_{i^{*}}-\boldsymbol{q}\|\geqslant q_{\mathrm{th}} \tag{8.30}$$

相应的，参考速度和加速度分别由式 (8.27) 和式 (8.28) 进行计算。在位置偏差小于阈值后，人机混合系统转到跟踪状态。

上述带参考运动轨迹设计的阻抗控制，体现了空间上和时间上的主动柔顺性，被动训练策略有以下几个特点。

(1) 在人体下肢与下肢机构发生对抗时，阻抗控制下的人机混合系统会暂停指定轨迹的运动，以当前位置为基准沿下肢力矩方向进行运动，以缓解二者之间的对抗，对人体下肢及机器人设备都起到了保护作用。这一点体现了空间上的主动柔顺性。

(2) 机器人系统并不会因为检测到了下肢力矩而就此终止被动训练，在下肢力矩消失后，机器人会恢复指定轨迹的运动训练。

(3) 在下肢力矩消失后，人机混合系统并没有以追赶的方式去同步先前的指定运动轨迹，而是以先接近再跟踪的方式恢复到一个新的指定运动轨迹，该轨迹与初始轨迹相差一个不变的时间偏置。这种方式避免了“追赶”所造成的过大的

速度和加速度，保证了训练运动的舒适、自然和安全。这一点体现了时间上的主动柔顺性。

(4) 在正常情况下，即下肢力矩为零并且位置偏差小于阈值时，基于位置的阻抗控制方法表现为位置控制，对指定的运动轨迹进行跟踪，有着与纯位置控制近似的性能。

8.2.3 仿真

本节的主要目的有两个：一是验证位置控制方法中 BP 神经网络对不确定项的补偿作用；二是在验证不同控制方法下被动训练策略的可行性，通过对比仿真结果，说明阻抗控制方法相对于位置控制的优势。

1. 参数设置

仿真中的被控对象采用式 (8.1) 所示的人机混合系统的动力学模型。通过实际测量，得到人机混合系统的连杆长度，即 $l_1 = 0.362\text{m}$ 和 $l_2 = 0.416\text{m}$。BP 神经网络的参数设置如下：输入层神经元数量 $n_i = 6$，隐层神经元数量 $n_\text{h} = 3$，输出层神经元数量 $n_\text{o} = 2$，权值矩阵 $\boldsymbol{W}$ 和 $\boldsymbol{V}$ 中元素的初始值设置为在 $[-0.1, 0.1]$ 均匀分布的随机数，学习算法 (8.16) 中的学习速率和动量项系数分别为 $\eta = 0.11$ 和 $\alpha = 0.61$。式 (8.18) 中阻抗参数的设置如表 8.1 所示。相应的，PD 控制算法中的比例项系数矩阵为 $\boldsymbol{K}_\text{p} = \boldsymbol{M}^{-1}\boldsymbol{K} = 400\boldsymbol{I}_3$，微分项系数矩阵为 $\boldsymbol{K}_\text{d} = \boldsymbol{M}^{-1}\boldsymbol{B} = 62\boldsymbol{I}_3$，其中，$\boldsymbol{I}_3$ 表示三阶单位矩阵。

表 8.1 被动训练仿真中阻抗参数的设置

$\boldsymbol{M}$	$\boldsymbol{B}$	$\boldsymbol{K}$
$\boldsymbol{I}_3$ kg	$62\boldsymbol{I}_3$ Ns/m	$400\boldsymbol{I}_3$ N/m

本节中的所有仿真研究均采用蹬踏运动轨迹，人机混合系统的末端理想运动轨迹表示为

$$\boldsymbol{x}_\text{d}(t) = \begin{bmatrix} -0.1\cos(0.2\pi t) + 0.62 \\ -0.05\cos(0.2\pi t) + 0.1 \end{bmatrix} \tag{8.31}$$

该轨迹描述了沿固定直线的往返运动，以 (0.62, 0.1) 为中点，运动周期为 10s，沿 x 和 y 轴方向上的运动距离分别为 0.2m 和 0.1m。末端的理想运动速度和加速度可由式 (8.31) 计算得到，在此不作赘述。

2. BP 神经网络的补偿作用

本节仿真的其他参数设置如下：在关节空间内，每隔 2.5s 随机生成一个在 $[-10, 10]$ 均匀分布的干扰力矩；两个关节的初始位置、速度和加速度分别设置为

$[0.81\ -1.47]^{\mathrm{T}}$、$[0\ 0]^{\mathrm{T}}$ 和 $[0\ 0]^{\mathrm{T}}$；下肢的肌肉收缩力矩设置为零，即 $\boldsymbol{\tau}_{\mathrm{h}}=0$。

为了验证 BP 神经网络对不确定项的补偿作用，这里使用 8.2.1 节中的方法实现人机混合系统的位置控制，并采用关节 1 和关节 2 的位置误差信号 e_1 和 e_2 作为性能指标对两种方法的仿真结果进行比较。不带 BP 神经网络补偿的位置控制方法的仿真结果如图 8.6 所示，其中，图 8.6(a) 和 (b) 中虚线表示关节空间的参考运动轨迹，实线表示实际的运动轨迹。可以看出，受不确定项的影响，关节空间的实际运动轨迹相对于参考轨迹存在明显的误差。在 $t \geqslant 0.46\mathrm{s}$ 后，关节 1 的位置误差绝对值均衰减到 0.01rad 以内；在 $t \geqslant 2.5\mathrm{s}$ 后，关节 1 的位置跟踪误差绝对值介于 $-1.98\times10^{-2}\sim1.29\times10^{-2}\mathrm{rad}$，其 RMSE 为 $8.96\times10^{-5}\mathrm{rad}$。在 $t \geqslant 0.38\mathrm{s}$ 后，关节 2 的位置误差绝对值均衰减到 0.01rad 以内；在 $t \geqslant 2.5\mathrm{s}$ 后，关节 2 的位置跟踪误差绝对值介于 $-2.97\times10^{-2}\sim2.81\times10^{-2}\mathrm{rad}$，其 RMSE 为 $2.81\times10^{-4}\mathrm{rad}$。

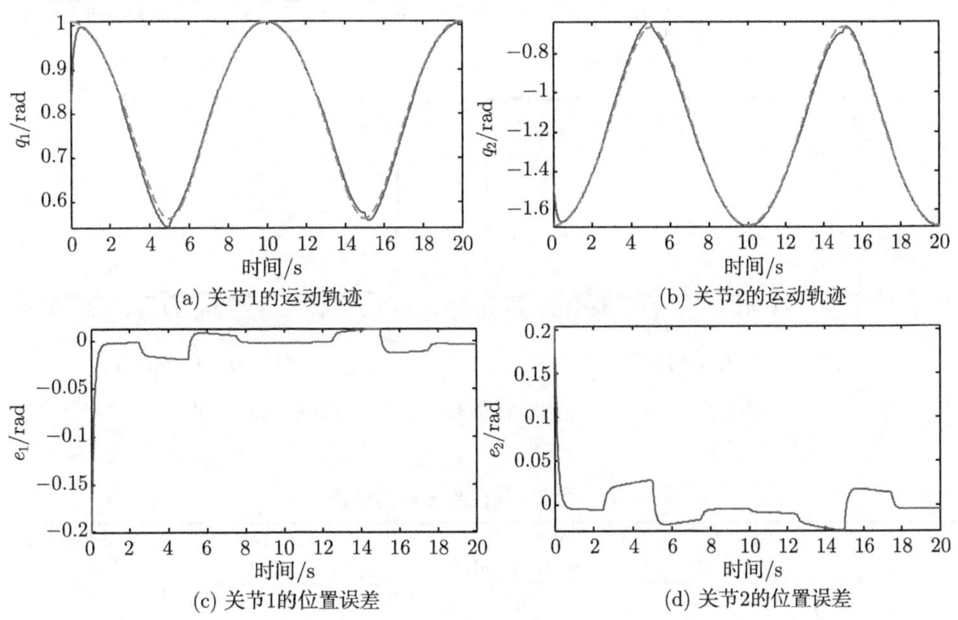

图 8.6 不带 BP 神经网络补偿的位置控制方法的仿真结果

带 BP 神经网络补偿的位置控制方法的仿真结果如图 8.7 所示，与上图相同，图 8.7(a) 和 (b) 中虚线表示关节空间的参考运动轨迹，实线表示实际的运动轨迹。可以看出，相比于不带 BP 神经网络补偿的方法，由于不确定项得到了补偿，关节空间的实际运动轨迹对参考轨迹的跟踪精度得到了明显的提高。在 $t \geqslant 0.42\mathrm{s}$ 后，关节 1 的位置误差绝对值均衰减到 0.01rad 以内；在 $t \geqslant 2.5\mathrm{s}$ 后，关节 1 的位

置跟踪误差介于 $-1.83\times10^{-3}\sim1.95\times10^{-3}$rad，其 RMSE 为 7.49×10^{-8}rad。在 $t\geqslant0.42$s 后，关节 2 的位置误差绝对值均衰减到 0.01rad 以内；在 $t\geqslant2.5$s 后，关节 2 的位置跟踪误差介于 $-3.20\times10^{-3}\sim2.14\times10^{-3}$rad，其 RMSE 为 1.90×10^{-7}rad。

两种位置控制方法的性能比较如表 8.2 所示。从该表可以看出，两种位置控制算法在反应时间上相差无几，但是带 BP 神经网络补偿的算法对参考运动轨迹的位置跟踪误差却有明显的减小。

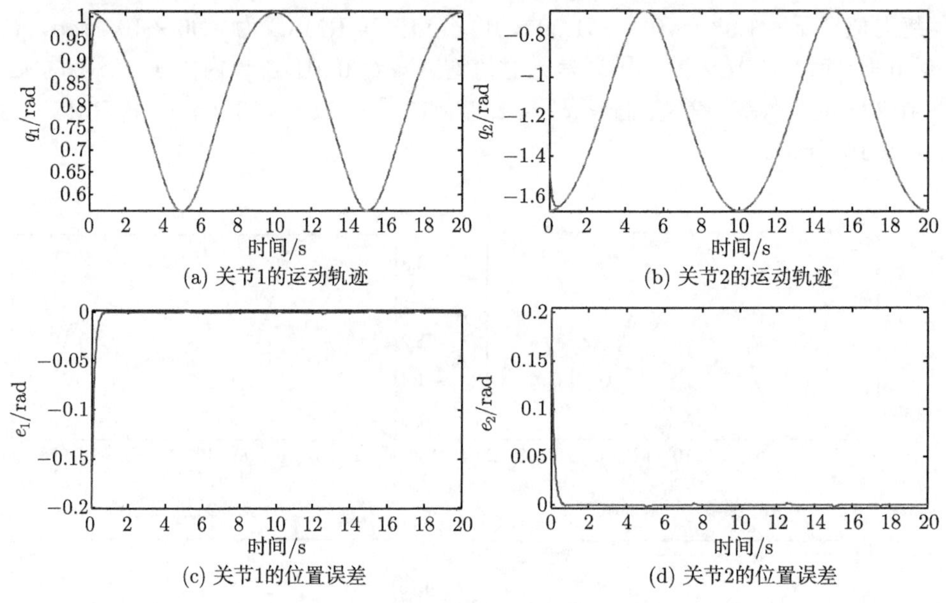

图 8.7　带 BP 神经网络补偿的位置控制方法的仿真结果

表 8.2　两种位置控制方法的性能比较

		收敛时间/s ($e_i<0.01$ rad)	跟踪误差/rad ($t>2.5$ s)	RMSE/rad ($t>2.5$ s)
不带 BP 神经网络	关节 1	0.46	$-1.98\times10^{-2}\sim1.29\times10^{-2}$	8.96×10^{-5}
	关节 2	0.38	$-2.97\times10^{-2}\sim2.81\times10^{-2}$	2.81×10^{-4}
带 BP 神经网络	关节 1	0.42	$-1.83\times10^{-3}\sim1.95\times10^{-3}$	7.49×10^{-8}
	关节 2	0.42	$-3.20\times10^{-3}\sim2.14\times10^{-3}$	1.90×10^{-7}

不确定项的值和 BP 神经网络输出的补偿值的对比如图 8.8 所示，其中，图 8.8(a) 和 (b) 中虚线表示不确定项的值，实线表示 BP 神经网络输出的补偿值；同时，图 8.8(c) 和 (d) 采用式 (8.7) 中定义的误差信号 $\boldsymbol{\xi}$ 作为性能指标。在不确定项发生阶跃时，BP 神经网络的输出能快速进行跟随；而在稳态时，误差信号几乎

保持为零。整个过程中，关节 1 处的不确定项和 BP 神经网络输出之间的 RMSE 为 0.17；关节 2 处的 RMSE 为 0.37。可以看出，BP 神经网络能对不确定项起到较好的补偿作用。

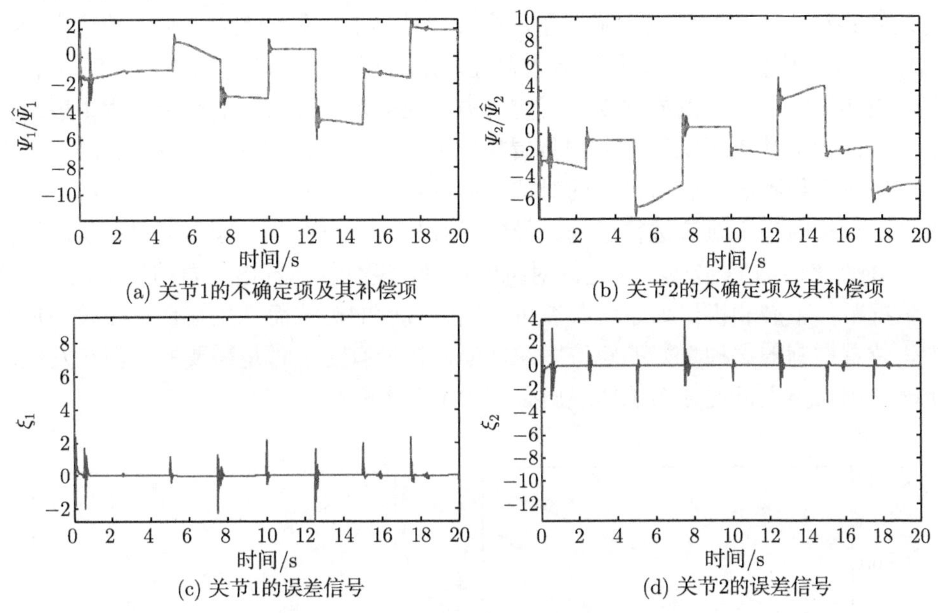

图 8.8 BP 神经网络对不确定项的补偿

3. 三种控制方法下的被动训练

这里主要介绍带 BP 神经网络补偿的位置控制、不带参考运动轨迹设计的阻抗控制，以及带参考运动轨迹设计的阻抗控制三种方法下被动训练的仿真研究，验证阻抗控制方法相对于位置控制的优势。关节空间的初始位置、速度和加速度分别设置为 $[1.01\ -1.67]^{\mathrm{T}}$、$[0\ 0]^{\mathrm{T}}$ 和 $[0\ 0]^{\mathrm{T}}$，下肢的肌肉收缩力矩设置为

$$\boldsymbol{\tau}_{\mathrm{h}}=\begin{cases}[0\ 0]^{\mathrm{T}}, & 0\leqslant t<3\\ \boldsymbol{K}_{\mathrm{e}}(\boldsymbol{q}_{\mathrm{t}}-\boldsymbol{q}), & 3\leqslant t\leqslant 7\\ [0\ 0]^{\mathrm{T}}, & 7<t\leqslant 20\end{cases} \tag{8.32}$$

其中，$\boldsymbol{K}_{\mathrm{e}}$ 表示下肢关节的刚度系数，是一个 2×2 的正定对角矩阵，$\boldsymbol{K}_{\mathrm{e}}=\mathrm{diag}(5\ 5)$；$\boldsymbol{q}_{\mathrm{t}}$ 表示一个目标平衡位置，此处下肢的肌肉收缩力矩为零，$\boldsymbol{q}_{\mathrm{t}}=[0.4\ \ -0.4]^{\mathrm{T}}$。

在 $3\mathrm{s}\leqslant t\leqslant 7\mathrm{s}$ 时间内，下肢关节表现为一个理想的弹簧，即肌肉收缩力矩与关节位置的偏移量成正比。

在上述设置的基础上，分别使用带 BP 神经网络补偿的位置控制、不带参考运动轨迹设计的阻抗控制，以及带参考运动轨迹设计的阻抗控制三种方法实现被动训练策略的仿真，仿真时间均为 20s。其中，位置控制的仿真结果如图 8.9 所示(见彩图)。其中，图 8.9（a）和（b）中实线表示实际的运动路径，虚线表示指定的运动路径，浅色的圆点表示用于产生弹簧式下肢力矩的目标平衡位置；图 8.9（c）和（d）中实线表示实际的运动路径，虚线表示指定的运动路径。可以看出，基于 BP 神经网络补偿的 PD 位置控制方法在被动训练仿真的整个过程中表现出了很好的运动轨迹跟踪性能。但位置控制的刚度很强，在 $3\text{s} \leqslant t \leqslant 7\text{s}$ 时，出现了肌肉收缩导致的下肢与机构的对抗，而位置控制下的人机混合系统对此并无顾及，仍然按照指定轨迹进行运动，导致下肢与机构一直处于较强的对抗状态，甚至在 $3\text{s} \leqslant t \leqslant 5\text{s}$ 内造成二者之间对抗的加剧，没有能体现出必要的柔顺性。在这种情况下，下肢和机器人系统都有可能因为过度的对抗而产生损伤。在被动训练中，位置控制的这种良好的轨迹跟踪性能，在没有对抗时是需要的，但在发生对抗时，则需要人机混合系统体现出必要的主动柔顺性。

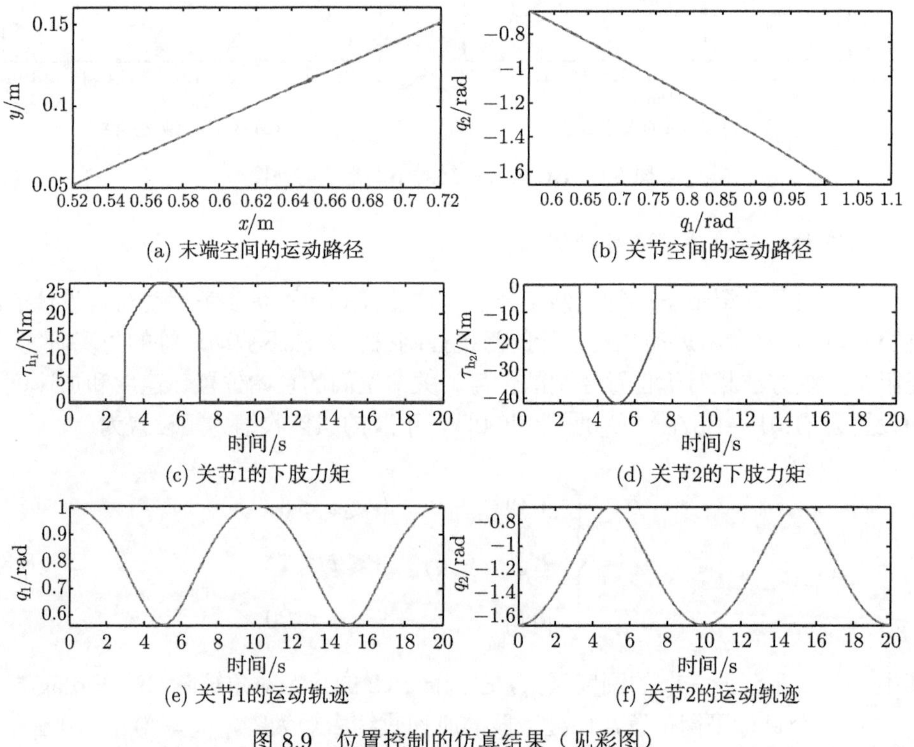

图 8.9 位置控制的仿真结果（见彩图）

不带参考运动轨迹设计的阻抗控制的仿真结果如图 8.10 所示（见彩图）。其中，图 8.10（a）和（b）中实线表示实际的运动路径，虚线表示指定的运动路径，浅色的圆点表示用于产生弹簧式下肢力矩的目标平衡位置；图 8.10（c）和（d）中实线表示实际的运动路径，虚线表示指定的运动路径。可以看出，在 $0\text{s} \leqslant t \leqslant 3\text{s}$ 和 $7\text{s} \leqslant t \leqslant 20\text{s}$ 内，没有出现下肢与机构的对抗，基于位置的阻抗控制方法此时表现出了位置控制的特性，可精确跟踪理想的运动轨迹。在 $3\text{s} < t < 7\text{s}$ 的时间内，下肢出现肌肉收缩，与下肢机构发生对抗，人机混合系统的运动在指定轨迹的基础上进行了偏离，阻抗控制以牺牲位置跟踪精度的方式获取了一定的主动柔顺性。与纯位置控制相比，图 8.10(c) 和 (d) 中显示出的对抗力矩有所减小。但是，该处体现出的主动柔顺性非常有限，下肢与机构的对抗还是维持在较强的状态，并同样在 $3\text{s} \leqslant t \leqslant 5\text{s}$ 内出现了加剧。

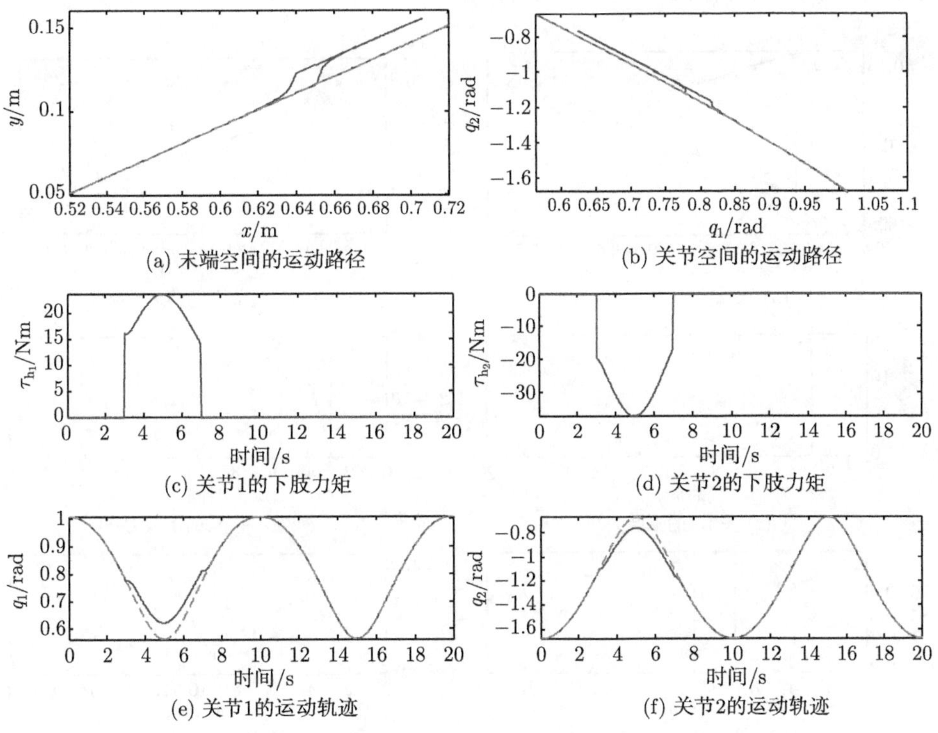

(a) 末端空间的运动路径 (b) 关节空间的运动路径

(c) 关节1的下肢力矩 (d) 关节2的下肢力矩

(e) 关节1的运动轨迹 (f) 关节2的运动轨迹

图 8.10 不带参考运动轨迹设计的阻抗控制的仿真结果（见彩图）

带参考运动轨迹设计的阻抗控制的仿真结果如图 8.11 所示（见彩图）。与前一种方法相比，该方法体现出了更好的主动柔顺性。在 $3\text{s} < t < 7\text{s}$ 时，下肢与下肢机构发生对抗，阻抗控制下的人机混合系统暂停了指定轨迹的运动，完全顺应下肢力矩，向目标平衡位置 $\boldsymbol{q}_{\text{t}}$ 进行运动，相应的，对抗力矩逐渐衰减到接近于零，有效缓解了二者之间的对抗力矩，这对人体下肢及机器人设备都起到了保

护作用。在对抗力矩消失之后，人机混合系统并没有以追赶的方式去同步初始的指定运动轨迹，而是以先接近再跟踪的方式恢复到一个新的指定运动轨迹，接近指定路径的过程如图 8.11(e) 和 (f) 中标记为“A”的时段（$7\mathrm{s} < t < 9.1\mathrm{s}$）显示，而新的指定轨迹与初始轨迹之间相差一个不变的时间偏置。这种“接近–跟踪”方式避免了“追赶”所造成的过大的速度和加速度，保证了训练过程的舒适、自然和安全。在正常情况下，即下肢力矩保持为零时，基于位置的阻抗控制表现为位置控制，但是由于指定轨迹在每次发生对抗之后都会因修正而产生一个时间偏置，此处的运动轨迹跟踪并非一直以初始的指定轨迹 (8.31) 为参考。由图 8.11(e) 和 (f) 可知，在 $0\mathrm{s} < t < 3\mathrm{s}$ 内，即发生对抗之前，人机混合系统跟踪原指定轨迹运行，而在 $9.1\mathrm{s} < t < 20\mathrm{s}$ 内，即在完成接近指定路径之后，人机混合系统的运动与原指定轨迹始终存在一个不变的时间偏置。

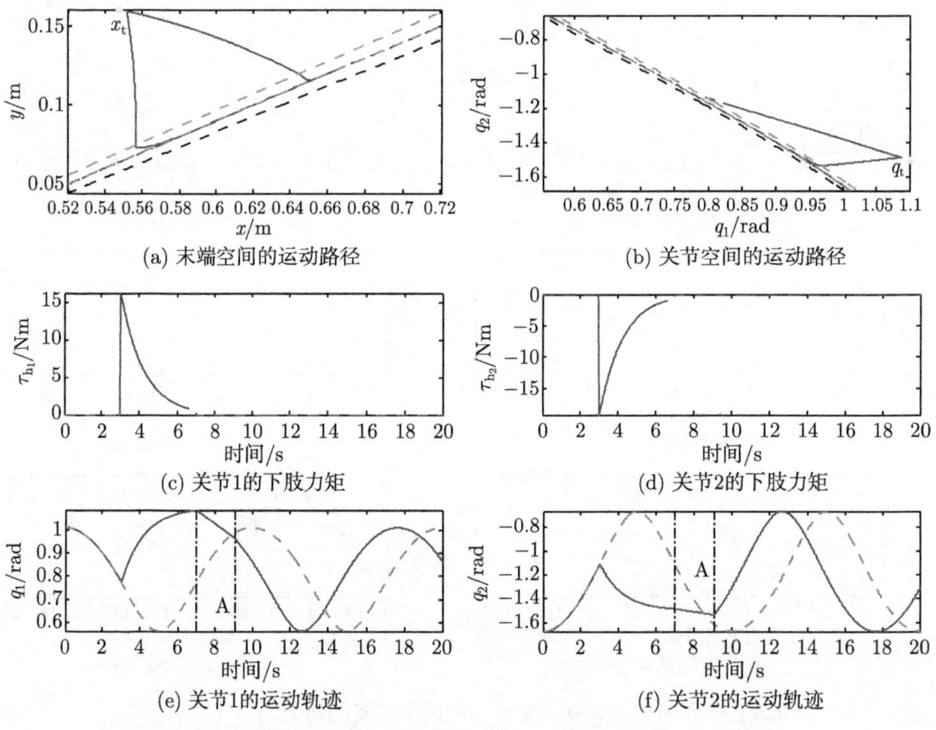

(a) 末端空间的运动路径　(b) 关节空间的运动路径

(c) 关节1的下肢力矩　(d) 关节2的下肢力矩

(e) 关节1的运动轨迹　(f) 关节2的运动轨迹

图 8.11　带参考运动轨迹设计的阻抗控制的仿真结果（见彩图）

图 8.11(e) 和 (f) 中蓝色的实线表示实际的运动轨迹，红色的虚线表示初始的指定运动轨迹。图 8.11(a) 和 (b) 中蓝色的实线表示实际的运动路径，红色的虚线表示指定的运动路径，绿色和黑色的虚线分别表示接近和跟踪运动状态转换的上下界限，黄色的点表示用于产生弹簧式下肢力矩的目标平衡位置。

8.2.4 实验

本节实验分别使用位置控制、不带参考运动轨迹设计的阻抗控制和带参考运动轨迹设计的阻抗控制三种方法进行被动训练的实验，由于 iLeg 系统已经集成一套成熟的商用位置伺服单元，实验中的位置控制直接由该位置伺服系统实现，而并未采用上述基于 BP 神经网络补偿的 PD 算法。实验被试是一名肢体功能健全的男性，在实验过程中要求被试随意地施加下肢力矩。位置控制下被动训练的实验结果如图 8.12 所示（见彩图）。其中，图 8.12(e) 和 (f) 中蓝色的实线表示实际的运动轨迹，红色的虚线表示指定的运动轨迹；图 8.12(a) 和 (b) 中蓝色的实线表示实际的运动路径，红色的虚线表示指定的运动路径。可以看出，位置控制在被动训练的全过程表现出了很好的运动轨迹跟踪性能，但是当下肢与机构发生对抗时，位置控制仍然强制人机混合系统跟踪指定运动轨迹而没有顾及二者的对抗，未能表现出必要的主动柔顺性。

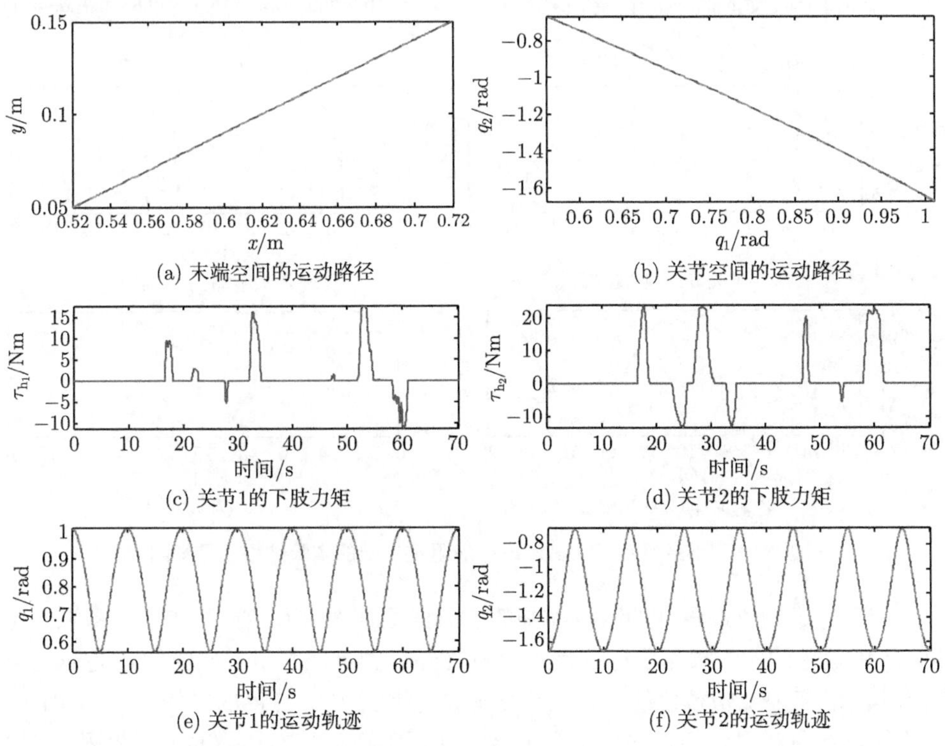

图 8.12 位置控制的实验结果（见彩图）

不带参考运动轨迹设计的阻抗控制的实验结果如图 8.13 所示（见彩图）。其中，图 8.13(e) 和 (f) 中蓝色的实线表示实际的运动轨迹，红色的虚线表示初始的指定运动轨迹。图 8.13(a) 和 (b) 中蓝色的实线表示实际的运动路径，红色的虚线表示指定的运动路径。可以看出，在标记为“A~E”的时间内，下肢出现肌肉收缩，与下肢机构发生对抗，人机混合系统的运动在指定轨迹的基础上进行了偏离，阻抗控制以牺牲位置跟踪精度的方式获取了一定的主动柔顺性；在“A~E”外的时间段，没有出现下肢与机构的对抗，基于位置的阻抗控制方法此时表现出了位置控制的特性，精确跟踪理想的运动轨迹。该方法的局限在于，在出现对抗力矩的情况下依然试图使人机混合系统的运动跟随原有指定运动，因而无法依据肌肉力矩产生足够的运动偏移，导致体现出的主动柔顺性非常有限。

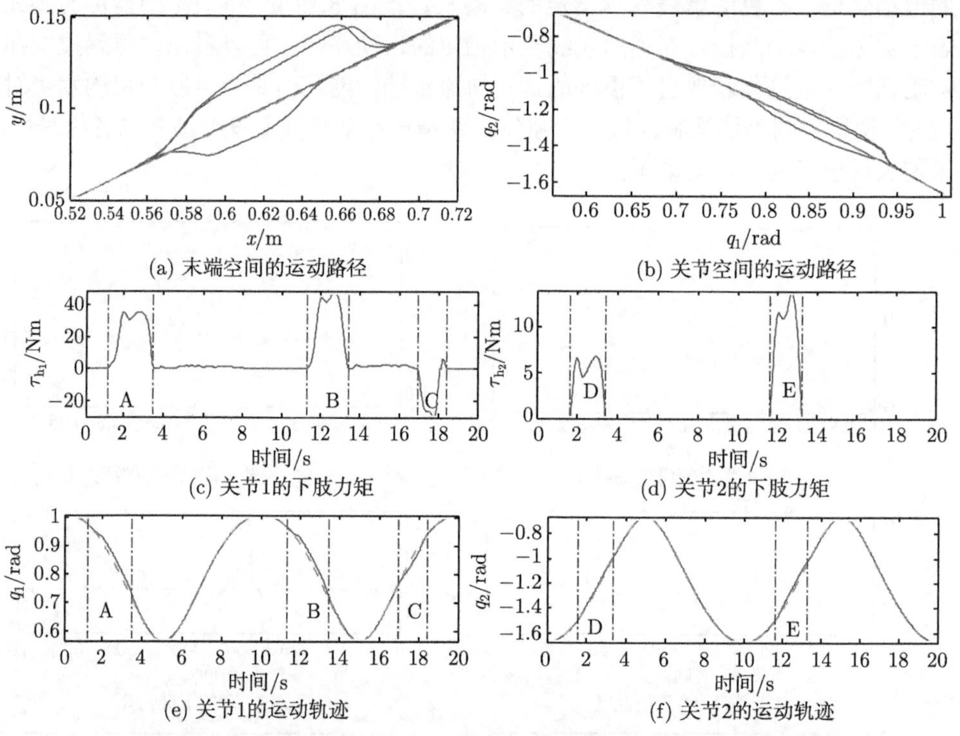

图 8.13 不带参考运动轨迹设计的阻抗控制的实验结果（见彩图）

带参考运动轨迹设计的阻抗控制的实验结果如图 8.14 所示。其中，图 8.14(e) 和 (f) 中蓝色的实线表示实际的运动轨迹，红色的虚线表示初始的指定运动轨迹。图 8.14(a) 和 (b) 中蓝色的实线表示实际的运动路径，红色的虚线表示指定的运动路径，绿色和黑色的虚线分别表示接近和跟踪运动状态转换的上下界限。可以看出，与位置控制相比，该方法表现出了足够的主动柔顺性。当下肢出现肌肉收缩而与机构发生对抗时，如图中标记为“A”的时段所示，人机混合系统暂停了对参考运动轨迹的跟踪，进而完全顺应下肢力矩进行运动。而当对抗力矩消失后，如图中标记为“B”的时段所示，在恢复跟踪指定运动轨迹之前，人机混合系统首先以较低的速度接近指定的运动路径；进而当位置偏差小于设定阈值时，如图中标记为“C”的时段所示，可得一个与原先的指定轨迹相差一个恒定时间偏置的新的参考运动轨迹，人机混合系统跟踪新的指定轨迹继续被动训练。如图 8.14(c)~(f) 所示，每出现一次对抗，就会发生一次上述调整操作。这种“接近-跟踪”模式在图 8.14(a) 和 (b) 中也有比较清晰的体现。在正常情况下，即对抗力矩保持为零时，如图中标记为“D”的时段所示，基于位置的阻抗控制方法同样体现出了良好的位置跟踪性能。

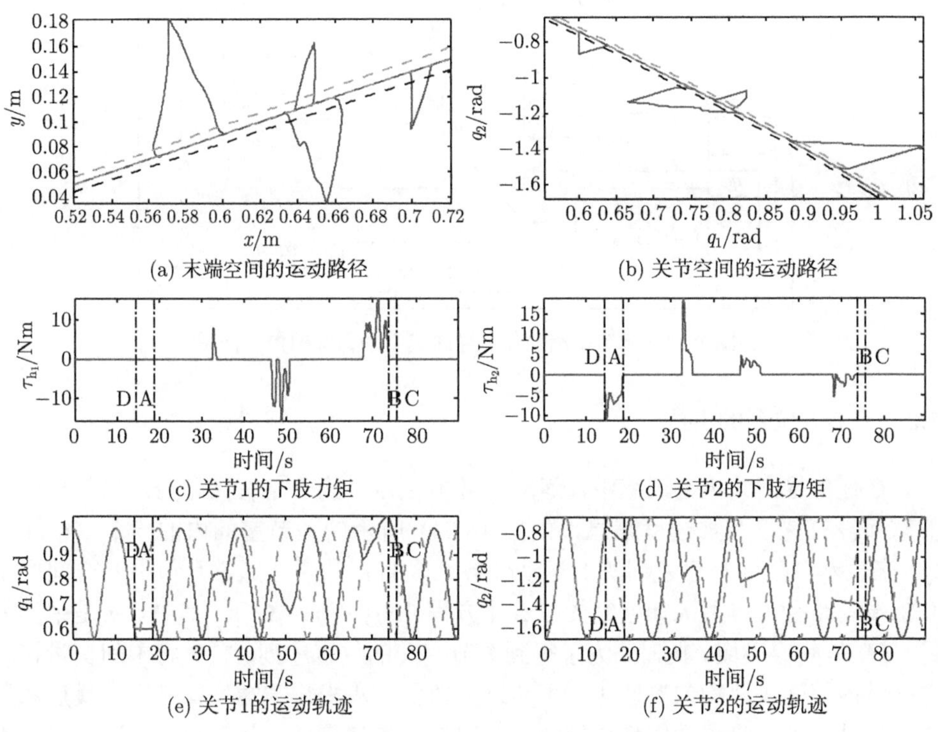

(a) 末端空间的运动路径　(b) 关节空间的运动路径

(c) 关节1的下肢力矩　(d) 关节2的下肢力矩

(e) 关节1的运动轨迹　(f) 关节2的运动轨迹

图 8.14 带参考运动轨迹设计的阻抗控制的实验结果

8.3 主动训练中的交互控制策略

与单纯的被动训练相比，有患者运动意图主动参与的主动康复训练可以有效提高康复效果、加速康复进程。任务导向式主动训练旨在激励患者主动参与及正确完成指定的训练任务。该训练任务可定义为关节位置序列，序列中的元素对应于某一特定下肢运动过程中的各个关节位置点，它不包含运动的速度和加速度信息，但是包含其方向信息，以下称该序列为指定有向路径。下肢肌肉收缩所产生的关节力矩可用于描述主动运动意图，可采用阻抗控制等方法将其转换成实际的运动。在此过程中，当患者意图偏离指定路径或者反向运动时，阻抗将会加大；反之，阻抗将会减小。因此，沿着指定有向路径向前运动会比其他方式节省力气，这样一种触觉力反馈将鼓励患者按照指定的运动任务进行康复训练。本节采用的是任务导向式的主动训练控制，其框图如图 8.15 所示，可以看出，该控制策略为基于位置的阻抗控制。本节研究集中于参考位置的生成、运动意图的转换，以及自适应交互接口三个方面。

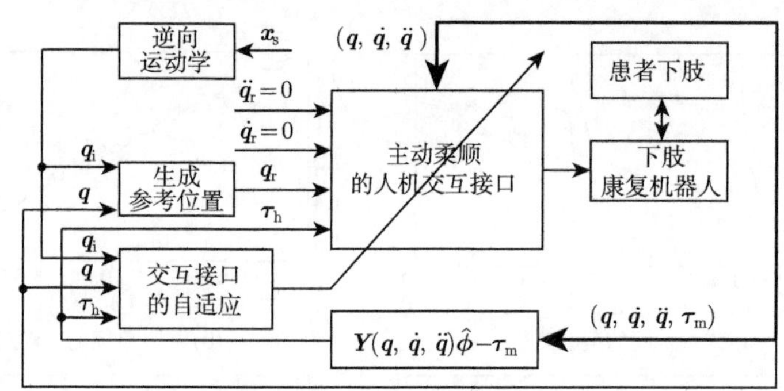

图 8.15　本节采用的任务导向式主动训练的控制框图

8.3.1　参考位置的生成

在任务导向式主动训练中，运动任务被预定义为一条有向路径，只包含位置信息而没有速度和加速度信息，由式 (8.24) 所示的关节空间内的一个二维序列 $\boldsymbol{Q}_s$ 来表示。然而，康复训练的运动任务比较直接的表示通常是笛卡儿空间中下肢末端的路径，典型的如连续的参数化方程 $\{\boldsymbol{x}_s(v)|v \in \boldsymbol{\Omega}_s\}$，其中，$v$ 是中间变量，$\boldsymbol{\Omega}_s$ 是其定义域。此时，为了得到关节空间的位置序列，首先将中间变量在其定义域内等间隔地均匀离散化，再通过参数化方程求出末端位置序列，最后利用逆向运动学方程将末端序列转换到关节空间。当训练任务是一个循环运动时，为了保证序列元素的唯一性，$\boldsymbol{\Omega}_s$ 将被设定在一个运动周期内；当训练任务是一个往返运动时，$\boldsymbol{\Omega}_s$ 将被设定在半个运动周期内。

训练过程中各个时刻的参考位置取决于指定的任务路径及系统的实时位置。首先，找到位置序列中距离当前位置最近的点 $\boldsymbol{q}_{i^*}$，如式 (8.25) 所示。然后，连接最近点 $\boldsymbol{q}_{i^*}$ 和序列中的下一个点 $\boldsymbol{q}_{i^*+1}$ 可决定唯一的一条直线。因为位置序列是由一阶可导的光滑曲线离散化得到，所以当序列中的元素足够密集时，这条直线可以近似地当做指定路径上最近点处的切线。图 8.16 给出了搜索指定路径上距离当前位置的最近点方法（见彩图）。其中，红色的点表示指定路径上的一部分位置序列，蓝点表示当前实际的关节位置，绿色的点表示点 $\boldsymbol{q}$ 在直线 $\boldsymbol{q}_{i^*}\boldsymbol{q}_{i^*+1}$ 上的

投影。对应的向量可表示为

$$\boldsymbol{q}_{\mathrm{p}}=\begin{cases}[q_{i^*,1}\ \ q_2]^{\mathrm{T}}, & q_{i^*+1,1}=q_{i^*,1}\\ \left[\dfrac{q_1+k(q_2-b)}{k^2+1}\ \ \dfrac{b+k(q_1+kq_2)}{k^2+1}\right]^{\mathrm{T}}, & \text{其他}\end{cases} \tag{8.33}$$

其中,$k=(q_{i^*+1,2}-q_{i^*,2})/(q_{i^*+1,1}-q_{i^*,1})$ 表示直线 $\boldsymbol{q}_{i^*}\boldsymbol{q}_{i^*+1}$ 的斜率,$b=q_{i^*,2}-kq_{i^*,1}$ 表示该直线的截距。$\boldsymbol{q}_{\mathrm{p}}$ 被用来取代 $\boldsymbol{q}_{i^*}$ 作为指定路径上距离当前关节位置的最近点。

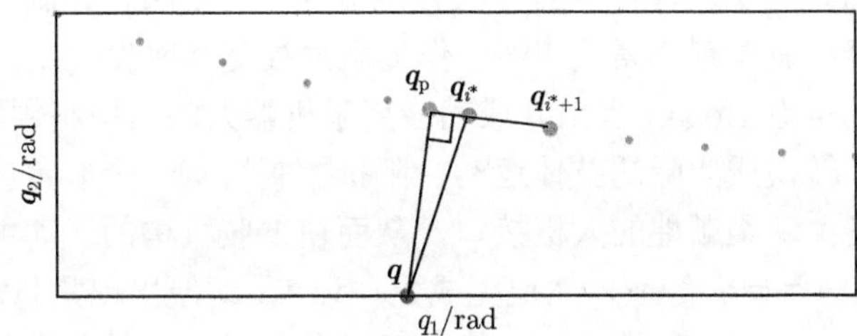

图 8.16 搜索指定路径上距离当前位置的最近点（见彩图）

最后，由实时关节位置和指定路径上距离它的最近点，来确定训练过程中的参考位置 $\boldsymbol{q}_{\mathrm{r}}$，即

$$\boldsymbol{q}_{\mathrm{r}}=\begin{cases}\boldsymbol{q}_{\mathrm{p}}+\dfrac{w_{\mathrm{t}}}{2}\left\|\boldsymbol{q}_{\mathrm{e}}\right\|^{-1}\boldsymbol{q}_{\mathrm{e}}, & \left\|\boldsymbol{q}_{\mathrm{e}}\right\|>\dfrac{w_{\mathrm{t}}}{2}\\ \boldsymbol{q}, & \text{其他}\end{cases} \tag{8.34}$$

式 (8.34) 在指定路径的周围建立了一个虚拟的管道来限制患者的主动运动,如图 8.17

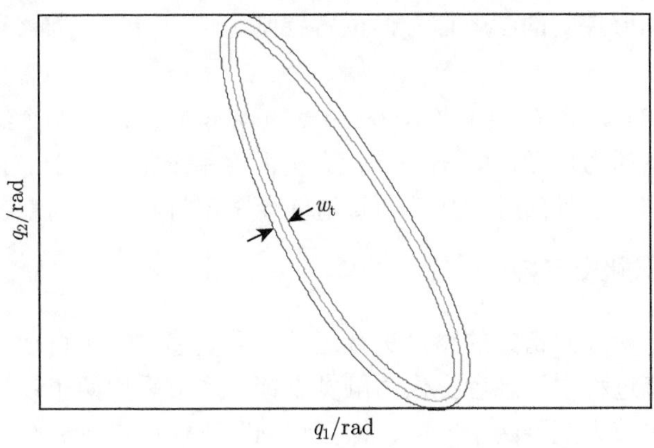

图 8.17 围绕指定路径的虚拟管道

所示。该管道用来限制患者的主动运动，其中，红色的线表示理想的运动路径，黑线表示管道的外壁，蓝线表示是内壁；w_t 表示管道的直径，它是一个常数；$\boldsymbol{q}_e = \boldsymbol{q} - \boldsymbol{q}_p$ 表示位置偏差向量，它是一个 2×1 的列向量。由于 $\boldsymbol{q}_p$ 是 $\boldsymbol{q}$ 在切线上的投影点，所以位置偏差向量与切线相互正交。如果当前位置位于管道内部，那么参考位置为当前位置；否则，参考位置就设定在管道壁上。

8.3.2 实现患者的运动意图

在任务导向式主动训练中，需要将体现患者运动意图的主动关节力矩转换成相应的实际运动。实现这种转换的方法有很多种，其中阻抗控制最为典型，在康复机器人的交互控制中最为常用 [166]。作为阻尼控制和刚度控制方法的推广，阻抗控制的概念最早由 Hogan 提出并成功应用于机器人的力控制领域 [195]。除了将患者的运动意图转换成实际的肢体运动，阻抗控制还有一个非常重要的作用，就是建立一个具备主动柔顺性的人机接口，从而使下肢机构的运动主动适应下肢产生的力矩，以此确保患者舒适自然地完成主动训练，即便出现紧急情况，如下肢肌肉的异常活动——痉挛、颤抖等，也能保证患者在训练过程中的安全 [196,197]。同时，如前所述，相对于基于力矩的阻抗控制，基于位置的阻抗控制更加成熟，性能更加稳定，在已有位置伺服控制的基础上也更加容易实现，因此，本节采用基于位置的阻抗控制方法来实现 iLeg 的任务导向式主动训练。

与 8.2.2 节一致，本节同样在关节空间内采用基于位置的阻抗控制方法，由一个双闭环控制结构来实现，如图 8.5 所示。阻抗控制外环通过逆向阻抗方程由 $\boldsymbol{\tau}_h$ 产生位置、速度和加速度的调整量，用以修正参考轨迹，达到调节人体下肢与下肢机构之间相互作用力的目的，如式 (8.18) 与式 (8.19) 所示。不同点在于，这里的参考速度和加速度始终设置为零，即 $\dot{\boldsymbol{q}}_r = \boldsymbol{0}$，$\ddot{\boldsymbol{q}}_r = \boldsymbol{0}$。利用位置、速度、加速度调整量对参考运动轨迹进行修正后，得到位置、速度和加速度指令，并将其作为内环位置伺服控制的参考信号，位置控制内环由带 BP 神经网络补偿的 PD 算法实现。

根据式 (8.34)、式 (8.18) 及式 (8.19)，可以推断出以下两个结论：当人体下肢不产生任何主动力矩时，即 $\boldsymbol{\tau}_h = 0$，人机混合系统将会处于静止状态；当人机混合系统运动到管道外部时，弹性的管道壁会试图将其拉回到管道内部。

8.3.3 自适应人机交互接口

为了激励患者按照指定的路径进行运动，需要建立一个自适应的主动柔顺环境，以便在训练过程中给患者提供力触觉反馈。本节采用两个步骤来实现：首先将下肢的主动关节力矩沿两个方向，即正切向和正法向进行分解；然后根据主动力矩的两个分量及位置偏差值，采用模糊逻辑的方法来调节阻抗参数。

1. 主动力矩的分解

为了明确患者的运动意图，根据指定的有向路径及实时的关节位置，下肢的主动力矩可分解为两个分量，即

$$\boldsymbol{\tau}_{\rm h}=\tau_{\rm t}\boldsymbol{d}_{\rm t}+\tau_{\rm e}\boldsymbol{d}_{\rm e} \tag{8.35}$$

其中，$\boldsymbol{d}_{\rm t}$ 表示指定有向路径上投影点 $\boldsymbol{q}_{\rm p}$ 处的正切向，它实际上是任务路径上投影点处的指定运动方向；$\boldsymbol{d}_{\rm e}$ 表示投影点处的正法向，它与位置偏差向量 $\boldsymbol{q}_{\rm e}$ 的方向一致，由投影点指向当前实际位置；$\tau_{\rm t}$ 和 $\tau_{\rm e}$ 分别表示 $\boldsymbol{\tau}_{\rm h}$ 沿上述两个方向的分量。如果 $\tau_{\rm t}$ 是一个正值，表示患者在切向上的运动意图沿着指定路径的正方向，负值则表示沿着负方向。同理，$\tau_{\rm e}$ 大于零表示患者在法向上的运动意图是远离指定路径的，小于零则表示意图靠近。任意一个方向上的零值表示在该方向上没有主动运动意图。图 8.18 给出了上述主动力矩的分解情况，其中，指定路径上的箭头表示其方向，黑色的点表示当前的实际位置。如图 8.18(a) 所示，当前的实际位置位于指定路径的内部，主动力矩在正切向上的分量为负，表示患者意图与指定的方向相反，主动力矩在正法向上的分量为正，表示患者意图远离指定路径。如图 8.18(b) 所示，当前的实际位置位于指定路径的外侧，主动力矩在正切向上的分量为正，表示患者意图与指定的方向相同，主动力矩在正法向上的分量为负，表示患者意图靠近指定路径。

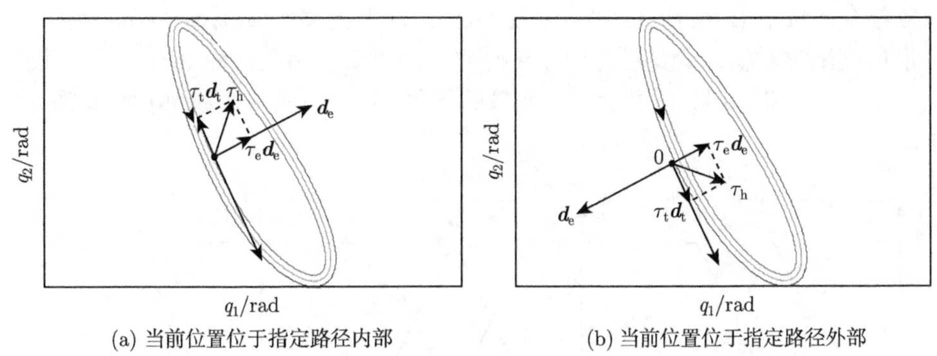

(a) 当前位置位于指定路径内部 (b) 当前位置位于指定路径外部

图 8.18 主动力矩的分解

根据 8.3.1节中所述，指定路径上投影点的切线可由直线 $\boldsymbol{q}_{i^*}\boldsymbol{q}_{i^*+1}$ 来近似，因此正切向可以用以下 2×1 的列向量来表示

$$\boldsymbol{d}_{\rm t}=\left\|\boldsymbol{q}_{i^*+1}-\boldsymbol{q}_{i^*}\right\|^{-1}\left(\boldsymbol{q}_{i^*+1}-\boldsymbol{q}_{i^*}\right) \tag{8.36}$$

因为位置序列中的每个元素都是唯一的，所以 $\|\boldsymbol{q}_{i+1}-\boldsymbol{q}_i\|\neq0,\forall i=1,\cdots,L-1$ 总是成立，从而保证了式 (8.36)不会出现奇异状态。就正法向而言，在非奇异状

态下，即 $\|\boldsymbol{q}_{\mathrm{e}}\| \neq 0$ 时，可以根据 $\boldsymbol{q}_{\mathrm{e}}$ 求得；否则，设为与 $\boldsymbol{d}_{\mathrm{t}}$ 相互垂直的方向（将 $\boldsymbol{d}_{\mathrm{t}}$ 顺时针转 90°），即

$$\boldsymbol{d}_{\mathrm{e}} = \begin{cases} \|\boldsymbol{q}_{\mathrm{e}}\|^{-1} \boldsymbol{q}_{\mathrm{e}}, & \|\boldsymbol{q}_{\mathrm{e}}\| \neq 0 \\ [d_{\mathrm{t}2} \quad -d_{\mathrm{t}1}]^{\mathrm{T}}, & \text{其他} \end{cases} \tag{8.37}$$

其中，$d_{\mathrm{t}i}$ 表示 $\boldsymbol{d}_{\mathrm{t}}$ 的第 i 个元素。

根据 8.3.1节中所述，$\boldsymbol{q}_{\mathrm{e}}$ 正交于直线 $\boldsymbol{q}_{i^*}\boldsymbol{q}_{i^*+1}$，因此由式 (8.36)和式 (8.37)可以推导出以下结论：$\boldsymbol{d}_{\mathrm{t}} \perp \boldsymbol{d}_{\mathrm{e}}$，$\|\boldsymbol{d}_{\mathrm{t}}\| = 1$，以及 $\|\boldsymbol{d}_{\mathrm{e}}\| = 1$，其中 $\perp$ 是正交符号。由此可得，主动关节力矩在正切向和正法向上的投影可分别由以下两个公式计算：$\tau_{\mathrm{t}} = \boldsymbol{\tau}_{\mathrm{h}}^{\mathrm{T}}\boldsymbol{d}_{\mathrm{t}}$ 和 $\tau_{\mathrm{e}} = \boldsymbol{\tau}_{\mathrm{h}}^{\mathrm{T}}\boldsymbol{d}_{\mathrm{e}}$。

2. 自适应阻抗

通过分解主动力矩，得到了患者在切向和法向上的运动意图。本节将基于得到的运动意图调节阻抗参数，建立一个自适应的交互接口。阻抗的调节应该遵循以下基本规则：当患者意图对抗指定路径时，增加主动运动的阻抗；否则，减小阻抗。相对于传统方法，模糊逻辑在处理这类基于规则的决策问题上有较大优势 [198,199]，因此本节采用模糊逻辑来进行阻抗调节。

主动关节力矩的两个分量 τ_{t} 和 τ_{e} 及位置偏差值 $\|\boldsymbol{q}_{\mathrm{e}}\|$ 可作为模糊逻辑的输入变量，其中 $\|\cdot\|$ 表示欧几里得 2-范数算子。在三个输入变量上各自定义三个模糊集合：负集 (negative, N)、零集 (zero, Z) 和正集 (positive，P)。使用三角形隶属度函数对输入变量进行模糊化。它们的隶属度函数如图 8.19 所示，图中，$\tau_{\mathrm{t\,min}}$、$\tau_{\mathrm{e\,min}}$ 和 $\|\boldsymbol{q}_{\mathrm{e}}\|_{\min}$ 表示输入变量的下限；$\tau_{\mathrm{t\,max}}$、$\tau_{\mathrm{e\,max}}$ 和 $\|\boldsymbol{q}_{\mathrm{e}}\|_{\max}$ 表示其上限。

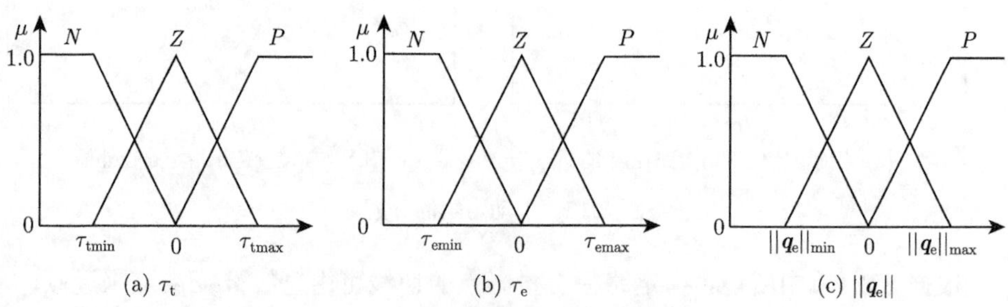

图 8.19　输入变量模糊化的隶属度函数

Sugeno 模型和 Mamdani 模型是两种较为常用模糊推理方法。Sugeno 模型中模糊规则的输出项是关于输入变量的函数，可以直接计算得出一个确定的实数，而 Mamdani 模型中模糊规则的输出项是一个模糊变量 [198,199]，所以使用 Sugeno

模型进行模糊推理的计算量较小，同时解模糊化也相对简单。因此，本节使用零阶 Sugeno 模型来进行模糊推理，模糊规则的输出项是一个常数，如表 8.3 所示。其中，z 表示模糊规则的输出变量，U 表示模糊全集，$\bar{N}$ 和 $\bar{Z}$ 分别表示 N 和 Z 的补集，它们的隶属度计算如下：$\mu_U(\cdot)=1$、$\mu_{\bar{N}}(\cdot)=1-\mu_N(\cdot)$ 和 $\mu_{\bar{Z}}(\cdot)=1-\mu_Z(\cdot)$。

表 8.3 模糊推理规则

τ_{t}	τ_{e}	$\Vert\boldsymbol{q}_{\mathrm{e}}\Vert$	z
N	U	U	1
$\bar{N}$	$\bar{Z}$	Z	0.5
$\bar{N}$	N	$\bar{Z}$	0
$\bar{N}$	Z	Z	0
$\bar{N}$	Z	$\bar{Z}$	0.5
$\bar{N}$	P	$\bar{Z}$	1

由于每条模糊规则的输出均为确定的实数，可采用简单的加权平均法对模糊逻辑的输出变量进行解模糊化，以得到唯一确定的输出量 z。每条规则的输出以该条规则自身的发放强度作为权重：

$$z=\frac{\sum_{j=1}^{6}\mu(z_j)z_j}{\sum_{j=1}^{6}\mu(z_j)} \tag{8.38}$$

其中，z_j 表示第 j 条规则的输出；使用 Zadeh 算子推导出该条规则的发放强度为：$\mu(z_j)=\min(\mu_j(\tau_{\mathrm{t}}),\mu_j(\tau_{\mathrm{e}}),\mu_j(\Vert\boldsymbol{q}_{\mathrm{e}}\Vert))$；$\mu_j(\tau_{\mathrm{t}})$、$\mu_j(\tau_{\mathrm{e}})$ 和 $\mu_j(\Vert\boldsymbol{q}_{\mathrm{e}}\Vert)$ 分别对应于规则 j 中输入变量 τ_{t}、τ_{e} 和 $\Vert\boldsymbol{q}_{\mathrm{e}}\Vert$。

阻抗参数的计算如下：

$$\begin{cases}\boldsymbol{M}=z\boldsymbol{M}_{\max}+(1-z)\boldsymbol{M}_{\min}\\ \boldsymbol{B}=z\boldsymbol{B}_{\max}+(1-z)\boldsymbol{B}_{\min}\\ \boldsymbol{K}=z\boldsymbol{K}_{\max}+(1-z)\boldsymbol{K}_{\min}\end{cases} \tag{8.39}$$

其中，系数 z 是一个小于或等于 1 的正实数，由式(8.38)进行计算，3×3 的正定对角矩阵 $\boldsymbol{M}_{\max}$、$\boldsymbol{B}_{\max}$ 和 $\boldsymbol{K}_{\max}$ 表示阻抗参数的上限，$\boldsymbol{M}_{\min}$、$\boldsymbol{B}_{\min}$ 和 $\boldsymbol{K}_{\min}$ 表示其下限，同为 3×3 的正定对角阵。

运动阻抗在同一位置处随主动力矩的分布如图 8.20 所示（见彩图）。其中，图 8.20(a) 中黄色的点表示当前位置，绿色箭头 $A\sim J$ 表示不同大小和方向的主动力矩；图 8.20(b) 表示当前位置处运动阻抗随主动力矩的分布情况，蓝色到红色的渐变表示阻抗系数 z 从小到大；图 8.20(a) 中的主动力矩 $A\sim J$ 分别与图 8.20(b)

中的点 $A \sim J$ 相对应。主动力矩 A 和 B 在切向和法向上均阻碍了指定的运动任务，并且它们的阻碍作用依次减小，而主动力矩 $C \sim E$ 在切向和法向上均有助于指定的运动任务，并且它们的帮助作用依次增大，因此，主动力矩 $A \sim E$ 对应的阻抗系数由大到小。主动力矩 F 和 G 在法向上意图靠近指定路径，切向上阻碍了运动任务，综合而言，F 的阻碍作用更大，所以 F 对应的阻抗系数较大。主动力矩 $H \sim J$ 在法向上意图远离指定路径，切向上有助于运动任务，综合而言，$H \sim J$ 的阻碍作用依次增大，所以相应的阻抗系数也由小到大。B、C、G 和 H 为四个大小相同方向不同的主动力矩，按照上述方法可以分析出它们对指定任务的阻碍作用由小到大依次是 $C < H \approx G < B$，图 8.20(b) 中它们对应的运动阻抗由小到大依次是 $C < H \approx G < B$。

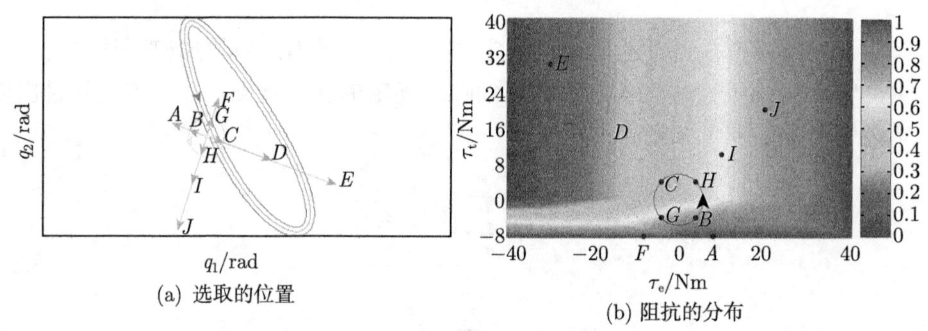

(a) 选取的位置

(b) 阻抗的分布

图 8.20 运动阻抗在同一位置处随主动力矩的分布（见彩图）

运动阻抗在相同主动力矩下随位置的分布如图 8.21 所示（见彩图）。图中，蓝色到红色的渐变表示阻抗系数 z 从小到大，黑色的点划线表示指定路径，绿色箭头表示相同大小不同方向的主动力矩，图 8.21(a) 和 (b) 中始终与指定路径在投影点 $\boldsymbol{q}_{\mathrm{p}}$ 处的切线相垂直，图 8.21(c)~(f) 中始终与指定路径在投影点 $\boldsymbol{q}_{\mathrm{p}}$ 处的切线相平行。垂直于指定路径指向外侧的主动力矩在路径内部被认为是助力，在路径外部被认为是阻力，因此，路径内部的阻抗系数较小，路径外部的阻抗系数较大，如图 8.21(a) 所示。垂直于指定路径指向内侧的主动力矩被认作助力和阻力的情况是相反的，因此，路径外部的阻抗系数较小，路径内部的阻抗系数较大，如图 8.21(b) 所示。综合而言，法向上的主动力矩与位置偏差向量 $\boldsymbol{q}_{\mathrm{e}}$ 的方向相反时，被认为是助力，否则是阻力，因此，图 8.21(a) 和 (b) 所示的两种情况下，阻抗系数均沿着主动力矩的方向逐渐增大。如图 8.21(c) 所示，沿指定路径正切向的主动力矩始终被认为是助力，此时的运动阻抗围绕指定路径呈对称分布，偏差值越大阻抗越大。沿指定路径负切向的主动力矩始终被认为是阻力，当该阻力的值小于 $|\tau_{\mathrm{t\,min}}|$ 时，运动阻抗的分布与图 8.21(c) 类似，不同之处在于各个位置处

的阻抗值会更大，并随着阻力的增大而增大，如图 8.21(d) 和 (e) 所示；当该阻力的值大于或等于 $|\tau_{\mathrm{t\,min}}|$ 时，运动阻抗将增至最大限值，并始终保持在最大限值的水平，如图 8.21(f) 所示。

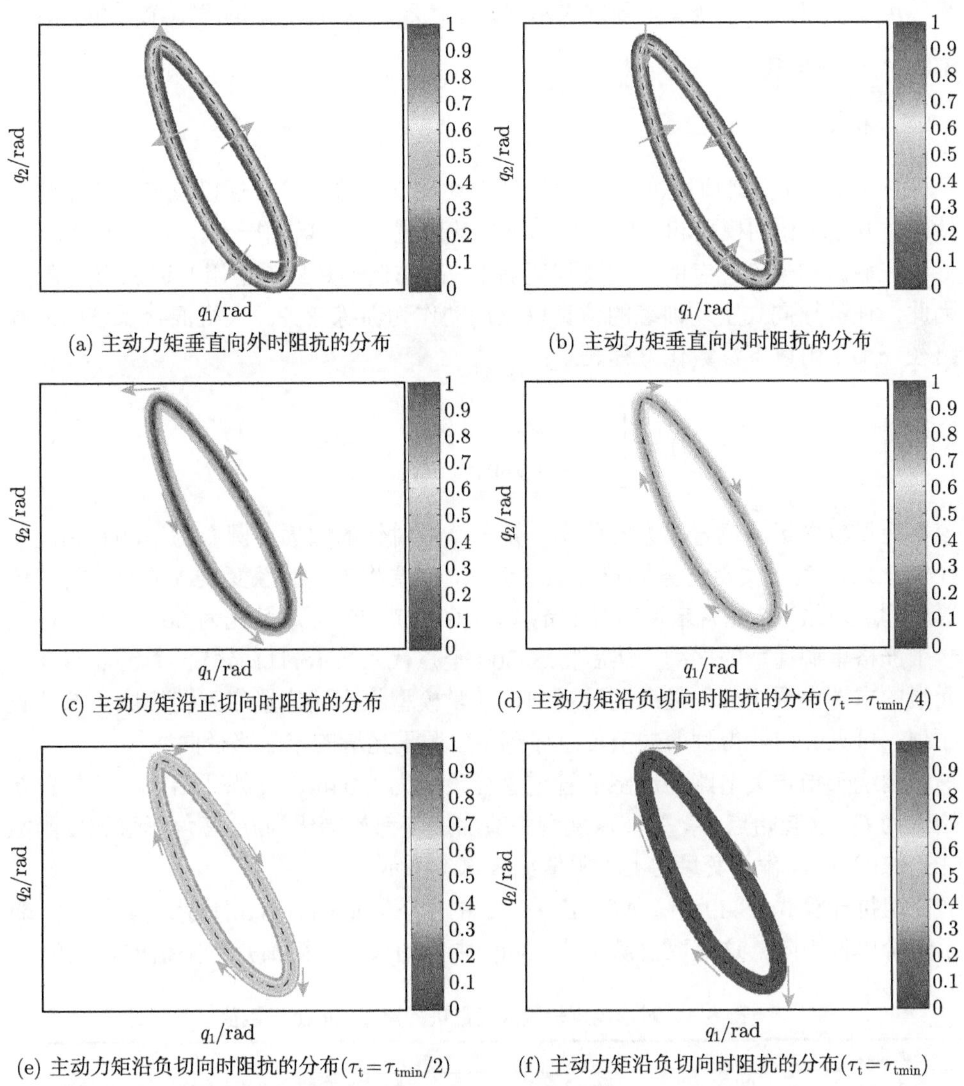

(a) 主动力矩垂直向外时阻抗的分布

(b) 主动力矩垂直向内时阻抗的分布

(c) 主动力矩沿正切向时阻抗的分布

(d) 主动力矩沿负切向时阻抗的分布($\tau_{\mathrm{t}}=\tau_{\mathrm{tmin}}/4$)

(e) 主动力矩沿负切向时阻抗的分布($\tau_{\mathrm{t}}=\tau_{\mathrm{tmin}}/2$)

(f) 主动力矩沿负切向时阻抗的分布($\tau_{\mathrm{t}}=\tau_{\mathrm{tmin}}$)

图 8.21 运动阻抗在相同主动力矩下随位置的分布（见彩图）

为了避免运动位置的振荡，阻抗参数必须满足不等式 $b_i \geqslant 2\sqrt{m_i k_i}$，其中 m_i、b_i 和 k_i 分别表示 $\boldsymbol{M}$、$\boldsymbol{B}$ 和 $\boldsymbol{K}$ 的第 i 个对角元素。据此，阻抗参数的上下限满足以下约束 [200]：

$$
\begin{cases} b_{i\max} = 3.1\sqrt{m_{i\max}k_{i\max}} \\ b_{i\min} = 3.1\sqrt{m_{i\min}k_{i\min}} \end{cases} \tag{8.40}
$$

其中，$m_{i\max}$、$b_{i\max}$ 和 $k_{i\max}$ 分别表示 $\boldsymbol{M}_{\max}$、$\boldsymbol{B}_{\max}$ 和 $\boldsymbol{K}_{\max}$ 的第 i 个对角元素，$m_{i\min}$、$b_{i\min}$ 和 $k_{i\min}$ 分别表示 $\boldsymbol{M}_{\min}$、$\boldsymbol{B}_{\min}$ 和 $\boldsymbol{K}_{\min}$ 的第 i 个对角元素。

8.3.4 仿真与实验

1. 仿真

任务导向式主动训练的仿真将验证上述控制方法的可行性以及该训练策略的特性。被控对象的模型和 BP 神经网络参数设置与8.2.3节中一致，此处不再赘述。

在截瘫和偏瘫患者的下肢康复训练中，踏车运动是最为常用的训练形式之一，因此，任务导向式主动训练的仿真以该运动作为训练任务。人机混合系统的末端路径 $\boldsymbol{x}_{\rm s}(v)$ 由以下参数化方程表示：

$$
\boldsymbol{x}_{\rm s}(v) = \begin{bmatrix} 0.1\cos v + 0.62 \\ -0.1\sin v \end{bmatrix}, \quad v \in [0, 2\pi) \tag{8.41}
$$

该路径仅包含运动位置和方向信息，是一个顺时针的圆周，圆心为 (0.62, 0)，半径为 0.1m。为了实现任务导向式主动训练，需要将末端路径变换成关节空间的位置序列。为此，首先将末端路径的定义域 $[0, 2\pi)$ 均匀地离散化为 500 个点，得到一个严格单调递增的序列，然后将这 500 个点代入式 (8.41)求得一个包含 500 个元素的末端位置序列，最后通过逆向运动学模型将末端位置序列转换成关节位置序列。可见，由此得到的关节位置序列 $\boldsymbol{Q}_{\rm s}$ 源于光滑的末端路径曲线。

围绕于指定关节路径周围的管道直径设定为 0.04m。训练开始前关节位置初始化为 $\boldsymbol{Q}_{\rm s}$ 的起始点 $\boldsymbol{q}_0$，关节速度和关节加速度都初始化为 0。三角形隶属度函数（图 8.19）中，输入变量的上下限值如表 8.4 所示。

阻抗计算式 (8.39)中，$\boldsymbol{M}$、$\boldsymbol{B}$ 和 $\boldsymbol{K}$ 的上下限值如表 8.5 所示，其中，$\boldsymbol{I}_3$ 表示三阶单位矩阵，这些取值满足式 (8.40)中的约束，上限值是下限值的 10 倍。

表 8.4 对模糊逻辑输入变量进行模糊化的上下限值

$\tau_{\rm t\max}$	$\tau_{\rm e\max}$	$\Vert\boldsymbol{q}_{\rm e}\Vert_{\max}$	$\tau_{\rm t\min}$	$\tau_{\rm e\min}$	$\Vert\boldsymbol{q}_{\rm e}\Vert_{\min}$
8 Nm	20 Nm	0.02 rad	−8 Nm	−20 Nm	−0.02 rad

表 8.5 阻抗参数的上下限值

$\boldsymbol{M}_{\max}$	$\boldsymbol{B}_{\max}$	$\boldsymbol{K}_{\max}$	$\boldsymbol{M}_{\min}$	$\boldsymbol{B}_{\min}$	$\boldsymbol{K}_{\min}$
$100\boldsymbol{I}_3$ kg	$3100\boldsymbol{I}_3$ Ns/m	$10000\boldsymbol{I}_3$ N/m	$10\boldsymbol{I}_3$ kg	$310\boldsymbol{I}_3$ Ns/m	$1000\boldsymbol{I}_3$ N/m

关节空间施加于下肢机构的主动力矩 $\boldsymbol{\tau}_{\mathrm{h}}$ 由两项组成，分别为沿切向和法向的力矩，如下所示：

$$\boldsymbol{\tau}_{\mathrm{h}}=\begin{cases}30\boldsymbol{d}_{\mathrm{t}}+30\sin(2\pi t)\boldsymbol{d}_{\mathrm{c}}, & 0\mathrm{s}\leqslant t<13\mathrm{s}\ \text{或}\ 14\mathrm{s}<t\leqslant 30\mathrm{s}\\ -10\boldsymbol{d}_{\mathrm{t}}+30\sin(2\pi t)\boldsymbol{d}_{\mathrm{c}}, & 13\mathrm{s}\leqslant t\leqslant 14\mathrm{s}\end{cases} \tag{8.42}$$

其中，方向向量 $\boldsymbol{d}_{\mathrm{c}}=[d_{\mathrm{t2}}\ \ -d_{\mathrm{t1}}]^{\mathrm{T}}$，它由正切向量 $\boldsymbol{d}_{\mathrm{t}}$ 顺时针旋转 90° 得到；考虑人体反应时间，方向向量 $\boldsymbol{d}_{\mathrm{t}}$ 和 $\boldsymbol{d}_{\mathrm{c}}$ 更新周期为 0.2s；法向力矩中的正弦因子用来模拟下肢的抖动，其频率为 1Hz。

为了和模糊逻辑方法进行比较，本研究中还采用了仅根据位置偏差值进行阻抗参数调节的方法对任务导向式主动训练进行仿真。阻抗调节系数由非模糊方法得到，$z=\min(\|\boldsymbol{q}_{\mathrm{e}}\|/\|\boldsymbol{q}_{\mathrm{e}}\|_{\max},1)$，利用式 (8.39)计算阻抗参数，位置偏差上限 $\|\boldsymbol{q}_{\mathrm{e}}\|_{\max}=0.03$，仿真结果如图 8.22 所示 (见彩图)。图 8.22(a) 和 (b) 中，蓝色的实

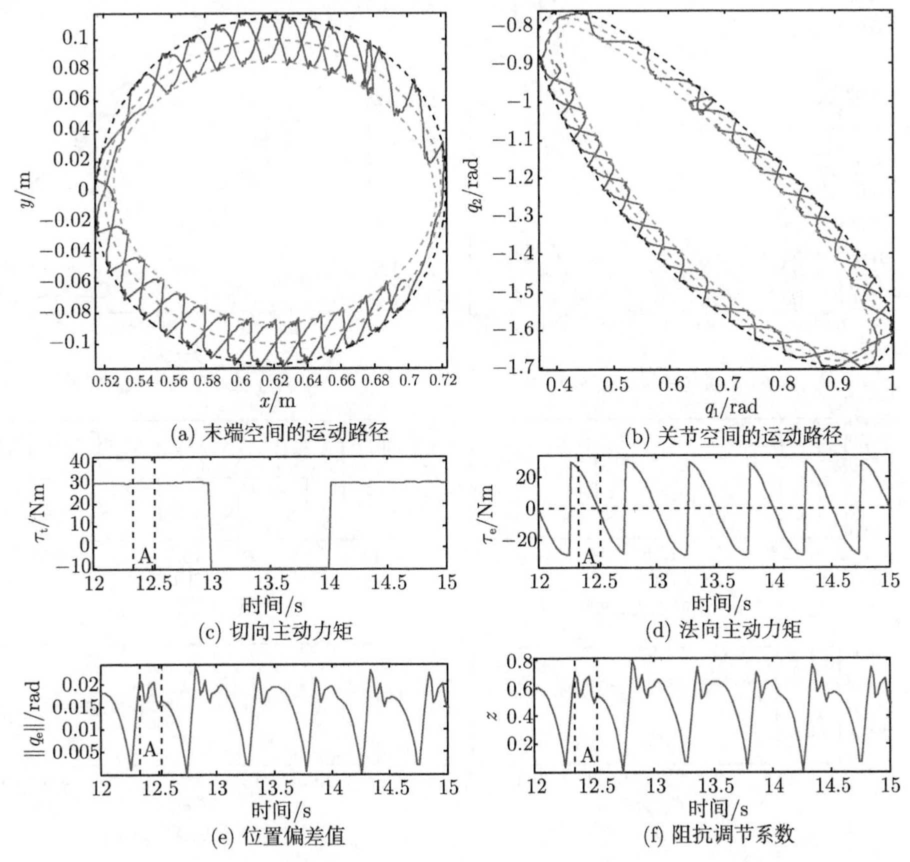

(a) 末端空间的运动路径　(b) 关节空间的运动路径

(c) 切向主动力矩　(d) 法向主动力矩

(e) 位置偏差值　(f) 阻抗调节系数

图 8.22　非模糊逻辑下任务导向式主动训练的仿真结果（见彩图）

线表示实际的运动路径，红色的虚线表示指定的运动路径，绿色和黑色的虚线分别表示虚拟管道的内壁和外壁。仿真中运动的持续时间为 30s，为了便于说明，图 8.22(c)、(d) 及 (e) 只给出了 $12\text{s} < t < 15\text{s}$ 内的仿真结果。该方法中，主动训练的运动阻抗完全取决于位置偏差值 $\|\boldsymbol{q}_{\text{e}}\|$。如 $13\text{s} < t < 14\text{s}$ 时段所示，当患者试图沿着有向指定路径的反方向进行运动时，阻抗调节系数并未因此增大；如图 8.23 中标记为“A”的时段所示，法向主动力矩由正向转到负向，阻抗调节系数并未受其影响，而始终跟随位置偏差。因此，该方法只能在主动力矩造成位置偏差后进行运动阻抗的调节，而无法根据当前的主动运动意图调节提供给患者及时的触觉力反馈。图 8.22(e) 中位置偏差的振荡是由人机混合系统与虚拟管道壁相互作用而产生。

基于上述模糊方法的任务导向式主动训练的仿真结果如图 8.23 所示（见彩图）。

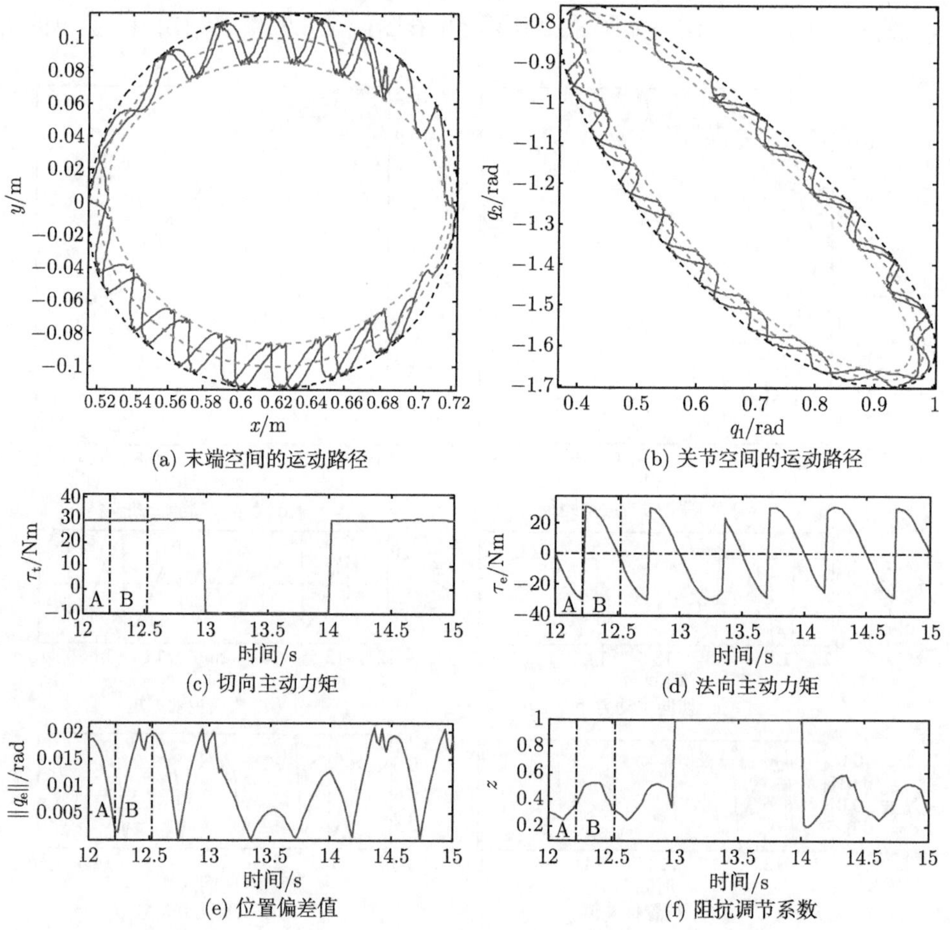

(a) 末端空间的运动路径　(b) 关节空间的运动路径

(c) 切向主动力矩　(d) 法向主动力矩

(e) 位置偏差值　(f) 阻抗调节系数

图 8.23　模糊逻辑下任务导向式主动训练的仿真结果（见彩图）

图 8.23(a) 和 (b) 中，蓝色的实线表示实际的运动路径，红色的虚线表示指定的运动路径，绿色和黑色的虚线分别表示虚拟管道的内壁和外壁。运动持续时间为 30s，为了便于说明，图 8.23(c)~(e) 同样只给出了 $12\text{s} < t < 15\text{s}$ 内的仿真结果。该方法中的运动阻抗由位置偏差和患者的主动力矩共同决定。如 $13\text{s} < t < 14\text{s}$ 时段所示，当患者试图反方向运动时，阻抗调节系数增大，患者的主动运动变得困难，提供了消极的触觉力反馈。如图中标记为“A”的时段所示，位置偏差持续减小，但是阻抗调节系数出现了先减小后增大的变化——这是因为起初位置偏差较大，且法向主动力矩为负，即沿着偏差减小的方向，此时运动阻抗减小以提供给患者积极的触觉力反馈；但是随着偏差的减小及负法向主动力矩的增大，需要增大运动阻抗以避免人机混合系统大幅度越过指定路径，造成较大的位置偏差。如图 8.23 中标记为“B”的时段所示，起初人机混合系统越过指定路径，位置偏差持续增大，且法向主动力矩为正，即沿着位置偏差增大的方向，所以运动阻抗增大以提供给患者消极的触觉力反馈；但是随着法向主动力矩逐渐减小，并由正变负（法向力矩由背离指定路径变为朝向指定路径），运动阻抗再次减小。在“B”时段内，图 8.23(e) 中位置偏差的振荡同样是由人机混合系统与虚拟管道壁相互作用而产生。

在 $0\text{s} < t < 13\text{s}$ 内，非模糊方法下的阻抗调节系数的平均值为 0.4782，位置偏差的均方值为 0.0143，而模糊方法下的阻抗调节系数平均值为 0.3949，位置偏差均方值为 0.0130。相比而言，模糊方法以较小的运动阻抗实现了更准确的主动训练任务。此处仅在 $0\text{s} < t < 13\text{s}$ 内进行比较是因为 $13\text{s} < t < 14\text{s}$ 内出现了反向运动的异常情况。

2. 实验和讨论

为了验证任务导向式主动训练的可行性，分两步在 iLeg 上进行了实验，被试为三名健康的男性。实验分为两步：第一步进行任务导向式主动训练下的自由运动实验，在该实验中仅要求被试沿指定路径进行运动，而对运动速度不做要求；第二步进行跟踪运动实验，在该实验中对被试运动的空间自由度加强了限制，要求其尽量跟踪目标运动速度。

1) 自由运动实验

在该实验中，指定运动路径的设计、虚拟管道的直径、人机混合系统的初始状态、模糊输入变量的上下限值以及阻抗参数的上下限值均如 8.2.4 节 (1) 所述。在实验开始前，被试者已被告知训练任务的路径，并被要求尽量遵循指定的有向路径进行运动。为了便于被试更好地对主动运动进行控制，在实验过程中，末端空间的指定路径及实际的末端运动轨迹以二维曲线的方式显示在液晶屏上，为被试提供实时的视觉反馈，如图 8.24 所示。图中，虚线表示末端空间的目标运动路径，实线表示被试者的实际运动轨迹，黑点表示当前的实际末端位置。

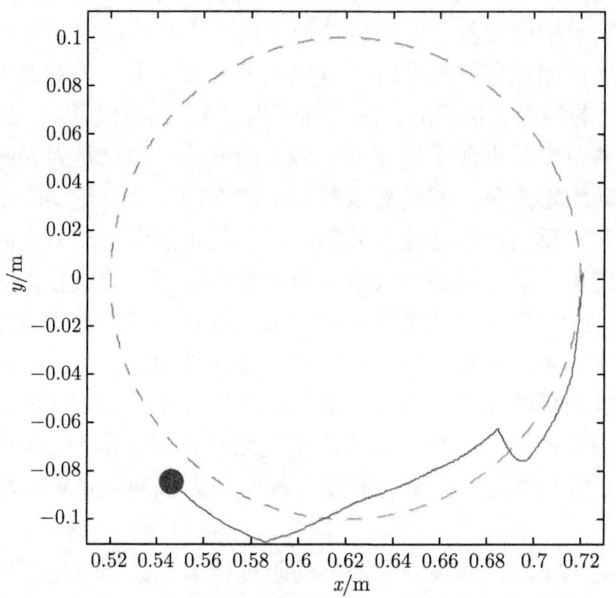

图 8.24　任务导向式主动训练下提供给被试者的视觉反馈

三名被试都较为顺利地完成了本次任务导向式主动训练实验，这里将选择其中较为典型的一次实验（被试 1 的实验结果）进行分析讨论，该次实验的整个过程的持续时间大于 265s，其间人机混合系统的末端空间和关节空间的轨迹如图 8.25 所示。图中，绿色的实线表示实际的运动路径，红色的虚线表示指定的运动路径，蓝色和黑色的虚线分别表示虚拟管道的内壁和外壁。

问题讨论：

(1) 如何激励被试的主动参与意识?

被试在实验过程的主动关节力矩及相应的关节空间的运动轨迹如图 8.26 所示。典型的如图 8.26 中所有的“A”区间所示，主动力矩在任务导向式主动训练中成为一个必要条件：人机混合系统的运动需要被试者的主动力矩来启动和维持，当主动力矩为 0 时，人机混合系统处于静止状态。另外，被试还可以通过主动力矩来控制运动的节奏。如图 8.26 所示，踏车运动的每一圈所需的时间不尽相同，第一圈用了大约 17s，而第二圈则用了 35s 左右的时间。主动力矩越大，人机混合系统的运动就越快。

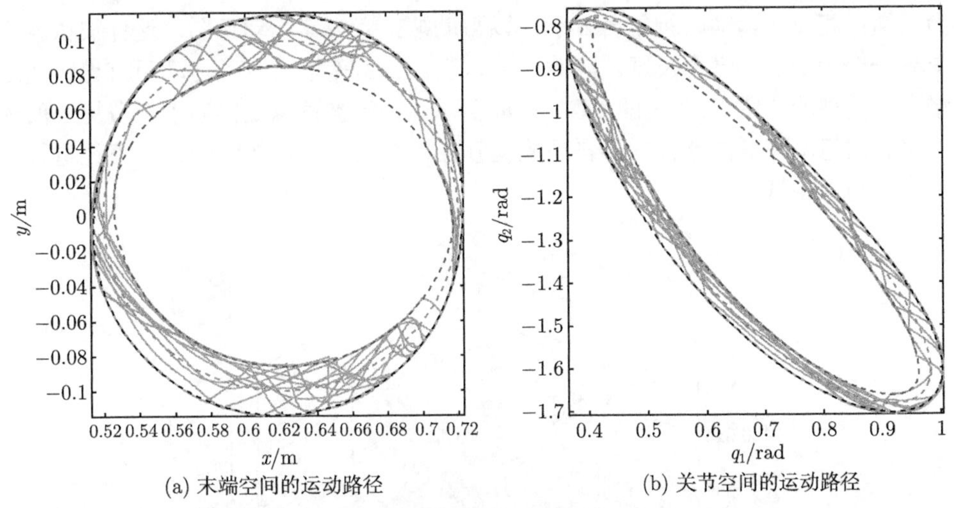

(a) 末端空间的运动路径　(b) 关节空间的运动路径

图 8.25 任务导向式主动训练的实验结果

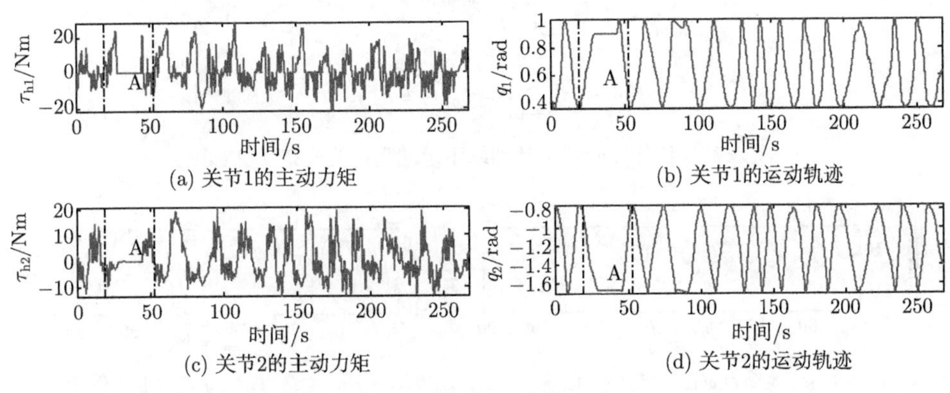

(a) 关节1的主动力矩　(b) 关节1的运动轨迹

(c) 关节2的主动力矩　(d) 关节2的运动轨迹

图 8.26 对受试者主动参与的激励

(2) 如何监督被试的主动运动意图?

该任务导向式主动训练的实验中，被试的运动阻抗随着位置偏差值、法向主动力矩和切向主动力矩的分布如图 8.27 所示（见彩图）。其中，红色表示较大的阻抗，蓝色表示较小阻抗。可以看出，运动阻抗分布的总体趋势：第一，运动位置偏差较小时，运动阻抗较小，反之，运动阻抗较大；第二，法向主动力矩指向目标位置时（其值小于 0)，运动阻抗较小，反之，运动阻抗较大；第三，切向主动力矩沿指定路径的正方向时（其值大于 0)，运动阻抗较小，反之，运动阻抗较大。图 8.28 展示了实验中 55~90s 时间里交互接口的自适应过程。典型的如图 8.28 中的“A”和“B”区间所示：当被试试图偏离指定的有向路径或者反向运动，运动阻抗就会加大，以抵抗这样一种不恰当的运动意图，如此会给被试一个消极的触觉力反馈；相反，运动阻抗就会减小，以帮助被试完成其运动意图，这样被试就会得到一个积极的触觉力反馈。除此之外，当位置偏差增大时，运动阻抗也会随之增大，典型的如图 8.28 中的“C”区间所示。由于被试总是倾向于耗费更小的体力来完成运动任务，这样一种自适应交互接口会鼓励被试按照既定的路径进行运动而非与之相抵抗。

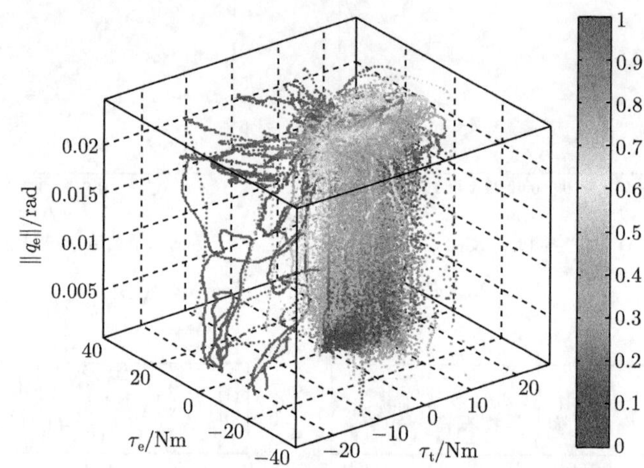

图 8.27　任务导向式主动训练下运动阻抗的分布（见彩图）

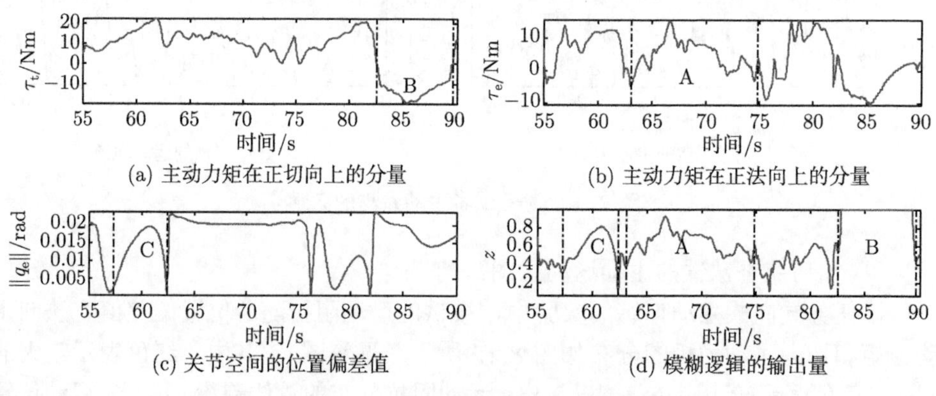

图 8.28　交互接口的自适应过程

(3) 如何保证训练环境的主动柔顺性?

如之前的章节以及图 8.25 所示，虽然训练过程存在自适应的运动阻抗，但被试仍然可以通过施加主动力矩在管道内部自由地运动，而并非完全被限制在有向指定路径上；而当管道壁已经被碰触到并持续被按压时，训练环境允许被试运动到了管道外部，这表明了管道壁只是一个弹性的阻挡界限而非刚性的。由上面论述可知，在此主动训练过程中，人机混合系统的运动会自适应于被试的主动关节力矩。主动训练环境通过损失部分位置精度实现了主动柔顺性，从而保证了安全、舒适和自然的运动训练。

(4) 如何保证被试完成训练任务?

虽然训练环境允许被试超出限定在任务路径周围的管道，但是当被试运动到管道外部后，除了运动阻抗会自适应增大外，管道壁还会产生一个额外弹性力以试图将被试者拉回管道内部。因此，如图 8.25 所示，实验过程中的位置偏差是可控的，并未出现大幅度超出管道的现象，即被试仅围绕着指定轨迹进行运动，几乎被限定在了管道的内部。此外，如前所述，自适应交互接口亦会监督被试遵照指定任务完成训练。上述两点可保证被试顺利完成运动任务。

2) 跟踪运动实验

本实验要求被试以 20s/圈的速度完成末端的匀速圆周运动。为了便于被试集中精力跟踪预定运动的速度，虚拟管道的直径将减小到 0，以限制被试运动的空间自由度。实验过程中为被试者提供的视觉反馈如图 8.29 所示（见彩图）。图中，红色的线表示末端空间的目标运动路径，红色的点表示当前的末端目标位置；蓝色的线表示被试者的实际运动轨迹，蓝色的点表示当前的实际末端位置。

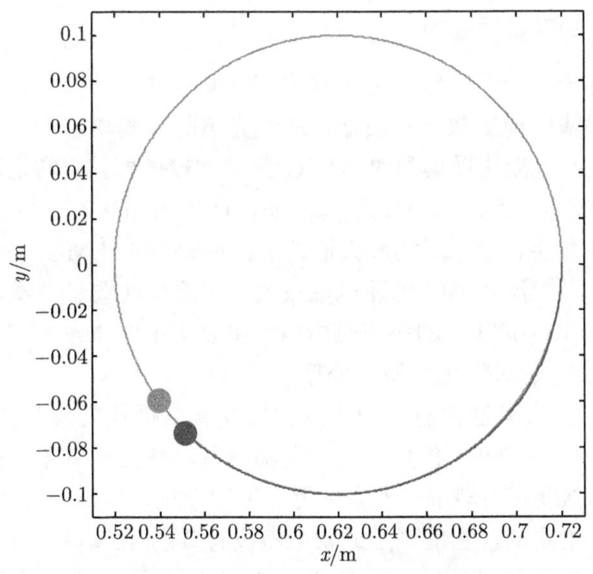

图 8.29 跟踪运动实验中提供给被试者的视觉反馈（见彩图）

三名被试对目标运动的跟踪结果如图 8.30 所示。绿色的实线表示目标运动轨迹，黑色的点线表示被试 1 的实际运动轨迹，蓝色的点划线表示被试 2 的实际运动轨迹，红色的虚线表示被试 3 的实际运动轨迹。关节空间内 RMSE 见表 8.6。

可以看出，在本节提出的任务导向式主动训练策略下，被试可以较为顺利地完成对指定运动轨迹的跟踪。

表 8.6　任务导向式主动训练下被试对目标运动轨迹跟踪的 RMSE

	被试 1	被试 2	被试 3
关节 1	0.0194 rad	0.0282 rad	0.0375 rad
关节 2	0.0273 rad	0.0420 rad	0.0541 rad

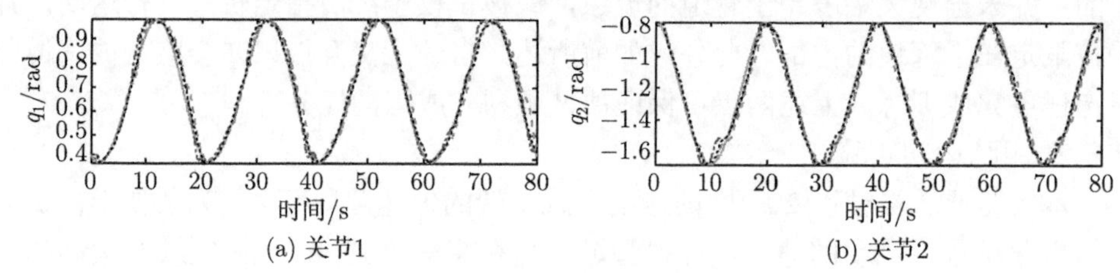

(a) 关节1　　(b) 关节2

图 8.30　任务导向式主动训练下被试者对目标运动的跟踪

8.4　基于 sEMG 的主动康复训练

8.4.1　sEMG 的采集和处理

本节研究基于主要课题组自主研发的 sEMG 采集系统，如图 8.31 所示。它主要包括四个模块：前置放大滤波器、线性光电隔离模块、AD 采集模块以及软件处理模块。通过电极片采集到的 sEMG 强度比较微弱，正常情况下，其峰峰值一般在毫伏级别，有运动功能障碍的患肢所能产生的 sEMG 尤其微弱，因此，前置放大滤波器必须要有足够大的放大倍数 (本研究中的 sEMG 采集仪放大倍数为 1000 倍)。另外，由于 sEMG 的随机性较大、抗干扰性弱、信噪比较低，而有效信号通常集中在 10~500Hz 的频率范围内，主要集中在 50~150Hz，所以前置放大滤波器还需要对 sEMG 进行滤波处理。

sEMG 的干扰来源通常有：由皮肤的形变和电极线的移动造成的运动伪迹，该噪声主要集中在 0~20Hz 的低频段；采集设备内在的电气干扰，以数千 Hz 的高频噪声为主，强度相对较弱；外界环境的工频干扰，其频率为 50Hz，这是所有噪声干扰中最为主要的，它的强度通常会淹没有效的 sEMG；由皮肤和电极之间的阻抗差异导致的直流基线噪声，使得 sEMG 产生了一个直流偏移量。针对以上提到的四点，前置放大滤波器分别对 sEMG 进行了以下处理：采用 10~500Hz 的带通滤波，以滤除运动伪迹造成的低频噪声和电气干扰导致的高频噪声；采用 50Hz 的陷波处理，以滤除外界环境的工频干扰；提高运算放大器的共模抑制比至 100dB，以抑制 sEMG 中的直流基线噪声。

隔离模块采用线性光耦完成，放大倍数为 1，通频带下限为 0，上限大于 1000Hz。线性隔离模块的作用主要有以下两个：将人体与后端的强电隔离，以保证采集过程的人体安全；避免了后端电路对前置模块的串扰，以降低采集到的 sEMG 中的噪声。AD 模块采用了成熟的商用采集卡，采集频率可选，本实验中使用的是 25000Hz。由于 sEMG 有效信号的频率通常低于 500Hz，所以大于 1000Hz 的线性隔离通频带以及 25000Hz 的 AD 采集频率都是足够大的。

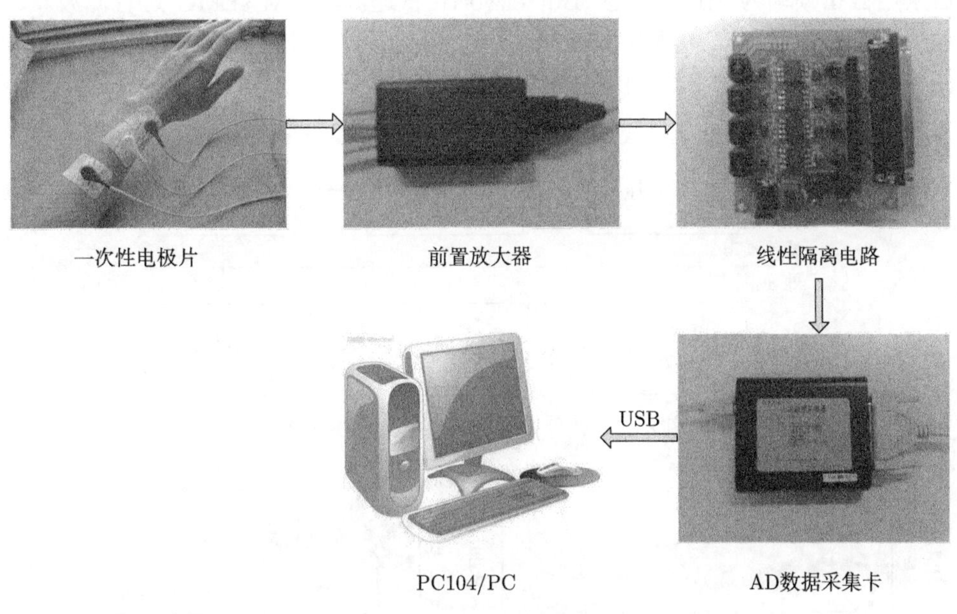

图 8.31 sEMG 采集系统

1. *滤波和平滑处理*

虽然前置模块对来自电极片的 sEMG 进行了必要的滤波处理，但是为了尽量减小有效信号的损失，前置模块的带通滤波采用了较宽通频带，即 −10 ~500Hz，而 sEMG 的主要有效频段集中于 50~150Hz；此外，信号在经过前置模块之后的线性隔离电路和 AD 采集模块时，仍然会被带入噪声；所以，在软件模块中对 sEMG 进行二次滤波是非常有必要的。软件模块对 sEMG 的处理过程如图 8.32 所示。首先，AD 模块的采样频率为 25000Hz，远远大于 sEMG 的有效成分所处的频段，因此，需要对 sEMG 信号进行二次采样，将采样频率降至 1250Hz；其次，采用截止频率为 20/200Hz 的巴特沃斯带通滤波器进一步提取 sEMG 的主要有效成分，滤除 sEMG 中的高低频干扰以及直流偏置；再次，采用 50Hz 的陷波滤波器滤除后端电路中混入 sEMG 的工频干扰。滤波前后 sEMG 的功率谱如图 8.33 所示，可以看出，原始信号的功率谱集中于 0Hz 及 10~500Hz，由于前端放大器中陷波滤波器的误差，最大陷波发生在 55Hz 处，相比之下，带通滤波消除了 sEMG 的直流分量，即其功率谱在 0Hz 处明显下降。此外，sEMG 的功率谱也变得更为集中，主要在 20~250Hz，而陷波后 sEMG 的功率谱在 50Hz 处明显降低。在得到 sEMG 的主要有效成分后，需要对其进行平滑处理，以满足作为控制信号的要求：首先对 sEMG 进行全波整流处理；再对其进行滑动平均滤波，其中，窗口宽度为 20 个数据点，滑动速度也是 20 个数据点，窗口之间无重叠；最后采用截止频率为 3Hz 的二阶 Butterworth 低通滤波器对 sEMG 进行滤波。软件处理前后的 sEMG 波形如图 8.34 所示。可以看出，处理后的 sEMG 信号明显变得平缓，近似于原始信号的包络线。

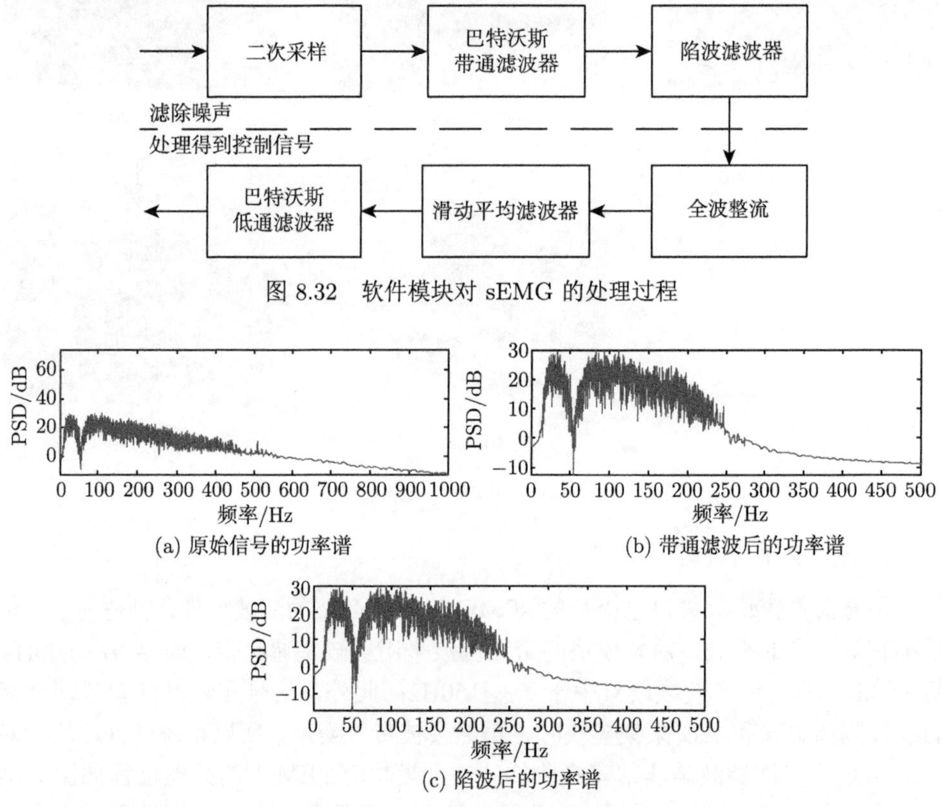

图 8.32 软件模块对 sEMG 的处理过程

(a) 原始信号的功率谱

(b) 带通滤波后的功率谱

(c) 陷波后的功率谱

图 8.33 信号滤波前后的功率谱

2. 归一化

在对 sEMG 进行归一化处理之前，需要获取肌肉的静息 sEMG 和 MVC 状态下的 sEMG。在本实验中，以上两种信号的获取方法如下：在采集开始前将被试的下肢置于一个自然的状态，并告知其尽量放松下肢的肌肉；启动采集后，在肌肉还保持在放松状态时，快速获取一组 sEMG，并求其均值，将其作为静息 sEMG；之后，告知被试尽最大努力收缩相关的下肢肌肉，重复次数和动作间歇以被试不会感到肌肉疲劳为准，与此同时会连续采集 sEMG，并以 256 的数据长度为单位对信号进行分段求平均，得到的最大值作为肌肉 MVC 状态下的 sEMG。利用上述两种信号对 sEMG 进行归一化的处理方法如下：

$$\bar{x}(t)=\begin{cases}0, & x(t)<x_{\mathrm{r}}\\(x(t)-x_{\mathrm{r}})/(x_{\mathrm{m}}-x_{\mathrm{r}}), & x_{\mathrm{m}}>x(t)>x_{\mathrm{r}}\\1, & x(t)>x_{\mathrm{m}}\end{cases}\tag{8.43}$$

其中，x_{r} 表示肌肉的静息 sEMG，x_{m} 表示肌肉 MVC 状态下的 sEMG，$x(t)$ 表示第 t 时刻 sEMG 的值，而 $\bar{x}(t)$ 表示第 t 时刻归一化的 sEMG 的值。

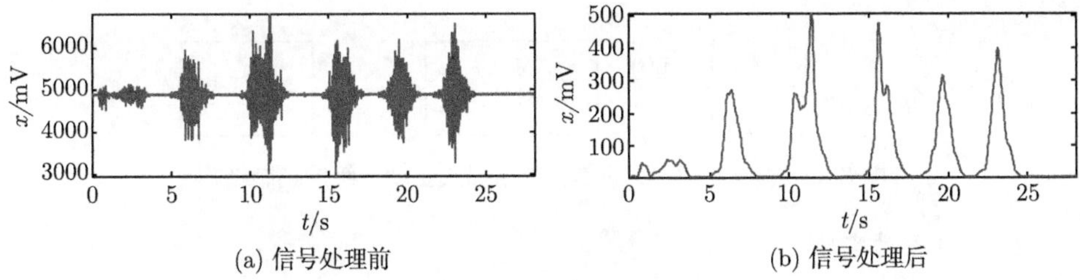

(a) 信号处理前　　(b) 信号处理后

图 8.34　软件处理前后的波形

下肢的单关节运动通常由一对肌群的协调收缩来完成，屈肌群控制其屈曲运动，伸肌群控制其伸展运动。其中，踝关节的屈伸分别主要由腓肠肌和胫骨前肌的收缩来完成，膝关节的屈伸分别主要由股二头肌和股四头肌控制，髋关节的屈伸分别主要由髂腰肌和臀大肌的协调收缩来完成。因此，第 i 个关节的主动训练的控制信号可采用伸肌群与屈肌群 sEMG 的差值，即

$$\tilde{x}_i(t)=(\bar{x}_{\mathrm{e}i}(t)-\bar{x}_{\mathrm{f}i}(t))f_i\tag{8.44}$$

其中，$\bar{x}_{\mathrm{e}i}(t)$ 表示 t 时刻第 i 个关节伸肌群的归一化 sEMG；而 $\bar{x}_{\mathrm{f}i}(t)$ 表示 t 时刻第 i 个关节屈肌群的归一化 sEMG；f_i 是一个取值为 ±1 的标志变量。当训练关节为膝或踝关节时，f_i 取值为 1；当训练关节为髋关节时，其取值为 -1。f_i 上述取值的原因是髋的屈伸方向与膝踝的屈伸方向定义是相反的。

8.4.2 阻尼式主动训练

1. 控制方法

本节的基于 sEMG 的单关节阻尼式主动训练，是指关节的运动速度与 sEMG 的强度成正比。为了实现这一目的，采用了阻尼控制方法，即令阻抗方程中的惯

性系数和刚度系数为零。其控制结构如图 8.35 所示，这是一个双闭环系统。其中，内环是速度控制，由伺服系统实现，在此不作赘述。而外环是阻尼控制，采用简化的阻抗方程实现 sEMG 到关节运动速度的转换，即

$$\tilde{x}_i(t) = B_i(\dot{q}_{ci} - \dot{q}_{ri}) \tag{8.45}$$

其中，$\dot{q}_{ci}$ 表示第 i 个关节的运动速度指令；$\dot{q}_{ri}$ 表示第 i 个关节的参考运动速度，通常情况下将其设置为零，即 $\dot{q}_{ri} = 0$。由此可以看出，关节空间的运动速度与伸屈肌群 sEMG 的差值成正比。

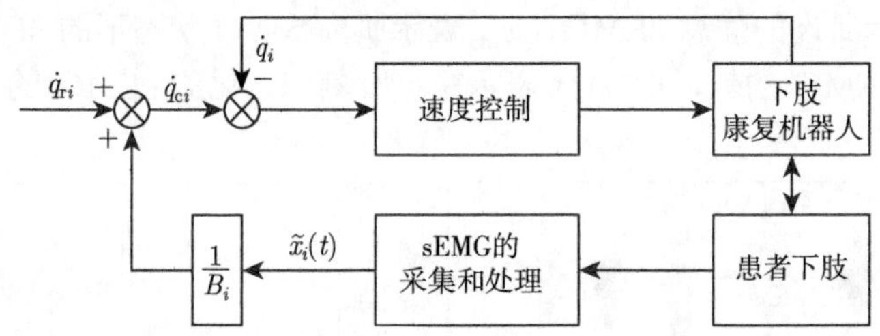

图 8.35　基于 sEMG 的单关节阻尼式主动训练的控制结构

2. 自由运动实验

本节中以右膝关节为例，对基于 sEMG 的单关节阻尼式主动训练进行实验验证，参与本次实验的被试是一名健康男性。经过多次的尝试和比较，分别选择从股二头肌和股外侧肌采集 sEMG，作为膝关节屈伸运动的控制信号，一次性电极片的粘贴位置如图 8.36 所示。

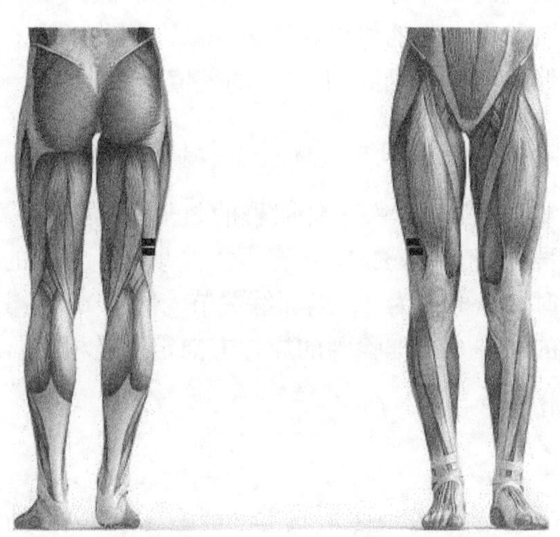

图 8.36　电极片的粘贴位置

为了主动训练运动更加平稳，需要对伸屈肌群的 sEMG 的差值进行死区和饱和处理

$$\tilde{x}_2(t) = \begin{cases} 0, & \|\tilde{x}_2(t)\| < 0.1 \\ \text{sgn}(\tilde{x}_2(t)), & \|\tilde{x}_2(t)\| > 1 \\ \tilde{x}_2(t) - 0.1\text{sgn}(\tilde{x}_2(t)), & \text{其他} \end{cases} \tag{8.46}$$

其中，死区的阈值设置成了 ± 0.1。设置膝关节的运动阻尼 $B_2 = 2$。

整个阻尼式主动训练实验的持续时间超过了 350s，其中，$310 \sim 350$s 内的单关节阻尼式主动训练实验结果如图 8.37 所示，可以看出，膝关节的运动速度完全受伸屈肌群 sEMG 差值的比例控制，表现为一个理想的阻尼器。当 $\tilde{x}_2(t) > 0$ 时，典型的如图中标记为“A”的时段所示，股外侧肌的收缩起主要作用，膝关节进行伸展运动。当 $\tilde{x}_2(t) < 0$ 时，典型的如图中标记为“B”的时段所示，股二头肌收缩而股外侧肌舒张放松，膝关节进行屈曲运动。当 $\tilde{x}_2(t) = 0$ 时，典型的如图中标记为“C”的时段所示，膝关节的伸屈肌群都处于放松的状态，相应的，膝关节处于静止状态。

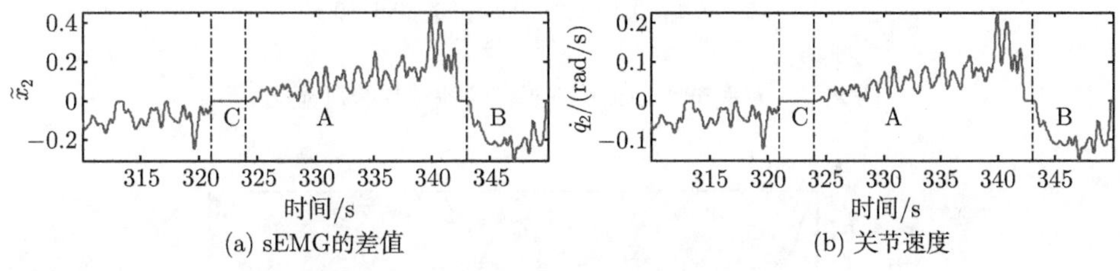

图 8.37 单关节阻尼式主动训练的实验结果

3. 跟踪运动实验

在完成上述实验验证后，在三名健康男性被试身上完成了进一步的跟踪运动实验。在本次实验中，为膝关节设计了一条按余弦规律变化的目标运动轨迹，要求被试尽量跟踪目标运动轨迹进行运动。为了给被试提供视觉反馈，实验过程中会将目标运动轨迹、实际运动轨迹和目标运动轨迹的上下限同时显示于液晶屏上，如图 8.38 所示。图 8.38 中，实线表示膝关节的目标位置，虚线表示被试者的实际位置，点画线表示运动轨迹的上下限。实线和虚线的刷新频率为 50Hz。膝关节的目标运动轨迹为

$$q_{t2} = 0.5\cos(0.1\pi t) - 1.1 \tag{8.47}$$

可见，膝关节的目标是一条角度范围为 $[-1.6, -0.6]$rad、周期为 20s 的余弦运动轨迹。

三名被试对目标运动轨迹的跟踪情况如图 8.39 所示（见彩图）。图中，绿色的实线表示膝关节的目标运动轨迹，黑色的点线表示被试 1 的运动轨迹，蓝色的点划线表示被试 2 的运动轨迹，红色的虚线表示被试 3 的运动轨迹。RMSE 如表 8.7 所示，最大误差值小于 0.080rad (4.58°)。可以看出，在上述阻尼控制策略下，三名被试均能较好地对动态的目标运动轨迹完成跟踪。

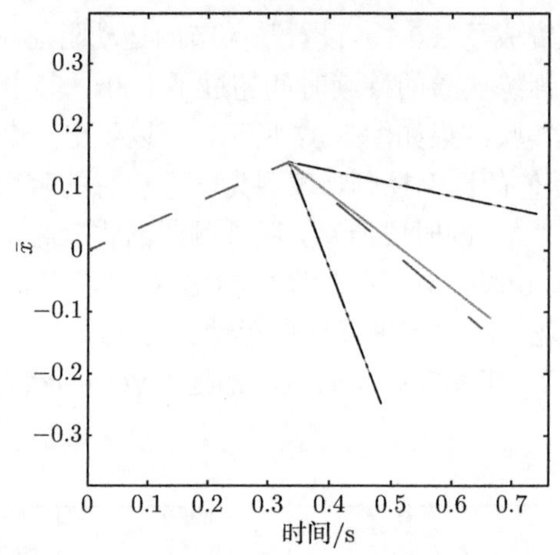

图 8.38　单关节主动训练下提供给被试者的视觉反馈

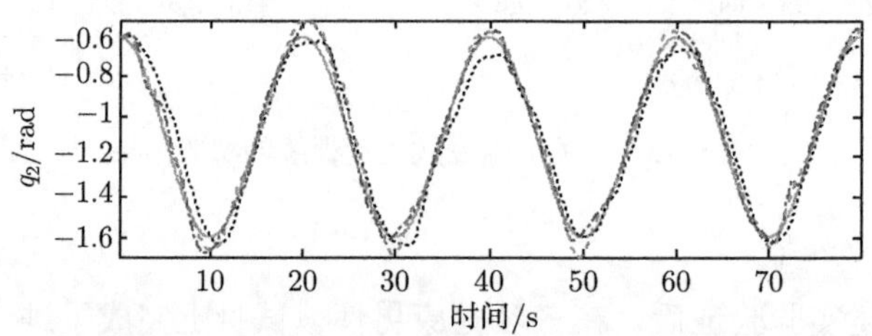

图 8.39　单关节阻尼式主动训练下被试对目标运动轨迹的跟踪情况（见彩图）

表 8.7　阻尼式主动训练实验的 RMSE

被试 1	被试 2	被试 3
0.0794 rad	0.0430 rad	0.0483 rad

8.4.3　弹簧式主动训练

1. 控制方法

本实验中基于 sEMG 的单关节弹簧式主动训练，是指关节的运动位移与 sEMG 的强度成正比。为了实现这一目的，本实验采用了另一种简化的阻抗控制方法——刚度控制，即令阻抗方程中的惯性系数和阻尼系数为零。与阻尼式训练类似，弹簧式主动训练策略也采用了双闭环控制结构，如图 8.40 所示。

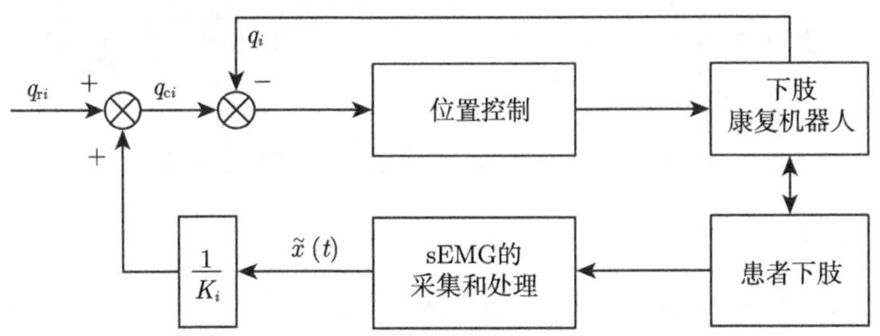

图 8.40 基于 sEMG 的单关节弹簧式主动训练的控制结构

内环是位置控制，同样由伺服系统实现。外环是刚度控制，采用简化的阻抗方程实现了 sEMG 到关节运动位移的转换，即

$$\tilde{x}_i(t) = K_i(q_{ci} - q_{ri}) \tag{8.48}$$

其中，q_{ci} 表示第 i 个关节的运动位置指令，q_{ri} 表示第 i 个关节的参考位置，通常情况下将其设置为一个常量。由此可以看出，关节空间的位移与伸屈肌群 sEMG 的差值成正比，当下肢处于放松状态，即 $\tilde{x}_i(t) = 0$ 时，关节会回到参考位置。

2. 自由运动实验

本节中以右膝关节为例，对基于 sEMG 的单关节弹簧式主动训练进行实验验证，一名健康的男性被试参与了本次实验。分别选择从股二头肌和股外侧肌采集 sEMG，作为膝关节屈伸运动的控制信号，一次性电极片的粘贴位置如图 8.36 所示。给定膝关节的参考位置 $q_{r2} = -1.1\text{rad}$，同时，给定膝关节的刚度系数 $K_2 = 1$。整个弹簧式主动训练实验的持续时间将近 300s，其中，110 ~ 150s 内的实验结果如图 8.41 所示，可以看出，膝关节相对于参考位置的角位移完全受伸屈肌群 sEMG 差值的比例控制，表现为一个理想的弹簧。典型的如图中标记为“A”和“B”的时段所示，膝关节的角位移随着伸屈肌群的 sEMG 差值的增大而增大；而当 sEMG 差值减小时，典型的如图中标记为“C”和“D”的时段所示，膝关节的角位移也随之减小；当 $\tilde{x}_2(t) = 0$ 时，即膝关节的伸屈肌群都处于放松的状态时，膝关节被拉回至参考位置后保持静止，典型的如图中标记为“E”和“F”的时段所示。

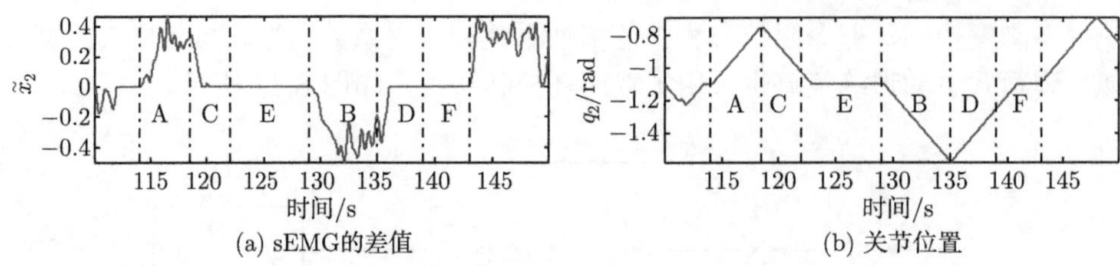

(a) sEMG的差值 (b) 关节位置

图 8.41 单关节弹簧式主动训练的实验结果

3. 跟踪运动实验

在完成上述自由运动实验基础上，进行单关节弹簧式主动训练下被试对目标位置的跟踪实验，参与者为三名健康男性被试。在该实验中，为膝关节设计了一组按阶跃规律变化的目标位置，要求被试尽量靠近目标位置。为了给被试提供视觉反馈，在实验过程中会将目标位置和实际运动轨迹同时显示于液晶屏上，同样如图 8.38 所示。膝关节的目标位置给定如下：

$$q_{\mathrm{t}2}=\begin{cases}-1.6, & 0\leqslant t<10\\ -0.6, & 10\leqslant t<20\\ -1.1, & 20\leqslant t<30\\ -0.6, & 30\leqslant t<40\\ -1.6, & 40\leqslant t<50\\ -1.1, & 50\leqslant t<60\end{cases} \tag{8.49}$$

这是一组阶跃式的方波信号，角度范围为 $[-1.6,-0.6]$rad，在每一个角度上的停留时间是 10s。

三名被试对阶跃式的目标位置的跟踪结果如图 8.42 所示（见彩图）。其中，绿色的实线表示膝关节的目标位置，黑色的点线表示被试 1 的运动轨迹，蓝色的点划线表示被试 2 的运动轨迹，红色的虚线表示被试 3 的运动轨迹。取每个阶梯阶段

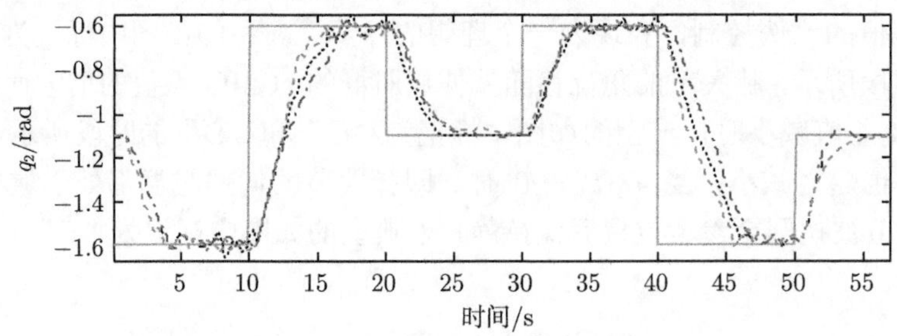

图 8.42 单关节弹簧式主动训练下被试者对目标位置的跟踪（见彩图）

的最后 3s 对三名被试的实际位置和目标位置求 RMSE，结果如表 8.8 所示，最大的误差值小于 0.025rad (1.43°)。可以看出，在上述刚度控制策略下，三名被试均能较好地对阶跃式的目标位置进行跟踪。

表 8.8 单关节弹簧式主动训练下被试者对目标位置跟踪的 RMSE

被试 1	被试 2	被试 3
0.0200 rad	0.0155 rad	0.0237 rad

8.5 基于 FES 技术的康复训练

8.5.1 FES 原理及应用现状

如前所述，人体关节运动通常是由一对肌群来控制的，例如，膝关节的运动是由股四头肌肌群和股二头肌肌群来控制。其伸屈原理如图 8.43 所示。股四头肌的收缩可以导致膝关节伸，股二头肌收缩会导致膝关节屈。同样，踝关节的伸屈运动是由胫骨前肌和小腿三头肌来控制的。就正常人而言，如果要产生膝关节的伸屈运动，中枢神经系统首先会产生一个 6~8Hz 的刺激信号到相应肌群的肌肉纤维，肌肉纤维通过异步募集的方式使得肌肉产生收缩，当肌肉收缩强度足够大的时候，膝关节角度就会变化，中枢神经刺激膝关节收缩原理如图 8.43(a) 所示。而对于脊髓损伤患者而言，中枢神经系统通路中断，刺激信号无法传递到相应肌群，因此无法使损伤平面以下的关节产生运动。理论上，我们可以利用 FES 来模拟人的中枢神经系统，直接对关节相关肌群进行刺激，来使关节产生运动。由于 FES 只能刺激电极周围的肌肉纤维，收缩肌纤维的数目要远远小于中枢神经系统刺激时收缩肌纤维的数目。因此，要获得同样的关节力矩，FES 的频率通常要高于神经系统刺激频率，而这也是 FES 容易导致肌肉疲劳的主要原因之一 [201]。FES 刺激膝关节伸屈原理如图 8.43(b) 所示。

如图 8.44 所示，FES 的脉冲波形通常是一个两阶段的方波，频率为 20~50Hz，幅值为 0~120mA，正向脉冲持续时间为 0~300μs，图中 A 为正脉冲幅值，B 为负脉冲幅值，C 为正脉冲宽度，D 为负脉冲宽度，T 为刺激周期或刺激频率的倒数。这种两阶段的波形可以使外部电荷转移到肌肉组织后又能立即转移出组织，这种模式的电荷转移能够防止抽搐，避免组织损伤 [202]。为了使转移到组织的电荷数量等于从组织转移出来的电荷数量，在设定刺激波形时，通常应满足 $A \cdot C = B \cdot D$。

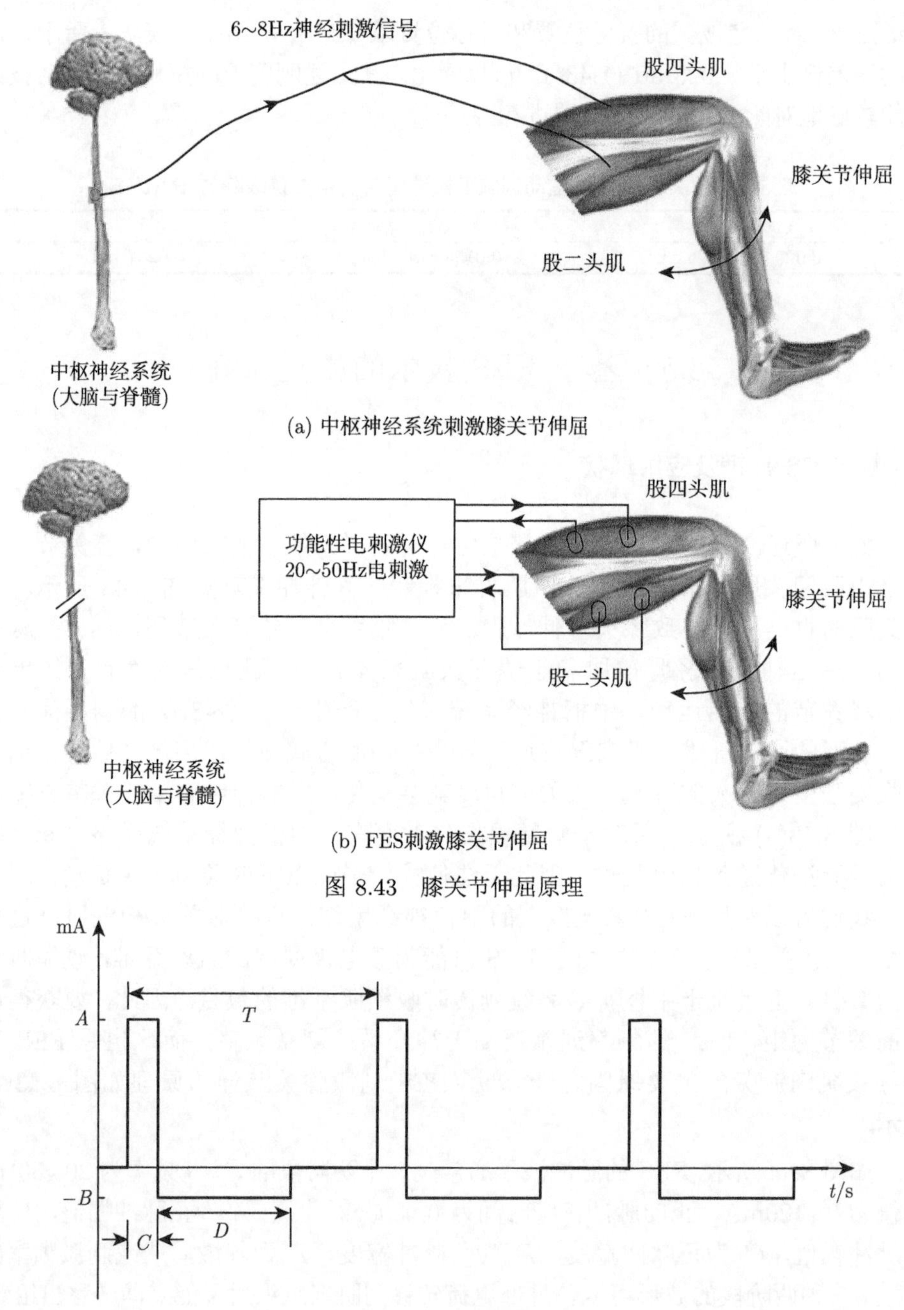

图 8.43　膝关节伸屈原理

图 8.44　FES 脉冲波形

FES 辅助肢体进行运动通常需要注意两个问题：一是电刺激肌肉响应模型，二是电刺激的控制策略。常用的电刺激肌肉模型可分为两类。第一类是生理学模型，它试图模拟肌肉的结构和行为，倾向于用精确的肌肉参数，如肌肉纤维的长度、肌腱长度、肌肉横截面积等来描述其关系，这种模型比较直观，但是模型的解剖学和生理学参数较难获得。第二类肌肉模型叫做经验模型或者黑箱模型，这类模型旨在建立电刺激参数与肌肉收缩力或力矩之间的映射关系，模型的参数通常没有实际意义，而且模型结构也无须反映肌肉的生理学结构。Hammerstein 模型 [203] 和 Hill 模型 [176] 是最常使用的两个经验模型。其中，Hammerstein 模型由一个静态非线性肌肉纤维募集环节和一个线性动态模型构成，模型线性部分描述了电刺激相关的肌肉收缩动力学。尽管该模型在常量刺激的情况下比较准确，但是当刺激参数变化时，该模型表现出较大的误差 [203]，而且该模型没有考虑肌肉疲劳对模型的影响。Zhang 等 [204] 在 Hammerstein 模型的基础上，建立了一个肌电信号作为输入的自适应肌肉模型，该模型即使在肌肉疲劳的情况下也具有较好的精度。Hill 模型则试图使用机械元件诸如阻尼器和刚体来描述电刺激的肌肉响应，但是最初的 Hill 模型并没有考虑肌纤维长度及其变化率对肌肉力量的影响，因此其精度较低 [176]。Dorgan 等在 Hill 模型的基础上，增加了刺激频率以及肌纤维长度和肌纤维收缩速度等参数，新建立的模型具有非线性和高耦合的特性，反映了骨骼肌肉的基本结构和行为，且具有较高的鲁棒特性 [205]。除此之外，还有 Watanabe 等 [206] 提出的电刺激肌肉响应模型。

由于电刺激肌肉响应的非线性特性及模型误差，使用开环控制通常很难满足要求。借助 FES 辅助站立训练是临床上常用的方法。Kim 等建立了一个 12 自由度的模型来模拟人体的站立运动，并期望能用最少数目的自由度帮助截瘫患者实现安全平稳的站立动作；研究发现，只要能控制好其中的 6 个自由度，便可以实现平稳站立，实验中通过带重力补偿的 PD 闭环控制算法实现了截瘫患者的平稳站立 [207]。人体站立行走是比站立更复杂也更有临床意义的动作模式，美国学者 Graupe 等在 1995 年提出了一种基于二元共振理论的人工神经网络来控制 FES 以辅助脊髓损伤患者的站立或行走，该网络模型能够通过区分损伤平面以上躯干的肌电信号来激活 FES 辅助站立或行走功能，实现了人的自主运动 [208]。但是该方法主要侧重于仿真的研究，而没有应用于实际系统。Jezernik 等在 2004 年提出了一种基于神经肌肉骨骼数学模型和滑模控制理论的闭环控制器，用于辅助截瘫患者小腿的运动，通过健康人和脊髓损伤患者的实验表明，该控制器具有较好的鲁棒性、稳定性及轨迹跟踪性能 [209]。为了比较不同控制方法的性能，Ferrarin 等提出了 4 种控制方式来实现 FES 辅助的小腿运动。如图 8.45 所示，分别是基于逆向生理学模型的开环控制、比例-积分-微分 (proportion integration differentiation,PID) 闭环控制、带前馈增益的 PID 闭环控制，以及自适应控制，通过脊髓损伤患者的实验表明，带前馈增益的 PID 闭环控制效果最好，而逆向模型的不足在于，其忽略了模型的不可逆成分，如时间延迟和饱和等 [210]。

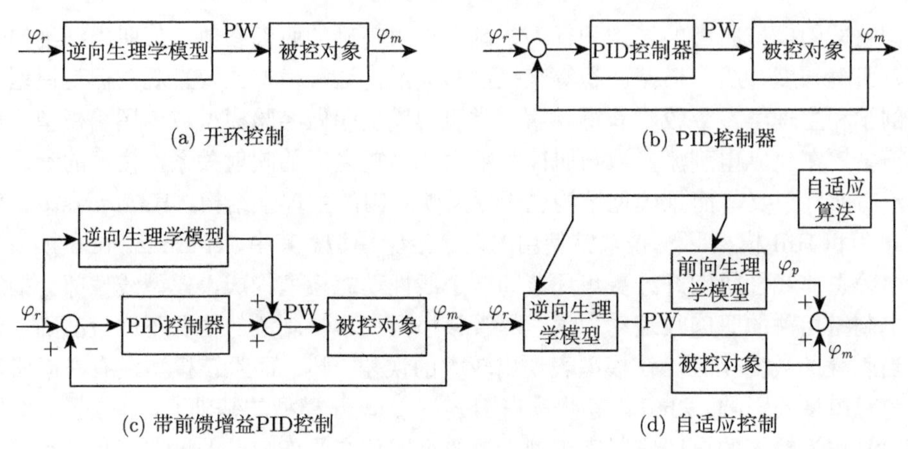

图 8.45 Ferrarin 等提出的 4 种 FES 控制方式 [210]

除了站立、行走及单关节的 FES 之外，FES 辅助康复踏车也是被广泛研究的方向之一。踏车时，患者一般坐在或斜躺在轮椅上，因此控制系统设计时不需要考虑患者突然跌倒等因素。Kim 等 [211] 通过模仿人体的生物神经系统控制机理，根据下肢的反馈信息确定所需要的关节力矩，然后将所需力矩分配到每块肌肉，进而考虑肌肉延迟等因素确定电刺激的强度和时序；控制系统的参数通过遗传算法来优化；仿真结果显示，该控制系统在肌肉疲劳的状态下也能产生足够强度的刺激使踏车运动继续进行，而且该控制器对肌肉延迟的参数误差有较好的鲁棒性。Hunt 等开发了一套实际的电机辅助 FES 三轮脚踏车，如图 8.46 所示。其中对整体系统的控制是通过电机控制和 FES 控制两个闭环来实现的。通过对一位截瘫患者的实际实验表明，该系统的控制能够准确跟踪预先设定的速度以及关节力矩 [212]。

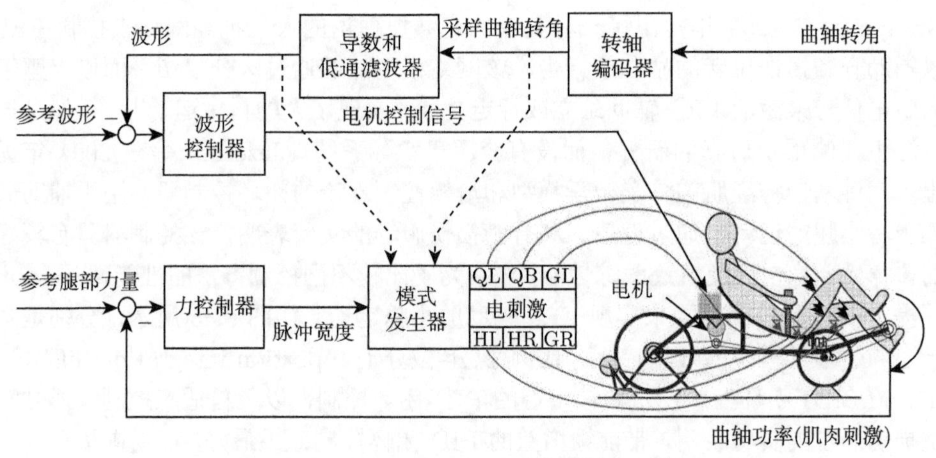

图 8.46 Hunt 开发的电机辅助 FES 双闭环控制脚踏车 [212]

8.5.2 FES 辅助康复踏车训练的运动学与人体骨骼肌模型

1. 运动学分析

在执行 FES 辅助的康复踏车训练过程中，患者脚部通过护具固定在脚踏板上，以防止患者下肢从踏车上滑落而造成二次损伤。踏车与人体下肢构成的系统可简化为如图 8.47 所示的电刺激踏车运动学模型。患者左侧和右侧肢体对称，仅存在一个相位差 π，因此本节所作的分析及控制均针对患者的左侧肢体，右侧肢体不专门进行描述。从图 8.47 可以看出，系统坐标原点为患者的髋关节，θ 表示踏车轴柄与水平线夹角，θ 的起始线为左侧水平线。q_1 和 q_2 分别为髋关节角度和膝关节角度，它们可由转轴角度 θ 表示为

$$\begin{cases} q_1 = q_1(\theta) = -\arcsin\left(\dfrac{a^2+b^2+c^2-1}{2a\sqrt{b^2+c^2}}\right) - \arctan\left(\dfrac{b}{c}\right) \\ q_2 = q_2(\theta) = \arcsin\left(\dfrac{d^2+e^2+f^2-1}{2d\sqrt{e^2+f^2}}\right) - \arctan\left(\dfrac{e}{f}\right) - q_1 - \pi \end{cases} \tag{8.50}$$

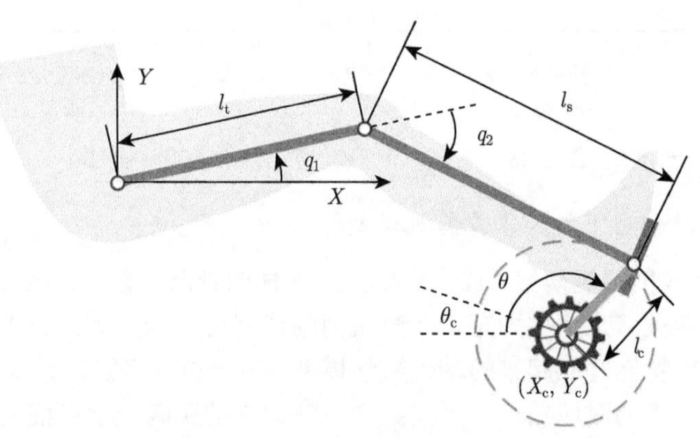

图 8.47 电刺激踏车运动学模型

其中

$$\begin{cases} a = \dfrac{l_t}{l_s}, \quad b = \dfrac{x_c - r\cos\theta}{l_s}, \quad c = \dfrac{y_c + l_c\sin\theta}{l_s} \\ d = \dfrac{l_s}{l_t}, \quad e = \dfrac{x_c - l_c\cos\theta}{l_t}, \quad f = \dfrac{y_c + l_c\sin\theta}{l_t} \end{cases}$$

式中，l_t 和 l_s 分别表示大腿和小腿的长度；x_c 和 y_c 表示踏车转轴原点坐标；l_c 表示踏板到转轴的距离。图 8.48 所示为下肢关节角度随转轴角度变化的曲线，其中，$l_t = 0.48\text{m}$ ，$l_s = 0.45\text{m}$ ，$l_c = 0.08\text{m}$，$x_c = 0.45\text{m}$，$y_c = -0.4\text{m}$。

由式（8.50）可推得关节角速度为

$$
\begin{aligned}
\dot{q}_1 &= \frac{\mathrm{d}q_1}{\mathrm{d}\theta}\dot{\theta} \\
&= -\left\{\frac{(b^2+c^2-a^2+1)(b\sin\theta+c\cos\theta)}{\sqrt{4a^2(b^2+c^2)-(a^2+b^2+c^2-1)^2}}+(c\sin\theta-b\cos\theta)\right\}\frac{l_\mathrm{c}}{l_\mathrm{s}(b^2+c^2)}\dot{\theta}
\end{aligned}
\tag{8.51}
$$

$$
\dot{q}_2 = \frac{\mathrm{d}q_2}{\mathrm{d}\theta}\dot{\theta} \tag{8.52}
$$

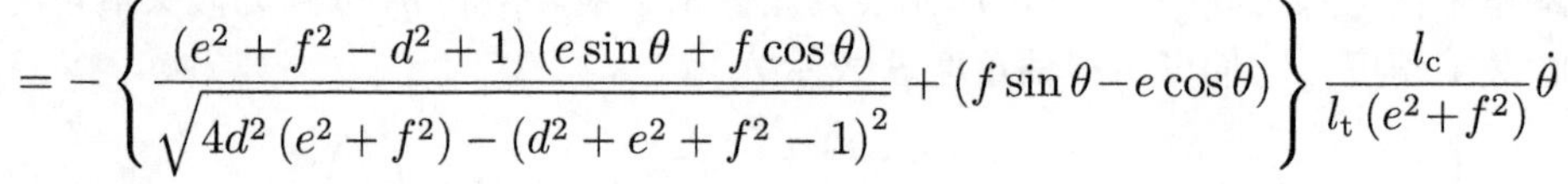

$$
= -\left\{\frac{(e^2+f^2-d^2+1)(e\sin\theta+f\cos\theta)}{\sqrt{4d^2(e^2+f^2)-(d^2+e^2+f^2-1)^2}}+(f\sin\theta-e\cos\theta)\right\}\frac{l_\mathrm{c}}{l_\mathrm{t}(e^2+f^2)}\dot{\theta}
$$

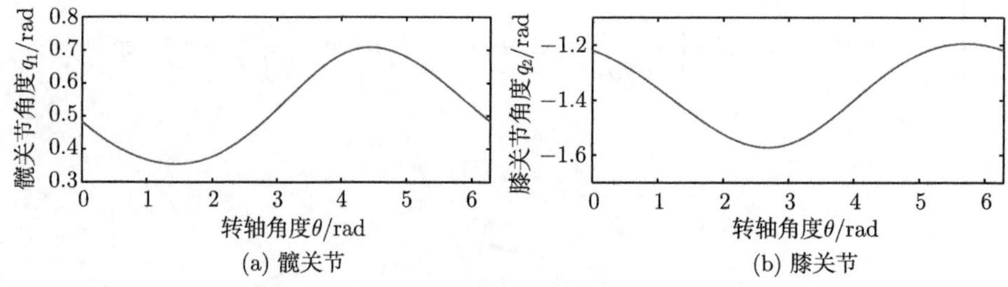

(a) 髋关节 (b) 膝关节

图 8.48 下肢关节角度随转轴角度变化的曲线

2. 电刺激作用下的人体骨骼肌模型

进行 FES 的控制研究，首先需要建立人体的骨骼肌模型。该模型描述了人体骨骼肌如何在关节上产生力矩。骨骼肌力学模型可分为两类：一类是通过肌肉实际物理和生理特性建立起来的精确数学模型；另一类是将肌肉看成是“黑箱”，只建立输入到输出的对应关系。采用数学方法建立的肌肉模型可描述肌肉产生力或力矩的过程，便于仿真与理论分析。因此，本节采用第一种方法建立骨骼肌模型。模型结构 [178] 如图 8.49 所示。

由图 8.49 可知，电刺激作用下某个关节上肌肉产生的力矩包含两部分：诱发力矩和被动力矩。前者由电刺激诱发的肌肉收缩产生，通过肌肉的激活动力学 (Activation Dynamics) 和收缩动力学 (Contraction Dynamics) 求取；后者是关节处所有筋腱产生的弹性力矩与黏滞力矩之和，与关节角度和角速度有关系。诱发力矩 τ_fes 的计算包含 5 个环节，可描述为

$$
\tau_\mathrm{fes} = a_\mathrm{act}F_\mathrm{max}ma(q)f_\mathrm{fl}f_\mathrm{fv} \tag{8.53}
$$

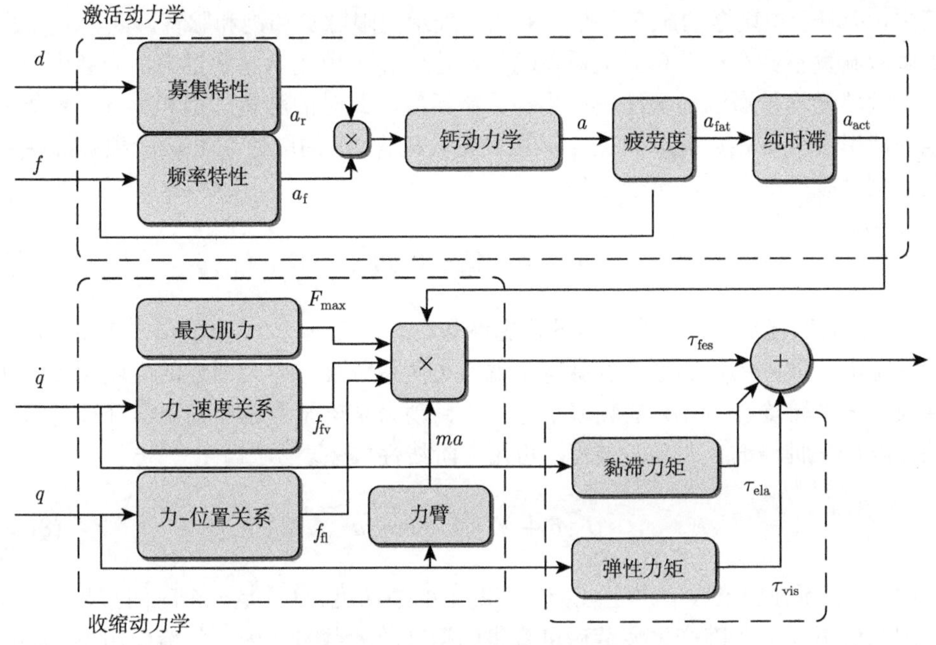

图 8.49 电刺激作用下的肌肉模型

其中，a_{act} 表示肌肉的激活程度，通过激活动力学求取；F_{max}、$ma(q)$、f_{fv} 与 f_{fl} 共同构成肌肉的收缩动力学。F_{max} 表示该肌肉能够产生的最大肌力；$ma(q)$ 为该肌肉在关节处的力臂，是关节角度 q 的函数；f_{fl} 为肌肉的“力-长度”关系，计算公式为

$$f_{fl} = \exp\{-[(\bar{l}-1)/\varepsilon]^2\} \tag{8.54}$$

其中，$\bar{l}$ 是肌肉长度与 l_{opt} 的比值；l_{opt} 表示可以产生最大肌力的肌肉长度；ε 是一个形态因子。相应的，“力-速度”关系 f_{fv} 的计算公式为

$$f_{fv} = 0.54\arctan(5.69\bar{v}+0.51)+0.745 \tag{8.55}$$

其中，$\bar{v}$ 是将肌肉收缩速度 v 用最大收缩速度 V_{max} 归一化的结果。式 (8.54) 和式 (8.55) 中肌肉长度与肌肉收缩速度可通过关节角度和关节角速度计算得到。

通过激活动力学求取激活度 a_{act} 需要考虑 5 个方面因素，分别是图 8.49 中的募集特性、频率特性、钙动力学、肌肉疲劳度和传输延迟。募集特性与频率特性共同决定了电刺激肌肉被激活的运动单元与电刺激强度之间的非线性关系。其中募集特性 a_r 是电刺激脉宽的函数，可表达为

$$a_r = c_1\{(d-d_{thr})\arctan[k_{thr}(d-d_{thr})]-(d-d_{sat})\arctan[k_{sat}(d-d_{sat})]\}+c_2 \tag{8.56}$$

其中，d 表示电刺激的脉宽。d_{thr} 和 d_{sat} 表示门限脉宽和饱和脉宽，低于 d_{thr} 的电刺激脉宽不会在运动单元上诱发动作电位；如果电刺激脉宽过高，则会由于所有运动单元均被激活而无法进一步提升激活度，此时的脉宽为饱和脉宽。募集曲线的曲率由 c_1、c_2、k_{thr} 和 k_{sat} 共同决定，确保 a_{r} 的取值在 0~1。频率特性 a_{f} 是电刺激频率的函数，可表达为

$$a_{\mathrm{f}} = \alpha f/(1+(\alpha f)^2) \tag{8.57}$$

其中，f 为刺激频率，α 为曲线的形态参数。a_{f} 也是一个 0~1 的值。实验中，一般固定电刺激频率，通过改变脉宽来调节电刺激强度；本节所述的电刺激控制仿真及临床试验均在 50Hz 的频率下进行。钙动力学刻画了由于钙离子释放引起的动作电位在肌纤维上传导的过程，可用二阶线性关系表示如下：

$$T_{\mathrm{ca}}^2\ddot{a} + 2T_{\mathrm{ca}}\dot{a} + a = a_{\mathrm{r}} \tag{8.58}$$

其中，a 表示在肌肉没有产生疲劳的情况下的激活度，T_{ca} 是一个时间常数，不同肌肉取值不同。肌肉产生疲劳后可募集的运动单元数量下降，疲劳度用 fit 表示，肌肉未疲劳时取值为 1，完全疲劳时取值为 0。疲劳度是激活度与刺激频率的函数，当刺激频率固定为 50Hz 时，疲劳度可表达为

$$\frac{\mathrm{dfit}}{\mathrm{d}t} = \frac{0.55a(\mathrm{fit}_{\min} - \mathrm{fit})}{T_{\mathrm{fat}}} + \frac{(1-\mathrm{fit})(1-0.55a)}{T_{\mathrm{rec}}} \tag{8.59}$$

其中，$\mathrm{fit}_{\min}$ 表示最小疲劳度，T_{fat} 和 T_{rec} 分别表示疲劳时间常数和恢复时间常数。最终骨骼肌在电刺激作用下的激活度 a_{act} 是疲劳度 fit 与未疲劳时激活度 a 的乘积经过纯时滞环节 (时滞常数用 T_{del} 表示) 之后的值。

8.5.3 基于模糊迭代学习的电刺激康复踏车控制方法

1. 控制任务描述

将电刺激治疗与康复踏车结合在一起，将有利于增强肌肉 de 节律性收缩，尤其当这种增强作用与运动过程协调一致时，康复效果会有所提升 [213]。这正是将电刺激仪集成到康复踏车的出发点。具体地说，希望通过电刺激形成的助力来模拟健康人完成踏车运动时肌肉的自主发力方式。这种发力方式主要表现为左右两腿的交替蹬踏动作。患者不能自主地对踏板产生蹬踏力，所以将电刺激施加在相应的肌肉上，以此形成肌肉的诱发收缩，从而在踏板处形成与健康人蹬踏时相同的作用力。若将末端的作用力转化到关节空间，该控制任务可等效为使肌肉在电刺激作用下产生的诱发力矩跟踪健康人产生的主动力矩。

2. 刺激模式

要实现上述控制任务，需要先确定刺激模式：第一，明确蹬踏动作的起止角度 (相位)，在这个范围内对蹬踏力进行控制；第二，获取期望的蹬踏力矩，以此作为控制器的参考输入。电刺激踏车中刺激模式的选取通常有三种方案：

(1) 使在踏车转轴处产生的力矩为踏车平稳运动时所需的力矩，这种方法主要针对不带电机助力的康复踏车 [214]；

(2) 使肌肉的整体疲劳度最小，即最大化肌肉的输出效能 [215]；

(3) 模拟健康人的自主肌肉收缩情况，健康人的自主肌肉收缩通过采集肌电信号获取 [216, 217]。

前两种方案适用于在整个踏车周期内都对患者进行刺激的情况，由于需要刺激的肌群数量众多，必须对这个冗余的系统进行优化，以筛选出最佳的刺激模式。相比之下，第三种方案则最为直观，也相对简单。本节为患者施加电刺激的时间段并非整个踏车周期，因而采用第三种方法确定刺激的起止角度。蹬踏运动时人体髋膝关节的运动方式为伸髋和伸膝，与之相关的主要肌肉为臀大肌和股四头肌，因此，选择这两块肌肉作为被控对象。为了考察健康人在进行踏车运动时这两块肌肉的激活状态，实验中采集了健康人在四种不同阻力下进行踏车运动时臀大肌和股四头肌的肌电信号，以此确定电刺激助力的起止角度。图 8.50 为健康人在不同阻力下进行踏车运动时左侧肢的臀大肌与股四头肌的肌电信号（见彩图），图中每一条曲线代表一个踏车周期，纵轴为肌肉的最大收缩百分比，横轴为踏车转轴的角度 θ。

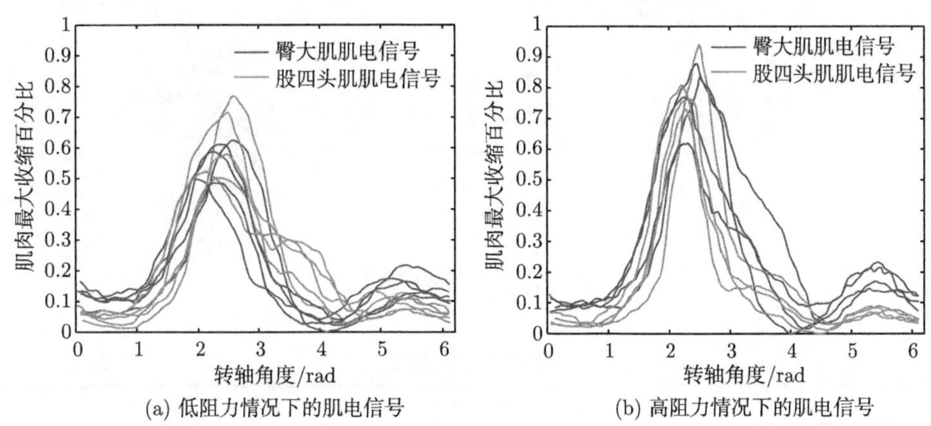

(a) 低阻力情况下的肌电信号　　(b) 高阻力情况下的肌电信号

图 8.50　健康人在不同阻力下进行踏车运动时左侧肢的臀大肌与股四头肌的肌电信号（见彩图）

可以看出，臀大肌和股四头肌产生收缩的时间基本一致，即在进行蹬踏动作时，这两块肌肉是同时发力的。本节选择肌电信号最大激活度 30% 以上区域作

为电刺激助力区 [216]，即被试肌电信号进入该区域时开始对被试的肌肉施加电刺激。最终对被试进行电刺激助力的区域如图 8.51 所示。电刺激作用下的肌肉有约 0.1s 的响应延迟，因此需要根据踏车的转速进行偏移角度的修正，具体起止角度由表 8.9 给出，表中 θ_c 是踏车转轮原点同患者髋关节连线与水平面的夹角。

本节的控制目标是肌肉在关节处产生的诱发力矩 τ_{fes}，它是一个 2×1 维的列向量，分别对应髋膝关节的力矩。由于难以直接检测电刺激产生的诱发力矩，这里利用踏板处的力传感器进行间接测量。具体方法是在训练前进行基准力的测量。测量时被试被动地进行踏车运动；求取被试主动力时只需要减去当前位置的基准力即可。利用雅可比矩阵 J，通过式 (8.60) 可将末端的主动力转化到被试下肢的关节空间，从而求得被试髋膝关节处由电刺激产生的诱发力矩，即

$$\hat{\boldsymbol{\tau}}_{\text{fes}} = \boldsymbol{J}^{\text{T}}\Delta\boldsymbol{F} \tag{8.60}$$

其中

$$\boldsymbol{J} = \begin{bmatrix} -l_{\text{t}}\sin q_1 - l_{\text{s}}\sin(q_1+q_2) & -l_{\text{s}}\sin(q_1+q_2) \\ l_{\text{t}}\cos q_1 + l_{\text{s}}\cos(q_1+q_2) & l_{\text{s}}\cos(q_1+q_2) \end{bmatrix} \tag{8.61}$$

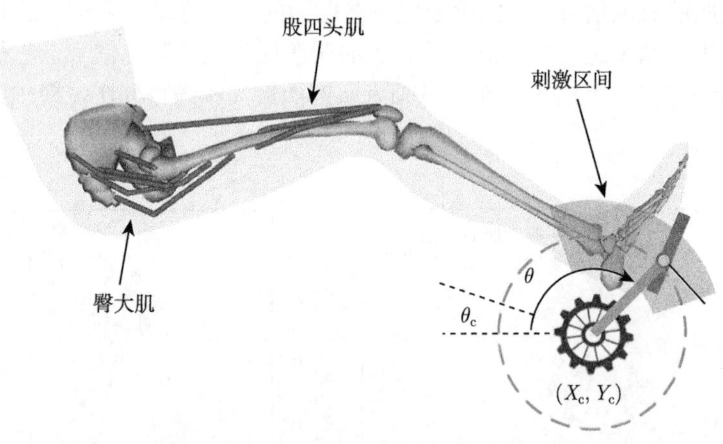

图 8.51　进行电刺激助力的区域

表 8.9　电刺激起始角度　　（单位：°）

肌肉	起始角度	终止角度
左腿臀大肌	$\theta_c + 55 - 0.1\times\dot{\theta}$	$\theta_c + 155 - 0.1\times\dot{\theta}$
左腿股四头肌	$\theta_c + 55 - 0.1\times\dot{\theta}$	$\theta_c + 155 - 0.1\times\dot{\theta}$
右腿臀大肌	$\theta_c + 235 - 0.1\times\dot{\theta}$	$\theta_c + 335 - 0.1\times\dot{\theta}$
右腿股四头肌	$\theta_c + 235 - 0.1\times\dot{\theta}$	$\theta_c + 335 - 0.1\times\dot{\theta}$

为了确定控制器的参考力矩 τ_{dfes}，请一名健康被试在将要进行电刺激助力的角度区域内尽可能自然地蹬踩踏板，其髋关节和膝关节处主动力矩如图 8.52 所示（见彩图）。图中的每一条曲线代表一个踏车周期，将多个周期的曲线取平均后得到参考力矩 τ_{dfes}。将力矩的正方向定义为逆时针方向，此时，髋关节处的力矩值为负。

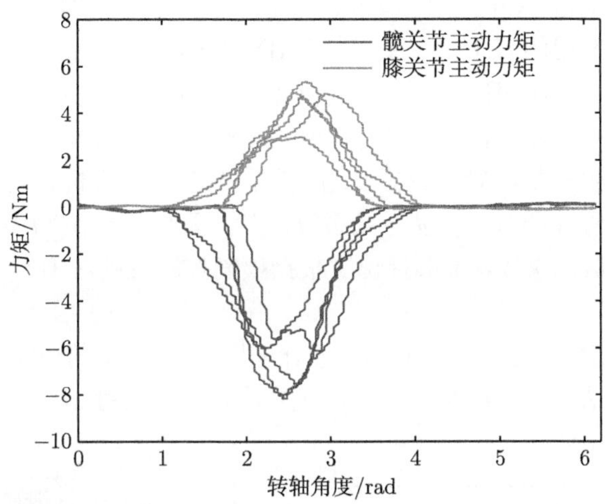

图 8.52 健康被试自然踩踏运动时髋关节和膝关节处的主动力矩（见彩图）

3. 模糊迭代学习控制器设计

迭代学习控制 (iterative learning control，ILC) 适用于具有重复运动性质的被控系统，它通过反复迭代进行控制尝试，利用误差对控制信号进行调节，使被控对象的输出逐步接近期望输出。ILC 不需要获取被控对象的精确模型，而仅需少量的先验知识。ILC 在工业机器人领域是比较成熟的控制方法，取得了很好的实际应用效果 [218]。

绝大多数的康复训练运动都是重复进行的，如步态训练、踏车训练等，它们都呈现出一定的周期性。康复训练的这种特点，使得 ILC 方法非常适合用于康复机器人的控制 [219]。尽管 ILC 相对简单，但是足以满足康复机器人的控制需求 [218]。

电刺激作用下的肌肉作为一个执行机构具有很强的非线性，且稳定性很差，即便电极贴片位置发生微小位移也可能造成很大的扰动 [220]。因此，大多数对电刺激实现了精确控制的方法均要求有大量的先验知识，使得这些控制方法难以实际应用。考虑到踏车运动具有周期性的特点，本节采用 ILC 来控制电刺激康复踏车，实现肌肉的输出力矩对期望力矩的跟踪。

典型的迭代学习控制律为

$$u_{k+1}(t) = u_k(t) + L(e_k(t)) \tag{8.62}$$

其中，$u_{k+1}(t)$ 和 $u_k(t)$ 表示第 $k+1$ 次和第 k 次的输出；$e_k(t)$ 为第 k 次的误差；$L(\cdot)$ 表示学习率函数。由式 (8.62) 可知，最新的控制器输出在上一次输出的基础上叠加了一个调节量 $\Delta u(k+1) = L(e_k(t))$，通过数次迭代使得输出逼近期望值。学习率函数比较常用的有 P 型、D 型、PID 型等。

通常 ILC 会作为前馈补偿与闭环控制混合使用，闭环控制器用以保证控制系统的响应速度，而 ILC 则用以提高控制精度 [221]。实际应用中，电刺激康复踏车训练并不需要产生非常精确的输出。由于肌肉响应速度缓慢，若采用闭环控制对出现的误差立即进行调节，容易造成系统振荡。因此，本节采用开环的 ILC 控制方法。为了减少迭代次数，本书提出了根据模糊控制规则对 ILC 中的学习率进行调节的方法。

针对 8.5.3 节中描述的控制任务，设计如图 8.53 所示的模糊 ILC 控制器。整个控制系统包括踏车速度控制、期望力矩生成模块、模糊 ILC 控制器三部分。

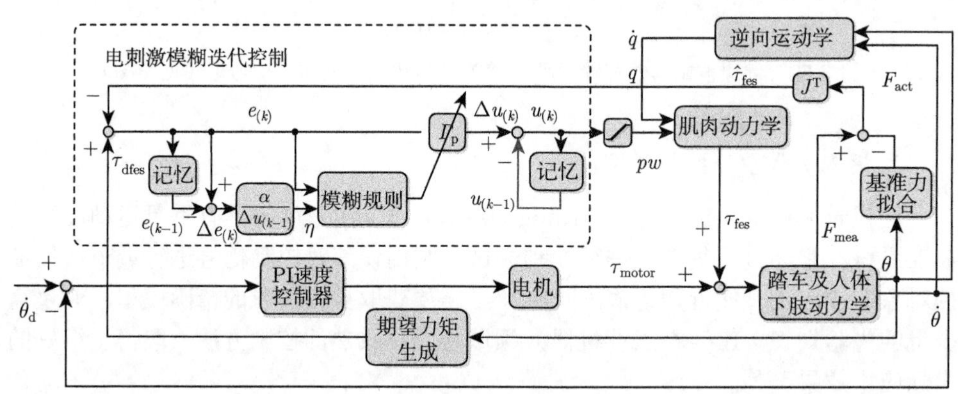

图 8.53　模糊 ILC 控制器

其中，踏车的转速控制由 PI 速度控制器完成。训练中，踏车转速恒定，为 5~10 r/min。由于踏车只有一个自由度，且 PI 速度控制已经很成熟了，完全可以胜任踏车定速运行的要求。为了应对患者出现肌肉痉挛等意外情况，在电机速度控制环里加入了电流检测，当电流过大时电机将自动停止，以保证患者的安全，避免二次损伤。

期望力矩生成模块根据 8.5.3 节中采集的健康被试数据对特定的相位生成期望力矩，作为模糊 ILC 的控制信号。对某块肌肉的刺激在一个蹬踏周期内是分段进行的，一个踏车周期内的期望诱发力矩如图 8.54 所示。在某个相位范围内，期望力矩的取值固定，迭代学习对各个相位区间独立进行。

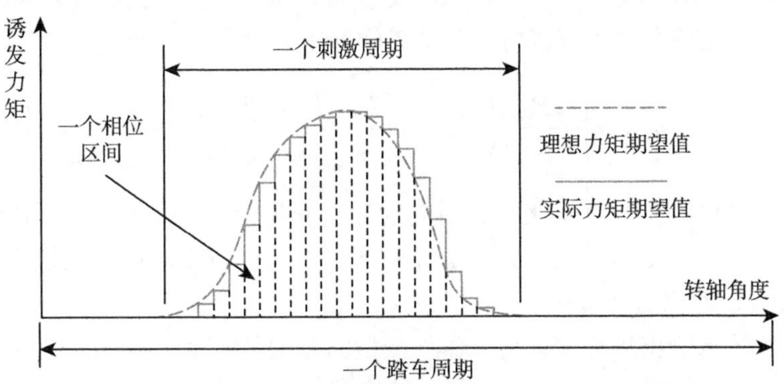

图 8.54 一个踏车周期内的期望诱发力矩示意图

模糊 ILC 控制器是一个模糊参数自校正的 P 型迭代学习控制器。其迭代学习控制律可以表示如下：

$$u_{i,j}(k+1) = u_{i,j}(k) + L(E_{i,j}(k)) \tag{8.63}$$

其学习率函数 $L(E_{i,j}(k))$ 表达式为

$$L(E_{i,j}(k)) = \Gamma_{\mathrm{p}} E_{i,j}(k) \tag{8.64}$$

其中，角标 i 对应被刺激肌肉的序号，取值为 1、2、3、4，分别对应左侧的臀大肌、股四头肌、右侧的臀大肌、股四头肌。角标 j 表示该肌肉在当前转轴角度所对应的刺激相位。$u_{i,j}(k+1)$ 为第 i 块肌肉在相位 j 时，控制器第 $k+1$ 次的迭代输出，$u_{i,j}(k)$ 为该块肌肉第 k 次迭代的控制器输出。$E_{i,j}(k)$ 用于表征相位 j 范围内所有采样点误差的均值，可以表示为

$$E_{i,j}(k) = \frac{\sum\limits_{t} e_{i,j,k}(t)}{N}, \quad \theta(t) \in [\theta_{j,\min}\theta_{j,\max}] \tag{8.65}$$

其中，$e_{i,j,k}(t) = \tau_{\mathrm{dfes}} - \hat{\tau}_{\mathrm{fes}}$，$\tau_{\mathrm{dfes}}$ 为电刺激诱发力矩的期望值，$\hat{\tau}_{\mathrm{fes}}$ 为实际力矩；$\theta_{j,\min}$ 和 $\theta_{j,\max}$ 表示相位 j 的起止角度；N 为在相位 j 范围内进行的采样次数。式 (8.64) 中的 Γ_{p} 是 ILC 控制中误差的比例增益，较高的 Γ_{p} 可以使系统快速响应，减小静差，但是容易造成振荡。电刺激控制有一个特点，即可控区域比较狭窄，脉宽的门限值与阈值之间的范围很小，故 Γ_{p} 不能设置过高；然而较小的 Γ_{p} 又会导致所需迭代的次数增多。

为了在不造成振荡的情况下尽量提高 ILC 的收敛速度，本书利用模糊参数自适应的方法来确定迭代学习中的比例增益。从控制框图 8.53 中可以看出，模糊控制器为双输入单输出型控制器，输入的变量为误差 $E_{i,j}(k)$ 与灵敏度 η，输出量为 P 型迭代学习的迭代增益 $\Gamma_{\mathrm{p}}(k)$。其中灵敏度定义为

$$\eta=\alpha\left|\frac{\Delta E_{i,j}(k)}{\Delta u_{i,j}(k)}\right|=\alpha\left|\frac{E_{i,j}(k)-E_{i,j}(k-1)}{\Delta u_{i,j}(k)}\right| \tag{8.66}$$

灵敏度表征了电刺激脉宽变化与其引起的输出变化的比例。如果上一次迭代过程中的灵敏度较高，则对脉宽的调节就不宜过大。式 (8.66) 中的 α 用以调节 η 的大小，保证 η 的取值在 0~1。

首先对输入输出进行模糊化，输入变量的范围是 $E\in[-5,5],\eta\in[0,1]$，输出的范围是 $\Gamma_{\mathrm{p}}\in[0,60]$。误差 E 采用 5 种模糊子集，即

$$E(k)\in\{\mathrm{NB},\mathrm{NS},\mathrm{ZO},\mathrm{PS},\mathrm{PB}\}$$

对应负大、负小、零、正小、正大；灵敏度 η 与输出 Γ_{p} 均采用 5 种模糊子集，即

$$\Gamma_{\mathrm{p}},\eta\in\{\mathrm{SS},\mathrm{S},\mathrm{M},\mathrm{B},\mathrm{BB}\}$$

分别对应很小、小、中、大、很大。模糊子集之中 NB、PB 和 BB 的隶属度为梯形函数，其余为三角形函数，各变量的隶属度曲线如图 8.55 所示。其中 E、η 和 Γ_{p} 的比例因子分别为 2.5、1 和 60。

在确定隶属度函数后需要建立模糊推理规则表。规则表根据多次进行的仿真实验确定。例如，当误差 E 为 PB，灵敏度 η 为 S 时，这意味着误差很大，同时单位电刺激脉宽改变导致的力矩变化较小，因此应该增加迭代学习的比例增益，即选择 Γ_{p} 为 BB。最终确定的 25 条规则如表 8.10 所示。

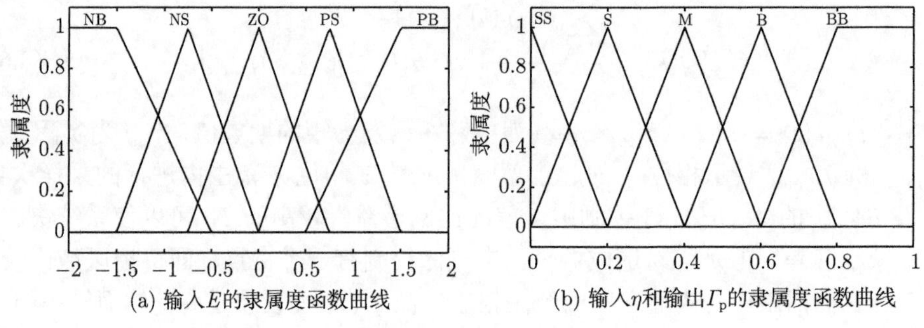

(a) 输入E的隶属度函数曲线 (b) 输入η和输出Γ_{p}的隶属度函数曲线

图 8.55 隶属度函数曲线

表 8.10 模糊规则表

E	η				
	SS	S	M	B	BB
NB	BB	B	B	M	M
NS	B	M	M	S	S
ZO	M	S	S	S	SS
PS	B	M	M	S	S
PB	BB	B	B	M	M

由模糊规则表定义的输出曲面如图 8.56 所示。

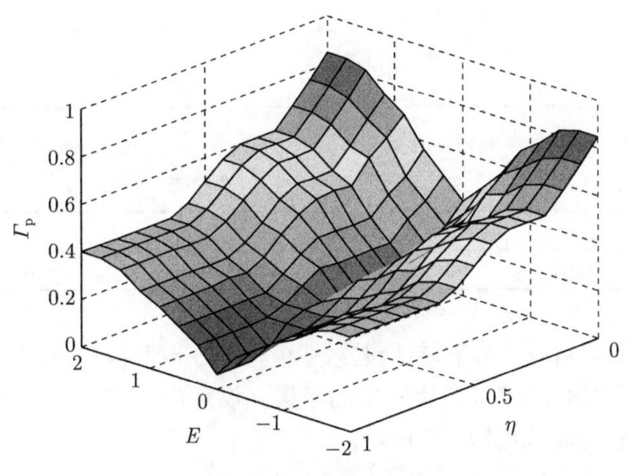

图 8.56 模糊输出曲面

本书选择工程中广泛采用的 max-min 法进行模糊推理，其思想为：当模糊控制器有多个模糊输入量时，同一规则中取输入量隶属度最小值作为最终的隶属度，再对所有规则的隶属度取最大运算 [222]，最终模糊推理结果可通过下式得到：

$$\mu_{\mathrm{C}}(\Gamma_{\mathrm{p}}) = \bigvee_{i,j=1}^{5}\{[\mu_i(E) \wedge \mu_j(\eta)] \wedge \mu_{\mathrm{C}_{ij}}(\Gamma_{\mathrm{p}})\} \tag{8.67}$$

模糊推理所得到的结果是一个模糊矢量，不能直接使用，需要进行解模糊以求得精确的数字量。若采用重心法对模糊控制器的输出进行解模糊，迭代学习中的比例增益可由下式给出：

$$\Gamma_{\mathrm{p}}(E,\eta) = \frac{\displaystyle\sum_{i=1}^{n}\Gamma_{\mathrm{p}i}\mu_{\mathrm{C}}(\Gamma_{\mathrm{p}i})}{\displaystyle\sum_{i=1}^{n}\mu_{\mathrm{C}}(\Gamma_{\mathrm{p}i})} \tag{8.68}$$

其中，$\Gamma_{\mathrm{p}i}$ 表示输出量 Γ_{p} 的第 i 个模糊语言，$\mu_{\mathrm{C}}(\Gamma_{\mathrm{p}i})$ 为第 i 个语言的隶属度。最终得到的精确解 $\Gamma_{\mathrm{p}}(E,\eta)$ 作为迭代学习的比例增益用于式 (8.64) 中的计算。

4. 仿真与临床试验

仿真中采用的人机系统由8.5.2节描述的模型确定。模型中的具体参数为：$l_{\mathrm{t}}=0.48\mathrm{m}$，$l_{\mathrm{s}}=0.45\mathrm{m}$，$l_{\mathrm{c}}=0.08\mathrm{m}$，$x_{\mathrm{c}}=0.45\mathrm{m}$，$y_{\mathrm{c}}=-0.40\mathrm{m}$；臀大肌和股四头肌的相关参数由表 8.11 和表 8.12 给出。

表 8.11　肌力计算参数表

	$V_{\max}/(\mathrm{m/s})$	$F_{\max}/\mathrm{N}$	$l_{\mathrm{opt}}/\mathrm{m}$
臀大肌	0.54	2370	0.11
股四头肌	0.48	5220	0.086

表 8.12　激活度计算参数表

$d_{\mathrm{thr}}/\mu\mathrm{s}$	$d_{\mathrm{sat}}/\mu\mathrm{s}$	$T_{\mathrm{ca}}/\mathrm{s}$	$T_{\mathrm{fat}}/\mathrm{s}$	$\mathrm{fit}_{\min}$	$T_{\mathrm{rec}}/\mathrm{s}$	$T_{\mathrm{del}}/\mathrm{s}$
122.0	487.0	0.04	18.0	0	30	0.025

仿真过程持续 80s，踏车转速设定为 $\dot{\theta}=\pi/3\ \mathrm{rad/s}$，因此仿真过程包含 13 个迭代周期。根据8.5.3节刺激模式中的结果，设定仿真中一个踏车周期内期望的电刺激诱发力矩 τ_{dfes} 如图 8.57 所示。

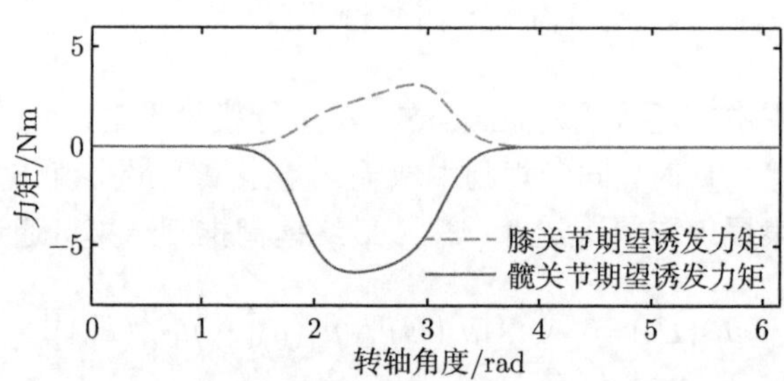

图 8.57　一个踏车周期内期望的电刺激诱发力矩曲线

图 8.58 和图 8.59 分别是髋关节和膝关节处电刺激诱发力矩的跟踪曲线，其中图 8.58(a) 和图 8.59(a) 分别为整个仿真周期内髋关节和膝关节处由电刺激产生的期望诱发力矩与实际诱发力矩的曲线，图 8.58(b) 和图 8.59(b) 是跟踪曲线在 5~25s 内的细节。从这些图中可知，经过 3 次迭代学习，实际力矩已经接近期望力矩，髋、膝关节处的绝对误差均小于 0.2Nm。到第 7 个刺激周期时，髋关节处的迭代误差小于 0.0813Nm，膝关节处的迭代误差小于 0.1237Nm。图 8.60

和图 8.61 分别为仿真过程中施加到臀大肌和股四头肌上电刺激的脉宽曲线。在迭代学习机制下，电刺激脉宽迅速调节，使得误差迅速减小。图 8.62 是第 13 次迭代时髋关节和膝关节处诱发力矩的跟踪情况。髋关节处力矩跟踪情况比较理想，实际力矩曲线与期望力矩曲线基本重合，只是在电刺激开始与结束的相位区间存在微小的误差；膝关节处力矩跟踪情况要稍差于髋关节，误差也主要出现在电刺激的起止阶段。同时肌肉响应延迟的因素也会造成电刺激起止时的误差。尽管如此，在实际应用时，这样的误差属于可接受的范围，并不会对控制效果造成太大的影响。

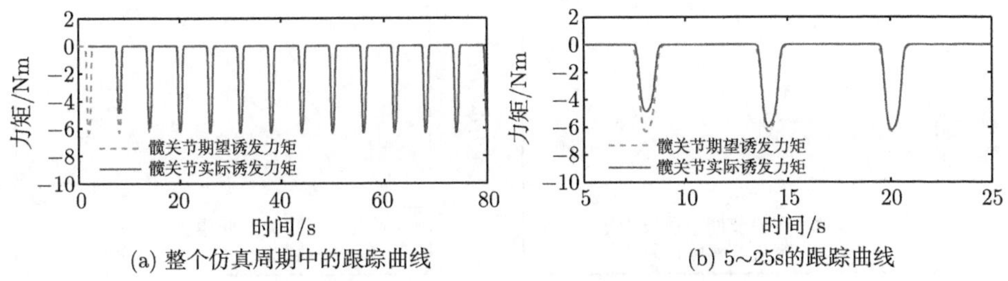

(a) 整个仿真周期中的跟踪曲线　　(b) 5~25s的跟踪曲线

图 8.58 髋关节处电刺激诱发力矩的跟踪曲线

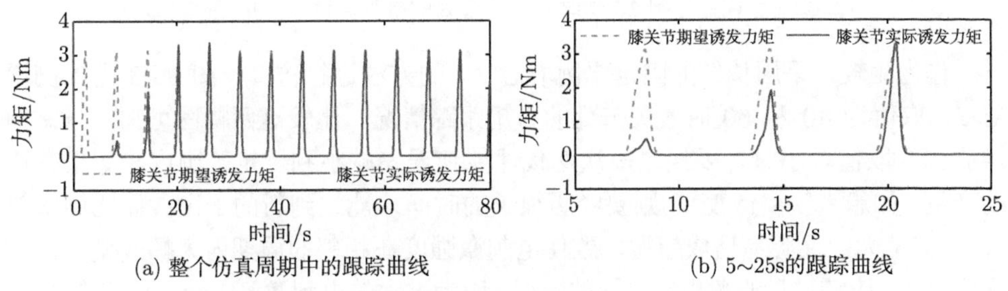

(a) 整个仿真周期中的跟踪曲线　　(b) 5~25s的跟踪曲线

图 8.59 膝关节处电刺激诱发力矩的跟踪曲线

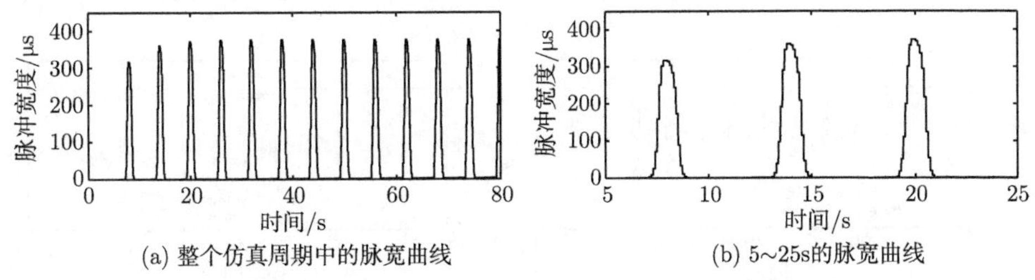

(a) 整个仿真周期中的脉宽曲线　　(b) 5~25s的脉宽曲线

图 8.60 仿真中施加到臀大肌的电刺激脉宽曲线

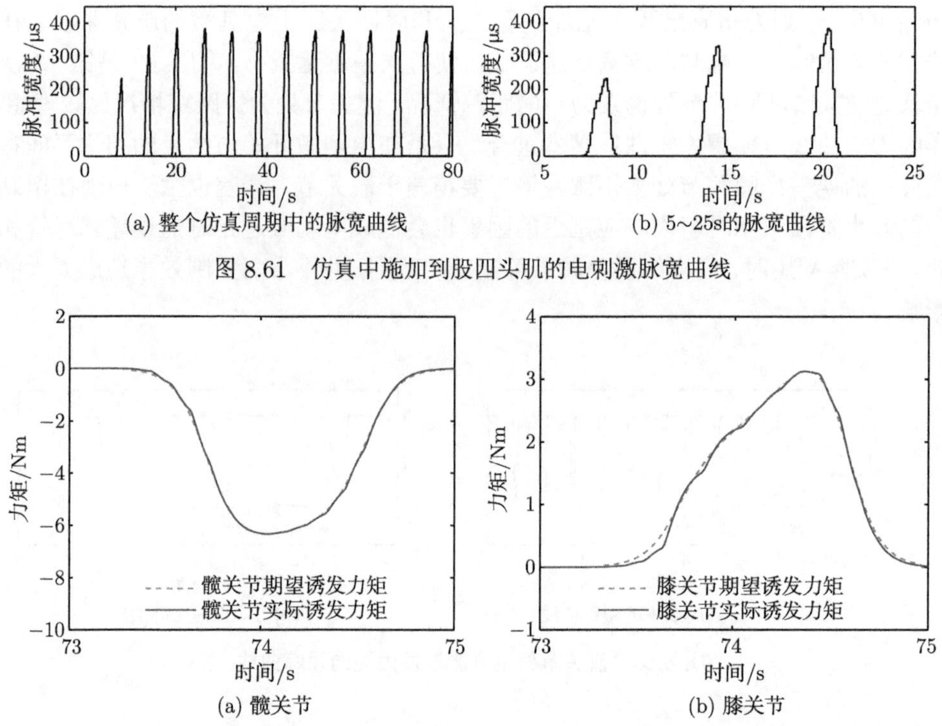

图 8.61 仿真中施加到股四头肌的电刺激脉宽曲线

图 8.62 迭代进行到 13 次时髋膝关节处的电刺激诱发力矩跟踪曲线

作为比较，采用传统的固定比例增益 $\Gamma_{\rm p}$ 的方法进行仿真。图 8.63 是比例增益 $\Gamma_{\rm p}$ 取值为 40 和 60 时髋关节处的力矩跟踪情况。比较这两幅图可知，当比例增益 $\Gamma_{\rm p}$ 取值较小时，要经过多次迭代才能使误差减小到一定范围内，如果有扰动产生 (如患者坐姿改变)，则要经历很长的时间才能达到新的平衡；而比例增益 $\Gamma_{\rm p}$ 取值稍大，又容易造成超调，致使电刺激强度在相邻的周期内大幅改变。在实际应用中，应该尽量避免出现这样的情况，因为过大的电刺激可能会造成患者痉挛；突然受到较强的电刺激时肌肉容易产生节律性的抖动，上述情况都不利于诱发力矩的控制。如果采用固定比例增益的 ILC，必须本着“宁小勿大”的原则设定 $\Gamma_{\rm p}$，但势

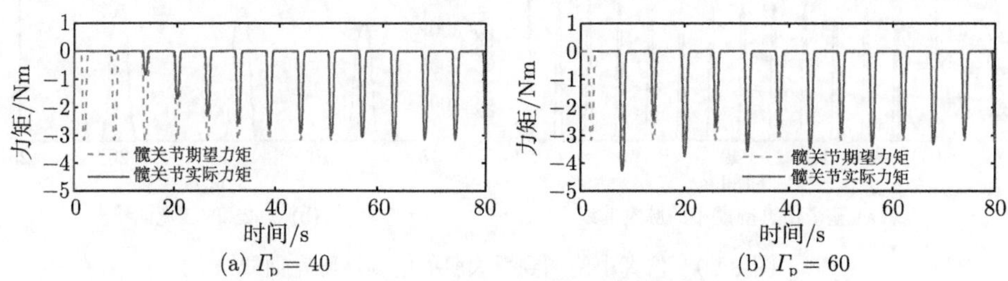

图 8.63 采用固定学习率时髋关节处的电刺激诱发力矩跟踪曲线

必造成迭代次数的增加。因此本书所提出的按照模糊规则调节比例增益的方法，能够有效地减少迭代次数，即便是出现患者坐姿改变、电极片移位等情况，实际力矩仍然能够在两三个周期内跟踪上期望力矩，这在实际应用中非常有意义。

为了验证上述电刺激踏车控制方法的有效性，在中国康复研究中心开展了脊髓损伤患者的临床试验。下面以一名被试为例进行说明。该被试为缺血性脊髓损伤，损伤部位为 T3，损伤部位以下无感觉功能。实验时已发病 4 个月，四肢肌张力为 0 级，下肢肌肉萎缩明显。

实验时，施加的电刺激为双向对称脉冲，电刺激频率固定为 50Hz，电刺激幅值由实验准备阶段中被试耐受程度确定，电刺激脉宽由模糊 ILC 控制器进行实时调节。由于被试下肢无感觉，只能通过目测的方式确定最大电刺激强度。具体步骤是先将脉宽固定为 700 μs，这是设定的控制器的最大电刺激脉宽，然后将幅值从 15mA 开始逐渐提高，以见到明显的肌肉收缩为止。最终通过准备阶段的耐受度测试，臀大肌的电刺激幅值固定为 27mA，股四头肌的电刺激幅值固定为 21mA。

实验开始前，被试先接受 5min 的被动踏车训练，随后进行电刺激踏车训练。对髋关节和膝关节的电刺激诱发力矩跟踪实验是分别进行的。髋关节处的电刺激诱发力矩跟踪曲线如图 8.64 所示，从图 8.64(a) 中可以看到，经过了 3 次迭代，第 4 次刺激周期中最大绝对误差为 1.051Nm。在此之后误差逐渐减小，但速度有所放缓。在第 7 次刺激周期中，肌肉对电刺激的响应发生改变，致使实际产生的诱发力矩突然减小，在迭代学习的机制下，第 8 次刺激周期中通过增强电刺激输出，诱发力矩又有所提高。图 8.64(b) 所示为施加到臀大肌上电刺激对应的脉宽。图 8.65 是第 2 次与第 10 次迭代时髋关节处实际诱发力矩的曲线。第 10 次迭代时实际力矩基本跟踪上了期望力矩。在刺激结束阶段，由于肌肉响应较慢，即便电刺激已经停止输出，肌肉依然经过约 0.3s 才完全停止诱发收缩。膝关节处诱发力矩的跟踪曲线及迭代学习效果由图 8.66 和图 8.67 给出，从该图可以得出与髋关节处相似的结论。此外，通过图 8.67 还可以看出，膝关节处力矩的收敛效果不如髋关节。这主要是因为股四头肌离皮肤较近，对电刺激强弱的响应明显，脉宽的很小改变均会带来较为显著的输出变化，因此误差没能进一步减小。

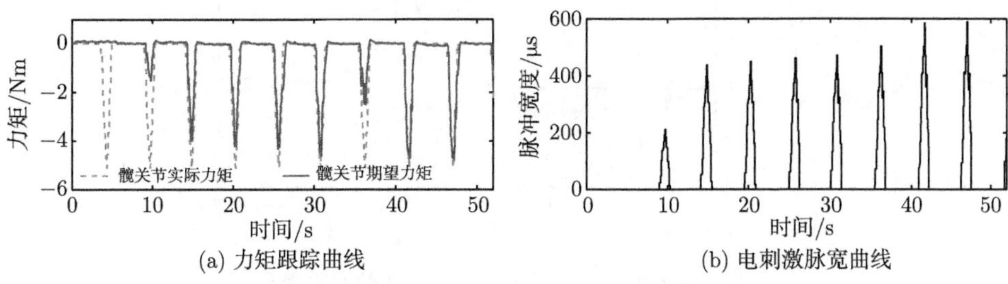

(a) 力矩跟踪曲线　　(b) 电刺激脉宽曲线

图 8.64 髋关节处的电刺激诱发力矩跟踪曲线

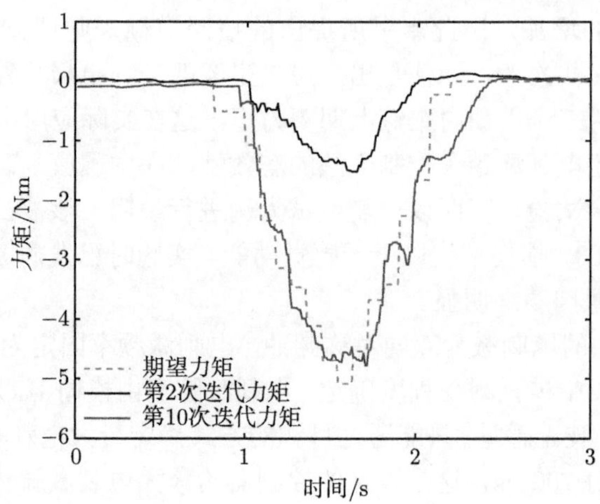

图 8.65　髋关节处第 2 次与第 10 次迭代的力矩跟踪曲线

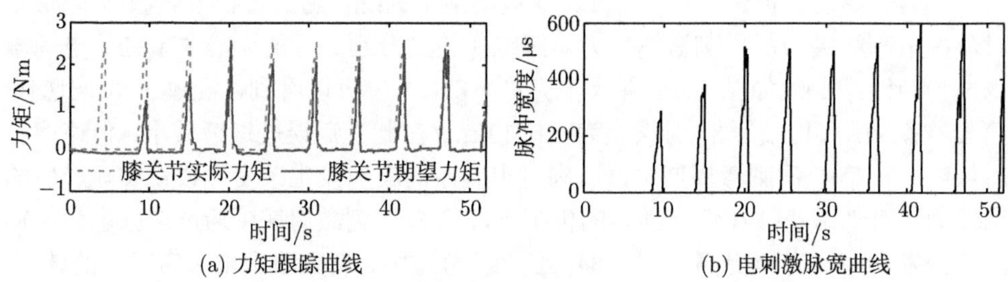

(a) 力矩跟踪曲线　　(b) 电刺激脉宽曲线

图 8.66　膝关节处的电刺激诱发力矩跟踪曲线

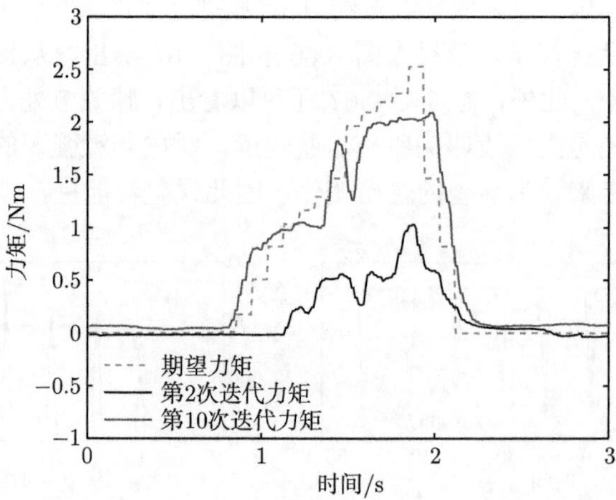

图 8.67　膝关节第 2 次与第 10 次迭代的力矩跟踪曲线

8.6 小　结

人机交互是康复机器人研究的热点问题，本章紧密结合临床介绍了康复机器人的人机交互控制技术与训练策略。首先，针对被动训练介绍了位置控制与主动柔顺控制技术；针对主动训练分别介绍了参考位置设计、意图识别以及自适应柔顺控制技术。其次，针对 sEMG 临床应用问题，分析了 sEMG 采集与处理方法，并给出弹簧式和阻尼式主动训练的控制技术。最后，针对 FES 的康复应用问题，阐述了 FES 的技术原理，并给出康复踏车训练中的 FES 控制技术，为 FES 的临床康复应用打下基础。

第 9 章 康复机器人临床试验与康复评定

9.1 康复机器人临床研究的现状及难点分析

具有一定强度、可重复、任务导向、多感觉反馈的康复训练对患者具有显著的康复效果，而机器人技术可有效实现具有上述特点的康复训练。随着康复研究的不断深入，康复治疗正逐渐从传统的人工康复向机器人辅助的自动化、标准化、定量化康复转化，如图 9.1 所示。以康复医学和神经科学理论为指导，传统的运动康复疗法逐渐向机器人辅助的运动疗法转化，传统的康复量表评定逐渐向机器人辅助的自动量化评定转化，最终共同指导患者的康复治疗。康复机器人不仅可以在康复训练过程中向患者提供多重感觉刺激，促进患者神经系统的恢复；还可以通过集成多种传感器来采集患者训练时的运动信息与生理信息，完成对患肢运动功能的评价，以此为依据调整治疗方案，从而形成一个集康复训练、实时评价、方案调整于一身的闭环自动化系统。

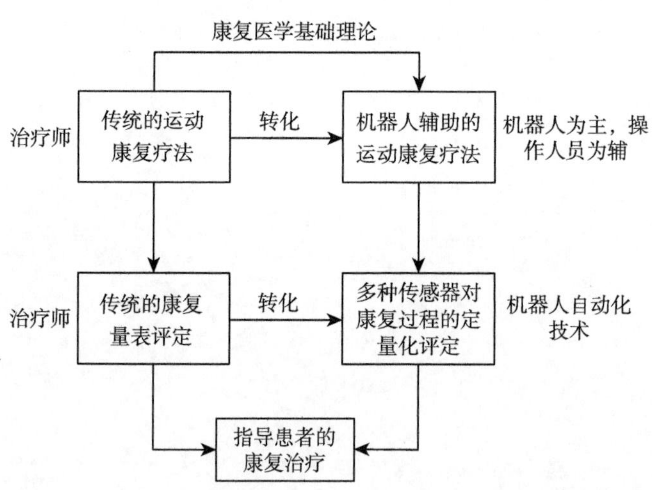

图 9.1 机器人的自动化、标准化、定量化技术进入康复领域

目前，康复机器人的临床应用研究已经取得了一定进展 [223,224]，尤其是近年来开展的多中心、并行组随机临床试验 [225,226]，已经证明机器人辅助康复训练可以有效地改善脑卒中患者的肢体运动功能。但试验结果也表明，如果将机器人康

复训练完全代替传统康复疗法，康复效果并没有明显优势，因此，康复机器人的临床研究仍是康复领域的重要方向。

康复评定是脑卒中患者康复治疗进程中不可或缺的内容。定期为患者进行康复评定，有利于掌握患者病情和功能变化，为患者制定出更为全面合适的康复治疗计划，同时提高患者对康复治疗的积极性。目前广泛采用的都是治疗师使用临床评定量表进行打分的方法，这种评分方式依赖于治疗师的个人经验，因此不同治疗师对同一患者的评价结果可能略有差异，通用性难以保证；同时，量表评定过程以徒手检测为主，评定过程比较烦琐，难以实现高频次的量化评定；此外，临床评定量表对损伤严重及恢复缓慢的患者也不适用 [227]。Fugl-Meyer 量表评定法是临床最为常用的康复评定方法，该量表优点是内容详细，评价的有效性和可信性较高，不足之处在于检测内容多导致评定时间较长，对于病人较小程度的进步难以通过评分成绩识别出来。Krebs 等 [228] 发现不同治疗师对同一患者采用 Fugl-Meyer 量表进行上肢功能评分时，评分成绩最大有 15% 的差异。

康复机器人可集成多种传感器用于检测患者运动能力方面更灵敏、更细节的信息，同时评价指标可快速计算获得并且易于管理，因此可以比传统评价方法更频繁地对患者进行康复评定。总体上，机器人获得的评价指标可以分为如下三大类 [229]：

(1) 在空间和时间上量化患者运动能力的运动学评价指标 (kinematic measures)，如位移、速度信号；

(2) 与患者运动行为相关的动力学评价指标 (kinetic measures)，如力、做功、能量消耗；

(3) 神经力学评价指标 (neuromechanical measures)，如肌电信号、肌肉黏弹性 (viscoelastic property) 等神经力学信号。

Coderre 等 [230] 利用患者在水平面直线触点运动过程中的位移、速度信号来评价患者上肢的感觉运动功能，试验结果表明，机器人技术提供的患者感觉运动损伤的信息比标准临床评定量表灵敏度更高。Lum 等 [227] 研究了机器人被动和主动辅助模式下的直线触点运动过程中的力异常问题，总结出损伤程度不同的患者在力方向偏差、做功效率等方面的规律性差异。蔡奇芳等 [231] 分析了脑卒中患者患侧在康复治疗前后的肌电信号变化特征，试验结果显示，sEMG 信号可以反映患者患侧的运动功能改善情况，平均功率频率 (mean power frequency, MPF) 特征可作为运动功能恢复的评价指标。

然而，如何将量表评分和机器人传感器信息有效地对应起来，目前尚未得到具有普遍意义的理论结果。Bosecker 等 [232] 使用患者运动参数和线性回归模型来估计临床量表评分，并采用独立数据集来验证统计模型，结果显示使用 8 个运动学参数建立运动功能状态评分 (Motor Status Score) 模型可以实现较好的性能，训练集相关系数为 0.71，验证集相关系数为 0.72，而 Fugl-Meyer 评分和 MAS 痉挛评分模型性能均不高。

本书基于自主研制的上肢康复机器人探讨康复机器人的临床试验与机器人辅助的康复评定问题，在论证上肢康复机器人临床应用有效性的同时，对机器人采集到的患者运动训练数据进行深入分析，希望找到更加有效、灵敏、鲁棒评价指标，以此建立量表评分与机器人运动训练数据的对应关系，同时还可以发挥机器人和信息技术用于神经康复评定的潜在优势，从运动行为层面研究患者肢体功能恢复的自然表现和常规模式。

9.2 临床试验设计与训练过程

9.2.1 研究目的

康复机器人的临床试验主要面向损伤较严重、肢体运动功能较差、且长时间没有提高的恢复慢性期患者，探讨机器人康复训练代替传统康复疗法对肢体运动功能改善的效果 [225,226]。本章的临床试验地点为中国康复研究中心北京博爱医院，传统疗法的康复训练已经被临床证试可有效促进肢体功能障碍患者的神经和运动功能，因此试验中传统疗法仍然保留。本章进行临床试验的研究目的是:

(1) 探讨上肢康复机器人训练联合传统康复疗法对脑卒中患者上肢的运动功能和日常生活活动能力的影响;

(2) 评价基于康复机器人系统进行神经康复评定的潜在优势，从运动行为层面对患者肢体功能损伤与恢复情况进行评价，并寻找量表评分与机器人传感信息的对应关系。

9.2.2 上肢康复机器人系统介绍

图 9.2 展示了中国科学院自动化研究所自主研制的上肢康复机器人在辅助患者进行康复训练的场景。该机器人具有两个自由度，提供肘关节屈/伸、肩关节水平内收/外展运动训练，患者手臂可以在水平面较大工作空间内进行自由运动。同时，该机器人基于阻抗控制方法实现了被动训练和主动训练两种模式。从图 9.2 可以看出，该机器人在康复训练过程中可为患者提供三个方面的帮助:

(1) 患手抓握在塑料圆柱上，可以有效对抗腕关节的屈曲异常运动模式;

(2) 患者前臂和手部通过塑料槽的支托实现了重力补偿，从而降低对患者主动肌运动功能和体力的要求，使其在一定时间内可以反复进行主动肌与拮抗肌的协调性训练，有利于抑制肌张力增高及异常运动模式的出现;

(3) 上位机的人机界面可为患者实时提供视觉反馈，患者在训练过程中不需要把目光转移到患肢，有利于刺激神经通路和位置感觉能力的恢复。

图 9.2 上肢康复机器人辅助患者进行训练的场景

9.2.3 病例选择标准

主动训练康复治疗比单一的被动训练康复能更明显地改善早期及恢复期脑卒中患者的肢体运动功能和日常生活活动能力 [233, 234]。因此本书采用了机器人的主动训练模式作为临床试验研究的训练内容，该训练模式要求患者具有一定程度的肩、肘关节运动能力。病例选择标准详述如下。

纳入标准：① 一侧脑梗死或脑出血，初次发作，并经 CT 或 MRI 证实；② 单侧肢体有不同程度的运动功能障碍；③ 年龄 18~75 周岁；④ Brunnstrom 分期为 3~5 期；⑤ 意识清楚，心、肺功能良好，生命体征平稳，能很好地配合训练；⑥ 能够独立坐在椅子上而不需要额外的支撑，也不需要倚靠座椅靠背；⑦ 临床试验期间预期不需要进行大手术；⑧ 对本研究知情同意。

排除标准：① 正参加其他临床研究的患者；② 伴有意识障碍或认知功能障碍；③ 肌张力过高，改良 Ashworth 分级 ⩾3 级；④ 肩、肘关节被动关节活动度严重受限；⑤ 并发严重的心、肺、肝肾疾病等；⑥ 无法完成 4 周的临床试验。

Brunnstrom 3~5 期患者，即处于共同运动阶段、部分分离运动阶段、分离运动阶段的患者，通常表现出上肢屈肌协同运动模式，并具备某些关节的独立运动，这个时期主要是通过复合运动的康复训练来破坏协同运动、促进分离运动、加强各关节协调性和选择性随意运动。

根据以上选择标准，在中国康复研究中心接受康复治疗的脑卒中患者中选取了 24 例患者，其中 12 例急性期患者（发病时间小于 6 个月）、12 例慢性期患者（发病时间大于 6 个月），发病之前均为右利手。入选患者随机分为试验组和对照组，每组 12 例患者（6 例急性、6 例慢性）。两组患者在性别、年龄、卒中类型、卒中侧别以及急性期患者的发病时间方面均无显著性差异 ($p > 0.05$) 。两组患者一般信息比较见表 9.1。

表 9.1 显示两组慢性期患者的发病时间有显著性差异，试验组中慢性期患者的发病时间要远远长于对照组，这是由于患病时间较长的三位患者（分别为 75 个月、31 个月、20 个月）都被分配到了试验组，这提高了机器人辅助训练的挑战性。

表 9.1 两组患者一般信息比较

组别	人数	性别		年龄/岁	卒中类型		卒中侧别		发病时间/月	
		男	女		出血	梗死	左	右	急性期 (6 人)	慢性期 (6 人)
试验组	12	10	2	46.1 ± 15.8	8	4	7	5	3.1 ± 1.6	27.0 ± 24.8
对照组	12	9	3	46.9 ± 10.1	8	4	8	4	4.3 ± 1.6	8.0 ± 1.1
χ^2/t		0.253		−0.231	0.000		0.178		−1.462	−2.330
p		0.615		0.817	1.000		0.673		0.144	0.020

9.2.4 训练方案

在为期 4 周的临床试验期间，两组患者均给予常规康复训练，包括物理疗法和作业疗法。物理疗法包括被动活动、平衡训练、站立训练、步行训练、转移训练，强度为：45min/次、2 次/天、5 天/周、4 周。作业疗法包括滚筒训练、木钉盘活动、举棍训练、日常生活活动能力指导，强度为：45min/次、1 次/天、5 天/周、4 周。

对照组在常规康复训练的基础上增加徒手的重复性动作训练，包括借助滚筒屈伸肘关节、反复擦拭桌面动作，强度为：20min/次、1 次/天、5 天/周、4 周。试验组在常规康复训练的基础上增加上肢康复机器人辅助治疗，强度为：20min/次、1 次/天、5 天/周、4 周。实验人员根据试验组患者的患肢运动功能状态选择训练游戏，均为主动训练模式，每个游戏对应不同的上肢重复性运动。患者每次训练共完成 3 个训练游戏，每个游戏时长 6min，不同游戏之间让患者稍作休息。3 个游戏难度从易到难，不断强化患者的肢体运动功能。图 9.3 展示了最常采用的训练游戏和患者训练时的运动轨迹。

第一个训练内容是接水果游戏，篮子指示患手的当前位置，水果以不同的速度和方向在屏幕上运动，患者则控制篮子接住水果。由于没有指定运动路径，即该训练任务为水平面内的随意运动，该训练相对简单。第二个训练内容是直线触点运动 (point-to-point reaching movements)，光标点指示患手的当前位置，要求患者从正方形（或圆形）中心点出发，运动到正在闪烁的四周目标点，然后回到中心点，再运动到下一目标点，依次类推。直线触点运动考察的是患者对肢体的感知和位置控制能力，以及肩、肘关节的协调配合能力。第三个训练内容是画圆跟踪运动，目标点以设定速度在圆周上运动，要求患者控制光标点能够对目标点实时跟踪。这一训练任务难度较大，由于运动速度受限，不仅考察了患者的位置控制能力，还需要肩、肘关节很好配合实现对患手的速度控制。考虑到患者的上肢分离运动还不充分，不需要进行肌肉力量的训练，因此主动训练只是施加了较小的阻力，对患者的运动感觉形成正向反馈刺激即可。

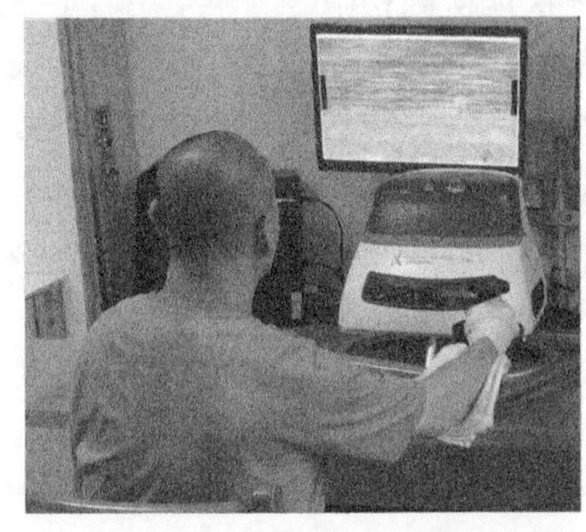

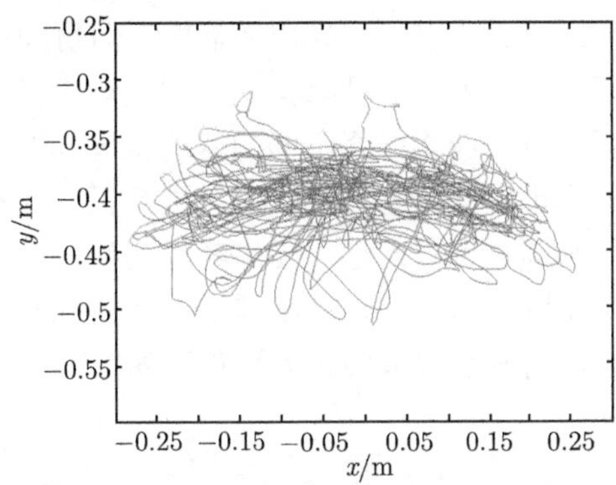

(a) 接水果游戏

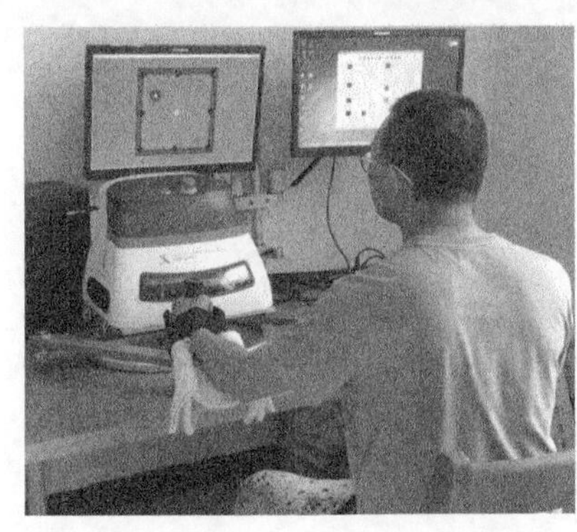

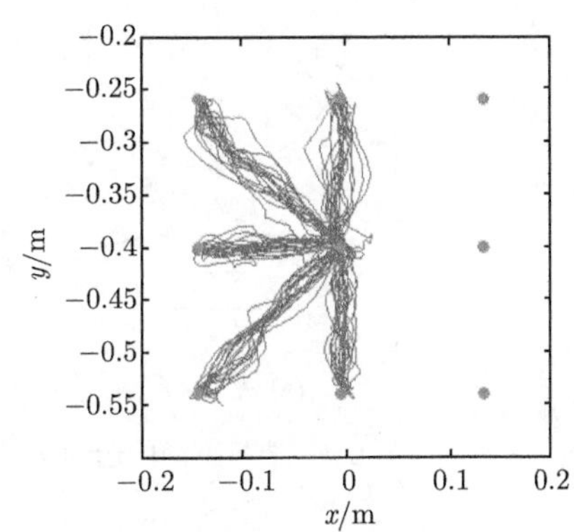

(b) 直线触点运动(患侧为左手时的轨迹)

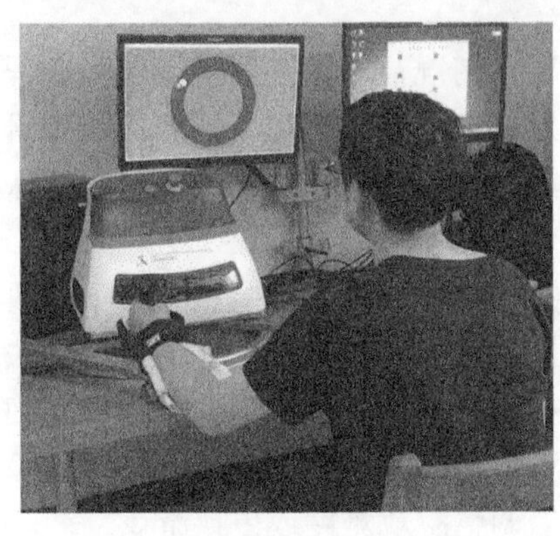

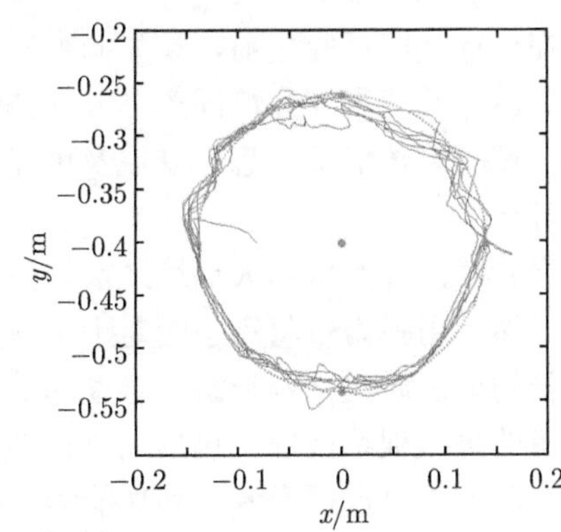

(c) 画圆跟踪运动

图 9.3 训练游戏和患者训练时的运动轨迹

需要说明的是，肌张力异常是脑卒中患者的常见临床表现，原因在于，患者中枢神经损伤后，高级中枢失去了对低级中枢有效的激发和抑制能力。如果没有高级中枢的反射抑制机制，肌肉收缩后不能很快地得到松弛。脑卒中患者上肢通常屈肌张力较高，表现出明显的屈肌协同运动，传统康复疗法通过训练肌肉关节进行伸展、外展运动来抑制协同运动模式。出于这一考虑，试验中对训练轨迹进行了分析，最终选择不同的运动轨迹来抑制屈肌协同运动异常模式，如图 9.4 所示。当患者患侧为左手时，只进行正方形左半侧的直线触点运动，跟踪运动为逆时针画圆轨迹；同理，当患者患侧为右手时，只进行正方形右半侧的直线触点运动，跟踪运动为顺时针画圆轨迹（图 9.4）。根据患者实际情况，可以将直线触点运动的目标点组成的正方形更改为圆形。

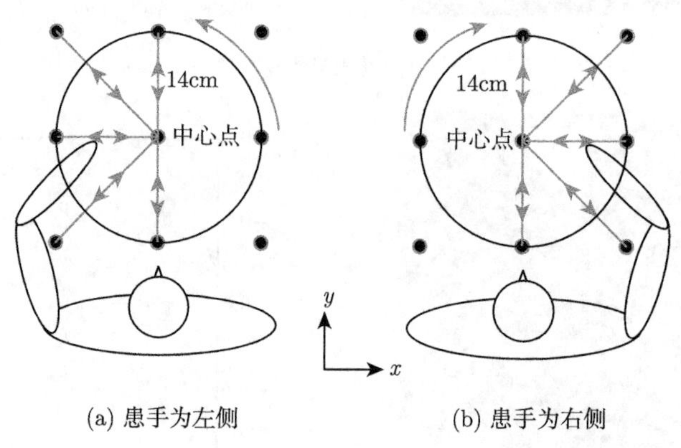

(a) 患手为左侧　　(b) 患手为右侧

图 9.4 选择不同的运动轨迹来抑制屈肌协同运动异常模式

9.2.5 临床试验过程

在进行临床试验之前，首先向被试说明试验情况，让其了解整个试验过程和治疗方案，并签署《知情同意书》。《知情同意书》主要包括以下内容：课题研究目的、试验总体情况、患者受益及可能存在的风险、自愿参加和退出原则、保密责任等。

患者每次开始机器人训练之前，先由治疗师辅助患侧手臂完成坐姿下的放松活动，然后用弹力带将患手固定于塑料槽，之后开始正式训练。如果患者无法完成选择的训练游戏，则把游戏难度降低或更换为相对简单的游戏。试验中详细记录患者的每次训练情况，包括训练日期、训练内容及参数设置等。在临床试验期间，实验人员可根据患者运动功能的提高适当调整游戏难度或更换游戏。

由于患侧手臂部分运动功能的缺失，有些患者在开始进行机器人训练时会不自觉地通过功能较好的关节活动来补偿功能受损关节的运动，从而形成错误的运动模式，即代偿运动。例如，由于肩外展、肘伸展等动作受限，患者通过过度地上抬肩带或用躯干代偿肢体运动。代偿运动的出现不利于正确运动模式的建立，实验人员会及时纠正患者的异常运动模式，并给予患者正确运动的指导和鼓励。

在 4 周的临床试验期间，参与机器人训练的患者没有出现任何不适反应，临床试验结束时也未出现关节/肌肉疼痛等各类并发症，机器人训练的安全性得以验证。

9.3 量表评定

9.3.1 量表评定方法

分别在训练开始前及 4 周训练结束后，由一名经验丰富的治疗师对两组患者进行量表评定。该治疗师不清楚患者分组情况，也不参与患者的康复治疗。选用的三种评定量表为：Fugl-Meyer 运动功能评定量表中的上肢部分 (Fugl-Meyer assessment-Upper Limb, FM-UL)、功能独立性评定量表 (Functional Independence Measure, FIM) 中与上肢运动功能有关的评定部分、改良 Ashworth 痉挛量表 (Modified Ashworth Scale, MAS)。

FM-UL 量表主要是对脑卒中患者的上肢及手部运动功能进行评定，包含 33 项共 66 分，各项最低分为 0 分，表示不能做某一动作，最高分为 2 分，表示充分完成该动作；积分越高代表运动障碍程度越轻。FIM 量表（上肢评定部分）是对患者的日常生活活动能力进行评定，包括 6 项内容，每项根据完成的实际情况分为 7 个功能等级（1~7 分），最高分 42 分，最低为 6 分，得分越高表示独立性越好，依赖性越小。MAS 量表是对患者上肢进行被动关节活动时的肌张力进行评定，共分 6 个级别，分级越高，痉挛程度越重。本书实验中，记录了每位患者肩、肘、腕关节运动时的肌张力情况，包括肩内收、肩外展、肘屈、肘伸、腕屈和腕伸，并在结果分析时取了平均值作为 MAS 得分。

9.3.2 统计学分析

本研究的计量数据以 $(\overline{x} \pm s)$ 表示，采用 SPSS 19.0 软件进行数据分析。两组间年龄及发病时间采用 Mann-Whitney U 秩和检验；两组间性别、卒中类型、卒中侧别比较采用 χ^2 检验。对于 FM-UL 评分、FIM 评分以及 MAS 评分，组内治疗前后比较采用 Wilcoxon 符号秩检验，组间比较采用 Mann-Whitney U 秩和检验。设定显著性水平 p=0.05。

9.3.3 量表评定结果及分析

表 9.2~ 表 9.4 列出了两组患者在治疗前后的量表评分结果比较。可以看出，两组患者治疗前的 FM-UL、FIM 和 MAS 评分均无显著性差异 ($p > 0.05$)，经

过治疗后两组患者均较治疗前改善 (p <0.05)。尽管两组患者治疗后的 FM-UL、FIM 和 MAS 评分没有达到显著性差异 (p >0.05)，但从数值上看，试验组患者在上肢运动功能、日常生活活动能力、肌痉挛三方面的改善均高于对照组。FIM 量表的评定内容通常是依赖于未损伤侧肢体进行日常活动代偿，而试验期间患者损伤侧肢体运动能力的提高还未能很好地融入日常活动中，因此两组的 FIM 得分改善并没有较大差别。

按照 FM-UL 得分可将患者损伤程度划分为严重 (FM-UL<20)、适中 (20 ⩽FM-UL<40)、轻微 (FM-UL⩾40) 三种类型 [235]，此时试验组患者中的严重：适中：轻微分布比例从 2:8:2 变成了 0:7:5，对照组患者中的分布比例则从 2:10:0 变成了 0:11:1。这也预示着两组患者的运动功能逐渐从只能进行粗大运动转变为可以进行一些精细运动，损伤程度逐渐降低。

表 9.2 两组患者治疗前后 FM-UL 评分比较

组别	人数	治疗前	治疗后	Z	p	变化值
试验组	12	27.6 ± 10.7	37.9 ± 10.5	−3.063	0.002	10.3 ± 6.3
对照组	12	26.2 ± 6.0	32.8 ± 7.0	−3.064	0.002	6.7 ± 3.1
Z		−0.289	−1.245			
p		0.772	0.213			

表 9.3 两组患者治疗前后 FIM 评分比较

组别	人数	治疗前	治疗后	Z	p	变化值
试验组	12	26.6 ± 7.2	32.0 ± 4.9	−2.938	0.003	5.4 ± 3.4
对照组	12	25.7 ± 7.0	29.8 ± 6.2	−3.074	0.002	4.2 ± 2.2
Z		−0.232	−0.810			
p		0.817	0.418			

表 9.4 两组患者治疗前后 MAS 评分（平均值）比较

组别	人数	治疗前	治疗后	Z	p	变化值
试验组	12	1.1 ± 0.5	0.7 ± 0.5	−2.943	0.003	-0.4 ± 0.2
对照组	12	1.1 ± 0.5	0.9 ± 0.4	−2.940	0.003	-0.2 ± 0.2
Z		−0.087	−0.926			
p		0.931	0.354			

机器人辅助康复训练的最直接目的是促进脑卒中患者肢体运动功能的恢复，而上述机器人的训练部位为肩、肘关节，因此可以将 FM-UL 得分细分为“肩/肘/协调性得分”及“腕/手得分”两部分。两组患者治疗前后 FM-UL 分项得分比较如表 9.5 所示。可以看出，试验组患者的“肩/肘/协调性得分”变化值比对照组高 2.7 分，证明上述康复机器人在恢复患者的肩、肘关节功能及协调性方面有积极效果。

表 9.5 两组患者治疗前后 FM-UL 分项得分比较

组别	人数		FM-UL		
			总分 (66)	肩/肘/协调性得分 (42)	腕/手得分 (24)
试验组	12	治疗前	27.6 ± 10.7	21.8 ± 5.6	5.8 ± 5.7
		治疗后	37.9 ± 10.5	28.7 ± 4.7	9.3 ± 6.2
		变化值	10.3 ± 6.3	6.8 ± 4.1	3.5 ± 2.5
对照组	12	治疗前	26.2 ± 6.0	21.7 ± 6.5	4.5 ± 2.2
		治疗后	32.8 ± 7.0	25.8 ± 6.6	7.1 ± 1.9
		变化值	6.7 ± 3.1	4.1 ± 1.9	2.6 ± 1.4

为了进一步探讨机器人辅助疗法对不同恢复阶段患者的康复效果，分别比较发病时间小于 6 个月的急性期患者和发病时间大于 6 个月的慢性期患者的运动功能得分变化。不同恢复阶段患者的肩/肘/协调性得分在治疗前后的比较如表 9.6 所示。可见，无论是急性期患者还是慢性期患者，参与了机器人辅助训练的患者在肢体运动能力上都得到了更大程度的改善。

表 9.6 不同恢复阶段患者的肩/肘/协调性得分在治疗前后的比较

组别		人数	治疗前	治疗后	变化值
试验组	急性期	6	20.2 ± 4.3	27.8 ± 4.7	7.7 ± 5.2
	慢性期	6	23.5 ± 6.7	29.5 ± 4.9	6.0 ± 2.8
对照组	急性期	6	19.0 ± 5.4	23.7 ± 6.0	4.7 ± 2.5
	慢性期	6	24.3 ± 6.7	27.8 ± 7.1	3.5 ± 1.0

综上，具有一定强度、可重复、以完成任务为导向的机器人训练可以促进患者运动能力的改善，机器人康复训练联合传统康复疗法对脑卒中患者的上肢运动功能和日常生活活动能力的改善比单独的传统康复疗法效果更好，该结论对发病时间超过一年的慢性期患者仍然成立。

9.4 基于机器人传感信息的康复评定

充分发挥机器人技术在数据采集、信息处理等方面的优势，设计出适用于康复机器人的康复评定方法，是目前康复机器人的研究热点之一。为了获得有效的机器人康复评定结果，我们希望评价指标尽可能满足如下条件：

(1) 实用性强，在实际使用时可以快速计算并获得准确结果；

(2) 灵敏度高，能够反映运动特性的微小变化；

(3) 单调响应，随运动特征的变化单调响应，保证度量的一致性；

(4) 无量纲，没有量纲的评价指标可以独立于运动模式可靠反映患者的运动能力。

下面将从机器人康复训练过程中采集到的运动学及动力学信息、sEMG 信号等方面对患者的上肢运动特性进行分析，并提取评价指标。

9.4.1　患者在机器人辅助训练中的规律性现象

图 9.5 给出了一名恢复急性期患者的运动能力变化情况。分析不同次数训练后的直线触点运动轨迹可以看出，患手的运动范围在逐渐增大，运动轨迹也逐渐接近直线，由此可见该患者的关节活动度和运动控制能力都在变好。

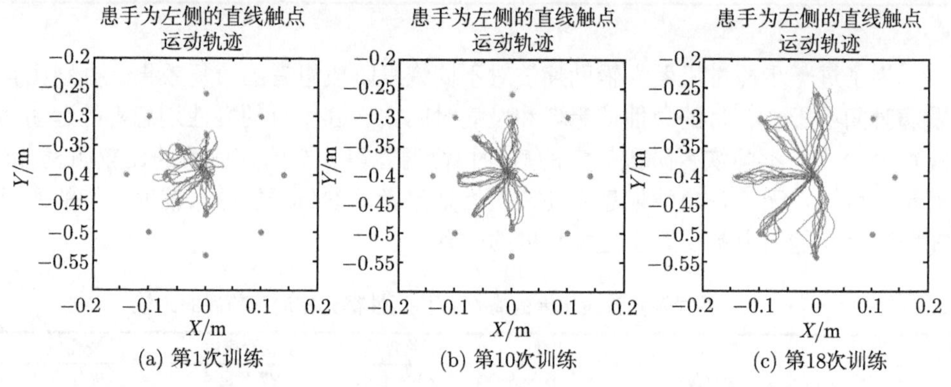

图 9.5　一名恢复急性期患者的运动能力变化情况

图 9.6 给出了一名恢复慢性期患者的运动能力变化情况。分析不同次数训练

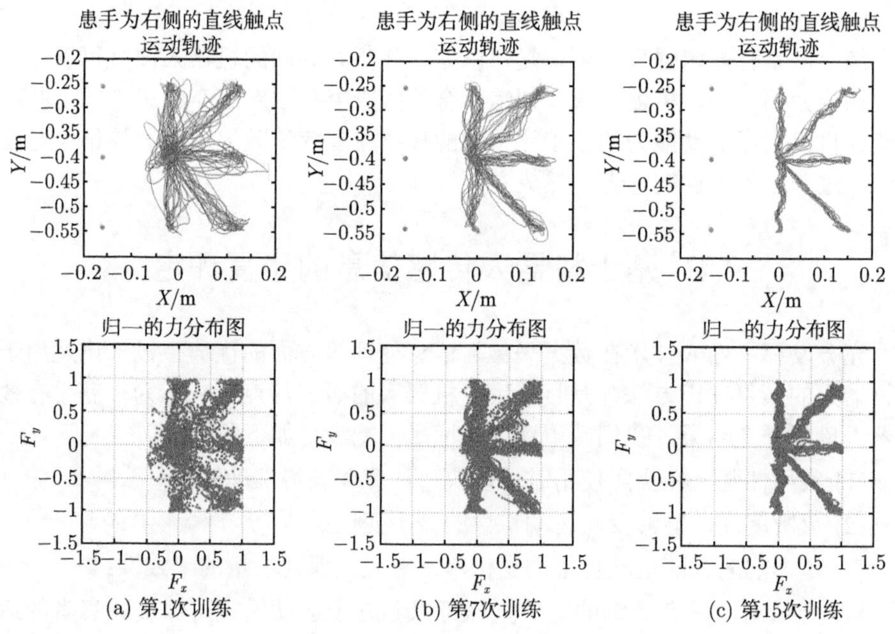

图 9.6　一名恢复慢性期患者的运动能力变化

后的直线触点运动轨迹及其对应的归一化的力分布图可以看出，曲线由最开始的杂乱无章逐渐变得有规律性，患者用力主要集中在目标任务的运动方向，可见该患者的肢体运动协调性和控制能力都在增强。

图 9.7 给出了 FM-UL 评分不同的患者所画出的圆形轨迹，虽然图上无法反映出患手对目标点的跟踪情况，但可以发现 FM-UL 得分较低的患者画出的轨迹圆相对较差，FM-UL 得分较高的患者画出的轨迹圆更加平滑。由于脑卒中患者的肢体运动功能障碍具有不同的表现形式，运动轨迹表现出多样性，因此，FM-UL 得分相同的患者画出的轨迹也不尽相同 (图 9.7(b) 和 (c))，FM-UL 得分高的患者也不一定就比 FM-UL 得分低的患者画出的轨迹要好 (图 9.7(c) 和 (d))。

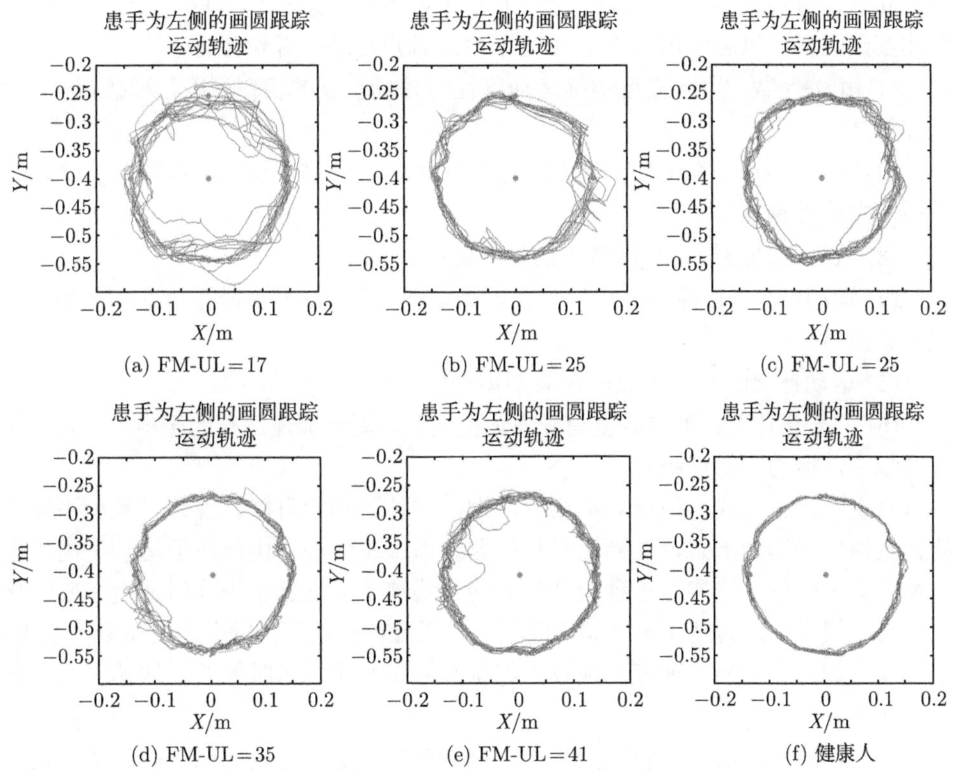

(a) FM-UL = 17　(b) FM-UL = 25　(c) FM-UL = 25
(d) FM-UL = 35　(e) FM-UL = 41　(f) 健康人

图 9.7 FM-UL 评分不同的患者所画出的圆形轨迹

由以上分析可知，运动学习对于患者的神经康复是至关重要的。在反复的训练中，患者观察运动过程中的自身表现，并及时纠正随后的运动以减少或消除运动偏差。通过执行动作、识别偏差、纠正运动、运动学习等重复形式可以逐步提高患者患侧的运动能力。

不同损伤程度的患者在进行直线触点训练时，即使一次运动中有更多的运动分段，也都能在自身努力下运动到目标点。这说明，患者对外部空间的运动规划能力没有受到影响，受影响的是关节协调能力。因此患者神经康复的重要机理可能在于如何将运动规划的控制指令有效转变为关节间协作的功能指令，恢复正常的感觉运动关系 [236]。健康人的运动行为有很多相似的运动模式，例如，运动平滑、不分段、速度具有钟型曲线等，患者的康复训练过程可能是在不断学习上述运动模式。

9.4.2 基于机器人传感信息的评价指标

从以上的规律性现象可以看出，患者的肢体运动逐渐变得更加稳定、平滑，力的方向感也得到改善，这些特性的变化可以从位置、速度、力等信息上体现出来。在此基础上，可以总结出以下 9 个基于直线触点运动的评价指标。

(1) 相关系数，用于描述实际运动路径与目标轨迹的相似程度，越接近 1，相似性越高。

(2) 实际运动路径偏离目标轨迹的 RMSE，用于描述运动的准确性，RMSE 越小，准确性越高。

(3) 实际运动路径到目标轨迹的最大偏移。

(4) 运动效率，目标轨迹长度与实际运动路径长度之比，越接近 1，效率越高；该参数是对准确性指标的有效补充。

(5) 运动持续时间，完成单个周期运动所需时间。

(6) 归一化速度，平均速度与峰值速度之比，用于描述运动的平滑性，归一化速度越大，运动平滑性越好。

与上一段合并成一段患者在康复早期，肢体运动很可能表现为一系列不连贯的、较短的子运动形式，在到达目标位置之前多次停顿，由此在子运动之间产生一系列速度峰值、峰谷。这种运动形式的平均速度会远远小于峰值速度，归一化速度也会很小，尤其是在子运动的间隔非常明显的情况下。随着患者的逐步康复，子运动会越加不明显，速度出现较大起伏的情况减少，这时候的平均速度归一化值会变大。

(7) 速度停滞比，即运动速度超过峰值速度 40% 的时间比例，同样描述运动的平滑性，速度停滞比越大，运动平滑性越好。如前所述，康复早期的运动在到达目标位置之前可能多次停顿，由此出现很多接近于 0 的速度值。当患者可以相对连贯、直接地到达目标点时，中间停顿减少，接近 0 值的速度也变少。速度停滞比就是对运动速度超过某一给定阈值的时间进行量化，较低的阈值不利于对具有一定运动能力的患者进行研究，因此本书选择了峰值速度的 40% 作为阈值。

(8) 沿运动方向的速度比重，沿目标轨迹方向的速度与实际运动速度之比，描述了运动时的速度控制特征。速度比重越接近 1，沿目标轨迹方向的运动越占主要部分，侧向运动越小。

(9) 力的方向偏差，患者用力的实际方向与目标轨迹方向的夹角，描述了运动时患者对力方向的控制能力。

上述指标中，指标 1~5 为位置信息，指标 6~8 为速度信息，指标 9 为力信息，旨在从多方面刻画患者的运动表现。图 9.8 展示了一名恢复急性期患者在直线触点运动训练过程中上述指标的变化情况，图中左侧的 5 个位置信息都有逐渐变好的趋势，右侧上方的两个平滑性指标趋势基本一致，训练后期比前期的运动平滑性更好。而沿运动方向的速度比重和力的方向偏差这两个指标并没有表现出明显的规律性变化。

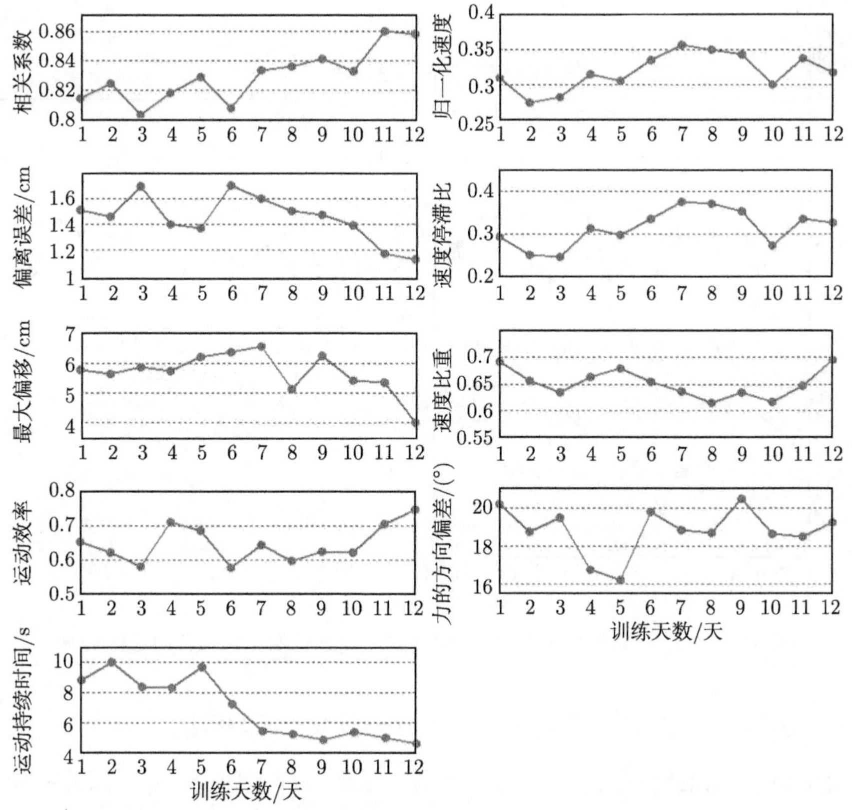

图 9.8 一名恢复急性期患者的直线触点运动评价指标随训练的变化情况

另外，可以总结出基于圆跟踪运动训练的评价指标，如下：

(1) 实际运动路径与轨迹圆的相关系数；

(2) 实际运动路径偏离轨迹圆的 RMSE；

(3) 实际运动路径到轨迹圆的最大偏移；

(4) 实际运动点与目标运动点的距离偏差，距离偏差越小，跟踪效果越好；

(5) X、Y 方向的速度功率谱峰值之比，该值越接近 1，说明画圆过程中的速度控制能力越好。

图 9.9 展示了一位恢复慢性期患者在画圆跟踪运动训练过程中上述评价指标的变化情况。可以看出，相关系数作为评价运动性能的重要指标，逐渐变好的趋势非常明显；速度功率谱峰值之比逐渐趋近 1，有略微变好的趋势；而其他 3 个参数并没有表现出明显的规律性变化。

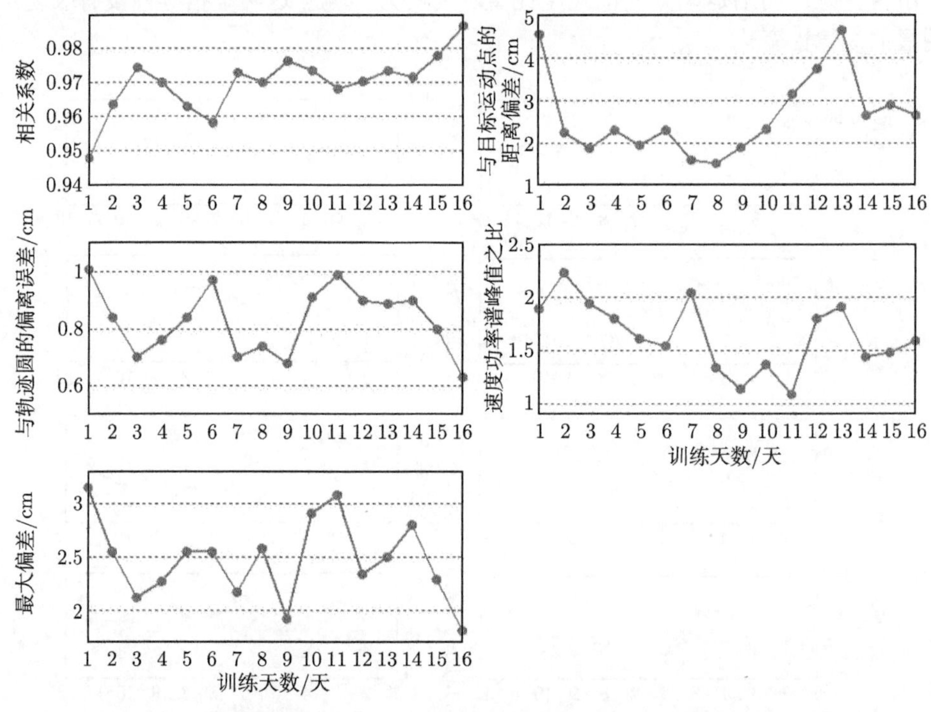

图 9.9 一名恢复慢性期患者的画圆跟踪运动评价指标随训练的变化情况

9.4.3 机器人评价指标与 FM-UL 量表评分的线性回归模型

每位患者在训练开始前及 4 周训练结束后均进行了量表评定，因此在使用机器人评价指标建立线性回归模型来估计上肢量表得分时，每位患者可以贡献两个数据点。之前的相关研究大多是将所有数据进行回归模型的建立 [237,238]，而没有对模型的有效性进行验证。本书采用的方法如下：从 24 个数据点中随机选取 12 个作为训练样本，其余 12 个作为测试样本，采用治疗师打分成绩与模型计算结果的误差平均值，来说明模型的性能。

实验中，分别为直线触点运动和画圆跟踪运动建立线性回归模型来估计 FM-UL 量表得分以及 FM-UL 量表中的肩/肘/协调性得分，输入参数个数分别为 9 和 5，计算结果保留 1 位小数，得到模型误差比较如表 9.7 所示，其中 R 为相关系数。不论是触点运动还是跟踪运动，机器人评价指标都是对 FM-UL 量表中的肩/肘/协调性得分具有相对较好的模型估计结果。这可能是由于机器人的训练部位是肩、肘关节，患者训练过程中采集的信息更多地与肩、肘关节的协调运动相关联。因此，下面的模型优化只针对肩/肘/协调性得分来进行。

表 9.7 估计 FM-UL 量表评分的线性回归模型误差比较

运动类型	模型参考值	训练误差	测试误差
直线触点运动	量表得分	0.3 ($R_{训练} > 0.99$)	11.3 ($R_{测试} = 0.34$)
	量表中的肩/肘/协调性得分	0.5 ($R_{训练} = 0.99$)	6.6 ($R_{测试} = 0.49$)
画圆跟踪运动	量表得分	3.2 ($R_{训练} = 0.89$)	9.3 ($R_{测试} = 0.05$)
	量表中的肩/肘/协调性得分	1.1 ($R_{训练} = 0.95$)	5.0 ($R_{测试} = 0.18$)

直线触点运动评价指标估计 FM-UL 量表评分的线性回归方程如下：

$$\begin{aligned}\mathrm{FM}_{肩/肘/协调性} = & 28.6 + 187.8 \times [相关系数] - 10.8 \times [偏离误差] - 2.8 \times [最大偏移] \\ & + 10.3 \times [运动效率] - 41.5 \times [持续时间] - 427.6 \times [归一化速度] \\ & + 243.0 \times [速度停滞比] - 6.3 \times [速度比重] - 5.3 \times [力的方向偏差]\end{aligned} \tag{9.1}$$

画圆跟踪运动评价指标估计 FM-UL 量表评分的线性回归方程如下：

$$\begin{aligned}\mathrm{FM}_{肩/肘/协调性} = & -280.1 + 321.8 \times [相关系数] + 12.1 \times [偏离轨迹圆的误差] \\ & - 4.7 \times [到轨迹圆的最大偏移] - 1.9 \times [与目标运动点的距离偏差] \\ & - 1.2 \times [速度功率谱峰值之比]\end{aligned} \tag{9.2}$$

上述机器人评价指标并不是互相独立的，典型的如归一化速度和速度停滞比。同时，从图 9.8 也可以看出相关系数和偏离误差具有较强的相关性。评价指标之间的相关性使得模型具有多重共线性，这里的多重共线性可能不会严重影响模型的估计准确性，但模型中的系数大小就没有实际意义，较大的系数不能表明该评价指标对模型估计有较强的影响。

为了减小多重共线性的不利结果，本书采用后退法来选择有效参数。其思想是将所有机器人评价指标引入回归方程，然后通过显著性检验来逐渐剔除那些对回归方程作用不大的指标。以直线触点运动的回归方程为例，方程中共有 9 个自变量，每次单独移除一个自变量，比较模型的显著性检验结果，然后把对模型性能贡献最小或者没有贡献的自变量剔除。接着对剩余的 8 个自变量重复上述过程，直到移除方程中任何一个自变量都会导致模型性能显著降低时为止。

最终得到直线触点运动和画圆跟踪运动的优化模型分别如下所示：

$$\begin{aligned}\mathrm{FM}_{\text{肩/肘/协调性}} =& -26.2 + 109.0 \times [\text{相关系数}] + 5.3 \times [\text{最大偏移}] \\ & - 1.3 \times [\text{持续时间}] - 3.5 \times [\text{力的方向偏差}]\end{aligned} \tag{9.3}$$

$$\begin{aligned}\mathrm{FM}_{\text{肩/肘/协调性}} =& -252.8 + 290.3 \times [\text{相关系数}] \\ & - 1.5 \times [\text{与目标运动点的距离偏差}]\end{aligned} \tag{9.4}$$

对于直线触点运动的回归模型，相关系数贡献最大，其次是最大偏移，持续时间和力的方向偏差作用较小。对于画圆跟踪运动的回归模型，相关系数的贡献远远超过了另一参数。模型经过优化后，直线触点运动的回归模型测试误差为 4.8 ($R_{\text{测试}} = 0.44$)，画圆跟踪运动的回归模型测试误差为 5.1 ($R_{\text{测试}} = 0.32$)。

由于相同的评价指标在不同运动模式中所包含的有效信息及权重不同，在建立了多个线性模型后，可以将不同动作的模型估计结果进行加权综合，如下所示：

$$\mathrm{FM}_{\text{综合}} = \sum_{i=1}^{p} \begin{pmatrix} \omega_1 & \cdots & \omega_p \end{pmatrix} \begin{pmatrix} \mathrm{FM}_1 \\ \vdots \\ \mathrm{FM}_p \end{pmatrix} \tag{9.5}$$

其中，p 为动作模式的个数，FM_i 是第 i 个动作的回归模型估计结果，ω 为相应的权重系数。

由于上述实验中只涉及两个动作模式，可得到综合性评价结果为

$$\mathrm{FM}_{\text{肩/肘/协调性}} = 0.45 \times \mathrm{FM}_{\text{触点}} + 0.55 \times \mathrm{FM}_{\text{画圆}} \tag{9.6}$$

对不同动作回归模型的估计结果进行加权综合处理，有利于减小单一动作模式涉及信息有限而产生的估计误差。经过加权综合后，模型测试误差下降到 4.2 ($R_{\text{测试}} = 0.61$)。

通过上述实验可以看出，通过提取患者康复训练过程中的机器人评价指标建立线性回归模型，可以较准确地估计出患者的 FM-UL 量表评分结果。由于患者样本数量有限，该结论的有效性还需要进一步做大样本数据验证。

9.4.4 肌电信号对康复评定的有效补充

为了分析患者训练时上肢肌肉的收缩时序，实验采集了部分患者在直线触点、画圆跟踪、画竖直线（包括患手先靠近身体的屈曲运动和向前远离身体的前伸运动）、画水平线（包括患手先远离身体一侧的水平外展运动和靠近身体的水平内收运动）四种运动时的 sEMG 信号，画竖直线和水平线的轨迹如图 9.10 所示。

选择与上肢肩、肘关节运动密切相关的 6 块浅层肌肉进行 sEMG 信号的采集，表 9.8 列出了选取的肌肉及其功能。采集设备使用加拿大 Thought Technology 公司的 FlexComp 采集系统，单通道采样频率为 2048Hz。

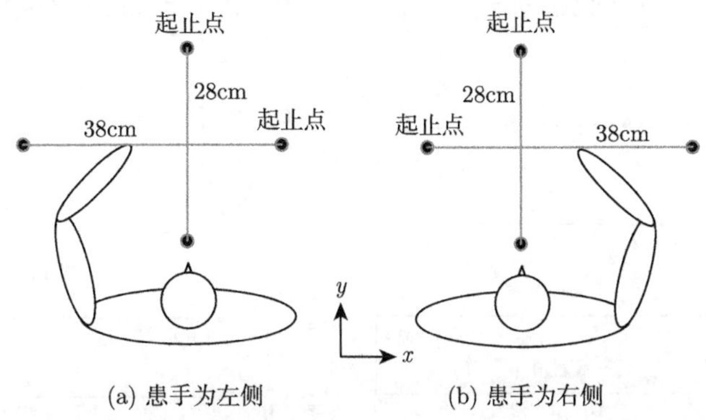

(a) 患手为左侧　(b) 患手为右侧

图 9.10　肌电采集时画竖直线和水平线的运动轨迹

表 9.8　选取的上肢浅层肌肉及其功能

序号	肌肉名称	功能
1	三角肌前束	1. 屈曲、内旋、水平内收肩关节 2. 外展肩关节
2	三角肌中束	外展肩关节
3	三角肌后束	1. 伸展、外旋、水平外展肩关节 2. 外展肩关节
4	肱二头肌	1. 屈肘 2. 前臂旋后
5	肱三头肌	1. 伸肘 2. 伸展和外展肩关节（长头）
6	肱桡肌	1. 屈肘 2. 使旋后的前臂旋前，并恢复中立位 3. 使旋前的前臂旋后，并恢复中立位

采用截止频率为 2Hz 的四阶巴特沃斯低通滤波器对肌电信号进行滤波，从而得到肌电信号波形的线性包络，用来反映各块肌肉的激活水平。图 9.11 给出了健康被试和一位恢复急性期患者在画水平线运动时的肌电幅值包络，其中肌电图横坐标单位为 s，纵坐标单位为微伏。红色竖线分割成的区域表示从起止点开始水平外展到内收的一个周期性运动。如图 9.11 所示，健康被试和患者的肌电包络都表现出周期性变化规律，但健康被试的曲线相对平缓，用力均匀，而患者的曲线多表现为尖峰，说明用力急促而短暂。更重要的是，健康被试的肱二头肌和肱三头肌表现出明显的拮抗关系，而患者的肱二头肌在整个运动过程中基本都处于收

缩用力状态，这也印证了急性期脑卒中患者通常表现出的屈肌张力过高导致屈肌协同运动的异常模式。协同运动会导致关节屈伸不利、运动失调，因此需要增强患肢的主动肌收缩、抑制拮抗肌的协同收缩。

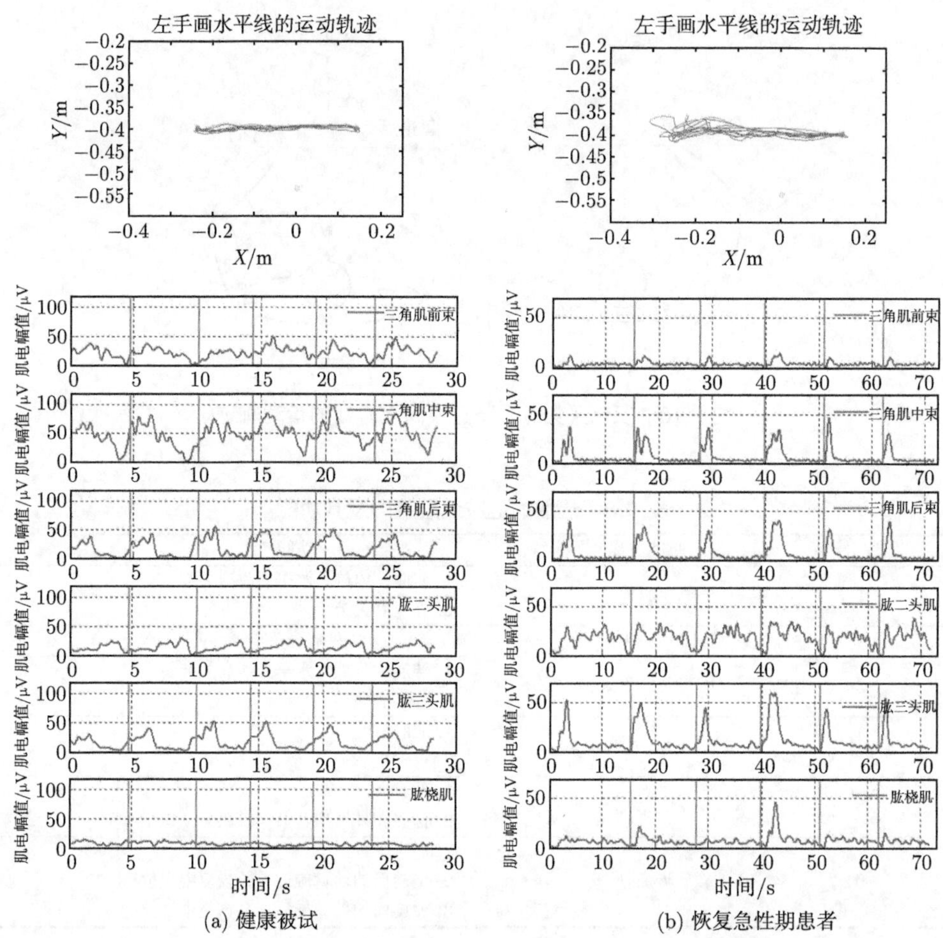

(a) 健康被试　　(b) 恢复急性期患者

图 9.11　自由画水平线的肌电信号幅值包络比较（见彩图）

将图 9.11（见彩图）的多个周期肌电幅值叠加并求平均值，再进行归一化处理，即可得到归一化的肌电平均幅值，如图 9.12 所示（见彩图）。从该图可以更直观地分析患者的肌肉收缩情况与健康被试的差异性。

为了分析每块肌肉在运动中的参与程度及其贡献大小，将每块肌肉的肌电幅值与运动中参与的所有受试肌肉肌电幅值之和相比较，即可得到每块肌肉的肌电权重比，所作出的柱状图为肌电权重图，以健康被试完成相同运动时各块肌肉的参与权重作为标准，评价患者的患肢肌肉参与情况是否正常。

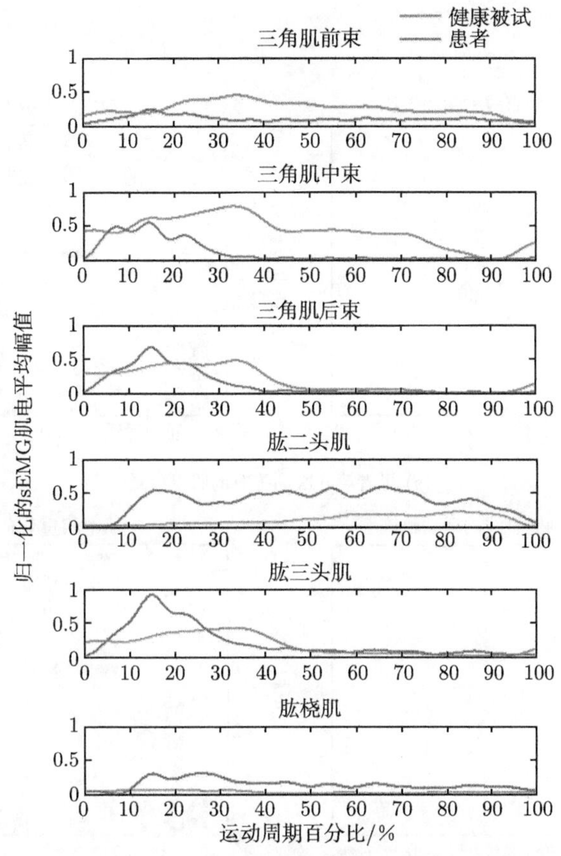

图 9.12 归一化的肌电平均幅值对比（见彩图）

图 9.13 所示为一位恢复慢性期患者做竖直线运动的前后两次肌电权重变化及与健康被试的肌电权重进行比较（见彩图）。

首先对健康被试的肌肉参与情况作简单分析：屈曲运动主要是肩关节水平外展、肘关节屈曲的复合，因此图上三角肌后束、肱桡肌的肌电信号较前伸运动中的强；前伸运动主要是肩关节水平内收、肘关节伸展的复合，因此图上三角肌前束、肱三头肌的肌电信号较屈曲运动中的强；而肱二头肌在整个运动期间变化不明显，可能是由于手部有支托的水平面运动中肱二头肌作用较小。

由图 9.13(a) 和 (c) 对比可知，患者的三角肌前束、三角肌后束的收缩时序与健康人刚好相反，这可能是由于肩关节内旋、外旋导致的代偿运动，不正确的肌肉收缩容易产生异常运动模式。由图 9.13(a) 和 (b) 对比可知，该患者经过一段时间训练后，三角肌前束的收缩时序变得正确，肱三头肌在前伸运动中的比重增加，肱二头肌的肌电权重较之前略有减小，说明该设备对于减小患者肱二头肌肌张力有帮助。

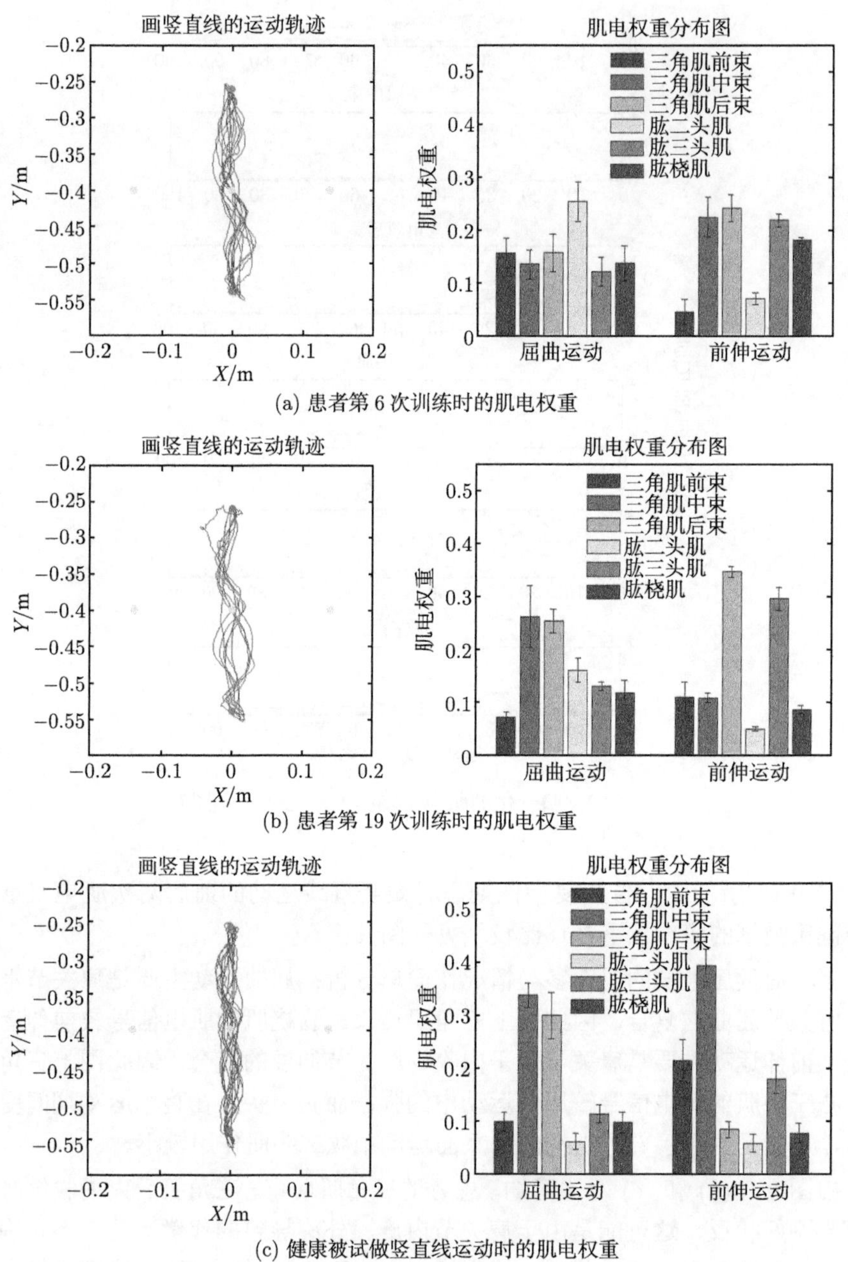

(a) 患者第 6 次训练时的肌电权重

(b) 患者第 19 次训练时的肌电权重

(c) 健康被试做竖直线运动时的肌电权重

图 9.13　患者与健康被试的肌电权重比较（见彩图）

综上所述，sEMG 信号在分析患者运动期间每块肌肉的收缩时序、参与程度等方面可以提供依据，可以将肌电信号作为一种有效的辅助手段，评价脑卒中患者肢体功能状况，进而有针对性地进行治疗。

9.4.5 机器人康复评定技术小结

机器人传感技术使得客观地测量和评价肢体运动能力变得可能。上述机器人评价指标可以提供关于患者运动能力的更灵敏、更细节的信息，计算快速并且易于管理，可以比传统评价方法更频繁地对患者运动表现进行评价。尽管相关研究已经提出了多种不同类型的机器人测量指标用于量化肢体运动行为，但是否可以代替或者补充传统评定量表来进行临床决策仍然有待深入探讨。机器人的康复评定动作往往为受限运动，只能提供有限的运动信息，目前基于机器人的康复评定只是证明了患者运动参数与临床量表评价结果具有一定的相关性，并没有提供具有足够说服力的结果。此外，现有的机器人设备在自由度、运动类型、训练动作、训练部位、控制策略上差异很大，基于机器人的康复评定还缺少统一的标准。

9.5 本章临床试验的几点不足

(1) 为克服自发恢复这一干扰因素，急性期患者的机器人辅助疗法需要更长时间来验证康复效果。

在脑卒中患者恢复早期就进行康复是非常必要的，相关研究结果已经表明早期的机器人训练在改善肢体运动功能和日常生活能力方面相比于慢性期患者更加显著、有效 [239]，本章试验结果也表明急性期患者的 FM-UL、FIM 得分比慢性期患者提高得多，所以早期的机器人辅助疗法应该被深入探讨。但是，急性期患者肢体运动能力的提高是康复训练与自发恢复两方面作用的结果，自发恢复对于临床试验研究而言可能是干扰因素，本章试验组的急性期患者可能是在 4 周时间内自发恢复的效果更好而导致肢体运动功能改善更多。因此，急性期患者的机器人辅助疗法的康复效果需要更长的观测时间来进一步验证。

(2) 在结束治疗后没有对两组患者进行后续随访，来观察已获得的改善是否进一步得到巩固。

患者在传统疗法中学习到的训练技能可以在家里进行练习，而机器人辅助疗法对患者的改善是否可以像传统疗法一样产生长期效果，需要对患者定期随访作进一步分析。

(3) FM-UL 评定内容都是在三维空间执行指定动作，而本书用作康复评定的运动参数采集自二维空间运动，且上肢重力因素被抵消。

本书实验中采用的上肢康复机器人只能在二维水平空间进行康复训练，因此患者训练过程中采集的运动参数本质上量化的是水平面内肘屈/伸、肩水平外展/内收的运动能力变化，而且上肢重力是否被抵消也会对运动表现造成较大影响，FM-UL 评分和上述机器人评价指标之间可能只是具有适中的相关性。将机器人的康复评定动作设定为三维空间的不受限运动可能和 FM-UL 运动功能评分具有更好的相关性。

9.6 小　结

本章基于上肢康复机器人探讨机器人康复训练联合传统康复疗法对脑卒中患者的运动功能和日常生活活动能力的影响。试验结果显示，试验组患者在上肢运动功能、日常生活活动能力、肌痉挛三个方面的改善均高于对照组，证实了机器人辅助疗法的有效性。同时，利用患者训练过程中采集的运动学、动力学信息和 sEMG 信号对患者的肢体运动功能进行了初步评价，探讨了量表评分与机器人评价指标的对应关系，以期发挥机器人技术优势实现“康复训练”与“康复评定”的协调统一。

第 10 章　总结与展望

10.1　本书内容总结

近年来，在老龄化、疾病、工伤、自然灾害、交通事故等因素的综合作用下，我国肢体残疾人口总量迅猛增长，肢体残疾人口的康复成为我国面临的重大民生问题之一。传统由物理治疗师手动施行的人工康复方法难以满足不断增长的临床康复需求。康复机器人技术是解决临床康复供需矛盾的有效途径。伴随着机器人技术的发展，目前康复机器人的局部技术模块逐步完善和成熟，在代替治疗师重复性的体力劳动、提供标准化的康复治疗等方面逐渐被临床和用户所认可，相关的典型产品已经得到一定程度的推广应用。

本书主要基于作者课题组在康复机器人方面的研究成果，对康复机器人的机构设计、人机动力学系统的建模与辨识、人体运动意图识别、人机交互控制、康复策略以及临床试验与康复评定等相关的科学和技术问题进行探讨。本书的主要工作总结如下。

(1) 对上肢和下肢康复机器人的研究现状做了综述。对康复机器人研究领域的代表性成果做了简要介绍，并总结了上肢康复机器人的主要技术特点和下肢康复机器人研究的不足。

(2) 基于作者课题组研制的新型上肢康复机器人介绍了上肢康复机器人的设计技术。该上肢康复机器人采用末端执行器形式，能够在运动过程中向患者提供力反馈，并结合虚拟现实训练环境为患者提供训练指导和视觉反馈。本书从上肢康复机器人的系统组成与机构设计、工作空间和力反馈能力分析、控制系统设计、虚拟现实训练环境设计等方面对上肢康复机器人的系统设计进行了详细的介绍和分析。

(3) 结合新型坐卧式下肢康复机器人介绍了下肢康复机器人的设计技术。分析了现有坐卧式下肢康复机器人下肢机构的不足，并针对这些不足设计了基于 ESCM 的新型下肢机构，给出了综合考虑人体关节特性、机构外形尺寸、传动效率等因素对髋、膝关节机构的关键参数进行优化的方法。针对现有坐卧式下肢康复机器人就座困难问题，介绍了新型就座工艺和相关就座机构，并对其中举升机构的运动学和静力学进行了分析，为机构控制提供了基础。

(4) 基于作者课题组研制的上肢康复机器人阐述了康复机器人的动力学系统

建模方法。该上肢康复机器人采用五连杆并联机构设计。本书采用拉格朗日方法推导了上肢康复机器人的动力学方程，并采用降维模型法建立了便于作性质分析的降维动力学模型；进而，将人机动力学系统建模问题简化为冗余驱动并联机器人的动力学建模问题，并基于拉格朗日-达朗贝尔方法推导其动力学方程；最后，提出一种更为简洁、高效的工作空间人机系统动力学建模方法，并进行了仿真验证。

(5) 基于作者课题组研制的 iLeg 下肢康复机器人介绍了康复机器人的动力学系统辨识技术。分析了传统方法用于下肢康复机器人的建模与辨识问题时存在的摩擦力建模、激励轨迹优化、模型简化等方面的问题。并针对上述三个方面的问题，给出了相应的解决办法，包括：① 在关节摩擦力模型中考虑关节耦合因素的影响，以提高模型精度；② 设计了一种间接随机生成算法，可有效获得激励轨迹优化问题的初始解；③ 提出了递归简化算法和递归优化算法，提高参数辨识精度。最后，通过对比实验验证了所提方法的有效性。

(6) 紧密结合应用介绍了基于 sEMG、EEG 的人体运动意图识别技术。这里的运动意图主要包括人体想要完成的动作模式、肢体关节运动的连续量如关节角度和角速度、关节扭矩等。本书简要介绍了 sEMG 的特点和常用的预处理方法，并对基于 sEMG 估计人体关节角度和关节力矩的建模和模型训练过程做了详细介绍。同时，针对基于 EEG 的动作分类问题，介绍了采用 SNN 对 EEG 信号进行分类的详细过程和初步的实验结果。

(7) 结合临床康复介绍了康复机器人的人机交互控制技术与训练策略。首先，针对被动训练介绍了位置控制与主动柔顺控制技术；针对主动训练分别介绍了参考位置设计、意图识别以及自适应柔顺控制技术。其次，针对 sEMG 临床应用问题，分析了 sEMG 采集与处理方法，并给出弹簧式和阻尼式主动训练的控制技术。最后，针对 FES 的康复应用问题，阐述了 FES 的技术原理和康复踏车训练中的 FES 控制技术。

(8) 结合上肢康复机器人介绍了康复机器人的临床试验与康复评定技术。一方面，介绍了康复机器人临床试验的设计方法，包括病例选择标准、训练方案与训练过程。另一方面，从临床量表评定出发，介绍了目前临床广泛应用的康复效果评价技术及其不足，并提出了基于机器人传感信息进行量化康复评定的初步方案及其可行性。

10.2 技术展望

康复机器人的研究和技术推广有望解决我国康复医疗资源供需矛盾、改善临床康复效果、促进社会和谐，同时，相关研究成果将进一步丰富机械工程、控制技术、信息科学、康复医学、神经科学等领域知识，因此具有重要的社会意义和学术价值。

尽管康复机器人研究的兴起已有几十年时间，相关的研究成果也十分丰富，但是，现有的康复机器人及其相关技术离临床的实际需求还有较大差距，例如：

(1) 机构设计方面，康复机器人的机构设计应综合考虑人机相容性、功率需求、轻便性、柔顺性、安全性等问题。从人机相容性考虑，康复机器人应设计足够的自由度以便与人类肢体的自由度相匹配；从功率需求考虑，尤其针对下肢康复机器人，其关节机构应提供足够的驱动力满足肢体动力辅助的需求；从轻便性出发，康复机器人则应当尽量简洁、减少自由度、减轻重量；从柔顺性角度考虑，可以采用串联弹性机构设计机器人关节，但这也同时增加了关节的复杂性和控制的难度；从安全性出发则要求康复机器人能够提供足够的安全保障，例如，提供适当范围的关节运动、机器人惯量不应太大等。可以看出，上述要求反映到康复机器人机构设计上往往是相互矛盾的，需要综合考虑，这是目前康复机器人设计的难点之一，也是康复机器人难以很好满足临床需求的困难所在。

(2) 人机交互方面，康复机器人是人机紧耦合系统，人与机器人之间存在运动、动力、信息等多个层面的紧密交互，如何设计主动柔顺的人机交互系统是需要进一步解决的问题。首先，康复机器人应能对人体的运动意图进行精准识别，以便做出准确的响应，强化康复训练中患者运动意图的主动参与，提高神经康复效果。其次，控制系统应具有很好的自适应性能和快速响应性能，一方面可以对患者的主动意图做出快速响应，实现自然柔顺交互；另一方面，需要对训练中的异常情形做出及时响应，避免对患者造成二次损伤。此外，人机交互系统还需要为患者提供相应的感知觉反馈，以提高康复训练中患者的参与程度。由于康复机器人与人体之间的紧密耦合，在康复机器人上实现人机交互的上述功能和性能并非易事，上述三个方面的工作还有待进一步深入。

(3) 临床方面，康复机器人的引入最终是为了获得更好的康复效果。目前的康复策略大多局限在实验研究阶段，康复机器人技术相关的神经科学、康复医学和工程技术研究还相对脱节，未形成良性互动和相互促进，因此，现有的机器人辅助康复方法还远未达到理想的临床效果。同时，如何对康复效果进行客观量化的评价，以及如何对康复机器人的临床效果进行严格验证，都是需要进一步研究的问题。现有的临床康复评定仍然是依赖康复治疗师借助功能量表的人工评定，存在主观性强、结果粗略、评价滞后等问题，如何发挥机器人的传感测量系统优势，实现具有很好一致性的客观量化康复评定是有待突破的技术难点。此外，由于临床康复中患者个体的差异性、影响康复效果的相关因素的复杂性，以及实验中人为主观因素的影响等等，如何对康复机器人的康复效果进行科学、严格的临床验证也是目前未有效解决的问题。

除此之外，如何破解神经可塑性的准确机制、如何实现有效的感知觉反馈，以及如何在康复训练中对患者认知进行有效调控等，都是需要进一步研究解决的科学和技术难题。上述问题给康复机器人技术实现有效临床应用带来很大挑战，也是吸引相关领域的科学家和工程技术人员围绕康复机器人开展持续研究的魅力所在。

参 考 文 献

[1] 南登崑. 康复医学 [M]. 第 4 版. 北京：人民卫生出版社, 2013.

[2] 陈翼雄. 基于功能性电刺激及生物信号反馈的下肢康复机器人设计及控制 [D]. 北京：中国科学院大学，2014.

[3] Feigin V L, Lawes C, Bennett D A, et al.Worldwide stroke incidence and early case fatality reported in 56 population-based studies: A systematic review[J].The Lancet Neurology, 2009,8: 355-369.

[4] Liu M, Wu B, Wang W Z, et al. Stroke in China: Epidemiology, prevention, and management strategies[J].The Lancet Neurology,2007,6: 456-464.

[5] Bonita R, Mendis S, Truelsen T, et al. The global stroke initiative[J].The Lancet Neurology,2004,3: 391-393.

[6] Pendlebury S T. Worldwide under-funding of stroke research[J]. International Journal of Stroke,2007,2: 80-84.

[7] Kirshblum S C, Burns S P, Biering-Sorensen F, et al. International standards for neurological classification of spinal cord injury[J]. The Journal of Spinal Cord Medicine,2011,34(6): 535-546.

[8] Wikipedia. Spinal cord injury[EB/OL]. 2012[2020-04-16]. https://en.wikipedia.org/wiki/Spinal_cord_injury.

[9] Wyndaele M, Wyndaele J J. Incidence,prevalence and epidemiology of spinal cord injury: What learns a worldwide literature survey?[J]. Spinal Cord,2006,44: 523-529.

[10] Li X, Curry E J, Blais M,et al. Intraspinal penetrating stab injury to the middle thoracic spinal cord with no neurologic deficit[J]. Orthopedics,2012,35(5): 770-773.

[11] Qiu J. China spinal cord injury network: Changes from within[J].The Lancet Neurology, 2009,8: 606-607.

[12] 中国残疾人联合会. 我国残疾人、老年人基本情况 [EB/OL]. [2020-04-16]. http://www.cdpf.org.cn/ztzl/special/wzajstl/tlzdckzl/201207/t20120704_267560.html.

[13] 潘畅, 徐麟. 中风偏瘫实用康复术图解 [M]. 北京：中国中医药出版社, 1999.

[14] 张通. 神经康复治疗学 [M]. 北京：人民卫生出版社, 2011.

[15] Pohl M, Werner C, Holzgraefe M, et al.Repetitive locomotor training and physiotherapy improve walking and basic activities of daily living after stroke: A single-blind, randomized multicentre trial (DEutsche GAngtrainerStudie, DEGAS)[J]. Clinical Rehabilitation,2007,21: 17-27.

[16] Kwakkel G, Kollen B J, Krebs H I. Effects of robot-assisted therapy on upper limb recovery after stroke: A systematic review[J]. Neurorehabilitation and Neural Repair,2008 22: 111-121.

[17] Hocoma. Product Training[EB/OL]. [2020-04-16]. https://www.hocoma.com/services/product-training/armeo/.

[18] Bionik. InMotionARM[EB/OL]. [2020-04-16]. https://www.bioniklabs.com/products/inmotion-arm.

[19] Krebs H I. Rehabilitation robotics: An academic engineer perspective[C]// Proceedings of the 2011 Annual International Conference of the IEEE Engineering in Medicine and Biology Society (EMBC 2011), Boston: IEEE,2011: 6709-6712.

[20] Hornby T G, Campbell D D, Kahn J H, et al. Enhanced gait-related improvements after therapist-versus robotic-assisted locomotor training in subjects with chronic stroke: A randomized controlled study[J].Stroke,2008,39: 1786-1792.

[21] Hidler J, Nichols D, Pelliccio M, et al. Multicenter randomized clinical trial evaluating the effectiveness of the lokomat in subacute stroke[J]. Neurorehabilitation and Neural Repair,2009,23: 5-13.

[22] Lo H S, Xie S Q. Exoskeleton robots for upper-limb rehabilitation: State of the art and future prospects[J].Medical Engineering & Physics, 2012,34: 261-268.

[23] Krebs H I, Hogan N, Volpe B T, et al.Overview of clinical trials with MIT-MANUS: A robot-aided neuro-rehabilitation facility[J]. Technology and Health Care, 1999,7: 419-423.

[24] Hogan N, Krebs H I, Charnnarong J, et al. MIT-MANUS: A workstation for manual therapy and training I[J].Proceedings of the 1992 IEEE International Workshop on Robot and Human Communication, Tokyo, 1992,161-165.

[25] Hogan N, Krebs H I, Charnnarong J, et al.MIT-MANUS: A workstation for manual therapy and training II[J]. Telemanipulator Technology,1993,1833: 28-34.

[26] Krebs H I, Palazzolo J J, Dipietro L, et al. Rehabilitation robotics: Performance-based progressive robot-assisted therapy[J]. Autonomous Robots,2003,15: 7-20.

[27] Krebs H I, Volpe B T, Williams D, et al.Robot-aided neurorehabilitation: A robot for wrist rehabilitation[J]. IEEE Transactions on Neural Systems and Rehabilitation Engineering,2007,15(3): 327-335.

[28] Burgar C G, Lum P S, Shor P C, et al.Development of robots for rehabilitation therapy: The Palo Alto VA/Stanford experience[J]. Journal of Rehabilitation Research and Development,2000,37: 663-673.

[29] Loureiro R, Amirabdollahian F, Topping M, et al. Upper limb robot mediated stroke therapy - GENTLE/s approach[J]. Autonomous Robots,2003,15: 35-51.

[30] Burgar C G, Lum P S, Scremin A M, et al. Robot-assisted upper-limb therapy in acute rehabilitation setting following stroke: Department of Veterans Affairs multisite clinical trial[J]. Journal of Rehabilitation Research and Development, 2011,48:445-458.

[31] Lum P S, Burgar C G, Kenney D E, et al.Quantification of force abnormalities during passive and active-assisted upper-limb reaching movements in post-stroke hemiparesis[J]. IEEE Transactions on Biomedical Engineering, 1999,46: 652-662.

[32] Lum P S, Burgar C G, Shor P C, et al.Robot-assisted movement training compared with conventional therapy techniques for the rehabilitation of upper-limb motor function after stroke[J]. Archives of Physical Medicine and Rehabilitation, 2002,83: 952-959.

[33] Lum P S, Burgar C G, Shor P C. Evidence for improved muscle activation patterns after retraining of reaching movements with the MIME robotic system in subjects with post-stroke hemiparesis[J].IEEE Transactions on Neural Systems and Rehabilitation Engineering,2004,12: 186-194.

[34] Amirabdollahian F, Loureiro R, Gradwell E, et al.Multivariate analysis of the Fugl-Meyer outcome measures assessing the effectiveness of GENTLE/S robot-mediated stroke therapy[J]. Journal of NeuroEngineering and Rehabilitation, 2007,4: 1-16.

[35] Loureiro R, Amirabdollahian F, Harwin W. 22 A Gentle/S approach to robot sssisted neuro-rehabilitation[M]//Bien Z Z, Stefanov D. Advances in Rehabilitation Robotics. New York: Springer, 2004: 347-363.

[36] Nef T, Guidalic M, Riener R. ARMin III - arm therapy exoskeleton with an ergonomic shoulder actuation[J]. Applied Bionics and Biomechanics,2009,6: 127-142.

[37] Nef T, Quinter G, Müller R, et al. Effects of arm training with the robotic device ARMin I in chronic stroke: Three single cases[J]. Neurodegenerative Diseases, 2009,6: 240-251.

[38] Staubli P, Nef T, Klamroth-Marganska V. Effects of intensive arm training with the rehabilitation robot ARMin II in chronic stroke patients: Four single-cases[J]. Journal of NeuroEngineering and Rehabilitation,2009,6(46):1-10.

[39] Motusnova. Our technology and how it works[EB/OL].[2020-04-16]. https://motusnova.com/technology/.

[40] Zelinsky A.Robot suit hybrid assistive limb [Industrial Activities][J]. IEEE Robotics and Automation Magazine,2009, 16: 98-102.

[41] Biodex Medical Systems, Inc. System 4 pro[EB/OL].[2020-04-16]. https://www.biodex.com/physical-medicine/products/dynamometers/system-4-pro.

[42] Teasell R W, Kalra L. What's new in stroke rehabilitation[J].Stroke,2004,35: 383-385.

[43] Wernig A, Müller S, Nanassy A. Laufband therapy based on 'rules of spinal locomotion' is effective in spinal cord injured persons[J]. The European Journal of Neuroscience,1995,7: 823-829.

[44] 人来康复. 卧式功率车（豪华型）[EB/OL]. [2020-04-16]. http://www.retlife.cn/pros.aspx?CateId=179&scateid=179.

[45] 北京宝达华技术有限公司. 宝达华康复产品：多功能踏车式肢体训练器[EB/OL]. [2020-04-16]. http://www.bdhkf.com/product-personal.php?pageType=product&productid=6&lang=cn.

[46] 翔宇医疗.XY-ZBD-IIID 多关节主被动训练仪 [EB/OL]. 2018[2020-04-16]. http://www.xyyl.com/GetImgP.php?czid=39&classid=214&id=826.

[47] Díaz I, Gil J J, Sánchez E. Lower-limb robotic rehabilitation: Literature review and challenges[J]. Journal of Robotics,2011,2011: 1-11.

[48] Wang W, Hou Z G, Tong L, et al.A novel leg orthosis for lower limb rehabilitation robots of the sitting/lying type[J]. Mechanism and Machine Theory,2014,74: 337-353.

[49] Colombo G, Joerg M, Schreier R, et al. Treadmill training of paraplegic patients using a robotic orthosist[J].Journal of Rehabilitation Research and Development,2000,37: 693-700.

[50] Freivogel S, Mehrholz J, Husak-Sotomayor T, et al. Gait training with the newly developed 'LokoHelp' - system is feasible for non-ambulatory patients after stroke, spinal cord and brain injury. A feasibility study[J]. Brain Injury,2008,22: 625-632.

[51] Stauffer Y, Allemand Y, Bouri M, et al. The WalkTrainer-a new generation of walking reeducation device combining orthoses and muscle stimulation[J]. IEEE Transactions on Neural Systems and Rehabilitation Engineering,2009,17: 38-45.

[52] West R G. Powered gait orthosis and method of utilizing same:US, 6689075 B2[P/OL]. 2004-02-10[2020-04-16].https://patents.google.com/patent/US6689075B2/en.

[53] Schmitt C, Métrailler P, Al-Khodairy A, et al. The Motion Maker^{TM}: a rehabilitation system combining an orthosis with closed-loop electrical muscle stimulation[C]// Proceedings of the 8th Vienna International Workshop on Functional Electrical Stimulation, Vienna, 2004,117-120.

[54] Bouri M, Gall B L, Clave R, A new concept of parallel robot for rehabilitation and fitness: The Lambda[C]// Proceedings of the 2009 International Conference on Robotics and Biomimetics, Guilin, IEEE,2009,2503-2508.

[55] Colombo G, Wirz M, Dietz V. Driven gait orthosis for improvement of locomotor training in paraplegic patients[J]. Spinal Cor, 2011,39: 252-255.

[56] Wirz M, Zemon D H, Rupp R ,et al. Effectiveness of automated locomotor training in patients with chronic incomplete spinal cord injury: A multicenter trial[J]. Archives of Physical Medicine and Rehabilitation,2005,86(4): 672-680.

[57] Hornby T G, Zemon D H, Campbell D. Robotic-assisted, body-weight-supported treadmill training in individuals following motor incomplete spinal cord injury[J]. Physical Therapy,2005, 85: 52-66.

[58] Westlake K P, Patten C.Pilot study of Lokomat versus manual-assisted treadmill training for locomotor recovery post-stroke[J]. Journal of NeuroEngineering and Rehabilitation,2009,6: 18.

[59] Hocoma. Lokomat[EB/OL]. [2020-04-16]. http://www.hocoma.com/products/lokomat/

[60] Fisher S, Lucas L, Thrasher T A. Robot-assisted gait training for patients with hemiparesis due to stroke[J]. Topics in Stroke Rehabilitation,2011,18: 269-276.

[61] Freivogel S, Schmalohr D, Mehrholz J. Improved walking ability and reduced therapeutic stress with an electromechanical gait device[J]. Journal of Rehabilitation Medicine,2009, 41(9):734-739.

[62] Reinkensmeyer D J, Wynne J H, Harkema S J.A robotic tool for studying locomotor adaptation and rehabilitation[C]// Proceedings of the 2nd Joint Meeting of the IEEE Engineering in Medicine and Biology Society and the Biomedical Engineering Society, Houston, IEEE.2002,3: 2013-2353.

[63] Emken J L, Harkema S J, Beres-Jones J A, et al.Feasibility of manual teach-and-replay and continuous impedance shaping for robotic locomotor training following spinal cord injury[J]. IEEE Transactions on Biomedical Engineering, 2008,55(1): 322-334.

[64] Banala S K, Agrawal S K, Scholz J P. Active leg exoskeleton (ALEX) for gait rehabilitation of motor-impaired patients[C]// Proceedings of the 10th IEEE International Conference on Rehabilitation Robotics(ICORR 2007), Noordwijk, 2007,401-407.

[65] Banala S K, Kim S H, Agrawal S K,et al. Robot assisted gait training with active leg exoskeleton (ALEX)[J]. IEEE Transactions on Neural Systems and Rehabilitation Engineering, 2009,17(1): 2-8.

[66] Veneman J F, Kruidhof R, Hekman E E G, et al.Design and evaluation of the Lopes exoskeleton robot for interactive gait rehabilitation[J]. IEEE Transactions on Neural Systems and Rehabilitation Engineering,2007, 15(3): 379-386.

[67] Pietrusinski M, Cajigas I, Mizikacioglu Y, et al.Gait rehabilitation therapy using robot generated force fields applied at the pelvis[C]// Proceedings of the 2010 IEEE Haptics Symposium, Waltham, Mass, USA, Mar. 2010, 401-407.

[68] Surdilovic D, Zhang J, Bernhardt R. STRING-MAN: Wire-robot technology for safe, flexible and human-friendly gait rehabilitation[C]// Proceedings of the 2007 IEEE International Conference on Rehabilitation Robotics(ICORR 2007), Noordwijk, 2007, 446-453.

[69] Beyl P, Damme M V, Ham R V, et al. An exoskeleton for gait rehabilitation: Prototype design and control principle[C]//Proceedings of the 2008 IEEE International Conference on Robotics and Automation, Pasadena, 2008, 2037-2042.

[70] Hesse S, Uhlenbrock D.A mechanized gait trainer for restoration of gait[J]. Development,2000,37: 701-708.

[71] Werner C, Frankenberg S V, Treig T. Treadmill training with partial body weight support and an electromechanical gait trainer for restoration of gait in subacute stroke patients a randomized crossover study[J]. Stroke, 2002,33: 2895-2901.

[72] Peurala S H, Airaksinen O, Huuskonen P, et al. Effects of intensive therapy using gait trainer or floor walking exercises early after stroke[J]. Journal of rehabilitation medicine,2009,41: 166-173.

[73] Hesse S, Werner C.Connecting research to the needs of patients and clinicians[J]. Brain Research Bulletin, 2009,78: 26-34.

[74] Allemand Y, Stauffer Y, Clavel R,et al. Design of a new lower extremity orthosis for overground gait training with the WalkTrainer[C]// Proceedings of the 2009 IEEE International Conference on Rehabilitation Robotics, Kyoto, 2009, 550-555.

[75] Stauffer Y, Allemand Y, Bouri M, et al.Pelvic motion measurement during over ground walking, analysis and implementation on the WalkTrainer reeducation device[C]// Proceedings of the 2008 IEEE/RSJ International Conference on Intelligent Robots and Systems, Nice, 2008, 2362-2367.

[76] Sankai Y. HAL: Hybrid assistive limb based on cybernics[G]//M. Kaneko, Y. Nakamura. Robotics Research: the 13th International Symposium ISRR. New York: Springer, 2011: 25-34.

[77] SWORTEC. MotionMaker[EB/OL]. [2020-04-16]. http://www.swortec.ch/index.php/products/motionmaker.

[78] Metrailler P, Blanchard V, Perrin I, et al. Improvement of rehabilitation possibilities with the MotionMaker^{TM}[C]// Proceedings of The 1st IEEE/RAS-EMBS International Conference on Biomedical Robotics and Biomechatronics. IEEE,2006.

[79] Sun H, Zhang L, Hu X. Experiment study of fuzzy impedance control on horizontal lower limbs rehabilitation robot[C]// Proceedings of the 2011 International Conference on Electronics, Communications and Control,IEEE:2011, 2640-2643.

[80] 孙洪颖. 卧式下肢康复机器人 [D]. 哈尔滨：哈尔滨工程大学. 2011.

[81] 张峰. 坐卧式下肢康复机器人主被动训练控制方法研究 [D]. 北京：中国科学院研究生院, 2012.

[82] Turolla A, Dam M, Ventura L,et al.Virtual reality for the rehabilitation of the upper limb motor function after stroke: A prospective controlled trial[J]. Journal of NeuroEngineering and Rehabilitation, 2013,10(1):1-9.

[83] Saposnik G, Levin M. Virtual reality in stroke rehabilitation a meta-analysis and implications for clinicians[J]. Stroke,2011,42: 1380-1386.

[84] Lotze M, Braun C, Birbaumer N, et al.Motor learning elicited by voluntary drive[J]. Brain, 2003,126: 866-872.

[85] Cai L L, Fong A J, Otoshi C K, et al.Implications of assist-as-needed robotic step training after a complete spinal cord injury on intrinsic strategies of motor learning[J]. The Journal of Neuroscience,2006,26: 10564-10568.

[86] Hung V M, Na U J. Tele-operation of a 6-dof serial robot using a new 6-dof haptic interface[C]// Proceedings of IEEE International Symposium on Haptic Audio-Visual Environments and Games, Phoenix:IEEE, 2010, 1-6.

[87] Gil J J, Avello A, Rubio A, et al. Stability analysis of a 1 dof haptic interface using the routh-hurwitz criterion[J]. IEEE Transactions on Control Systems Technology, 2004,12(4): 583-588.

[88] Campion G, Qi W, Hayward V.The pantograph mk-ii: a haptic instrument[C]// Proceedings of IEEE/RSJ International Conference on Intelligent Robots and Systems. Edmonton:IEEE, 2005,193-198.

[89] Gosselin C M, Angeles J. The optimum kinematic design of a spherical three-degree-of-freedom parallel manipulator[J]. Journal of Mechanical Design,1989, 111(2): 202-207.

[90] Merlet J P. Parallel manipulators. Part I: theory: design, kinematics, dynamics and control[R]. Nancy:INRIA, 1987.

[91] Asada H, Youcef-Toumi K.Analysis and design of a direct-drive arm with a five-bar-link parallel drive mechanism[J]. Journal of Dynamic Systems, Measurement, and Control,1984,106(3): 225-230.

[92] Ting K L. Mobility criteria of geared five-bar linkages[J]. Mechanism and Machine Theory,1994, 29(2): 251-264.

[93] Matsuoka Y, Brewer B R, Klatzky R L. Using visual feedback distortion to alter coordinated pinching patterns for robotic rehabilitation[J]. Journal of NeuroEngineering and Rehabilitation,2007,4(1): 17.

[94] Shirzad N, Machiel Van der Loos H F. Error amplification to promote motor learning and motivation in therapy robotics[C]// Proceedings of Annual International Conference of the IEEE Engineering in Medicine and Biology Society, 2012, 3907-3910.

[95] Kong K, Baek C, Tomizuka M. Design of a rehabilitation device based on a mechanical link system[C]// Proceedings of the 2009 IEEE International Conference on Robotics and Automation, Kobe, 2009, 2306-2311.

[96] Gautier M, Khalil W. Direct calculation of minimum set of inertial parameters of serial robots[J]. IEEE Transactions on Robotics and Automation,1990,6: 368-373.

[97] Grotjahn M, Daemi M, Heimann B. Friction and rigid body identification of robot dynamics[J]. International Journal of Solids and Structures, 2001,38: 1889-1902.

[98] Vandanjon P O, Gautier M, Desbats P. Identification of robots inertial parameters by means of spectrum analysis[C]//Proceedings of 1995 IEEE International Conference on Robotics and Automation, Nagoya, 1995, 3033-3038.

[99] Marginson V, Eston R.The relationship between torque and joint angle during knee extension in boys and men[J]. Journal of Sports Sciences, 2001,19(11): 875-880.

[100] Kennedy J, Eberhart R. Particle swarm optimization[C]. Proceedings of the 1995 IEEE International Conference on Neural Network, Perth, Australia, 1995, 1942-1948.

[101] Eberhart R, Kennedy J. A new optimizer using particle swarm theory[C]// Proceedings of the Sixth International Symposium on Micro Machine and Human Science, Nagoya, 1995,39-43.

[102] Savsani V, Rao R V, Vakharia D P. Optimal weight design of a gear train using particle swarm optimization and simulated annealing algorithms[J]. Mechanism and Machine Theory, 2010, 45(3): 531-541.

[103] McDougall R, Nokleby S. Synthesis of Grashof four-bar mechanisms using particle swarm optimization[C]//Proceedings of the 2008 International Design Engineering Technical Conferences and Computers and Information in Engineering Conference, Brooklyn, New York, 2008,1-5.

[104] Macor A, Rossetti A. Optimization of hydro-mechanical power split transmissions[J]. Mechanism and Machine Theory, 2011,46(12): 1901-1919.

[105] Lin Y C, Wang M J J, Wang E M. The comparisons of anthropometric characteristics among four peoples in East Asia[J]. Applied Ergonomics, 2004,35(2): 173-178.

[106] Shi X H, Wang H B, Yuan L, et al. Design and analysis of a lower limb rehabilitation robot[J].Advanced Materials Research, 2012,490-495: 2236-2240.

[107] Spong M W, Hutchinson S, Vidyasagar M. Robot Dynamics and Control[M].New York:John Wiley and Sons Ltd, 2004.

[108] Yu H. Modeling and control of hybrid machine systems: a five-bar mechanism case[J]. International Journal of Automation and Computing,2006,3(3): 235-243.

[109] Ouyang P R, Li Q, Zhang W J, et al. Design, modeling and control of a hybrid machine system[J]. Mechatronics,2004,14(10): 1197-1217.

[110] Cheng H, Yiu Y K, Li Z. Dynamics and control of redundantly actuated parallel manipulators[J]. IEEE/ASME Transactions on Mechatronics, 2003,8(4): 483-491.

[111] Xie X L, Hou Z G, Li P F, et al. Model based control of a rehabilitation robot for lower extremities[C]// Proceedings of Annual International Conference of the IEEE Engineering in Medicine and Biology Society (EMBC), 2010, 2263-2266.

[112] Winter D A. Biomechanics and Motor Control of Human Movement[M]. New York:John Wiley and Sons Ltd, 2009.

[113] Swevers J, Verdonck W, Schutter J D. Dynamic model identification for industrial robots: Integrated experiment design and parameter estimation[J]. IEEE Control Systems Magazine,2007,27: 58-71.

[114] Atkeson C G, An C H, Hollerbach J M. Estimation of inertial parameters of manipulator loads and links[J]. International Journal of Robotics Research,1986, 5: 101-119.

[115] Mayeda H, Yoshida K, Osuka K. Base parameters of manipulator dynamic models[J]. IEEE Transactions on Robotics and Automation,1990, 6: 312-321.

[116] Qin Z K, Baron L, Birglen L. A new approach to the dynamic parameter identification of robotic manipulators[J]. Robotica,2010,28: 539-547.

[117] Wu J, Wang J, You Z. An overview of dynamic parameter identification of robots[J]. Robotics and Computer-Integrated Manufacturing,2010, 26: 414-419.

[118] Khosla P K. Categorization of parameters in the dynamic robot model[J]. IEEE Transactions on Robotics and Automation, 1989,5: 261-268.

[119] Gautier M. Numerical calculation of the base inertial parameters of robots[J]. Journal of Robotic Systems, 1991,8: 485-506.

[120] Khalil W, Bennis F. Symbolic calculation of the base inertial parameters of closed-loop robots[J]. International Journal of Robotics Research,1995,14: 112-128.

[121] Gautier M. A comparison of filtered models for dynamic identification of robots[C]// Proceedings of the 1996 IEEE Conferece Decision and Control. Kobe, 1996,875-880.

[122] Craig J J. Introduction to Robotics: Mechanics and Control[M]. 3rd ed. London: Pearson Education Ltd, 2005.

[123] Khalil W, Dombre E. Modeling,Identification and Control of Robots[M]. Lodon: Hermes Penton Ltd., 2002.

[124] Olsson H, Astrom K J, Wit C C D, et al. Friction models and friction compensation[J]. European Journal of Control,1998,4: 176-195.

[125] Hélouvry B A, Dupont P, Wit C C D. A survey of models, analysis tools and compensation methods for the control of machines with friction[J]. Automatica, 1994,30: 1083-1138.

[126] Tedric A H. Rolling Bearing Analysis[M]. 4th Ed. New York: John Wiley and Sons, 2001.

[127] Wit C C D, Noel P, Aubin A, et al. Adaptive friction compensation in robot manipulators: Low velocities[J]. Internal Journal of Robotics Research,1991, 10: 189-199.

[128] Wu W X, Zhu S Q, Wang X Y, et al. Closed-loop dynamic parameter identification of robot manipulators using modified Fourier series[J]. International Journal of Advanced Robotic Systems,2012,9: 1.

[129] Armstrong B. On finding exciting trajectories for identification experiments involving systems with nonlinear dynamics[J]. International Journal of Robotics Research,1989,8: 28-48.

[130] Gautier M, Janin C, Presse C. Dynamic identification of robots using least squares and extended kalman filtering methods[C]// Proceedings of the Second European Control Conference. Groningen, 1993, 2291-2296.

[131] Otani K, Kakizaki T. Motion planning and modeling for accurately identifying dynamic parameters of an industrial robotic manipulator[C]// Proceedings of the International sympotum on Industrial Robots. Tokyo, 1993.

[132] Swevers J, Ganseman C, Schutter J D, et al. Experimental robot identification using optimised periodic trajectories[J]. Mechanical Systems and Signal Processing, 1996,10: 561-577.

[133] Swevers J, Ganseman C, Tukel D B, et al. Optimal robot excitation and identification[J]. IEEE Transactions on Robotics and Automation,1997,13: 730-740.

[134] Rackl W, Lampariello R, Hirzinger G. Robot excitation trajectories for dynamic parameter estimation using optimized B-splines[C]// Proceedings of the 2012 IEEE International Conference on Robotics and Automation,2012, 2042-2047.

[135] Gautier M, Khalil W. Exciting trajectories for the identification of base inertial parameters of robots[J]. International Journal of Robotics Research,1992,11: 362-375.

[136] Lu Z, Shimoga K B, Goldenberg A A. Experimental determination of dynamic parameters of robotic arms[J]. Journal of Robotic Systems,1993, 10: 1009-1029.

[137] Khalil W, Gautier M, Lemoine P. Identification of the payload inertial parameters of industrial manipulators[C]//Proceedings of the 2007 IEEE International Conference on Robotics and Automation, 2007, 4943-4948.

[138] Olsen M M, Petersen H G. A new method for estimating parameters of a dynamic robot model[J]. IEEE Transactions on Robotics and Automation,2001,17: 95-100.

[139] Ramdani N, Poignet P. Robust dynamic experimental identification of robots with set membership uncertainty[J]. IEEE/ASME Transactions on Mechatronics,2005,10: 253-256.

[140] Olsen M M, Swevers J, Verdonck W. Maximum likelihood identification of a dynamic robot model: Implementation issues[J]. International Journal of Robotics Research,2002, 21: 89-96.

[141] Bingul Z, Karahan O. Dynamic identification of Staubli RX-60 robot using PSO and LS methods[J]. Expert Systems with Applications, 2011,38: 4136-4149.

[142] Presse C, Gautier M.New criteria of exciting trajectories for robot identification[C]//Proceedings of the 1993 IEEE International Conference on Robotics and Automation, 1993,907-912.

[143] Qi H, Ruan L M, Zhang H C, et al. Inverse radiation analysis of a one-dimensional participating slab by stochastic particle swarm optimizer algorithm[J]. International Journal of Thermal Sciences,2007, 46: 649-661.

[144] Dietz V, Nef T, Rymer W Z. Neurorehabilitation Technology[M]. London: Springer, 2012.

[145] Maciejasz P, Eschweiler J, Gerlach-Hahn K, et al.A survey on robotic devices for upper limb rehabilitation[J]. Journal of NeuroEngineering and Rehabilitation,2014,11: 1-29.

[146] Riener R, Lünenburger L, Maier I, et al. Locomotor training in subjects with sensorimotor deficits: An overview of the robotic gait orthosis Lokomat[J].Journal of Healthcare Engineering,2010,1: 197-216.

[147] Zanotto D, Stegall P, Agrawal S K. Adaptive assist-as-needed controller to improve gait symmetry in robot-assisted gait training[C]// Proceedings of the 2014 IEEE International Conference on Robotics and Automation (ICRA). Hong Kong, 2014, 724-729.

[148] Hochberg L R, Bacher D, Jarosiewicz B, et al.Reach and grasp by people with tetraplegia using a neurally controlled robotic arm[J]. Nature,2012,485: 372-375.

[149] Konrad P. The ABC of EMG: a practical introduction to kinesiological electromyography[M]. 1.4 ed. Scottsdale: Noraxon INC, 2005.

[150] Boxtel A, Boelhouwer A J W, Bos A R. Optimal EMG signal bandwidth and interelectrode distance for the recording of acoustic, electrocutaneous, and photic blink reflexes[J]. Psychophysiology,1998,35(6): 690-697.

[151] Boxtel A. Optimal signal bandwidth for the recording of surface EMG activity of facial, jaw, oral, and neck muscles[J].Psychophysiology,2001,38(1): 22-34.

[152] Raez M B I, Hussain M S, Mohd-Yasin F. Techniques of EMG signal analysis: detection, processing, classification and applications[J]. Biological Procedures Online,2006,8: 11-35.

[153] Luca C J D, Gilmore L D, Kuznetsov M, et al.Filtering the surface EMG signal: Movement artifact and baseline noise contamination[J]. Journal of Biomechinics,2010,43(8): 1573-1579.

[154] Laura F L, Chandramouli K, Keith A.Modeling nonlinear errors in surface electromyography due to baseline noise: A new methodology[J]. Journal of Biomechanics, 2011,44: 202-205.

[155] Stulen F B, Luca D, Carlo J.Frequency parameters of the myoelec- tric signal as a measure of muscle conduction velocity[J]. IEEE Transactions on Biomedical Engineering,1981, 28(7): 515-523.

[156] Bigland-Ritchie B, Donovan E F, Roussos C S. Conduction velocity and EMG power spectrum changes in fatigue of sustained maximal efforts[J]. Journal of Applied Physiology,1984, 51: 1300-1305.

[157] Hof A L. Errors in frequency parameters of EMG power spectra[J]. IEEE Transactions on Biomedical Engineering,1991,38: 1077-1088.

[158] Roy S H, Luca C J D, Casavant D A. Lumbar muscle fatigue and chronic lower back pain[J]. Spine,1989, 14: 992-1001.

[159] Mannion A F, Connolly B, Wood K, et al. The use of surface EMG power spectral analysis in the evaluation of back muscle function[J].Journal of Rehabilitation Research and Development,1997, 34: 427-439.

[160] Kilby J, Hosseini H G. Wavelet analysis of surface electromyography signals[C]// Proceedings of the 26th Annual International Conference of the IEEE Engineering in Medicine and Biology Society, 2004,384-387.

[161] 蔡立羽，王志忠，张海虹. 小波变换在表面肌电信号分类中的应用 [J]. 生物医学工程学杂志, 2000,17(3): 281-284.

[162] Reddy H S M, Raja K B.High capacity and security steganography using discrete wavelet transform[J]. International Journal of Computer Science and Security,2009,3: 462-472.

[163] Misiti M, Misiti Y, Oppenheim G, et al.Wavelet Toolbox^{TM} user's guide. Natick: The MathWorks, Inc., 2012.

[164] Dao V N P, Vemuri R. A performance comparison of different back propagation neural networks methods in computer network intrusion detection[J]. Differential Equations and Dynamical Systems, 2002,10(1): 201-221.

[165] Angkoon P, Chusak L, Pornchai P.A novel feature extraction for robust EMG pattern recognition[J]. Journal of Computing,2009, 1(1): 71-80.

[166] Pons J L. Wearable Robots: Biomechatronic Exoskeletons[M]. Hoboken:John Wiley and Sons, Ltd, 2008.

[167] Shrirao N A, Reddy N P, Kosuri D R.Neural network committees for finger joint angle estimation from surface EMG signals[J]. Biomedical Engineering OnLine,2009,8(2): 1-11.

[168] Terry K K K, Arthur F T M.Feasibility of using EMG driven neuromus-culoskeletal model for prediction of dynamic movement of the elbow[J]. Journal of Electromyography and Kinesiology, 2005,15: 12-26.

[169] Masahiro Y, Masahiko M, Kazuyo T. Real time hand motion estimation using EMG signals with support vector machines[C]// Proceedings of the 2006 SICE-ICASE International Joint Conference,2006, 593-598.

[170] Masahiro Y, Masahiko M, Kazuyo T. Hand pose estimation using emg signals[C]// Proceedings of the 29th Annual International Conference of the IEEE Engineering in Medicine and Biology Society,2007,4830-4833.

[171] Christian A, Cipriani C, Controzzi M, et al. Using EMG for real-time prediction of joint angles to control a prosthetic hand equipped with a sensory feedback system[J]. Journal of Medical and Biological Engineering,2010, 30(6): 399-406.

[172] Reddy N P, Gupta V.Toward direct biocontrol using surface EMG sig- nals: Control of finger and wrist joint models[J]. Medical Engineering & Physics,2007, 29: 398-403.

[173] De Luca C J.The use of surface electromyography in biomechanics[J]. Journal of Applied Biomechanics,1997,13: 135-163.

[174] Zhang F, Li P F, Hou Z G, et al.sEMG-based continuous estimation of joint angles of human legs by using BP neural network[J]. Neurocomputing, 2012, 78: 139-148.

[175] Pau J W, Xie S S, Pullan A J. Neuromuscular interfacing: establishing an emg-driven model for the human elbow joint[J]. IEEE Transactions on Biomedical Engineering, 2012, 59(9): 2586-2593.

[176] Hill A.The heat of shortening and the dynamic constants of muscle[C]// Proceedings of the Royal Society of London B: Biological Sciences,1938, 126(843): 136-195.

[177] Wikipedia. Hill's muscle model[EB/OL]. 2020(2020-04-12) [2020-04-17]https://en.wikipedia.org/wiki/Hill's_muscle_model.

[178] Riener R, Fuhr T. Patient-driven control of fes-supported standing up: a simulation study[J].IEEE Transactions on Rehabilitation Engineering,1998, 6(2): 113-124.

[179] Hatze H. Myocybernetic control models of skeletal muscle: Characteristics and applications[M]. South Africa: University of South Africa, 1981.

[180] Happee R.Inverse dynamic optimization including muscular dynamics, a new simulation method applied to goal directed movements[J]. Biomechan,1994,27: 953-960.

[181] Gardinier J D. Evaluation of an EMG-driven model and its ability to estimate joint moments at the knee[M]. University of Delaware, 2007.

[182] Garis H D, Nawa N E, Hough M, et al. Evolving an optimal de/convolution function for the neural net modules of ATR' s artificial brain project[C]// Proceedings of 1999 International Joint Conference on Neural Networks, 1999,1: 438-443.

[183] Schrauwen B, Campenhout J V. BSA, a fast and accurate spike train encoding scheme[C]// Proceedings of 2003 International Joint Conference on Neural Networks,2003,4: 2825-2830.

[184] Nuntalid N, Dhoble K, Kasabov N.EEG classification with BSA spike encoding algorithm and evolving probabilistic spiking neural network[C]// Proceedings of 2011 International Conference on Neural Information Processing,2011,7062(1): 451-460.

[185] Kasabov N. Neucube evospike architecture for spatio-temporal modelling and pattern recognition of brain signals[C]//Artificial Neural Networks in Pattern Recognition. Berlin:Springer, 2012, 225-243.

[186] Verstraeten D, Schrauwen B, D'Haene M, et al. An experimental unification of reservoir computing methods[J]. Neural Networks,2007, 20(3): 391-403.

[187] Song S, Miller K, Abbott L. Competitive Hebbian learning through spike-timing-dependent synaptic plasticity[J]. Nature Neuroscience,2000, 3(9): 919-926.

[188] Kasabov N, Dhoble K, Nuntalid N, et al.Dynamic evolving spiking neural networks for on-line spatio- and spectro-temporal pattern recognition[J]. Neural Networks,2013, 41: 188-201.

[189] Mohemmed A, Schliebs S, Matsuda S, et al. Span: Spike pattern association neuron for learning spatio-temporal spike patterns[J]. International Journal of Neural Systems, 2012,22(4).

[190] Chen Y, Hu J, Kasabov N, et al. NeuCubeRehab: A pilot study for EEG classification in rehabilitation practice based on spiking neural networks[C]// Proceedings of 2013 International Conference on Neural Information Processing, 2013,8228: 70-77.

[191] Taylor D, Scott N, Kasabov N, et al. Feasibility of NeuCube SNN architecture for detecting motorexecution and motor intention for use in BCI applications[C]// Proceedings of 2014 International Joint Conference on Neural Networks, 2014, 3221-3225.

[192] Haykin S O. Neural Networks and Learning Machines[M]. 3rd ed. London: Pearson Education, 2008.

[193] Yang Y, Wang L, Tong J, et al. Arm rehabilitation robot impedance control and experimentation[C]// Proceedings of 2006 IEEE International Conference on Robotics and Biomimetics,2006, 914-918.

[194] Jung S, Hsia T.Neural network impedance force control of robot manipulator[J]. IEEE Transactions on Industrial Electronics, 1998,45(3): 451-461.

[195] Hogan N.Impedance control: An approach to manipulation[J]. Journal of Dynamic Systems Measurement and Control,1985, 107(1): 1-24.

[196] Pan L, Song A, Xu G, et al. Hierarchical safety supervisory control strategy for robot-assisted rehabilitation exercise[J]. Robotica,2013,31(5): 757-766.

[197] Pan L, Song A, Xu G, et al. Safety supervisory strategy for an upper-limb rehabilitation robot based on impedance control[J]. International Journal of Advanced Robotic Systems,2013,10(2): 60-64.

[198] Lee C.Fuzzy-logic in control-systems-fuzzy-logic controller.I[J]. IEEE Transactions on Systems Man and Cybernetics,1990,20(2): 404-418.

[199] Lee C.Fuzzy-logic in control-systems-Fuzzy-logic controller.II[J].IEEE Transactions on Systems Man and Cybernetics,1990,20(2): 419-435.

[200] Denève A, Moughamir S, Afilal L, et al. Control system design of a 3-DOF upper limbs rehabilitation robot[J].Computer Methods and Programs in Biomedicine,2008,89(2): 202-214.

[201] Lynch C L, Popovic M R.Functional electrical stimulation[J]. IEEE Control Systems Magazine,2008, 28(2): 40-50.

[202] Popovic D B, Sinkjaer T. Control of Movement for the Physically Disabled: Control for Rehabilitation Technology[M]. London: Springer, 2000.

[203] Hunt K J, Munih M, Donaldson N N, et al. Investigation of the Hammerstein hypothesis in the modeling of electrically stimulated muscle[J]. IEEE Transactions on Biomedical Engineering,1998, 45(8): 998-1009.

[204] Zhang Q, Hayashibe M, Fraisse P, et al.FES-Induced torque prediction with evoked EMG sensing for muscle fatigue tracking[J]. IEEE Transactions on Mechatronics,2011, 16(5): 816-826.

[205] Dorgan S J, OMalley M J.A nonlinear mathematical model of electrically stimulated skeletal muscle[J]. IEEE Transactions on Rehabilitation Engineering,1997.5(2): 179-194.

[206] Watanabe T, Futami R, Hoshimiya N.An approach to a muscle model with a stimulus frequency-force relationship for FES applications[J].IEEE Transactions on Rehabilitation Engineering,1999,7(1): 12-18.

[207] Kim J Y, Popovic M R, Mills J K.Dynamic modeling and torque estimation of FES-assisted arm-free standing for paraplegics[J]. IEEE Transactions on Neural Systems and Rehabilitation Engineering,2006,14(1): 46-54.

[208] Graupe D, Kordylewski H.Artificial neural network control of FES in paraplegics for patient responsive ambulation[J]. IEEE Transactions on Biomedial Engineering,1995,42(7): 699-707.

[209] Jezernik S, Wassink R G V, Keller T.Sliding mode closed-loop control of FES controlling the shank movement[J]. IEEE Transactions on Biomedial Engineering,2004,51(2): 263-272.

[210] Ferrarin M, Palazzo F, Riener R, et al. Model-based control of FES-induced single joint movements[J].IEEE Transactions on Neural Systems and Rehabilitation Engineering, 2001,9(3): 245-257.

[211] Kim C S, Eom G M, Hase K, et al.Stimulation pattern-free control of FES cycling: simulation study[J]. IEEE Transactions on Systems, Man, Cybernetics, Part C: Applications and Reviews.2008,38(1): 125-134.

[212] Hunt K J, Stone B, Negard N O, et al.Control strategies for integration of electric motor assist and functional electrical stimulation in paraplegic cycling: utility for exercise testing and mobile cycling[J]. IEEE Transactions on Neural Systems and Rehabilitation Engineering,2004,12(1): 89-101.

[213] Schauer T.Feedback control of cycling in spinal cord injury using functional electrical stimulation[D]. Dissertation, University of Glasgow, 2006.

[214] Petrofsky J, Smith J. Three-wheel cycle ergometer for use by men and women with paralysis[J]. Medical and Biological Engineering and Computing,1992, 30(3): 364-369.

[215] Gfohler M, Lugner P.Cycling by means of functional electrical stimulation[J]. IEEE Transactions on Rehabilitation Engineering,2000,8(2): 233-243.

[216] Petrofsky J.New algorithm to control a cycle ergometer using electrical stimulation[J]. Medical and Biological Engineering and Computing,2003,41(1): 18-27.

[217] Schutte L M, Rodgers M M, Zajac F E, et al. Improving the efficacy of electrical stimulation-induced leg cycle ergometry: an analysis based on a dynamic musculoskeletal model[J]. IEEE Transactions on Rehabilitation Engineering, 1993,1(2): 109-125.

[218] Freeman C, Hughes A, Burridge J, et al.Iterative learning control of FES applied to the upper extremity for rehabilitation[J]. Control Engineering Practice, 2009,17(3): 368-381.

[219] Bae J, Tomizuka M.A gait rehabilitation strategy inspired by an iterative learning algorithm[J]. Mechatronics,2012,22(2): 213-221.

[220] Lynch C L, Popovic M R.Functional electrical stimulation[J]. IEEE Control Systems,2008,28(2): 40-50.

[221] 胡玉娥，翟春艳. 迭代学习控制现状与展望 [J]. 自动化仪表,2005, 26(6): 1-4.

[222] 辛民. 模糊控制及其 MATLAB 仿真 [M]. 北京: 清华大学出版社, 2008.

[223] Norouzi-Gheidari N, Archambault P S, Fung J. Effects of robotassisted therapy on stroke rehabilitation in upper limbs: systematic review and meta-analysis of the literature[J]. Journal of Rehabilitation Research and Development, 2012,49(4): 479.

[224] Kwakkel G, Kollen B J, Krebs H I. Effects of robot-assisted therapy on upper limb recovery after stroke: a systematic review[J].Neurorehabilitation and Neural Repair, 2007,22(2): 111-121.

[225] Lo A C, Guarino P D , Richards L G, et al.Robot-assisted therapy for long-term upper-limb impairment after stroke[J]. New England Journal of Medicine, 2010,362(19): 1772-1783.

[226] Klamroth-Marganska V, Blanco J, Campen K, et al.Threedimensional, task-specific robot therapy of the arm after stroke: a multicentre, parallel-group randomised trial[J]. The Lancet Neurology, 2014,13(2): 159-166.

[227] Lum P S, Burgar C G, Kenney D E, et al.Quantification of force abnormalities during passive and active-assisted upper-limb reaching movements in post-stroke hemiparesis[J]. IEEE Transactions on Biomedical Engineering,1999,46(6): 652-662.

[228] Krebs H I, Volpe B T, Ferraro M, et al.Robot-aided neurorehabilitation: from evidencebased to science-based rehabilitation[J]. Topics in Stroke Rehabilitation,2002,8(4): 54-70.

[229] Balasubramanian S, Colombo R, Sterpi I, et al.Robotic assessment of upper limb motor function after stroke[J].American Journal of Physical Medicine & Rehabilitation, 2012,91(11): 255-269.

[230] Coderre A M, Zeid A A, Dukelow S P, et al.Assessment of upper-limb sensorimotor function of subacute stroke patients using visually guided reaching[J]. Neurorehabilitation and Neural Repair,2010, 24(6): 528-541.

[231] 蔡奇芳, 孙栋, 谭炎全, 等. 脑梗死后偏瘫患者康复治疗前后 semg 信号变化的研究 [J]. 中国康复医学杂志, 2008,23(4): 347-348.

[232] Bosecker C, Dipietro L, Volpe B, et al. Kinematic robotbased evaluation scales and clinical counterparts to measure upper limb motor performance in patients with chronic stroke[J].Neurorehabilitation and Neural Repair,2010, 24(1): 62-69.

[233] 李擎, 乔蕾, 吴芳玲, 等. 个体化主动康复治疗对脑卒中恢复后期患者综合功能和生存质量的影响 [J]. 中国康复医学杂志,2013, 28(11):1051-1054.

[234] 杨坚, 乔蕾, 朱琪, 等. 个体化主动康复对脑卒中偏瘫患者运动功能和日常生活活动能力的影响 [J]. 中国康复医学杂志, 2007,22(6): 514-517.

[235] Lum P S, Burgar C G, Shor P C. et al.Robot-assisted movement training compared with conventional therapy techniques for the rehabilitation of upper-limb motor function after stroke[J]. Archives of Physical Medicine and Rehabilitation, 2002,83(7): 952-959.

[236] Levin M F .Interjoint coordination during pointing movements is disrupted in spastic hemiparesis[J].Brain,1996, 119(1): 281-293.

[237] Colombo R, Sterpi I, Mazzone A, et al.Measuring changes of movement dynamics during robot-aided neurorehabilitation of stroke patients[J]. IEEE Transactions on Neural Systems and Rehabilitation Engineering, 2010,18(1): 75-85.

[238] Lambercy O, Dovat L, Yun H, et al. Robotic assessment of hand function with the hapticknob[C]//Proceedings of the 4th International Convention on Rehabilitation Engineering and Assistive Technology, Singapore Therapeutic, Assistive and Rehabilitative Technologies (START) Centre, 2010,33.

[239] Mehrholz J, Platz T, Kugler J, et al.Electromechanical and robot-assisted arm training for improving arm function and activities of daily living after stroke[J]. Cochrane Database of Systematic Reviews, 2015, 11.

彩　图

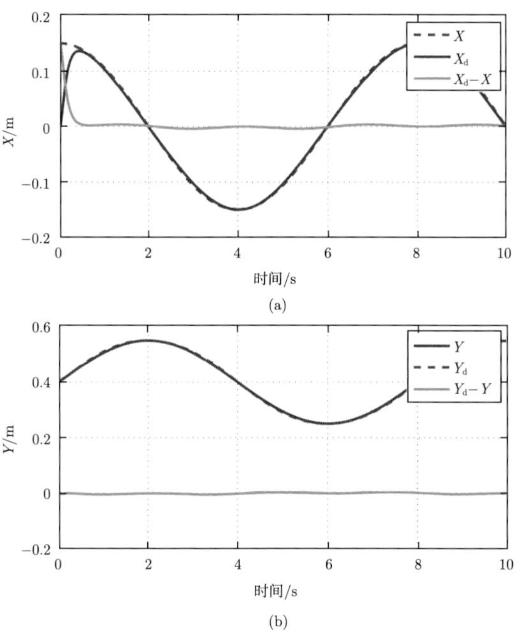

图 5.6　X 轴和 Y 轴方向上的跟踪误差

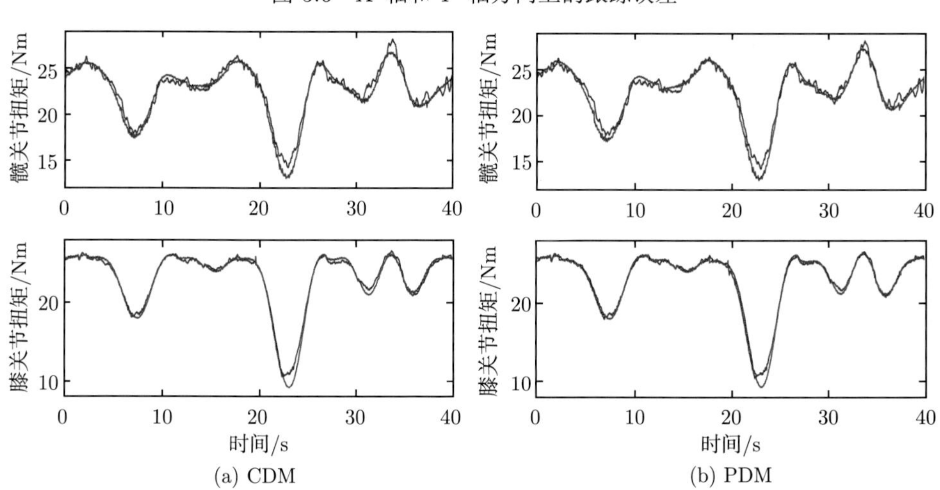

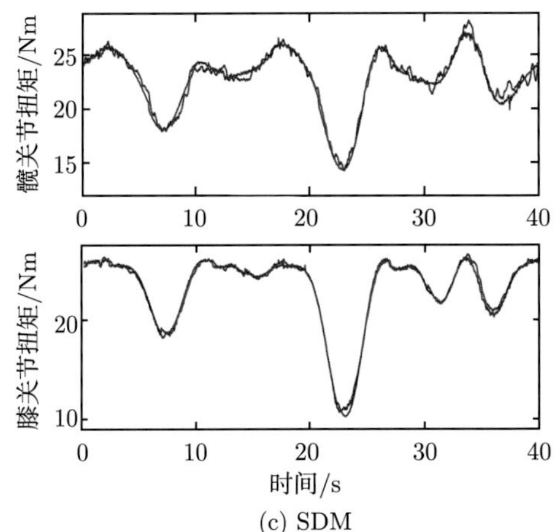

(c) SDM

图 6.11 采用不同动力学模型估计关节扭矩的效果比较实验一

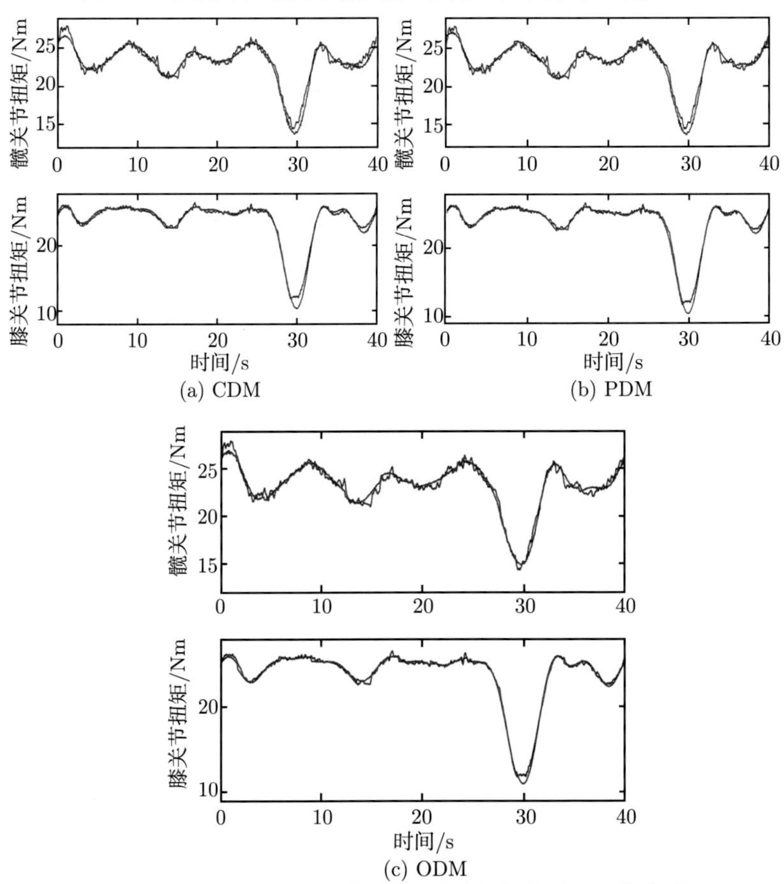

(c) ODM

图 6.12 采用不同动力学模型估计关节扭矩的效果比较实验二

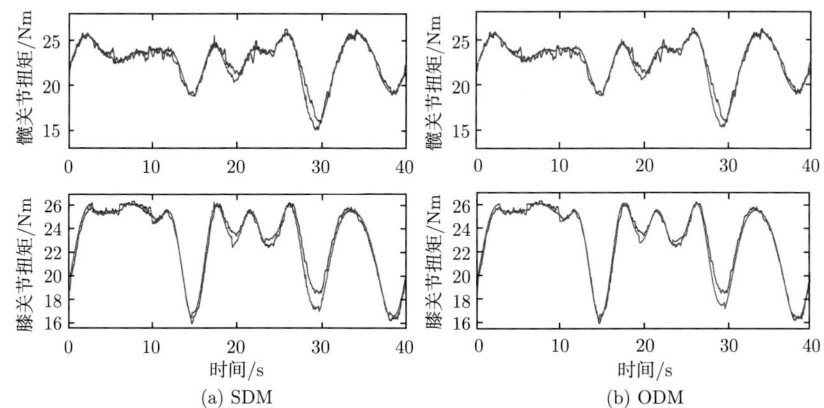

图 6.13　采用不同动力学模型估计关节扭矩的效果比较实验三

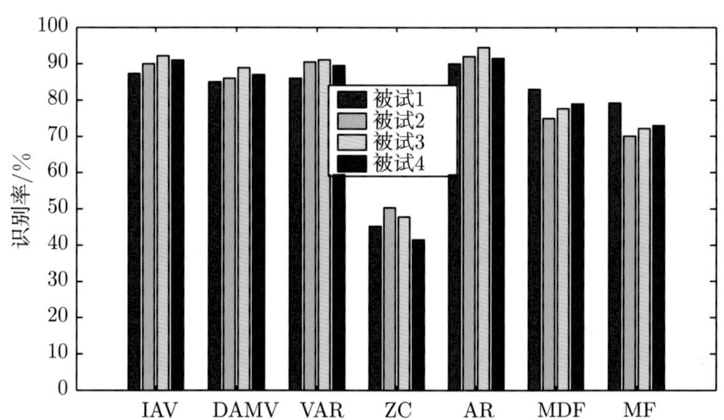

图 7.9　利用一个肌电信号特征对 6 组动作的平均识别率

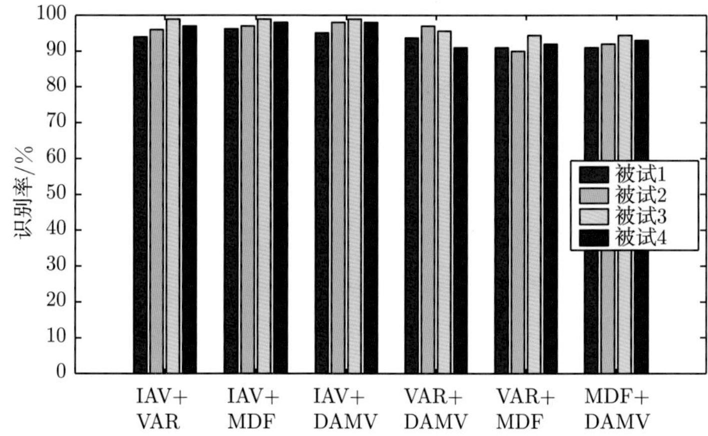

图 7.10　利用两个肌电信号特征对 6 组动作的平均识别率

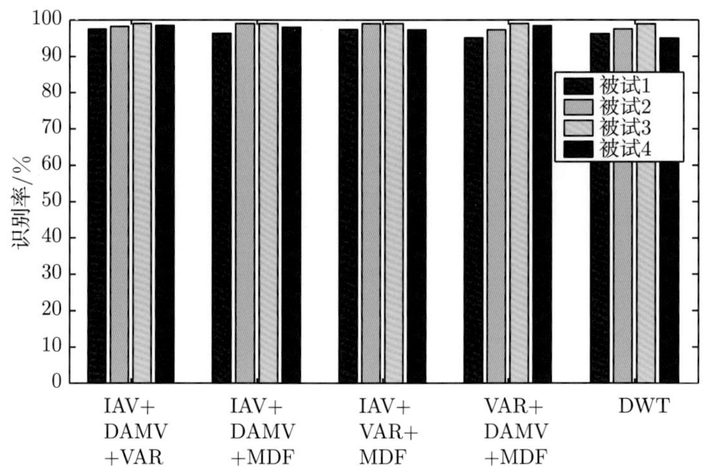

图 7.11 利用三个肌电信号特征及离散小波变化对 6 组动作的平均识别率

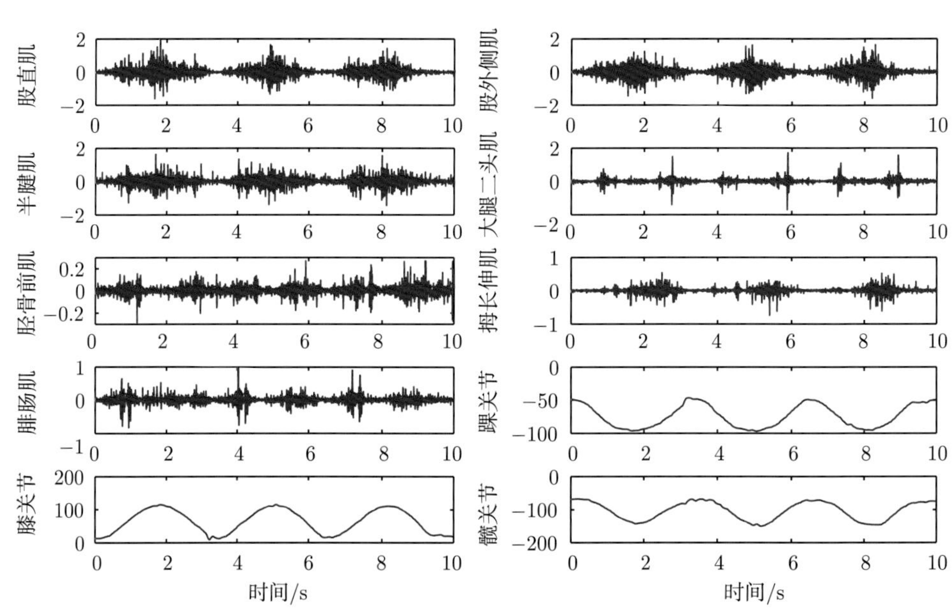

图 7.14 蹬踏运动时原始肌电信号波形与处理后的波形

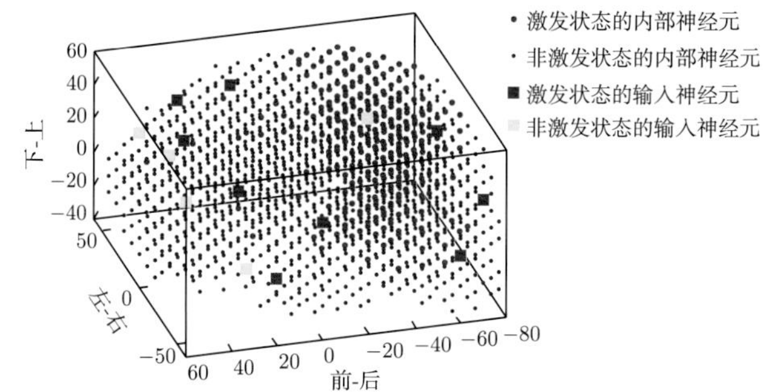

图 7.41　NeuCube 的 3-D 结构及对脑部活动的可视化

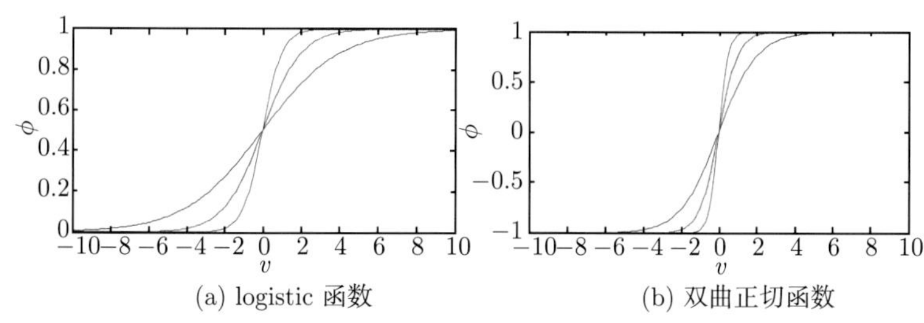

图 8.3　sigmoid 激励函数

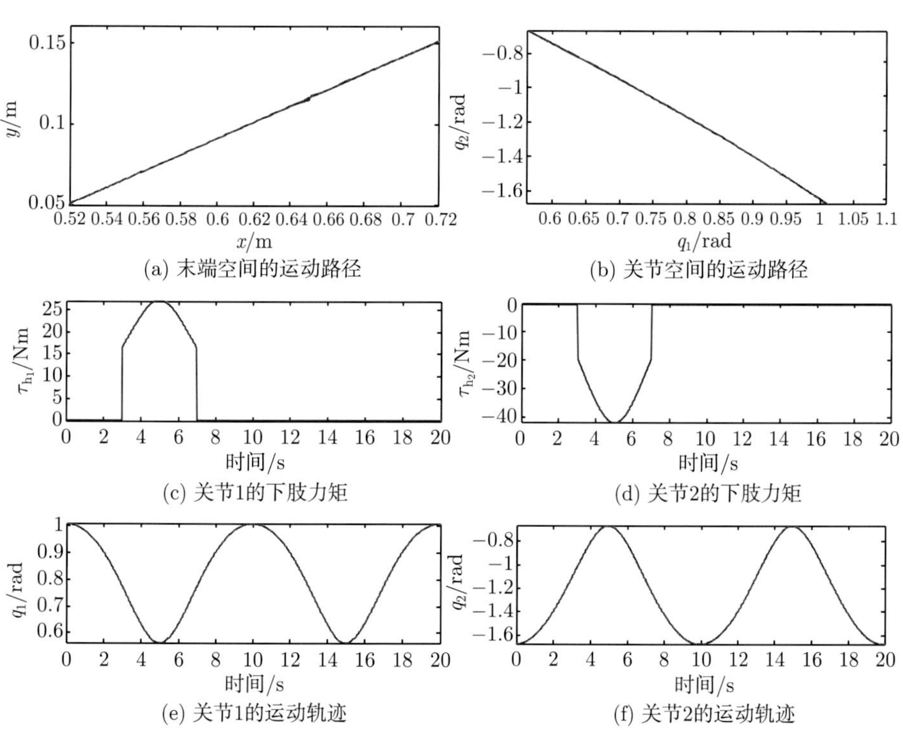

图 8.9　位置控制的仿真结果

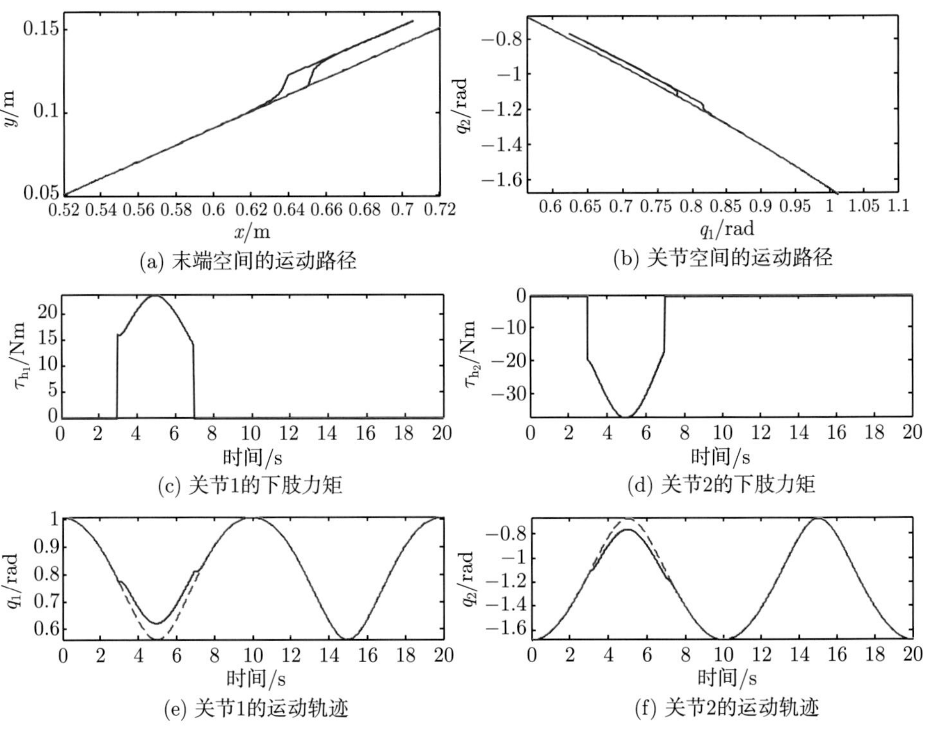

图 8.10　不带参考运动轨迹设计的阻抗控制的仿真结果

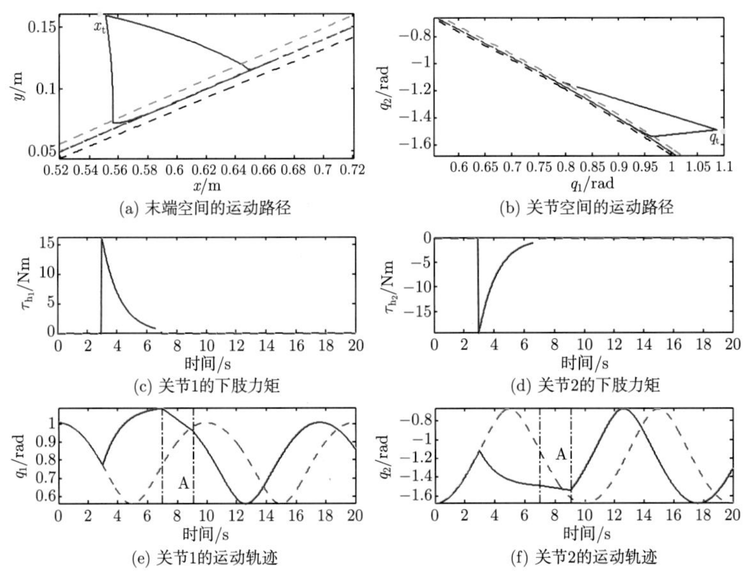

图 8.11　带参考运动轨迹设计的阻抗控制的仿真结果

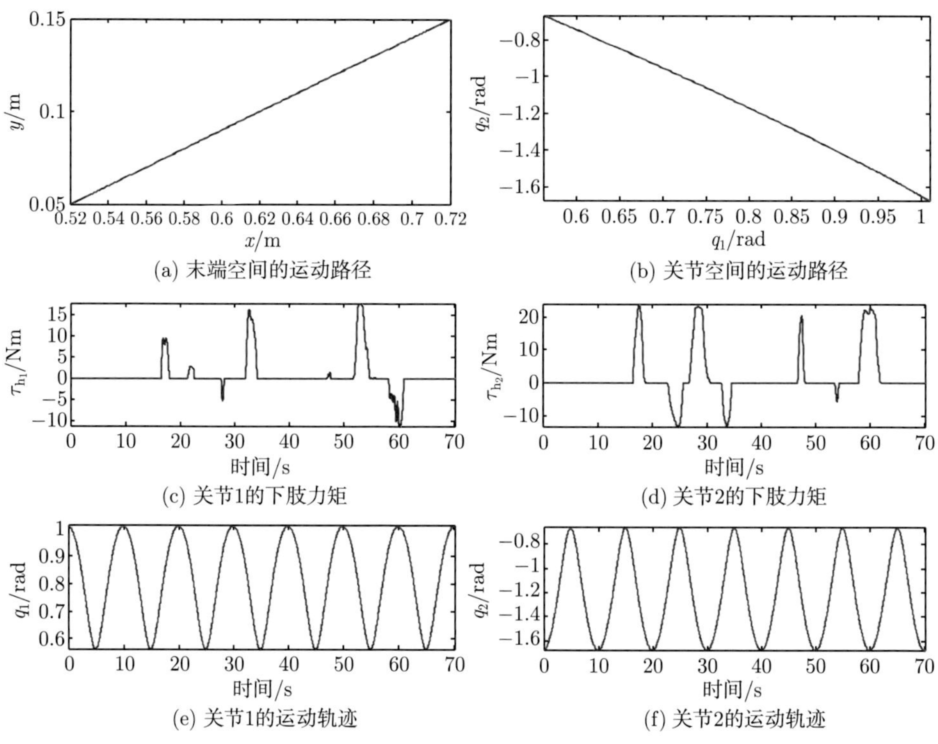

图 8.12　位置控制的实验结果

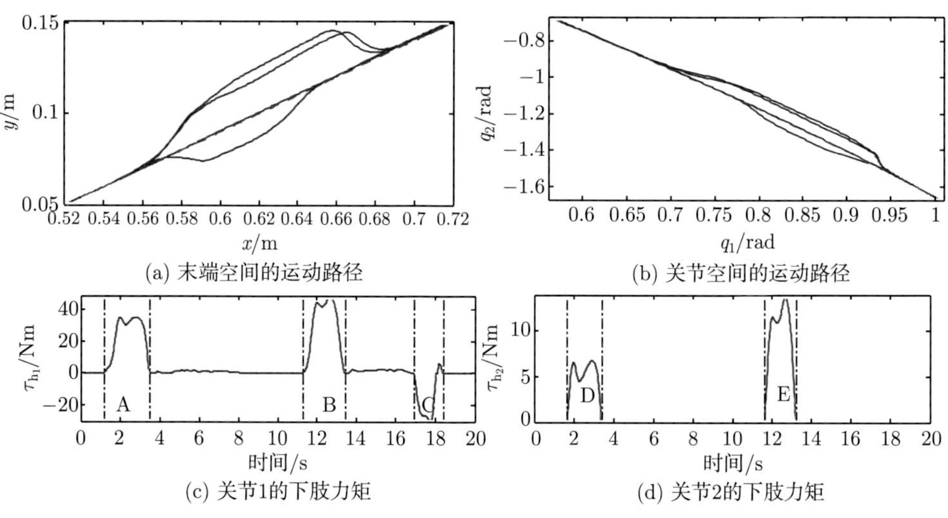

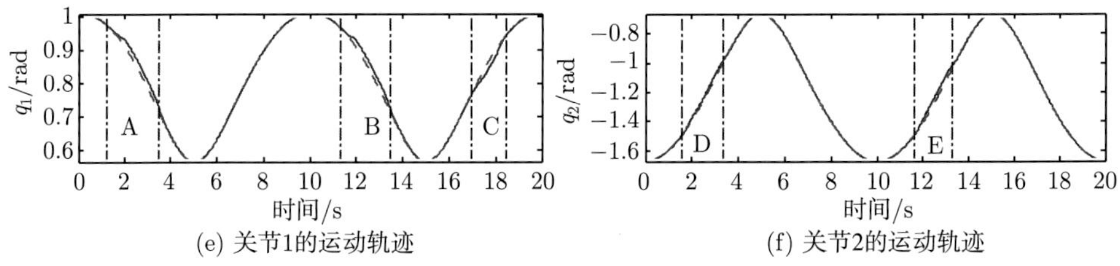

(e) 关节1的运动轨迹　(f) 关节2的运动轨迹

图 8.13　不带参考运动轨迹设计的阻抗控制的实验结果

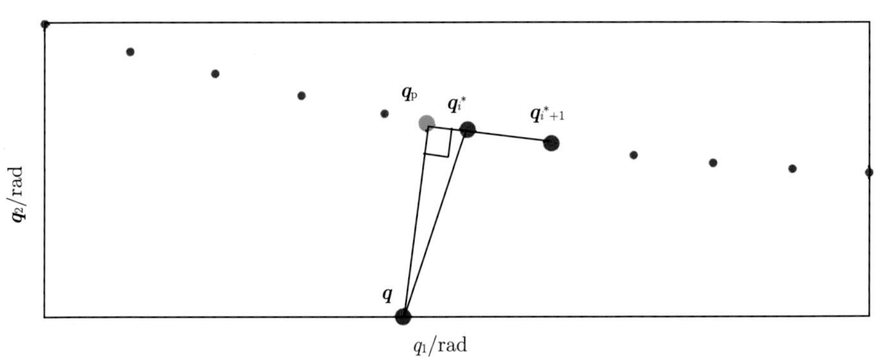

图 8.16　搜索指定路径上距离当前位置的最近点

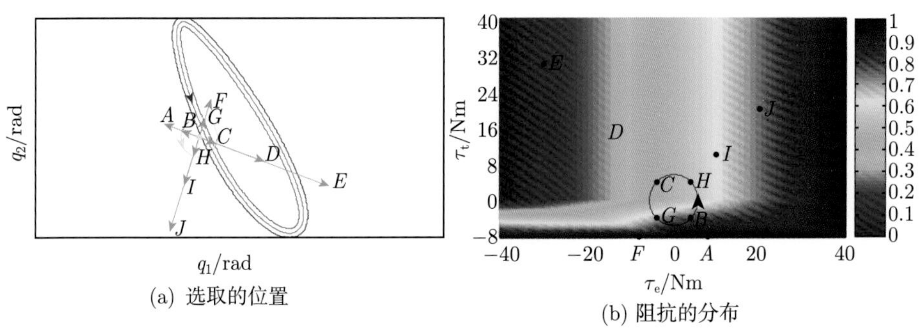

(a) 选取的位置　(b) 阻抗的分布

图 8.20　运动阻抗在同一位置处随主动力矩的分布

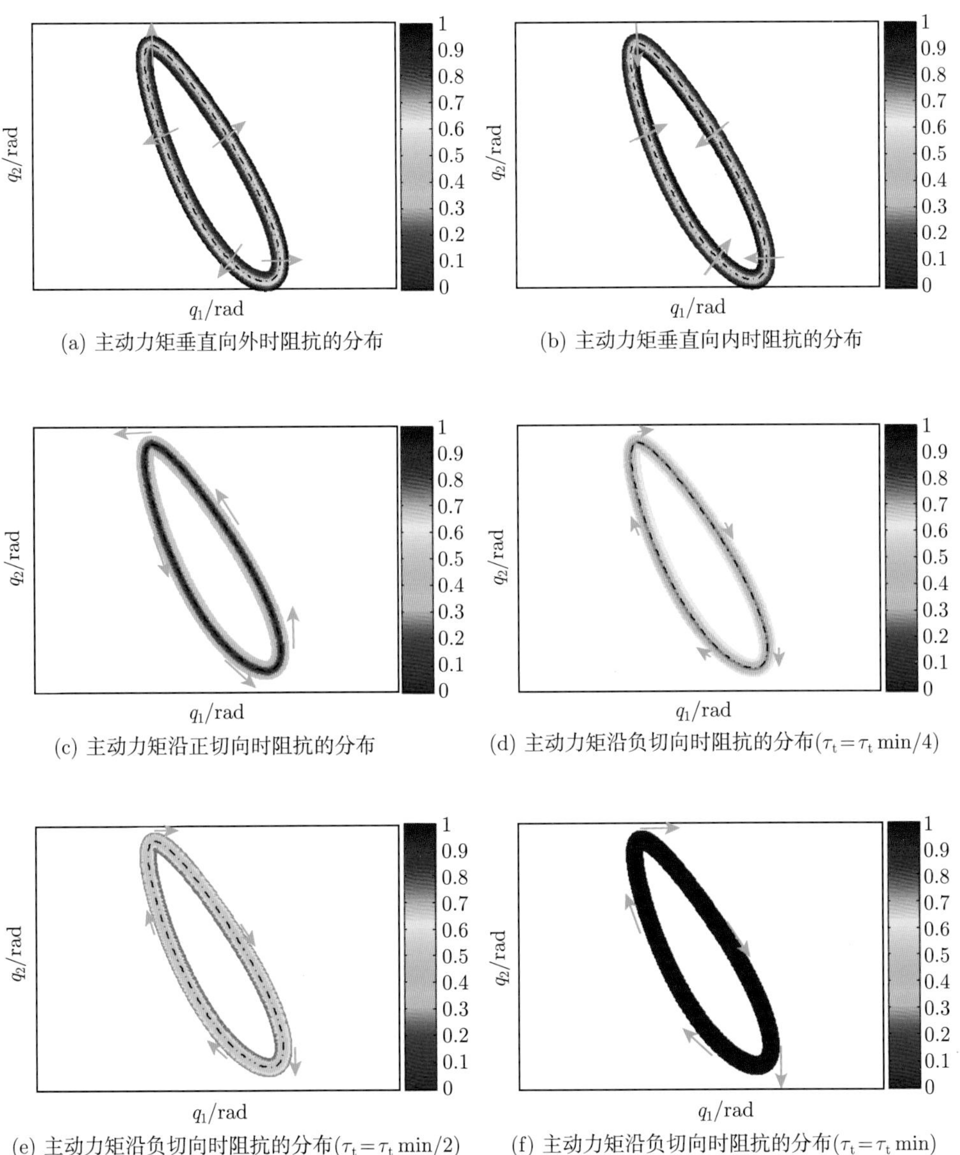

(a) 主动力矩垂直向外时阻抗的分布

(b) 主动力矩垂直向内时阻抗的分布

(c) 主动力矩沿正切向时阻抗的分布

(d) 主动力矩沿负切向时阻抗的分布($\tau_t = \tau_t \min/4$)

(e) 主动力矩沿负切向时阻抗的分布($\tau_t = \tau_t \min/2$)

(f) 主动力矩沿负切向时阻抗的分布($\tau_t = \tau_t \min$)

图 8.21　运动阻抗在相同主动力矩下随位置的分布

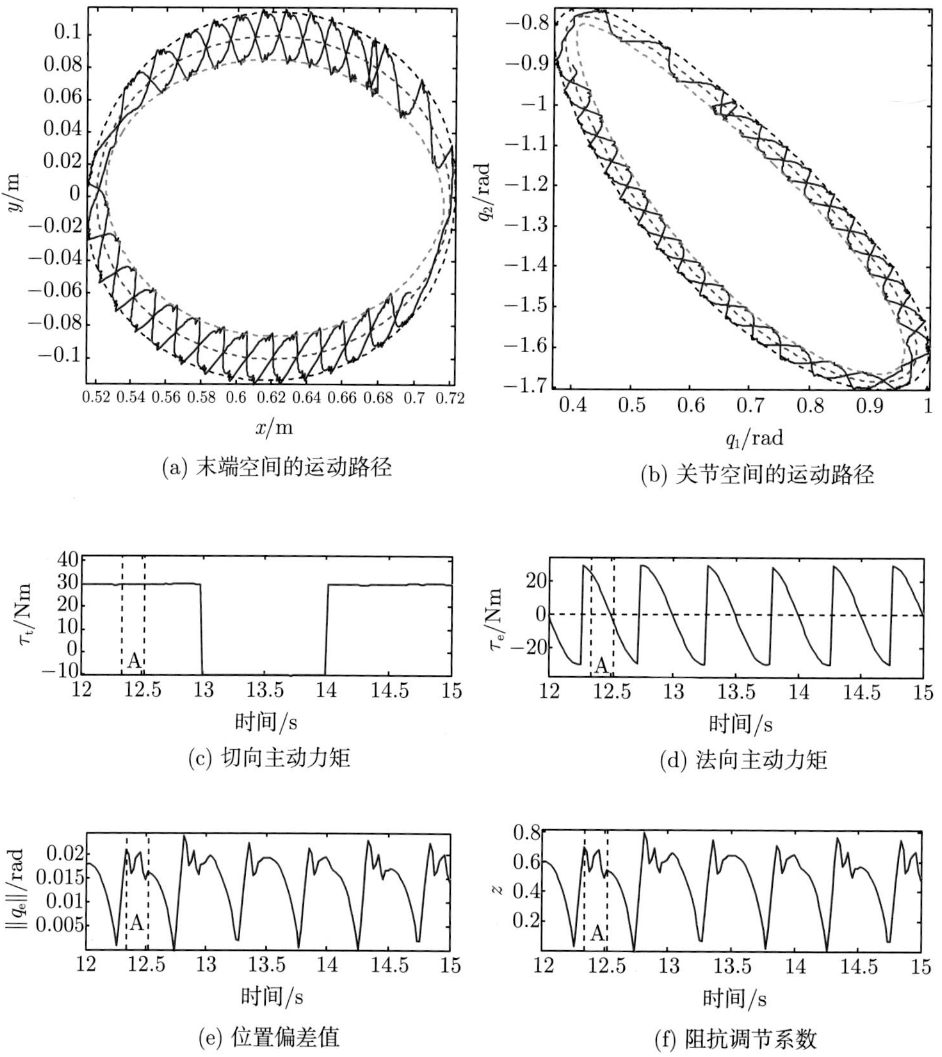

(a) 末端空间的运动路径

(b) 关节空间的运动路径

(c) 切向主动力矩

(d) 法向主动力矩

(e) 位置偏差值

(f) 阻抗调节系数

图 8.22　非模糊逻辑下任务导向式主动训练的仿真结果

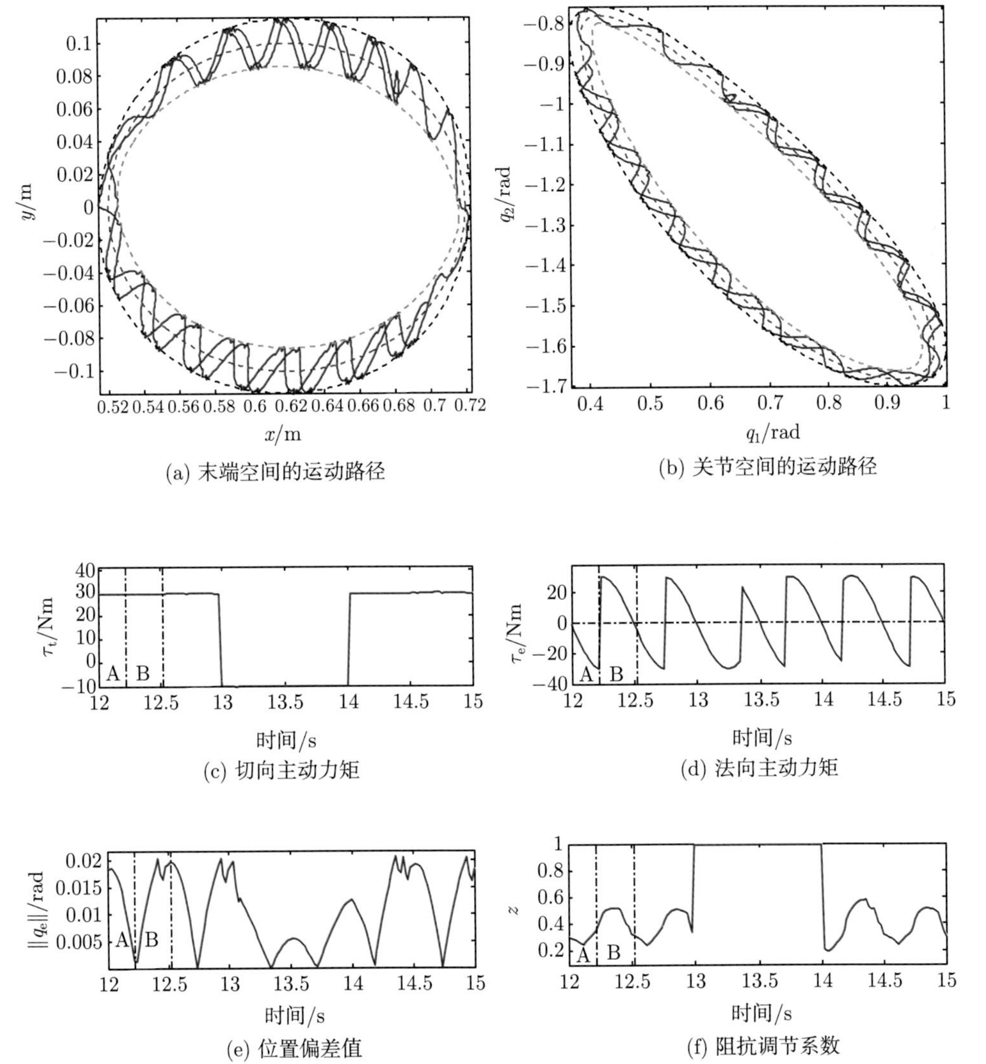

(a) 末端空间的运动路径

(b) 关节空间的运动路径

(c) 切向主动力矩

(d) 法向主动力矩

(e) 位置偏差值

(f) 阻抗调节系数

图 8.23　模糊逻辑下任务导向式主动训练的仿真结果

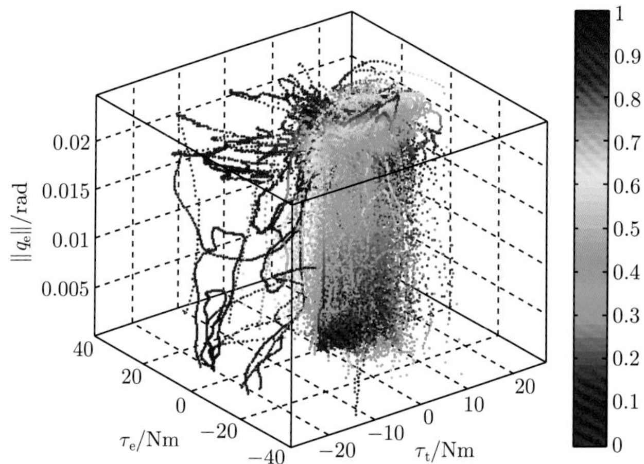

图 8.27　任务导向式主动训练下运动阻抗的分布

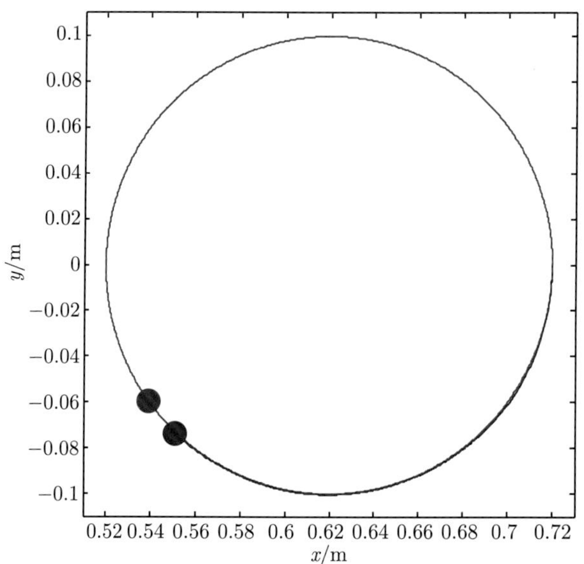

图 8.29　跟踪运动实验中提供给被试者的视觉反馈

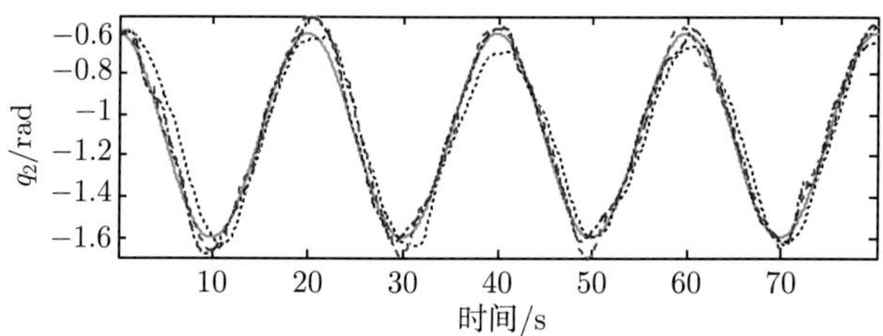

图 8.39　单关节阻尼式主动训练下被试对目标运动轨迹的跟踪情况

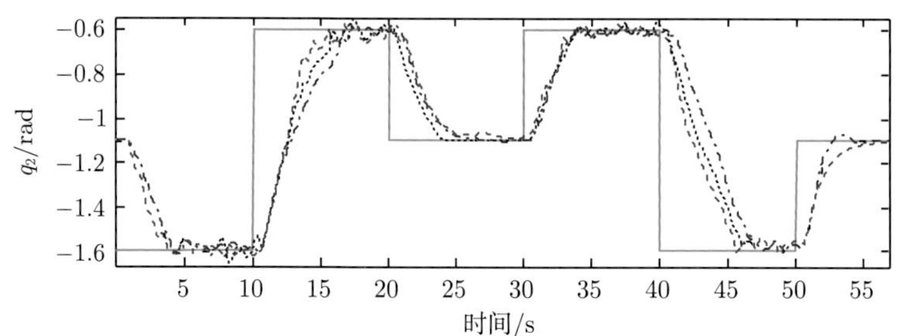

图 8.42　单关节弹簧式主动训练下被试者对目标位置的跟踪

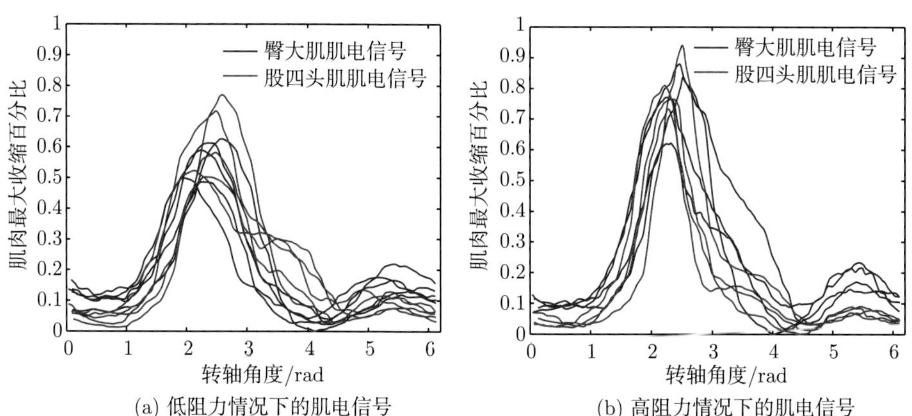

(a) 低阻力情况下的肌电信号

(b) 高阻力情况下的肌电信号

图 8.50　健康人在不同阻力下进行踏车运动时左侧肢的臀大肌与股四头肌的肌电信号

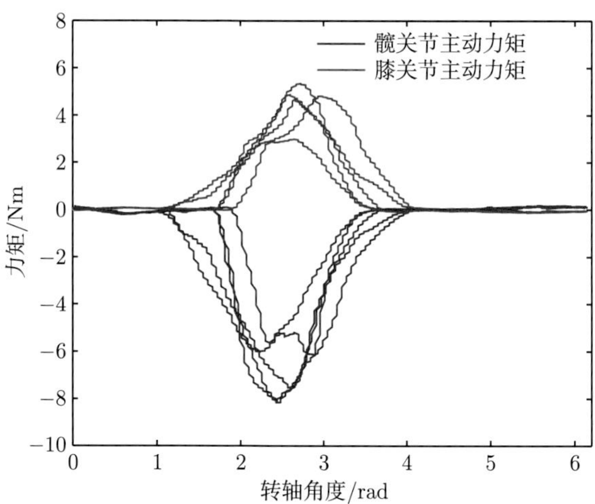

图 8.52　健康被试自然踩踏运动时髋关节和膝关节处的主动力矩

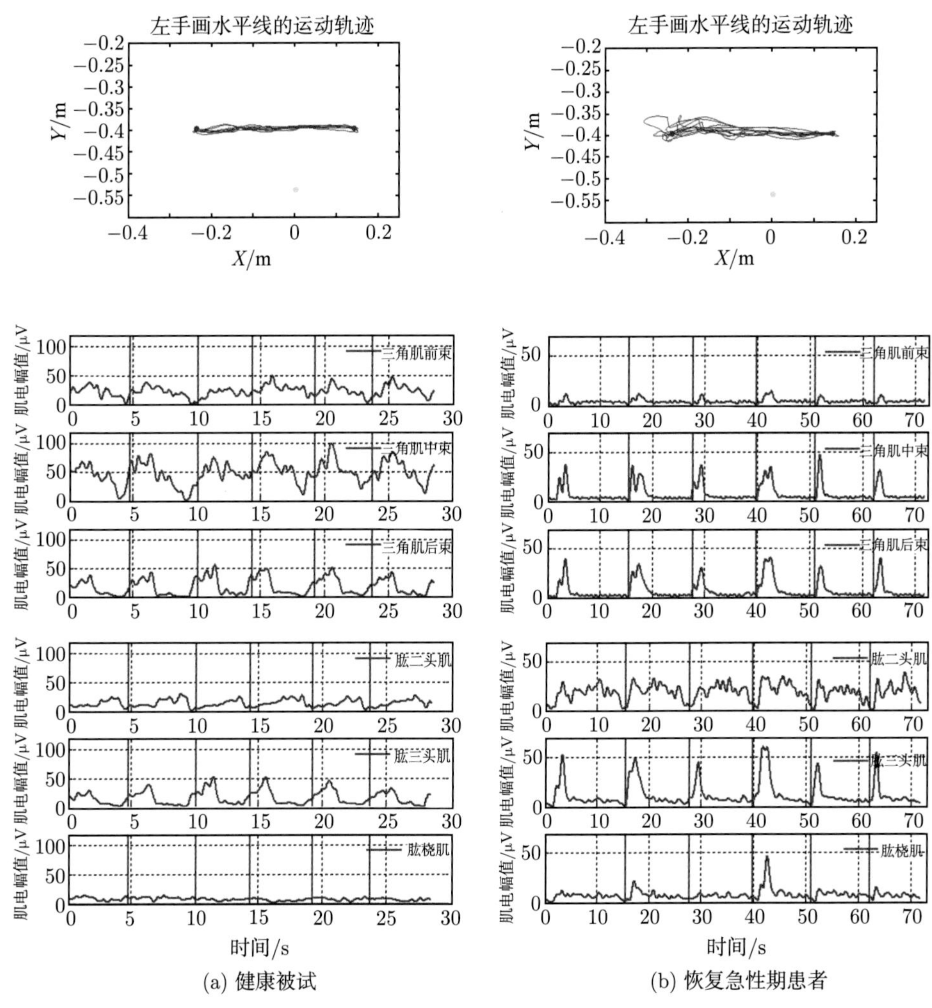

(a) 健康被试

(b) 恢复急性期患者

图 9.11　自由画水平线的肌电信号幅值包络比较

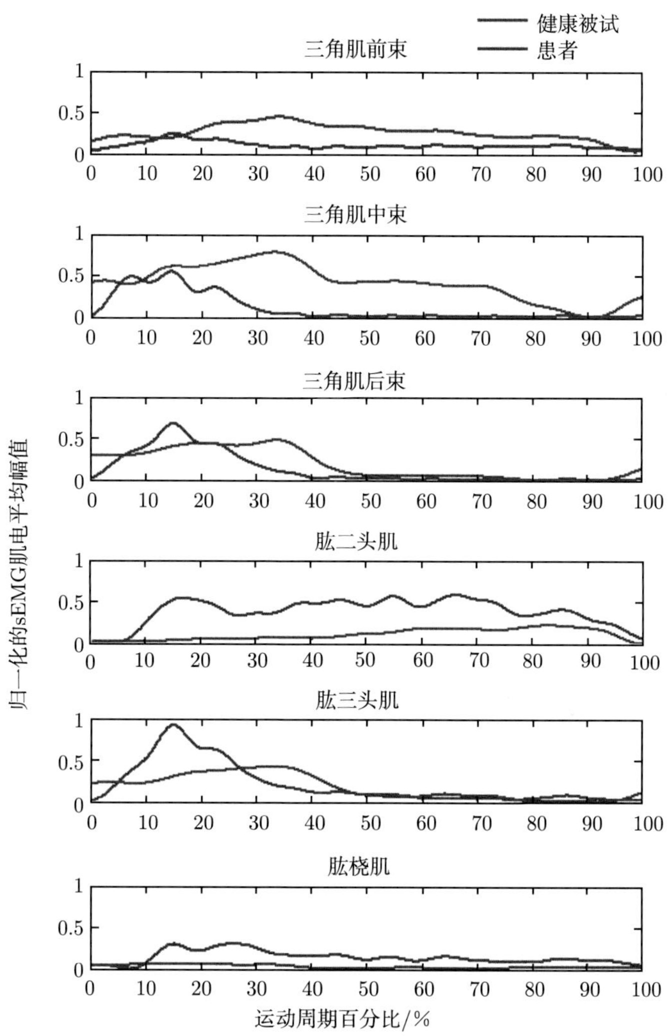

图 9.12　归一化的肌电平均幅值对比

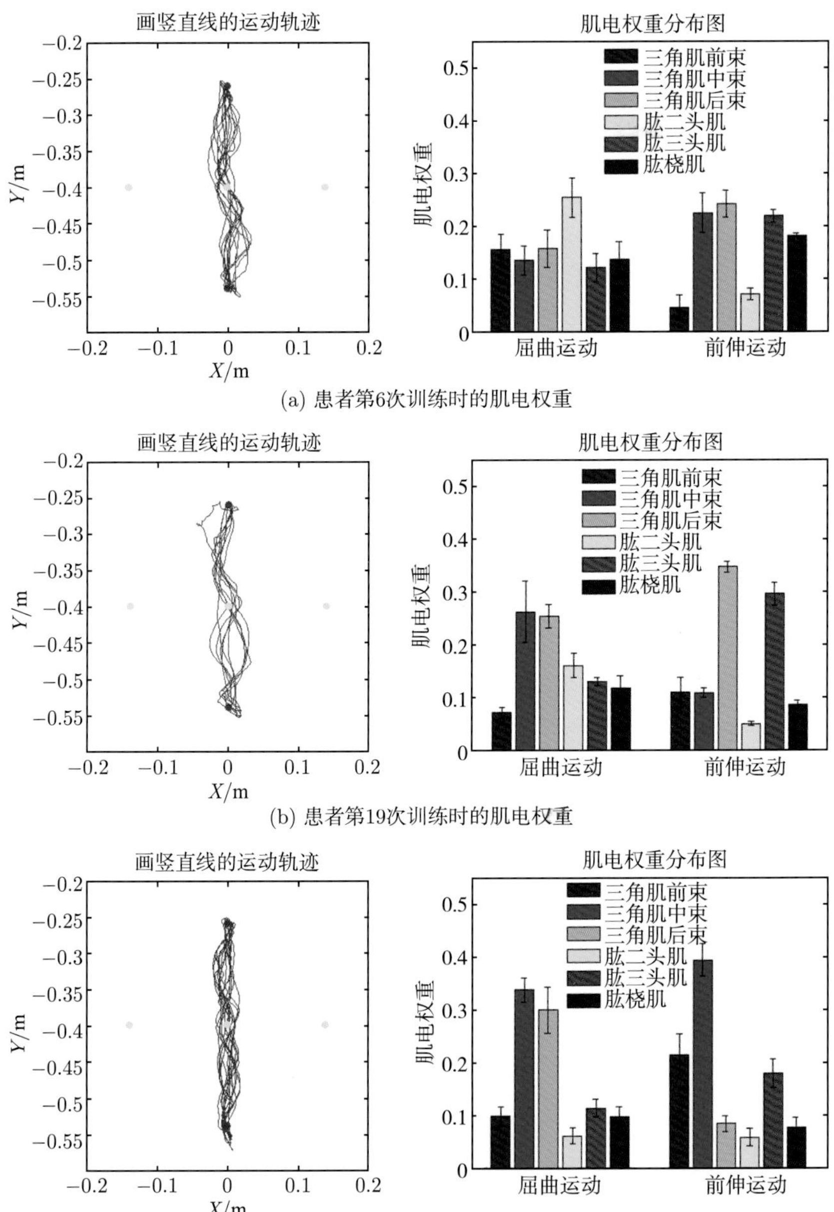

(a) 患者第6次训练时的肌电权重

(b) 患者第19次训练时的肌电权重

(c) 健康被试做竖直线运动时的肌电权重

图 9.13　患者与健康被试的肌电权重比较